머리말

이 책은 공분산구조분석(CSA, covariance structure analysis) 혹은 구조방정식모델링(SEM, structural equation modeling)이라고 불리는 수리통계적 기법을 소프트웨어 Amos를 이용해서 철저히 학습하기 위한 해설서이다. 1990년대 후반부터 우리나라의 조사·실험연구의 분석방법에 공분산구조분석이 빈번하게 사용되고 있다. PC를 사용하면 실용적인 규모의 공분산구조분석을 위한 계산은 수 초에서 수십 초로 끝나 버린다고 하는 하드웨어 면의 진보와 사용하기 편리해진 소프트웨어의 간편함이 그 원인이다. 소프트웨어는 이미 사용자에게 선형대수의 지식을 거의 요구하지 않는 것이 주류이다. 공분산구조분석의 유연한 모델 구상력을 반영하여 응용범위도 심리학·교육학·사회학·경제학·경영학·공학·의학·보건학·행동과학·역학(疫學)·제품개발 등 다방면에 걸쳐 있다.

그러나 문제가 없는 것은 아니다. 우수한 적용사례를 만들어내는 노하우는 특정의 연구자 집단 중에서 도제식으로 확대되는 경향이 있다. 우리나라 고유의 적용사례가 많이 발표되고 있는 경향에도 불구하고, 실질적·과학적으로 유효한 모델을 어떻게 구성할 것인가라고 하는 관점에서는, 개개의 모델 구성에 즈음하여 고생했던 점이나 유의사항 또는 다른 분야에서 개발된 유효한 모델 구성의 테크닉 등이 전파되지 못하고 있는 점은 유감스러운 일이다.

이 책은 이와 같은 현상을 감안하여 모델 구성 예를 실질적·과학적인 해석의 관점에서 초심자도 쉽게 접근할 수 있도록 알기 쉽게 엮었다.

공분산구조분석을 위한 소프트웨어로는 현재 LISREL을 비롯하여 AMOS, EQS 등이 시판되고 있는데, 이 책에서는 AMOS를 이용하여 구조방정식 모델을 분석하고 있다. AMOS는 그 자체로서 하나의 독립적인 소프트웨어이지만 SPSS나 Excel의 워크시트에 데이터를 입력해서 처리할 수 있는 편의성을 가지고 있다.

이 책의 구성은 다음과 같다.

제1장에서는 경로분석과 공분산구조분석의 개론에 대해서 설명한다.

제2장에서는 공분산구조분석의 기초개념에 대해서 설명하는데, 공분산구조분석의 주요 포인트에 대해서도 설명한다. 초기치의 설정과 식별문제에 대해서도 언급한다.

제3장에서는 AMOS에서의 구조에 대해서 설명한다. 내생변수와 외생변수, 구조방정식과 측정방정식, 파라미터의 추정 등 수리적인 원리에 대해서 설명한다.

제4장에서는 공분산구조분석 결과의 평가와 식별문제, 경로계수의 유의성 등에 대해서 상세히 설명한다.

제5장에서는 회귀분석·경로분석 모델과 공분산구조분석에 대해서 설명한다. 이들 원리의 비교를 통해서 공분산구조분석에 대한 이해를 돕는다.

제6장에서는 요인분석 모델과 공분산구조분석에 대해서 설명한다. 탐색적 요인분석과 검증적 요인분석의 원리를 통해서 공분산구조분석에 대한 이해를 돕는다.

제7장에서는 여러 가지 모델과 공분산구조분석에 대해서 상세히 해설한다. MIMIC 모델, PLS 모델, 다중지표 모델 등에 대해서 상세히 설명한다.

제8장에서는 공분산구조분석을 위한 모델 작성의 유연성과 모델의 개량에 대해서 설명한다.

제9장에서는 다모집단의 동시분석에 대해서 설명한다. 동일한 조사항목을 두 개 이상의 집단에서 조사하여 경로계수 등의 차이를 조사하는 것이 다모집단의 동시분석이다. 이에 대한 실제 사례를 통하여 이해를 돕는다.

제10장 및 제11장에서는 평균·공분산구조분석에 대해서 해설한다. 공분산구조분석의 사고방식을 확장하면, 어떻게 해서 잠재변수의 평균을 논의할 수 있을까? 그것은 공분산구조분석의 유연성에 있다. 확장한 공분산구조분석에서는 평균도 그 추정대상에 넣는 것이다. 즉, 실측치의 평균, 분산, 공분산에 추정치가 적합하도록 평균을 포함

한 모수를 계산하는 것이다.

제12장에서는 여러 가지 타입의 경로도형을 소개하고 이에 대해서 설명한다.

제13장에서 제19장까지는 공분산구조분석에 대한 독자들로부터의 질문에 대한 회답을 주제별로 정리하여 학습에 도움이 될 수 있도록 배려했다.

이 책에서는 SPSS와 AMOS의 초보적인 조작 방법에 대해서 필요최소한의 것밖에 설명하고 있지 않다. SPSS 및 AMOS의 보다 자세한 조작 방법은 매뉴얼이나 시판되고 있는 입문서를 참고하기 바란다. 이 책에서 사용한 소프트웨어는 SPSS 14.0 및 AMOS 7.0 또는 AMOS 16.0이다.

끝으로 어려운 여건 하에서도 이 책의 출간을 기꺼이 허락해 주신 한올출판사 임순재 사장님과 관계자 여러분의 노고에 감사의 말씀을 드린다.

2008년 6월

저자 씀

CONTENTS

공분산구조분석 입문 1

공분산구조분석의 체험 2

공분산구조분석의 구조 3

공분산구조분석 결과의 평가와 식별문제 4

CONTENTS

CONTENTS

평균을 고려한 평균·공분산구조분석 10

종단 데이터와 평균·공분산구조분석 11

여러 가지 유형의 경로도형 12

모델의 구성 13

CONTENTS

CONTENTS

CONTENTS

CONTENTS

1 공분산구조분석 입문

1.1 공분산구조분석의 목표

■ 공분산구조분석이란

우리들이 데이터에 대해서 품고 있는 인상은 추상적인 것이 많다. 예를 들면, 학생 시절을 상기해 보자. 성적이라고 하는 데이터를 앞에 놓고 "내게는 이과계의 능력이 있다!", "나에게는 문과계의 자질이 있다!"는 등 친구들과 얘기를 나누었던 기억이 있을 것이다.

또, 영업성적표를 바라보면서 "자네에게는 영업의 재능이 있다.", "당신에게는 기획력이 있다."는 식으로 칭찬하는 경우도 있을 것이다.

더욱이 성격의 앙케트 조사결과를 보고 "극히 한국적인 성격을 나타내고 있다.", "미국적인 기호를 나타내고 있다."는 등의 인상을 가졌던 경우가 있을 것이다.

데이터를 앞에 놓고 일상적으로 별 생각 없이 사용하고 있는, 이와 같은 '이과계', '학력', '영업의 재능', '기획력', '한국적', '미국적' 등이라고 하는 말에 착안해 보자. 이것들은 손으로 만져지는 것도, 눈에 보이는 것도 아니다. 통계적·경험적으로는 존재가 '느껴지는' 것이지만, 구체적으로 "이렇다!"고 나타낼 수 있는 것은 아닌 것이다.

일반적으로 통계에 의거한 대부분의 관계나 법칙은 추상적이며, 수량화가 곤란한 것이다. 그러나 그것을 구체적으로 과학의 대상으로서 다루려면, 정량적인 분석이 필요하다. 이 요망에 부응하는 것이 공분산구조분석(covariance structure analysis)이다.

즉, 공분산구조분석은 통계 데이터의 배후에 있는 추상적인 것을 논의할 수 있다고 하는 특징이 있다.

공분산구조분석을 이용하면 '영업의 재능'과 영업 데이터가 어떻게 서로 영향을 미치는지를 논의할 수 있다. 성격에 대해서 조사한 데이터를 앞에 놓고 '한국적'이라든가 '미국적인' 성격이 어느 항목에 어떻게 서로 얽혀 있는지를 검토할 수 있는 것이다.

■ 모델링이 자유로운 공분산구조분석

그런데 '보이지 않는 것의 구체화'라고 하는 점에서는 예전부터 있어 왔던 다변량분석(multivariate analysis)도 그것을 실현해 왔다. 예를 들면, 그 하나인 요인분석(factor analysis)은 데이터의 배후에 있는 인자를 '요인'이라고 하는 형태로 정량화하여 구체화해 준다.

그러면 공분산구조분석과 예전부터 있어 왔던 요인분석과는 어디가 다른 것일까? 그것은 요인과 변수의 관계를 자유롭게 모델화할 수 있다고 하는 것이다. 요인분석은 요인과 변수 사이의 관계가 고정적이었다. 그런데 공분산구조분석에서는 관계를 자유롭게 구축할 수 있는 것이다.

변수와 요인의 관계를 자유롭게 다룰 수 있다고 하는 것은 분석대상이 되는 데이터에 제한이 없다고 하는 것도 의미한다. 따라서 공분산구조분석이 다룰 수 있는 데이터는 지금까지의 통계분석에 비해서 여러 종류의 다채로운 것이 포함된다.

또, 변수와 요인의 관계를 자유롭게 다룰 수 있다고 하는 성질 덕분에 공분산구조분석은 종래의 많은 다변량분석의 기법을 그 안에 포함하게 된다. 즉, 공분산구조분석의 하위 모델로서 예전부터 있어 왔던 많은 다변량분석의 기법을 실행할 수 있다. 이 포용력 때문에 공분산구조분석은 '신세대의 다변량분석'이라고 불린다.

■ 데이터의 배후 관계도 구체화하는 공분산구조분석

그런데 공분산구조분석에서는 "변수와 요인의 관계를 자유롭게 모델화할 수 있다." 고 기술했는데, 더욱이 다음과 같은 획기적인 특징을 갖고 있다.

"통계 데이터의 배후에 있는 인자(요인)의 관계를 정량적으로 논의할 수 있다."

지금까지의 다변량분석에서는 데이터의 배후에 숨어 데이터에 영향을 미치는 인자의 관계까지는 깊이 조사할 수 없었다. 그러나 공분산구조분석은 그것이 가능한 것이다.

특히 주목할 만한 것은 이 특징이 더욱 비약하여, 데이터의 배후에 잠재하는 인자 사이의 구조도 파악할 수 있게 되었다는 사실이다.

예를 들면, 자주 예로 문제 삼는 '학력'에 대해서, 이 의미를 살펴보도록 하자. '성적'이라고 하는 통계 데이터를 앞에 놓고, 우리들은 '이과계의 능력', '문과계의 능력'이라고 하는 추상적인 능력을 자주 논의한다. 그러나 이들 두 가지의 '능력'은 서로 독립이 아니다. 통상적으로 한쪽이 있는 사람은 다른 쪽도 있고, 그 역도 성립한다. 그래서 '이과계의 능력', '문과계의 능력'이라고 하는 추상적인 능력을 '학력'이라고 하는 통일적인 능력으로 설명하는 모델을 생각하게 된다.

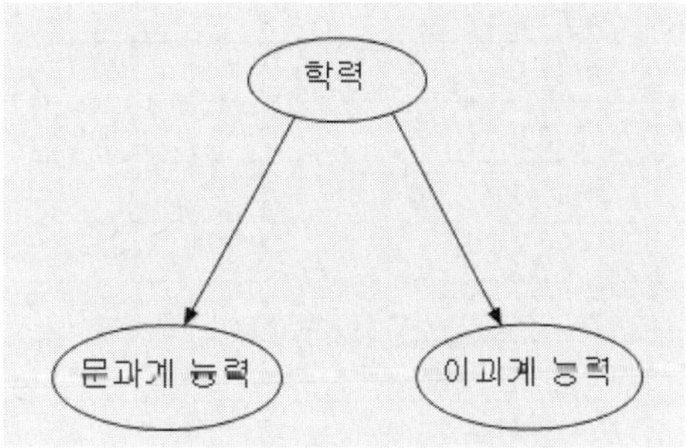

| 그림 1-1 | **학력의 모델**

공분산구조분석은 <그림 1-1>에 표시되는 바와 같은 데이터의 내측에 잠재하는 추상적인 잠재인자의 계층관계도 조사할 수 있는 것이다. 이것도 지금까지의 다변량분석에는 없는 뛰어난 특징이다.

■ 경로도형이 분석을 용이하게 한다

그런데 "'보이지 않는 것' 사이의 관계를 정량적으로 조사한다."는 등 호언장담하더라도 그 방법이 어려우면 그림에 떡이나 마찬가지이다. 이해하는 데 상당한 노력을 필요로 한다면, 많은 사람들이 업무에 사용하는 도구로서 도움이 안 된다. 그러나 공분산구조분석은 그렇지 않다. 종래의 다변량분석보다도 사용하기 쉽다. 그것은 경로도형(path diagram)이라고 하는 강력한 수단이 준비되어 있기 때문이다. 즉, 공분산구조분석은 경로도형을 이용함으로써 시각적으로 데이터 분석이 가능하다.

<그림 1-1>도 경로도형의 일례이다. 또, 다음의 <표 1-1>은 슈퍼마켓의 고객 앙케트

조사결과이고 <그림 1-2>는 그것을 분석한 경로도형이다. 앙케트 항목과 그것에 영향을 미친다고 생각되는 두 요인의 관계를 나타내고 있다. 이 예를 보면 일목요연하듯이 경로도형은 극히 직감적이고 알기 쉬운 그림이다.

경로도형은 <그림 1-2>와 같이 "어느 항목과 어느 요인이 어떻게 관련되고 있는지"를 시각화해 준다. "데이터의 항목과 배후에 잠재하는 요인의 관계를 자유롭게 모델화할 수 있다."라고 하는 공분산구조분석의 특징을 표현하는 데에 경로도형은 딱 맞는 도구이다.

| 표 1-1 | **슈퍼마켓의 고객 앙케트 조사결과**

No.	레이아웃	상품구비	분위기	종업원의 태도	대응의 신속성
1	8	2	3	9	5
2	5	9	1	7	1
3	1	6	5	1	6
4	6	3	1	2	4
5	7	8	4	8	9
6	0	2	5	3	0
7	5	5	5	9	9
8	1	9	8	2	0
9	2	5	4	5	8
10	9	8	6	2	7

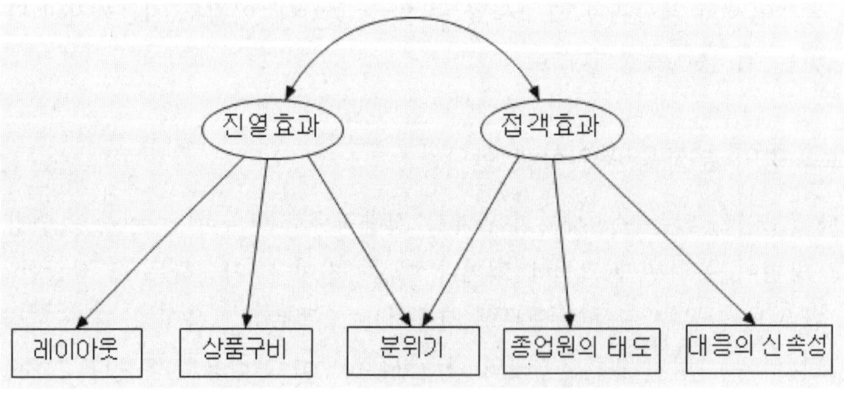

| 그림 1-2 | **표 1-1을 시각화한 경로도형**

그런데 <그림 1-2>를 보고 "이 정도의 그림이라면 누구라도 그릴 수 있다."고 생

각할지 모른다. 실제로 그렇다. 그린 그림이 통계학적으로 의미를 갖는지 어떤지는 다음에 계산해 보지 않으면 알 수 없지만, 경로도형은 자유롭게 그릴 수 있다. 그 자유도의 크기가 공분산구조분석의 자유도와 어울리는 것이다. 다른 통계분석의 방법이 데이터를 틀에 맞추어서 분석하는 데 비해서 공분산구조분석은 분석자의 아이디어에 맞춰서 데이터를 분석할 수 있는 것이다.

■ PC는 강력한 조력자

더욱이 공분산구조분석을 용이하게 해 주고 있는 것이 있다. 그것은 PC(개인용 컴퓨터)와 그 위에서 가동하는 공분산구조분석용 소프트웨어이다. 1980년대까지는 대학이나 연구기관의 대형 컴퓨터에서밖에 분석할 수 없었던 것이 현재는 간단히 책상 위에서 계산할 수 있다. 좀 과장해서 말하면 공분산구조분석의 구조 따위는 모르더라도 간단히 분석결과를 얻을 수 있고, 그럴듯한 논의를 할 수 있는 것이다.

예를 들면, 아래 <그림 1-3>은 AMOS(analysis of moment structure)라고 하는 공분산구조분석을 위한 유명한 소프트웨어를 이용한 분석결과이다.

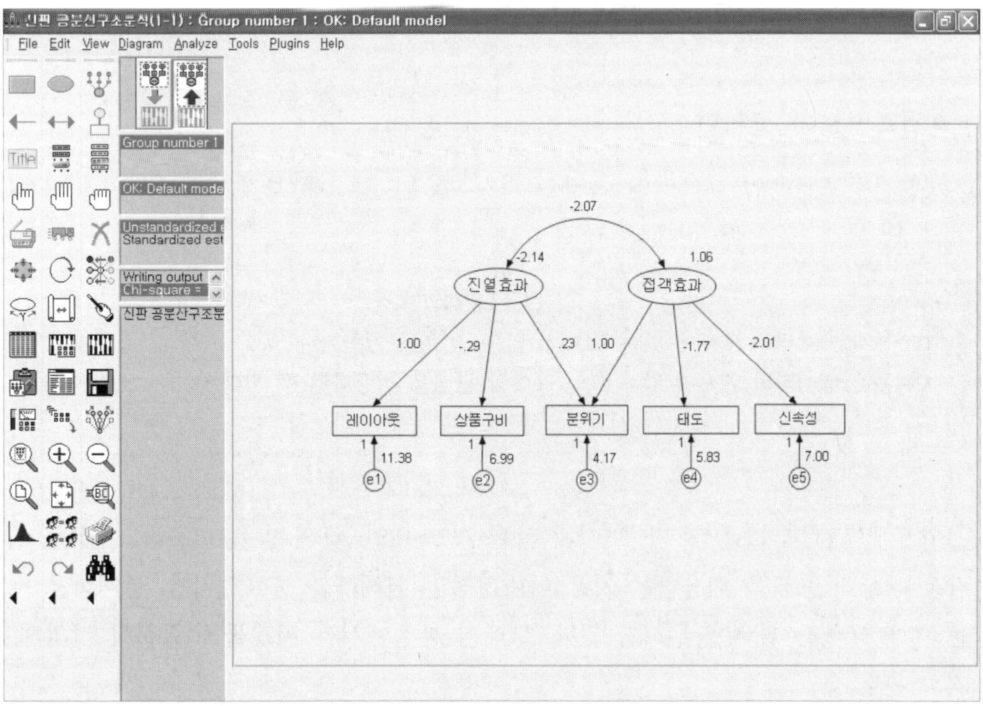

| 그림 1-3 | **AMOS를 이용한 분석결과 예**

<그림 1-3>이 보여 주듯이 경로도형을 입력하고 초기치를 적당히 부여함으로써 간단히 공분산구조분석이 실행된다. 통계분석의 '그림 풀이' 버전이라고도 생각할 수 있다.

이상으로 공분산구조분석의 특징을 조사해 보았다. "아무래도 종잡을 수 없다."는 생각이 들지도 모른다. 그러나 이것은 출발점이다. 이제부터 구체적인 의미를 조사해 가기로 한다.

메모

공분산구조분석을 위하여 필요한 지식

경로도형과 PC 상에서 가동하는 전용의 소프트웨어만 있으면 공분산구조분석이 가능한가 하면, 당연한 얘기이지만 그렇지 않다. 통계학의 기본교양이 필요하다. '경로도형에 부여하는 초기치', 'PC가 산출한 수치를 보는 방법', '모델의 평가' 등에서 통계학의 기본이 이용된다. 상세한 내용에 대해서는 본장 3절을 참고하기 바란다.

1.2 공분산구조분석의 주역인 잠재변수

■ 관측변수와 잠재변수

공분산구조분석의 대표적인 특징을 다시 한 번 정리해 보자.

공분산구조분석의 특징

(1) 통계 데이터의 배후에 있는 '보이지 않는 것'을 구체화한다
(2) 통계 데이터의 배후에 있는 요인 사이의 관계를 정량화할 수 있다
(3) 경로도형을 이용함으로써 시각적으로 데이터 분석이 가능하다

여기에서 (1)과 (2)를 보면 '보이지 않는 것', '요인' 등의 말을 이용하고 있다. 이와 같은 일상적인 말을 이용하는 것은 이미지적인 이해에는 중요하지만, 통계학을 배우는 데에 오해를 불러올 우려가 있다. 그래서 본절에서는 이것들을 확실히 정의해 보기로 한다.

다음 <표 1-2>의 데이터를 보기로 하자.

| 표 1-2 | **한국·미국의 IT도 조사결과**

No.	미국		한국	
	네트워크 이용도	PC 이용도	네트워크 이용도	PC 이용도
1	3	4	4	4
2	3	2	2	5
3	4	4	4	1
4	5	5	4	4
5	4	5	4	5
6	3	5	5	5
7	5	5	5	5
8	2	1	4	5

이 데이터의 1행째의 항목란에 있는 '네트워크 이용도', 'PC 이용도'를 변수라고 부른다. 특히 실제로 데이터로서 관측되고 있는 변수이므로, 공분산구조분석에서는 관측변수라고 부른다.1)

그런데 이 데이터를 보고 다음과 같은 감상(感想)을 가졌다고 하자.

"'네트워크 이용도'나 'PC 이용도'가 많은 사람은 'IT도'가 높을 것이다. 그래서 이 'IT도'로 데이터를 분석할 수 없을까. 또, 한국과 미국에서는 'IT도'가 다를 것이다. 한국과 미국의 'IT도'의 관계도 조사해 보고 싶다."

이것을 앞 절에서 조사한 경로도형으로 표현해 보자. 표현방법은 간단한데, 위의 감상을 그대로 도시하면 된다.

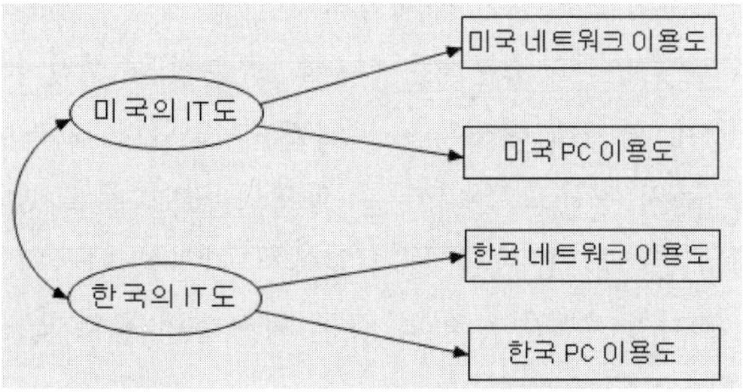

| 그림 1-4 | **한국·미국의 IT도 경로도형**

1) 데이터에 명시되어 있는 변수를 통계학의 전문서적에서는 변량이라 부르고, 확률변수와 구별하고 있는 경우가 있다.

이 '한국의 IT도', '미국의 IT도'는 데이터로부터는 직접 관측할 수 없는 추상적인 인자(因子)이다. 공분산구조분석의 큰 장점은 관측변수 이외에 그 배후에 숨어 있는 이와 같은 인자의 관계를 상세히 논의할 수 있다는 것이다. 공분산구조분석은 이와 같은 인자를 구성개념이라 하고, 그것을 표현하는 변수를 잠재변수(latent variable)라고 부른다.2)

일반적으로 앙케트의 질문항목이나 통계 데이터의 항목명 등은 관측변수이다. 이것에 비하여 그 배후에서 조종하는 인자의 존재를 가정했을 때, 그것을 변수로 비유한 것을 잠재변수라고 하는 것이다. 이 잠재변수를 자유롭게 조종할 수 있다고 하는 것이 공분산구조분석 최대의 특징이라고 할 수 있을 것이다.

이것은 인형극의 '인형'과 '인형을 조종하는 사람'의 관계와 비슷하다. 겉에 보이는 부분은 인형(즉, 관측변수)이고, 그 속에서 움직이고 있는 것은 인형을 조종하는 사람(즉, 잠재변수)인 것이다. 공분산구조분석을 사용함으로써 인형의 움직임뿐만 아니라, 본래는 보이지 않는 '인형을 조종하는 사람'의 관계도 밝혀주는 것이다.

이 관측변수, 잠재변수라고 하는 말을 이용하면, 공분산구조분석의 특징은 다음과 같이 간결하게 정리된다.

(1) 관측변수와 잠재변수 사이의 관계를 정량화한다
(2) 복수의 잠재변수 사이의 관계를 정량화할 수 있다
(3) 경로도형을 이용함으로써 시각적으로 관측변수와 잠재변수의 관계를 분석할 수 있다

관측변수와 잠재변수는 공분산구조분석의 주역이 되는 개념이다.

그런데 공분산구조분석을 확장한 통계학의 기법에 평균·공분산구조분석이라고 하는 것이 있다. 종래의 공분산구조분석은 분산과 공분산을 개입시켜서 변수 사이의 관계를 조사하기 위하여, 평균에 대해서는 논의할 수 없었다. 그러나 공분산구조분석적인 기법을 확장함으로써 평균도 논의할 수 있도록 되었다. 그것이 평균·공분산구조분석이다. 이 기법을 이용하면, 예를 들면 앞에서 예시한 한국과 미국의 'IT도' 중 어느 쪽이 높은지도 조사할 수 있다. 이와 같은 확장성의 용이함도 공분산구조분석 기법의 특징이라고 할 수 있을 것이다.

2) 요인분석에서는 이 구성개념이나 잠재변수를 요인이라고 부르고 있다.

1.3 공분산구조분석의 이해에 필요한 지식

■ 분산 · 공분산 · 회귀계수

공분산구조분석은 관측변수와 잠재변수의 관계를 자유자재로 조사할 수 있다고 하는 점에서, 지금까지의 통계분석 방법과 경계를 분명히 하고 있다.

그런데 공분산구조분석이 통계학이라고 하는 과학의 이름에 부끄럽지 않기 위해서는 "정량적으로 논의를 진척시킬" 필요가 있다. 감성으로 "이렇다!", "저렇다!"라고 하는 것이 아니라 구체적인 수치를 보여서 "이러한 관계로 되어 있다."는 것을 표현하지 않으면 안 되는 것이다.

그러면 공분산구조분석을 이해하고 수치적으로 구체적인 논의를 하려면, 어떠한 통계학적인 지식이 필요한 것일까? 그것은 다음의 세 가지이다.

> (1) 평균, 분산, 공분산 등 통계학의 기본
> (2) 회귀계수 등 회귀분석의 기본
> (3) 추성과 검정의 기본

본서에서는 (1)의 통계학에 대한 기본적인 내용에 대해서는 대체로 알고 있는 것으로 한다. (2)의 회귀분석에 대한 지식은 경로계수의 해석에서 이용하는 경우가 있다. 이에 대해서도 기본적인 지식은 이미 알고 있는 것으로 하고, 필요하면 그때마다 보충 설명하기로 한다.

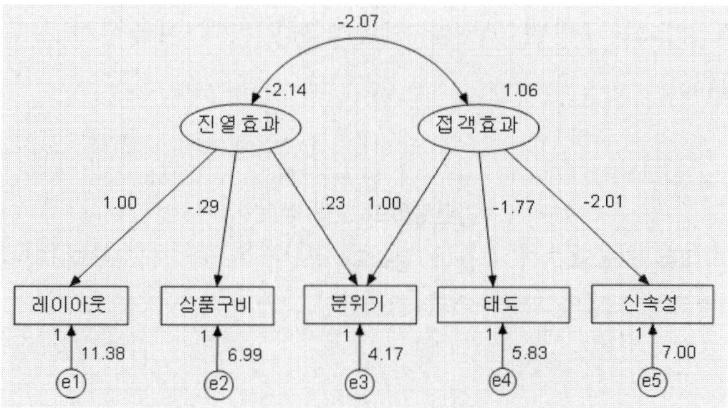

| 그림 1-5 | **AMOS를 이용한 분석결과의 수치 예**

(1), (2)의 지식이 있으면, 공분산구조분석에 관한 대충의 논의가 가능하다. 예를 들면, 다음의 <그림 1-5>는 공분산구조분석을 위한 소프트웨어 AMOS의 출력결과이다. 변수(사각, 타원, 원으로 표시되어 있는 것)나 화살표에 붙여진 수치가 분산, 공분산, 회귀계수에 상당하는 값이다.

(3)의 추정과 검정은 모델의 평가에 이용된다. 구체적으로 말하면, 정규분포에 의한 검정과 χ^2 검정이 이용된다(이에 대해서는 제2장 8절, 제3장 7절과 8절에서 다루기로 한다).

1.4 공분산구조분석의 기본 틀

■ 데이터의 본질을 이미지화하는 경로도형

통계학의 큰 목표 중 하나는 복잡한 통계 데이터를 단순한 모델로 설명하는 데 있다.

1변수의 데이터를 대상으로 하는 통계학의 경우, 평균과 분산이 통계 모델의 기본이 된다. 이들 두 개의 대표치(代表値)가 구해지면 통계학적인 논의를 거의 끝낼 수가 있다.

그러나 다변량(다변수)의 데이터인 경우, 평균과 분산만으로는 모델을 완결할 수 없다. 변수 사이의 관계라고 하는 것을 모델 안에 포함하지 않으면 안 되기 때문이다.

공분산구조분석에서는 복수의 변수 사이의 관계를 경로도형으로 나타낸다. 이와 같이 이미지로 관계를 표현할 수 있는 곳에 공분산구조분석의 뛰어난 점이 있다.

■ 모델의 결정

그런데 경로도형으로 그려낸 모델을 어떻게 데이터에 적용시키면 좋을 것인가? 결론은 다음과 같다.

> **경로도형의 모델 결정**
> 경로도형이 나타내는 모델로부터 산출한 분산과 공분산이, 데이터로부터 얻어진 분산·공분산에 가장 적합하도록 모델의 파라미터를 결정한다.

즉, 여러 가지 있는 통계량 중에서 “분산과 공분산에 대해서 이론치가 실측치에 맞도록 모델을 정한다."는 것이 공분산구조분석의 계산원리인 것이다. 그렇게 하여 이것이 공분산구조분석에 대한 이름의 유래이기도 하다.

모델 결정의 이미지를 개략적으로 표현하면 다음의 <그림 1-6>과 같다.

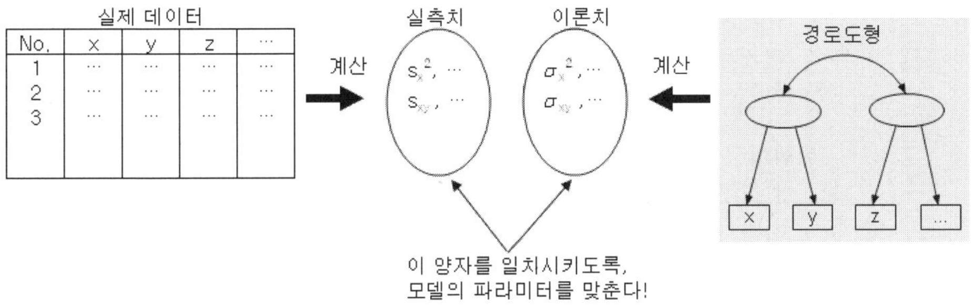

| 그림 1-6 | **모델 결정의 이미지**

그런데 경로도형이 나타내는 모델에는 분산, 공분산, 경로계수라고 하는 세 가지의 값이 포함되어 있다. 예를 들면, 다음의 <그림 1-7>은 관측변수와 잠재변수를 예로 해서 그 값의 쓰이는 방법을 보이고 있다.

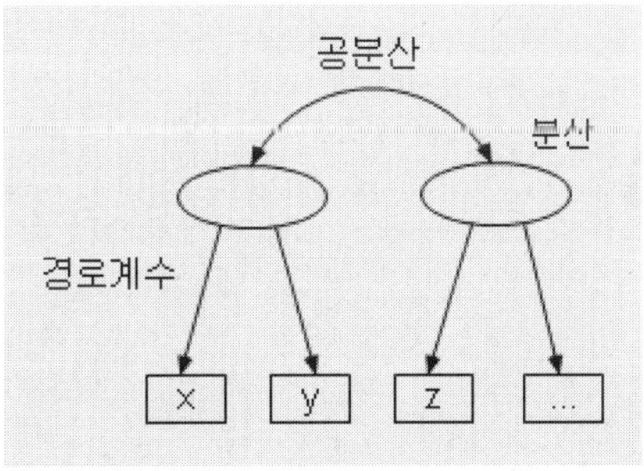

| 그림 1-7 | **분산, 공분산, 경로계수의 쓰임새**

공분산구조분석은 <그림 1-7>에 표시된 것과 같은 값(모수라고 한다)을 결정한다. 그리고 그 값에 의해서 여러 가지의 결론이 얻어지는 것이다. 이 결정의 논리로서 공분산구조분석이 채택하는 것이 데이터의 분산과 공분산을 가능한 한 일치시키도록 한다고 하는 원리인 것이다.

그런데 여기에서 다시 한 번 위에 보인 경로도형 <그림 1-7>을 보도록 하자. 이 그림에서 알 수 있듯이 공분산구조분석에서는 분산이 기본으로 되어 있다. 경로도형을 그릴 때에 화살표는 변수로부터 출발하지만, 그 뿌리의 값이 분산인 것이다.

실제로, 분산은 그 변수가 갖는 정보량을 나타내고 있다고 생각할 수 있다. 그렇게 하여 변수의 분산량을 얼마만큼 설명할 수 있는가로 그 분석의 정밀도를 표현하는 경우가 있다.

예를 들면, 회귀분석에서는 회귀식으로부터 계산되는 분산이 원래의 변수의 분산에 차지하는 비율을 결정계수라 부르고, 그 회귀식의 정밀도의 기준으로 하고 있다.

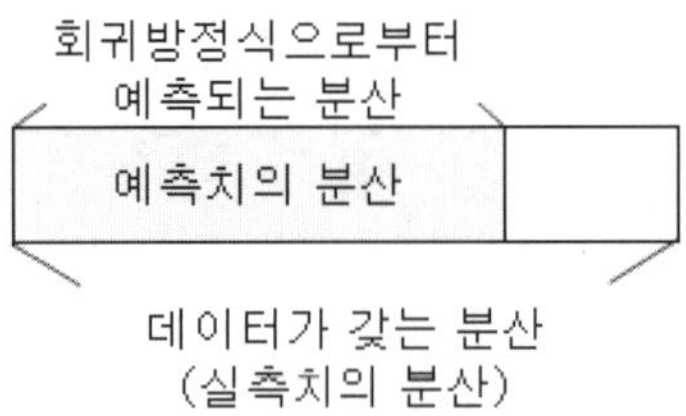

$$\text{결정계수} = \frac{\text{예측치의 분산}}{\text{실측치의 분산}}$$

분산이 '변수가 갖는 정보량'이라고 하는 관점은 종래의 다변량분석과 마찬가지로 공분산구조분석에서도 중요한 아이디어가 된다. 그렇게 하여 데이터의 분산·공분산을 가능한 한 충실히 재현하도록 모델의 파라미터(모수)를 결정한다고 하는 공분산구조분석의 원리는 다음과 같이 바꾸어 말할 수 있다.

> **공분산구조분석의 원리**
>
> 데이터가 갖는 정보를 가능한 한 재현하도록, 모델의 파라미터를 결정한다.

메모

> **분산은 데이터가 갖는 정보량의 기준**
>
> 분산이 데이터가 갖는 정보량을 나타낸다는 것을 이해하기 위해서는, 분산이 0인 데이터를 생각해 보면 좋을 것이다. 그 데이터는 모두 평균치로부터 이루어지는 데이터이다. 요컨대, 단일치의 보잘것없는 데이터 즉 '정보가 없는 데이터'라고 할 수 있다. 예를 들어 말하면, "개미의 집단에 앙케트 조사한" 것과 같은 데이터라고 할 수 있다.

공분산구조분석의 체험 2

2.1 공분산구조분석은 신세대의 다변량분석

■ 공분산구조분석은 다변량분석의 한 가지 도구

제1장에서는 공분산구조분석의 특징을 조사했다. 그러나 너무 막연한 일반론에 흘러서 오히려 의미를 파악하기 어려웠을지도 모른다. 그래서 본장에서는 공분산구조분석을 구체적인 예를 사용해서 조사해 보기로 한다. 예비지식이 없더라도 공분산구조분석을 즐길 수 있는 것이라고 생각한다.

다음의 <표 2-1>의 데이터를 보기로 한다. 이것은 어떤 컨설팅 회사의 사원 40명에 대한 데이터이다. 영업 등과 달리 컨설팅과 같은 서비스 산업은 근무평가를 하기 어렵다고 일컬어진다. 그래서 이 회사는 네 개의 항목에 대해서 관리직에게 평가하게 하고, 그것을 현재의 급여평가와 병렬시켜 보았다. 그 결과가 <표 2-1>의 데이터이다.

| 표 2-1 | **근무평가표**

사원번호	사교성	근면성	기획력	판단력	급여평가
1	7	6	7	8	5
2	4	5	5	4	2
3	6	8	4	4	4
4	5	5	5	5	4
5	6	6	4	5	3
·	·	·	·	·	·
·	·	·	·	·	·
·	·	·	·	·	·
39	4	3	5	5	4
40	4	5	5	5	4

(완전한 데이터는 부록의 CD에 있는 파일 예제 2-1에 입력되어 있음)

조사항목의 '사교성', '근면성', '기획력', '판단력'은 10단계로 표시하고 있다. 마지막의 '급여평가'는 5단계로 현재의 사정(査定)을 나타내고 있다.

그런데 이 데이터를 보았을 때, 무엇을 생각할 수 있을까?

"No. 2의 사원은 아무래도 신통치 못하군!"

등이라고 하는 감상을 가진 독자도 있을 것이다. 이와 같은 개개의 데이터에 대한 비평도 중요한 분석이지만, 데이터 분석의 참다운 맛은 거기에는 없다.

이와 같이 복수의 항목으로 이루어지는 데이터를 다변수(多變數)로 이루어지는 데이터라고 한다. 변수란 '사교성', '근면성' 등의 항목을 말한다. 그리고 이와 같은 다변수로 이루어지는 데이터를 분석하는 참다운 맛은, 어느 변수가 어느 변수에 어떻게 관련되어 있는가를 조사하는 것이다.

예를 들면, 현재의 '급여평가'가 그 밖의 어느 변수와 밀접하게 관련되어 있는가 조사해 보고 싶을 것이다. 그것을 알면, 사원은 효율적으로 일하는 방법을 알 수 있다. 역으로 경영자는 그 분석을 기초로 현재의 급여사정에 대한 타당성에 대해서 논의할 수 있다.

이상의 예와 같이 변수 사이의 관계를 분석하는 것이 다변수의 데이터를 분석할 때의 주요 테마이다. 그리고 이와 같은 분석을 위한 무기를 제공하는 것이 다변량분석이다. 본서에서 다루고 있는 공분산구조분석은 다변량분석의 한 가지 도구이다.

■ 경로도형이 공분산구조분석을 특징짓는다

그런데 공분산구조분석의 큰 특징 중 하나는 경로도형이라고 불리는 직감적인 이미지와 대화하면서 분석을 진척시키는 것이다. 이 경로도형은 실로 간단히 그릴 수 있다.

예를 들면, <표 2-1>의 데이터를 보고 '근면성'과 '기획력'이라고 하는 변수가 '급여평가'에 영향을 미치고 있다고 생각했다고 하자. 그것을 나타낸 것이 다음의 <그림 2-1>이다.

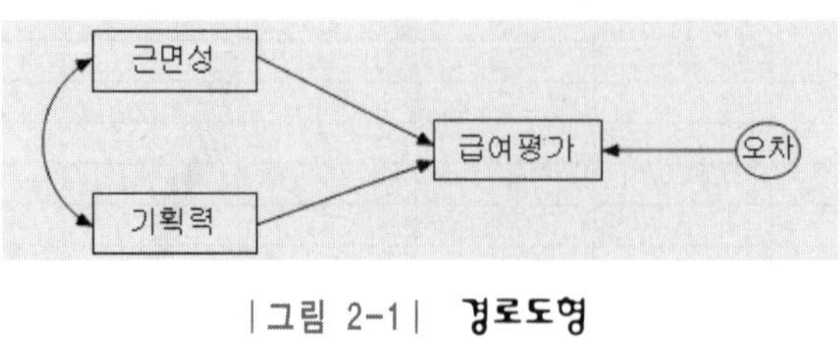

| 그림 2-1 | **경로도형**

또, '급여평가'는 '근면성'과 '기획력' 이외로부터도 영향을 받는다고 생각되므로, 오차항을 붙일 필요가 있을 것이다. 그래서 그 오차항을 원으로 둘러싸고 있다. 원으로 둘러싼 변수를 오차변수(誤差變數)라고 부른다. 특히 잠재변수에 붙여진 오차변수를 교란변수(攪亂變數)라고 부르는 경우가 있다.

더욱이 '근면성'과 '기획력'은 독립이 아니라 어떠한 관련이 있을 것이다. 그래서 그들 두 변수를 쌍방향 화살표로 연결한다.

이상의 약속에 따라서 <그림 2-1>을 해석해 보기로 한다.

"'급여평가'는 상호 관련이 있는 '근면성'과 '기획력'의 영향을 받는데, 그 두 가지만으로는 설명할 수 없는 '오차'도 포함된다."

해석도 간단하다. 이와 같이 경로도형은 대단히 알기 쉬운 것이다. 알기 쉬운 그림을 이용하면서 분석을 진척시키는 것이 공분산구조분석인 것이다. 그런데 이와 같은 경로도형의 부품을 편성하면, 얼마든지 정교하고 치밀한 경로도형을 그릴 수가 있다.

따라서 지금까지의 다변량분석에서는 여간해서 다룰 수 없었던 복잡한 데이터에 대해서 보다 적합한 유연한 모델을 구축하고, 분석할 수 있도록 되었다.

또, 경로도형의 부품을 편성해서 자유로운 모델을 작성할 수 있다고 하는 것은, 과거의 많은 다변량분석의 분석방법을 포함할 수 있다고 하는 사실도 의미한다. 실제로 전술한 <그림 2-1>을 다시 한 번 살펴보도록 하자. 사실을 말하면, 이것은 '회귀분석'이라고 불리는 기법을 도시한 것이다.

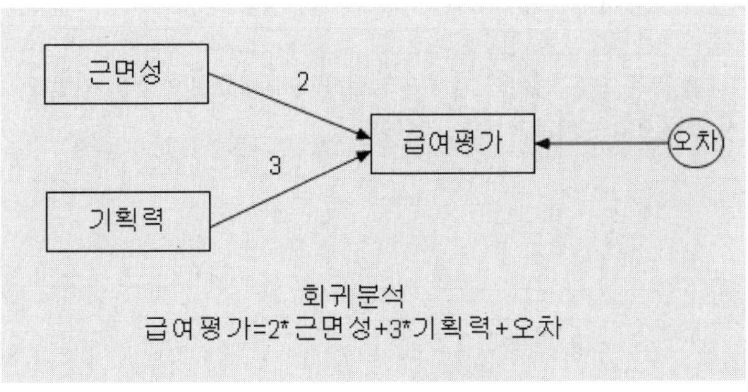

| 그림 2-2 | **회귀모형**

회귀분석이란 목적이 되는 변수를 다른 변수의 관계식으로 표현하고, 그 식으로부터 여러 가지의 분석을 실시하는 다변량분석의 한 기법이다. 그 관계식(회귀방정식)을 이미지화하여 도식화한 것이 <그림 2-2>이다.

■ 공분산구조분석은 종래의 다변량분석보다 간단하다

그런데 이상과 같이 공분산구조분석은 훌륭한 분석방법이긴 하지만, 역으로 이론적으로 이야기를 정교하고 치밀하게 전개해 가려면 어려워진다고 일컬어진다. 실제로 공분산구조분석을 역사적으로 읽어 그 계산원리를 상세히 설명하고자 하면, 엄청난 일이다. 통계학의 지식은 물론이려니와 해석학이나 벡터, 행렬 등 고도의 수학적 지식도 총동원되어야 한다. 그래서 대부분의 공분산구조분석에 관한 해설서에는 복잡한 식이 지면을 메우게 되는 것이다.

그러나 공분산구조분석의 기본을 이해하고, 실제로 이용하는 것 자체는 그다지 어려운 것은 아니다. 전술한 바와 같이 경로도형을 이용하면서 직감적으로 통계분석을 진척시켜 갈 수 있기 때문이다. 또, 어려운 계산은 PC의 소프트웨어에 맡겨 버리면 되는 것이다.

그래서 공분산구조분석의 큰 흐름을 파악하기 위해서, 본장을 이용하기로 한다. 상세한 것은 뒤로 미루고, 공분산구조분석의 전체상을 이 장에서 소개하기로 한다. 큰 흐름을 파악하고 있으면, 작은 문제는 뒤에서 해결되기 때문이다.

메모

공분산구조분석의 출발점

공분산구조분석은 심리학이 출발점이었다. 심리학에서는 심층심리로 대표되듯이, '조사결과의 배후에 숨어 있는 요인'을 연구한다. 이들 요인을 단순히 분석하는 것이 요인분석인데, 공분산구조분석은 그들 요인 사이의 관계도 분석하기 위해서 발안(發案)되었다. 이것이 경로도형과 결합하여 현재의 형태로 성숙한 것이다.

2.2 관계 및 원인 · 결과를 이미지화하는 경로도형

■ 경로도형의 작성

공분산구조분석의 장점 중 하나가 경로도형을 이용하면서 직감적으로 분석을 진행하는 것이라고 전술했다. 그래서 앞 절에 이어서 이 경로도형을 그리는 방법에 대하여 조사해 보기로 한다.

예로서, 다시 1절의 처음에 게재했던 '사원평가'의 데이터를 생각해 보기로 한다.

| 표 2-2 | **근무평가표**

사원번호	사교성	근면성	기획력	판단력	급여평가
1	7	6	7	8	5
2	4	5	5	4	2
3	6	8	4	4	4
4	5	5	5	5	4
5	6	6	4	5	3
·	·	·	·	·	·
·	·	·	·	·	·
·	·	·	·	·	·
39	4	3	5	5	4
40	4	5	5	5	4

이 데이터를 기초로 해서 사교성, 근면성 등의 사원에 대한 여러 가지 평가가 각각 어떻게 관련되어 있는가를 조사하기로 한다. 시안(試案)으로서 다음과 같은 관계도(경로도형) <그림 2-3>을 작성해 보았다.

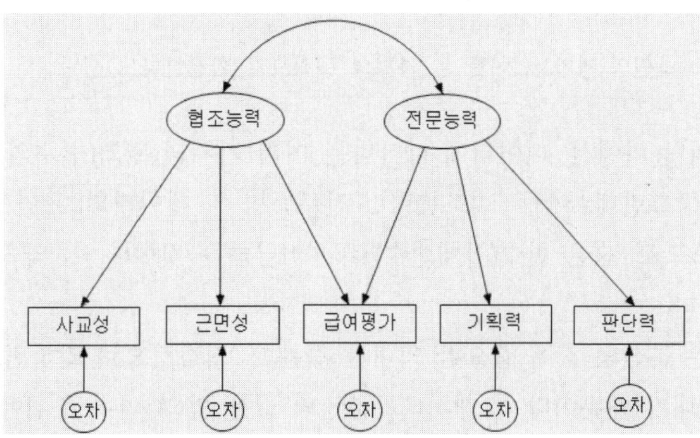

| 그림 2-3 | **경로도형**

이 경로도형은 생각나는 대로를 자유롭게 그린 것이다. 이 그림이 보이는 관계가 바른지 어떤지는 명확하지 않지만, 아무튼 출발점으로서 채택해 보자.

그런데 아무리 "생각나는 대로 자유롭게 그려도 좋다."고 하더라도, 최저한의 약속은 지키지 않으면 안 된다. 그래서 본절에서는 경로도형에 대한 규약, 규칙(rule)을 정리해 보기로 한다.

경로도형의 규칙
(1) 단방향(한 쪽 방향) 화살표(→)는 원인과 결과의 관계(즉, 인과관계)를 나타낸다. (2) 쌍방향 화살표(↔)는 관련을 나타낸다. (3) 사각형은 데이터로부터 관측할 수 있는 변수(관측변수)를 나타낸다. (4) 타원은 직접 관측할 수 없는 숨은 변수(잠재변수)를 나타낸다. (5) 원은 오차(오차변수)를 나타낸다.

이상의 약속을 기초로 <그림 2-3>을 해독해 보자.

■ 경로도형의 해독

먼저 "사원에게는 협조능력과 전문능력의 두 가지 능력이 있다."고 가정한다. 이것이 처음에 보인 경로도형에 있어서의 다음과 같은 부분이다.

사원의 평가는, 이들 두 가지의 능력으로 확정한다고 생각한다.

이 두 가지의 능력에서, 데이터에 나타나는 여러 가지의 평가(변수의 값)가 결정된다고 생각한다. 그런데, 이들 '협조능력', '전문능력'은 데이터의 표면으로부터 직접 관측할 수 없으므로, 숨은 변수(잠재변수)로서 취급하는 것이다. 이 약속에 따라서 타원으로 둘러싼다.

통계학에서는 분산의 값이 중요한 의미를 갖는다. 직감적으로 말하면, 변수가 갖는 정보량을 나타내기 때문이다. 그래서 그 분산의 값을 앞의 변수 주위에 기입하고 싶은 때가 있다. 그 때에는 타원 테두리의 오른쪽 위에 써넣는다.

타원의 오른쪽 위의 수치는 그 변수가 갖는 분산의 값을 나타낸다.

그런데, 이들 두 가지 능력은 서로 무관하고 완전히 독립적인 능력일까? '협조성'이 전혀 없는 인간은 '전문성'도 누락되어 있는 경우를 많이 볼 수 있다. 그래서 이들 두 가지에는 '관계'가 있다고 생각하는 편이 좋으므로, 쌍방향 화살표로 연결해 놓는다.

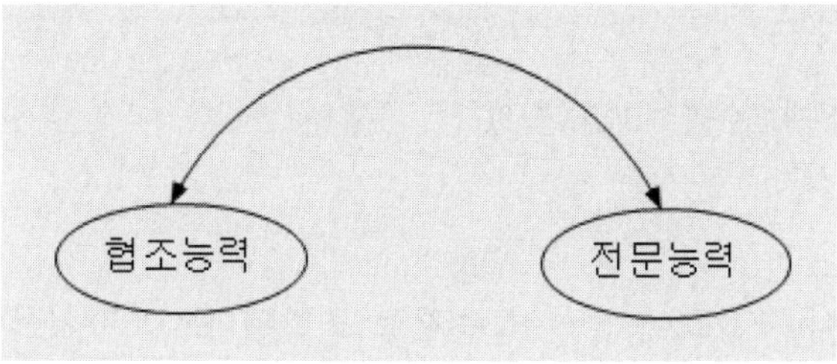

두 가지의 능력은 관련되어 있다는 것을 쌍방향 화살표로 나타낸다.

'관계'의 강약을 통계학에서는 공분산으로 나타낸다. 그래서 이 쌍방향 화살표의 위에 공분산의 값을 기입하는 경우가 있다. 예를 들면,

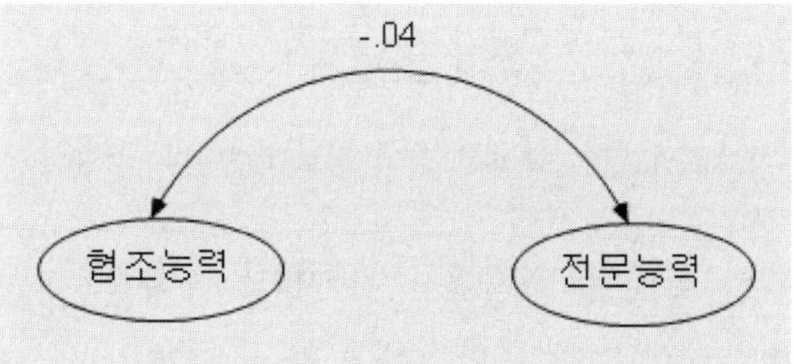

쌍방향 화살표 위의 값은 공분산을 나타낸다.

의 '−.04'와 같다. 이것은 '−0.04'의 의미이다.

그런데 '협조능력', '전문능력' 등이라고 하는 보이지 변수(잠재변수)는 어디에 그 모습을 나타내는 것일까? 그것은 데이터의 변수(즉, '사교성', '근면성' 등) 안(中)이다. 예를 들면, '전문능력'이라고 하는 보이지 않는 능력은 '기획력'이나 '판단력'에 그 모

습을 나타낸다고 가정할 수 있다고 하자.

이와 같이 '협조능력'이나 '전문능력'이라고 하는 잠재변수가 데이터 중에 있는 관측변수에 영향을 미치고 있다고 하는 이미지를 한 쪽 방향 화살표, 즉 경로로 나타낸다.

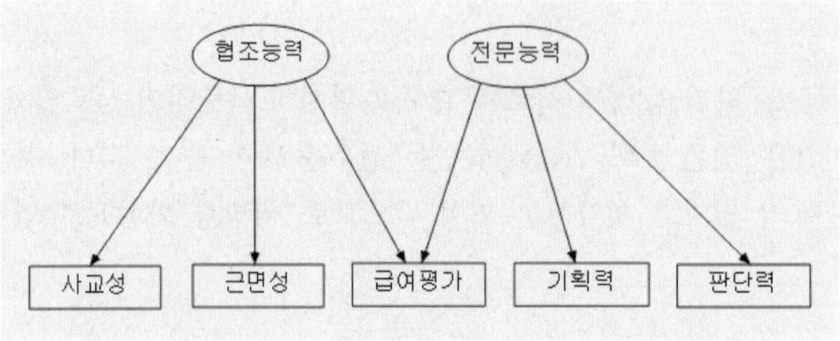

관측변수가 잠재변수에 지배되고 있다는 것을 나타낸다. 이것은 '원인과 결과'라고도 생각할 수 있다.

관계의 강도는 이 화살표에 붙여진 수치로 표현된다. 그 수치를 경로계수라고 한다.

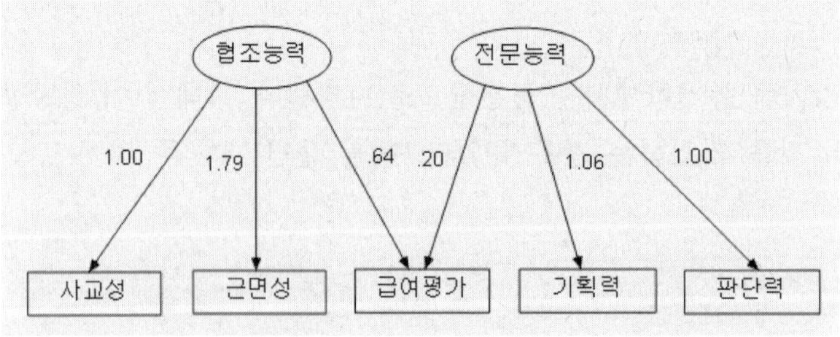

한 쪽 방향 화살표의 옆에 붙여진 값이 경로계수이다. 영향의 강도를 표현한다.

그와 관련하여, 이 한 쪽 방향 화살표는 잠재변수를 향한 경우도 있다. 예를 들면, 잠재변수 g가 잠재변수 f의 영향을 받는다고 하는 관계를 가정할 때에는, 경로도형에서는 다음과 같이 표현된다.

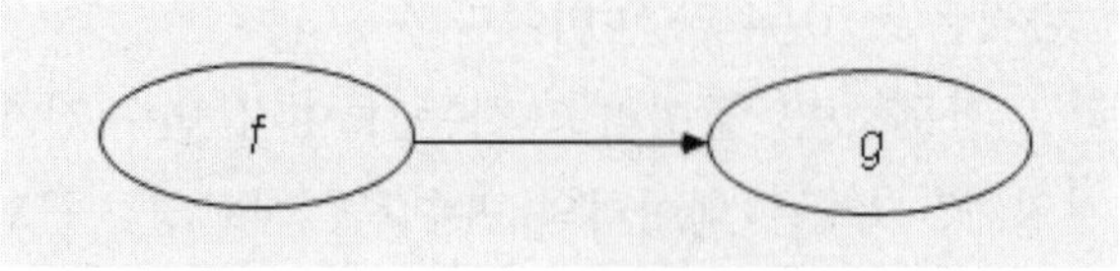

잠재변수 f가 잠재변수 g의 원인이 된다고 생각했을 때의 경로도형

그런데, '사교성'이나 '기획력' 등이 '협조능력', '전문능력'이라고 하는 두 가지의 능력만으로 완전히 설명할 수 있을 리가 없다. 거기에는 오차가 들어간다. 그 오차에는 오차변수라고 하는 변수를 부여한다.

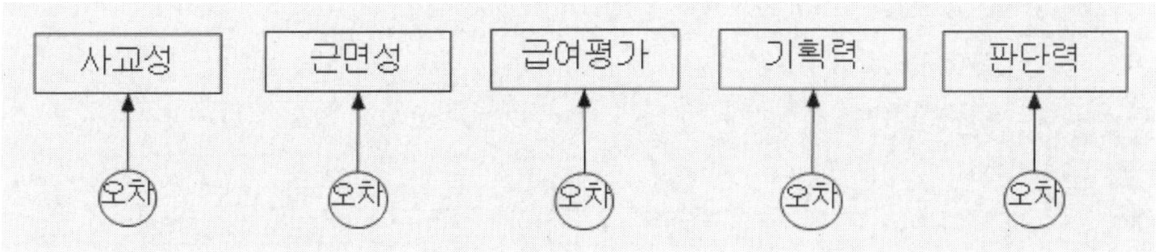

잠재변수로 완전히 지배할 수 없는 부분을 '오차'라고 하는 형태로 변수에 반영한다.

■ **경로도형의 해독 후 다음 단계**

이상이 처음에 보인 경로도형 <그림 2-3>의 설명이다. 매우 간단명료하다. 설명에 많은 말을 필요로 하는 것이라도, 경로도형은 간결하게 표현할 수 있는 것이다. 그리고 관측변수와 잠재변수의 관계를 직감적으로 표현해 준다. 이와 같은 경로도형의 장점을 이해할 수 있을 것이다.

그런데, 다음 단계는 경로도형의 수량화이다. 수량적으로 논의할 수 없다면, 공분산구조분석은 통계학이라고 하는 과학의 이름이 부끄럽지 않을 수 없다. 이것에 대해서는 다음 절에서 언급하기로 한다.

2.3 초기치의 설정과 식별문제

■ **경로도형만 그리면 모델이 해결되는 것이 아니다**

이제 AMOS를 사용해서 작업을 시작해 보자. 수집한 데이터와 작성한 경로도형을 이 공분산구조분석용 소프트웨어에 입력하면 자동적으로 계산이 행해져서 분석결과가 얻어지게 된다.

그러나 실제로 실행해 보면, 유감스럽게도 에러가 된다. 예를 들면, 다음 그림과 같이 계산이 진척되지 못하고 정지상태가 되고 만다.

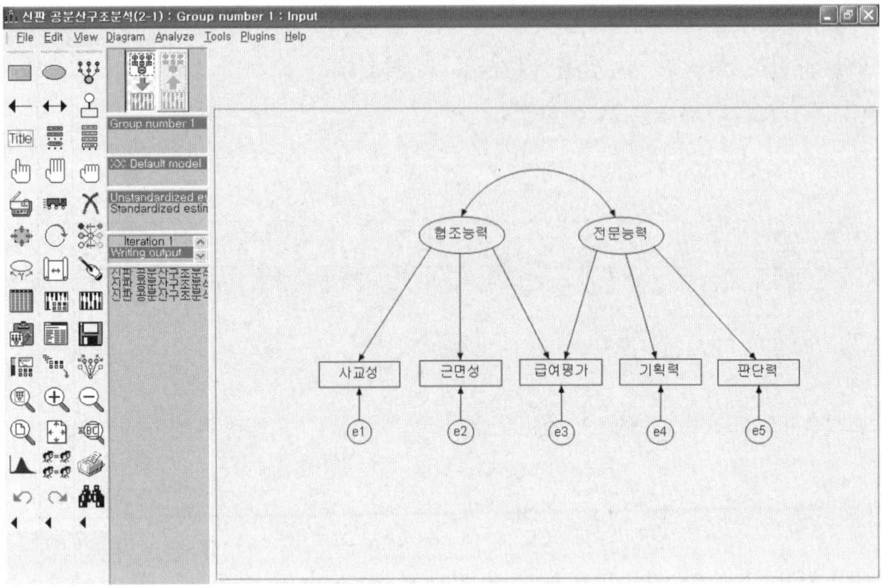

냉정하게 생각해 보면, 에러가 되는 것은 당연하다. 다시 한 번 지금까지의 과정을 뒤돌아본다. 먼저 본장 제1절에서는 데이터가 주어졌었다. 그리고 제2절에서는 제멋대로 그것을 해석하여 경로도형을 작성했던 것이다. 그 경로도형이란 것이 정말로 애매한 것이다. 수치적인 논의를 하기에는 조건의 범위가 너무 거친 것이다.

데이터를 보고 경로도형을 작성했는데, 이것을 수치적인 분석으로 연결하는 데도 좀더 '애매'한 곳을 줄여서 범위를 좁히지 않으면 안 되는 것이다.

이와 같이 경로도형에 어느 정도의 조건을 붙이면 수치적인 분석이 가능한가를 조사하는 문제를 **식별문제**(識別問題)라고 부른다. 공분산구조분석의 실제 계산에서, 여기가 가장 번거로운 곳이다.

■ 식별문제의 해결

식별문제를 분명히 하기 위해서 경험이나 논리에 의거하여 여러 가지 조건이 제안되고 있다. 여기에서는 잠재변수 부분에 초기치(初期値)를 설정한다고 하는 가장 기본적인 해결조건을 이용해서 식별문제를 극복해 보기로 한다.

먼저 잠재변수인 '협조능력'과 '전문능력'을 생각해 본다. 주의해야할 것은 이들 '능력'의 절대적인 양에 대해서는 아무것도 규정하고 있지 않다는 사실이다. 애당초 추상적인 것이기 때문에, 미리 정해진 양이 있을 리도 없는 것이다. 그래서 어차피 미정이라면, 잠재변수 '협조능력'과 관측변수 '사교성'의 연결의 강도(경로계수)가 1이 되도록 하는 양을 '협조능력'의 양으로서 채택해 본다.

연결의 강도를 나타내는 계수는 화살표의 뿌리가 되는(즉, 원인이 되는) 변수의 양에 의존한다. 따라서 그 경로계수가 1이 되도록 '협조능력'의 양을 조정하는 것이다.

마찬가지로 '전문능력'에서 '판단력'으로 향하는 경로의 경로계수가 1이 되도록 잠재변수 '전문능력'의 양을 정한다[1].

이 가정을 경로도형에 써넣어 보자. 아래 <그림 2-4>와 같이 경로계수는 경로의 옆에 기입한다.

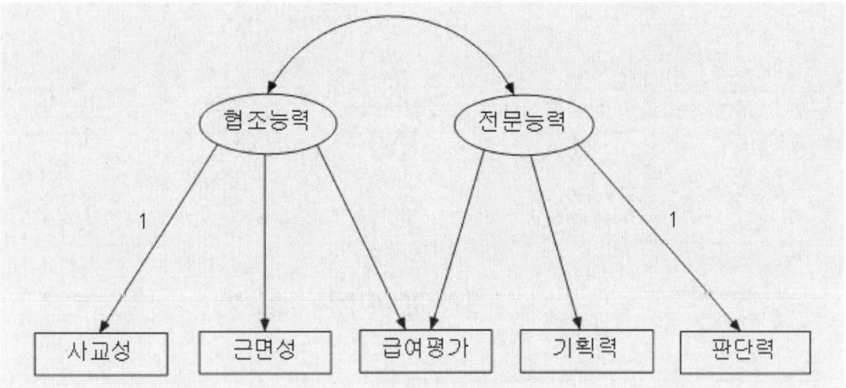

| 그림 2-4 | **경로계수를 기입한 경로도형**

마찬가지의 이유로 오차로부터 이어지는 경로에 대해서도, 그 상대와의 연결의 강도(경로계수)가 1이 되도록 하는 측정단위를 채택한다.

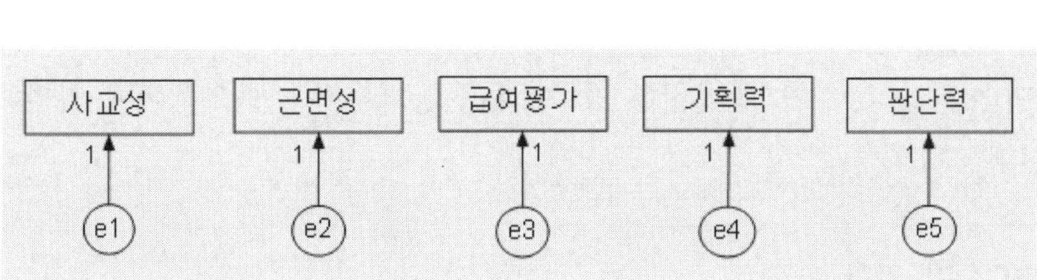

'오차'라고 하는 막연한 잠재변수도 상대와의 경로계수가 1이 되는 단위로 설정

---

1) '협조능력'이나 '전문능력'의 분산을 1로 하는 단위를 선택하고 있는 문헌도 많이 있다. 이와 같이 정해도 좋은 이유는 상술한 내용과 완전히 동일하다.

■ 경로도형의 조건설정 완료 다음은 계산

지금까지 조사한 모든 조건을 경로도형에 정리하여 써넣어 보자.

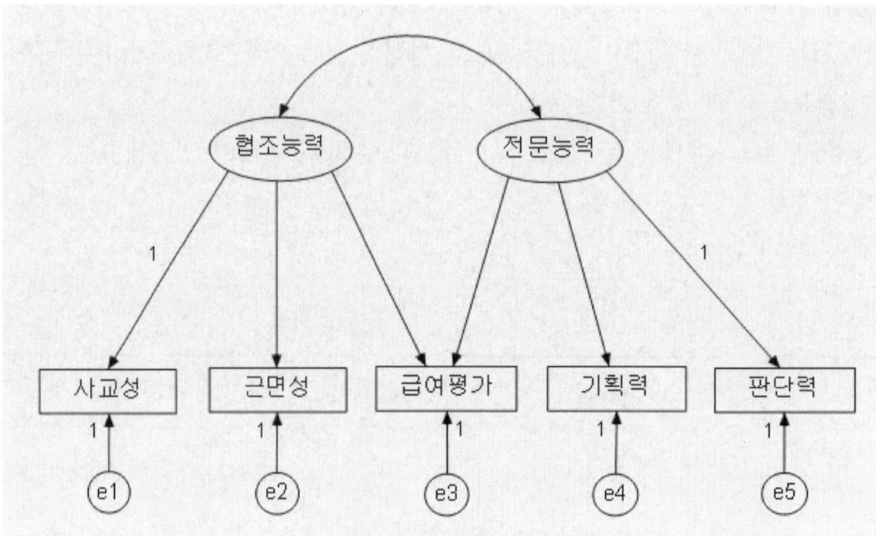

| 그림 2-5 | **경로도형의 조건설정**

잠재변수의 측정단위를 적당히 선택한다고 하는 조작은 어거지로 생각될지도 모른다. 그러나 <그림 2-5>와 같이 하나로 정리하면, 그 의미가 명확하게 된다. 즉, 상대에 대한 연결의 강도(경로계수)를 적당히 정하더라도 잠재변수인 '협조능력', '전문능력', '오차'의 값을 적당히 조정하면, 어떻게든 바른 모델을 작성할 수 있는 것이다.

그러면 이상과 같이 초기 설정한 경로도형을 통계분석 소프트웨어에 입력하고, 계산을 실행해 보자.

■ AMOS에 의한 해법

순서 1 ▸▸▸ 데이터의 입력

(1) <표 2-1>의 데이터를 입력하기 전에 먼저 SPSS '변수 보기'에 변수를 입력한다.

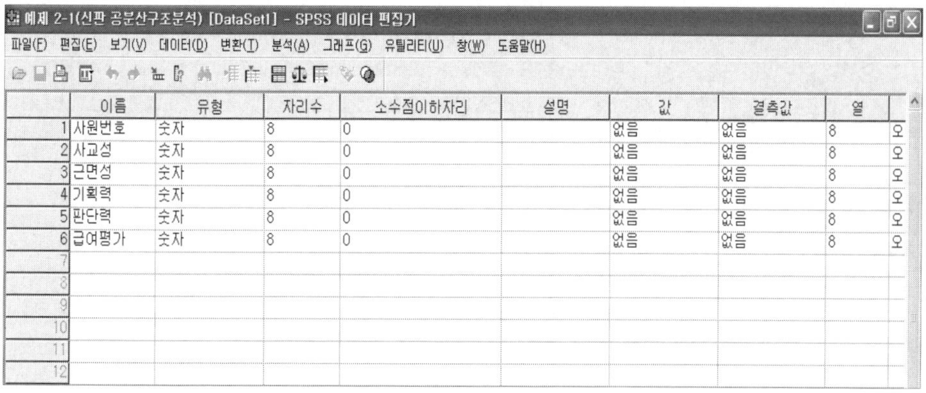

예제 2-1(신판 공분산구조분석) [DataSet1] - SPSS 데이터 편집기

파일(F) 편집(E) 보기(V) 데이터(D) 변환(T) 분석(A) 그래프(G) 유틸리티(U) 창(W) 도움말(H)

	이름	유형	자리수	소수점이하자리	설명	값	결측값	열	
1	사원번호	숫자	8	0		없음	없음	8	오
2	사교성	숫자	8	0		없음	없음	8	오
3	근면성	숫자	8	0		없음	없음	8	오
4	기획력	숫자	8	0		없음	없음	8	오
5	판단력	숫자	8	0		없음	없음	8	오
6	급여평가	숫자	8	0		없음	없음	8	오
7									
8									
9									
10									
11									
12									

(2) SPSS '데이터 보기'에 다음과 같이 입력한다.

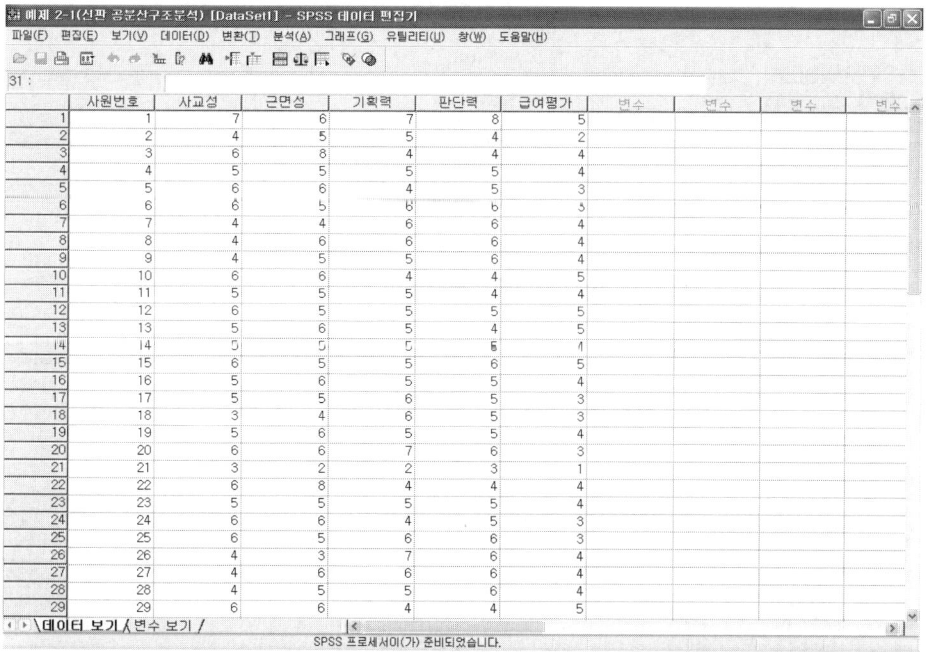

예제 2-1(신판 공분산구조분석) [DataSet1] - SPSS 데이터 편집기

파일(F) 편집(E) 보기(V) 데이터(D) 변환(T) 분석(A) 그래프(G) 유틸리티(U) 창(W) 도움말(H)

31 :

	사원번호	사교성	근면성	기획력	판단력	급여평가	변수	변수	변수	변수
1	1	7	6	7	8	5				
2	2	4	5	5	4	2				
3	3	6	8	4	4	4				
4	4	5	5	5	5	4				
5	5	6	6	4	5	3				
6	6	6	5	6	6	3				
7	7	4	4	6	6	4				
8	8	4	6	6	6	4				
9	9	4	5	5	6	4				
10	10	6	6	4	4	5				
11	11	5	5	5	4	4				
12	12	6	5	5	5	5				
13	13	5	6	5	4	5				
14	14	5	5	5	5	4				
15	15	6	5	5	6	5				
16	16	5	6	5	5	4				
17	17	5	5	6	5	3				
18	18	3	4	6	5	3				
19	19	5	6	5	5	4				
20	20	6	6	7	6	3				
21	21	3	2	2	3	1				
22	22	6	8	4	4	4				
23	23	5	5	5	5	4				
24	24	6	6	4	5	3				
25	25	6	5	6	6	3				
26	26	4	3	7	6	4				
27	27	4	6	6	6	4				
28	28	4	5	5	6	4				
29	29	6	6	4	4	5				

\데이터 보기 /변수 보기 /

SPSS 프로세서이(가) 준비되었습니다.

순서 2 ▸▸▸ Amos Graphics의 선택

메뉴에서 [프로그램(P)]－[Amos 7]－[Amos Graphics]를 선택한다.

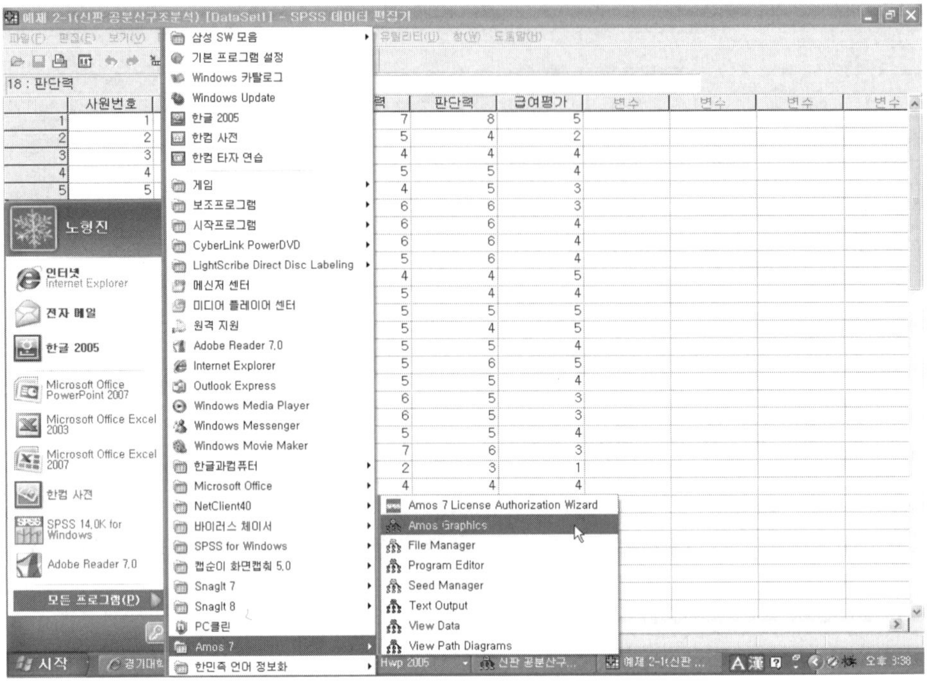

순서 3 ▸▸▸ 화면 크기 조정

(1) 메뉴에서 [View]－[Interface Properties]를 선택한다.

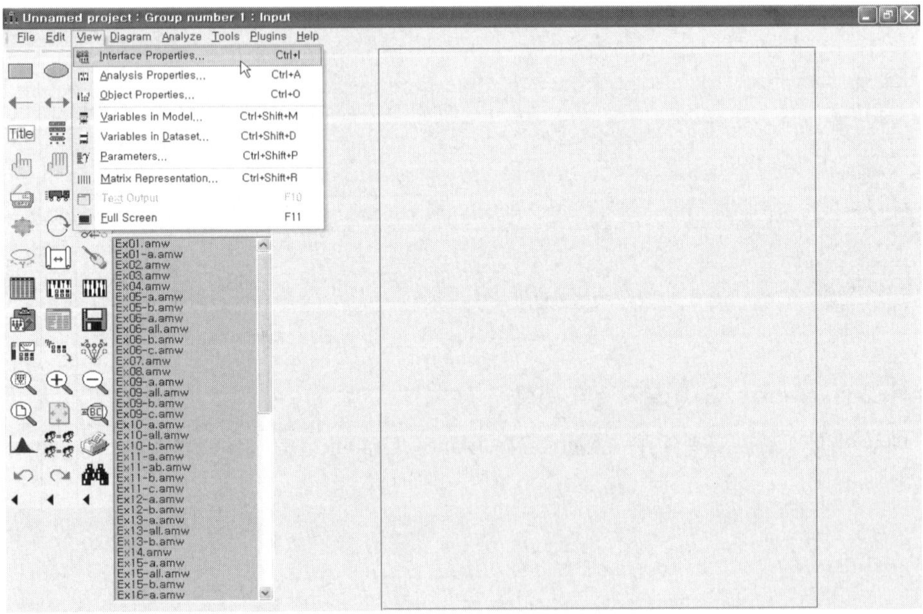

(2) [Interface Properties] 대화상자에서 [Orientation]의 'Landscape'를 선택하고 [Apply] 버튼을 클릭한다.

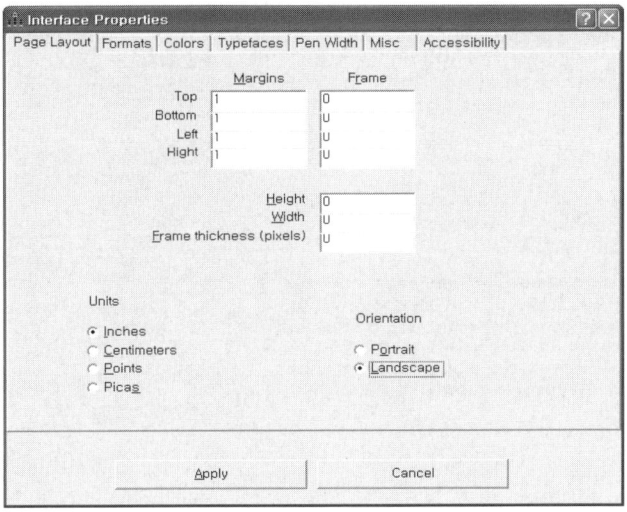

순서 4 ▸▸▸ 경로도형의 작성

도구상자에 있는 각종 버튼을 이용하여 다음과 같은 경로도형을 작성한다. 관측변수, 잠재변수의 이름을 입력하고, 전술한 바와 같이 '초기치=1'을 적당히 입력한다.

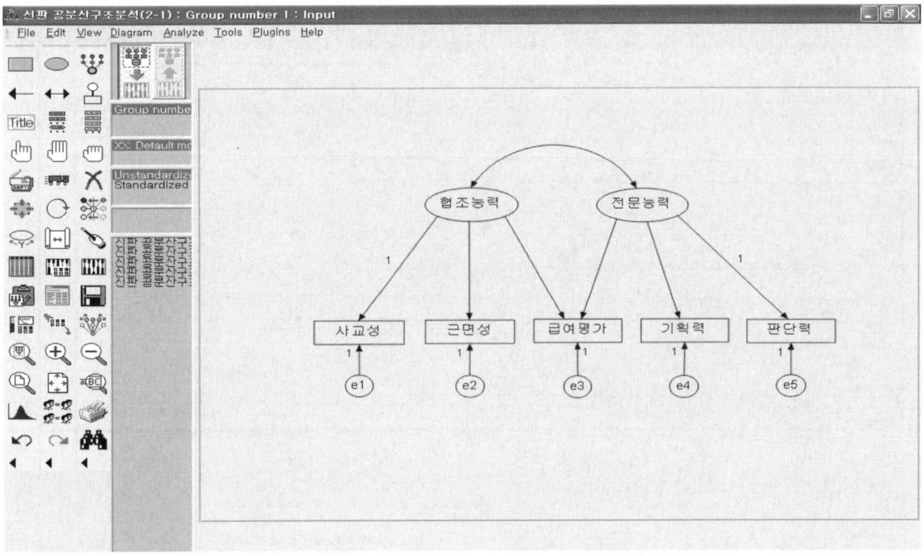

순서 5 ▸▸▸ 데이터 파일의 지정

(1) 메뉴에서 [File]－[Data Files...]를 선택한다.

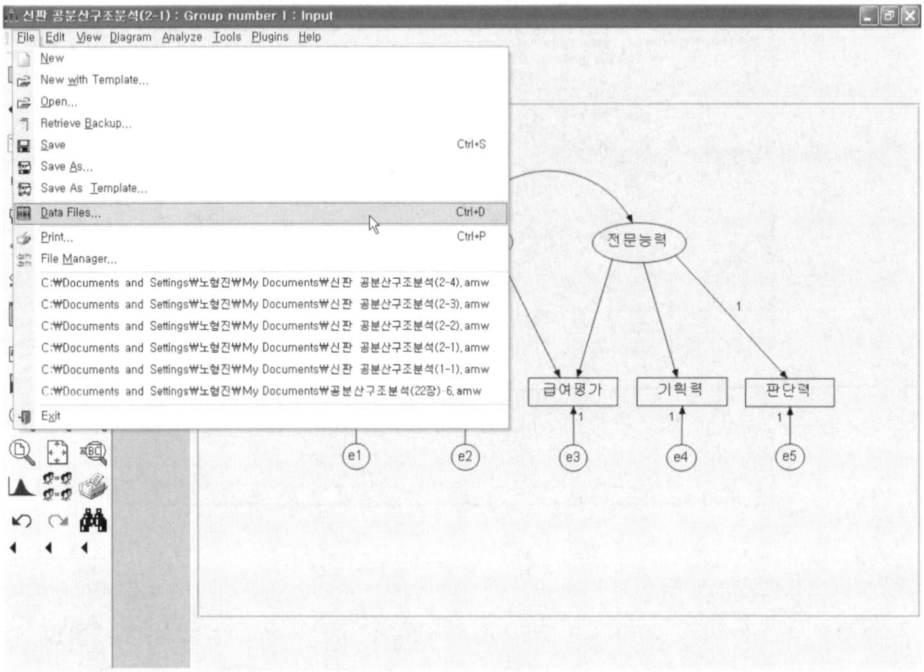

(2) [Data Files] 대화상자에서 [File Name] 버튼을 클릭한다.

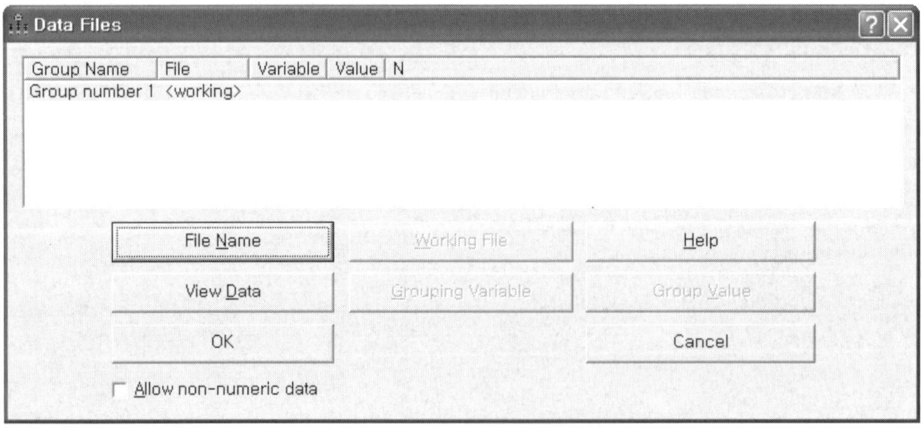

(3) [열기] 대화상자가 나타나면 다음과 같이 지정하고 [열기(O)]를 클릭한다.

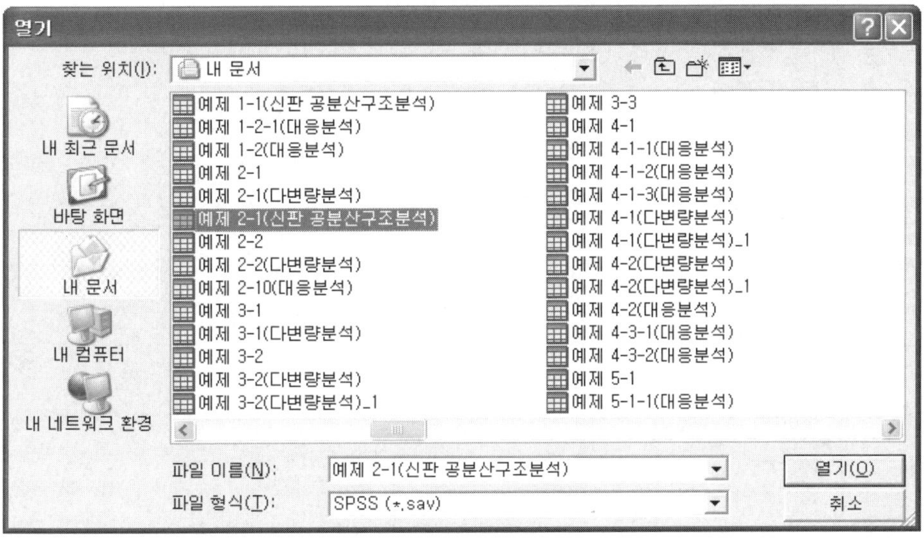

(4) [Data Files] 대화상자에서 다음과 같은 결과를 확인할 수 있다.

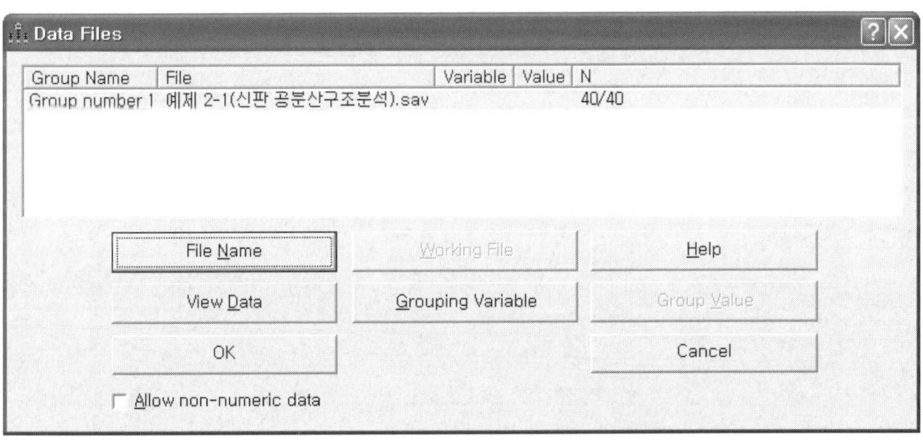

순서 6 ▸▸▸ AMOS의 실행

실행 버튼을 클릭해서 계산을 실시한다. 혹은 메뉴에서 [Analyze]-[Calculate Estimates]를 클릭하거나 Ctrl 키+F9 키를 동시에 눌러도 실행된다. 실행이 완료되면 화면 상단의 'View the output path diagram' 버튼을 클릭한다.

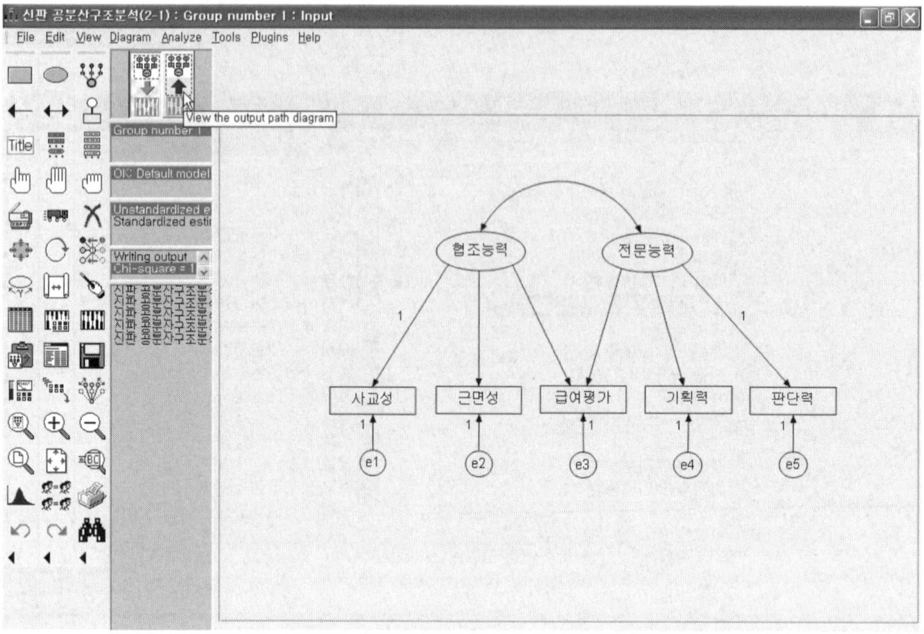

■ AMOS에 의한 경로도형의 출력

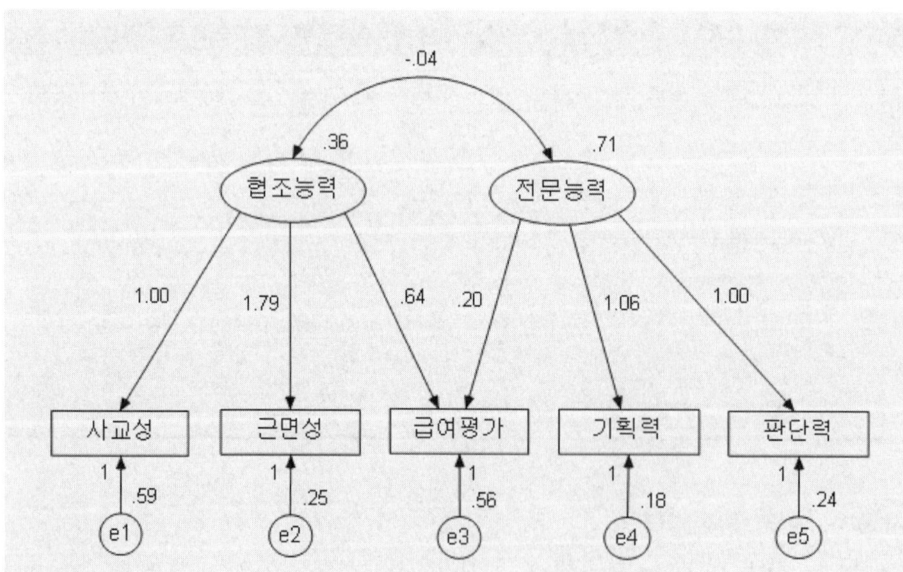

이번에는 계산결과가 얻어졌다. 식별문제를 명확히 할 수 있었던 것이다.

그런데 소프트웨어가 산출한 결과에는 여러 가지의 수치가 표시되고 있다. 이것들을 보는 방법에 대해서는 다음 절에서 차례대로 조사하기로 한다.

메모

공분산구조분석을 위한 소프트웨어

공분산구조분석의 계산은 방대하여 종이와 연필로 실행할 수 있는 것이 아니다. 계산은 다음과 같은 소프트웨어에 맡기면 된다.

AMOS(Analysis of Moment Structure)
SAS(Statistical Analysis System)
LISREL(LInear Structure RELations)
EQS(Structural Equation Modeling Software)

본서는 이들 통계분석 소프트웨어 중에서 가장 시용하기 쉽다고 일컬어지는 AMOS를 이용하고 있다. AMOS는 경로도형을 그림으로써 그 이후의 계산을 자동적으로 실행해 준다. 또, 한국어에도 대응하고 있으므로 매우 편리하다.

2.4 분석결과의 해석 – 경로계수

■ 계산결과의 표현식

주어진 데이터를 보고 경로도형을 그려서, 관계 모델을 구상했다. 그것을 기초로 PC를 이용하여 공분산구조분석의 계산을 실행해 보았다. 그렇게 하여 <그림 2-6>과 같은 분석결과의 수치가 얻어졌다.

본절에서는 이상의 계산결과에 대한 의미를 조사해 보기로 한다. 여기에서는 경로에 써넣어진 수치(경로계수)를 조사하기로 한다.

경로계수는 화살표의 시작이 되는 변수가 얼마만큼 화살표의 끝이 되는 변수에 영향을 미치는지를 나타내는 값이다.

구체적으로 수식으로 표현하면, 다음과 같은 의미를 나타낸다.

사교성 = 1.00 × 협조능력 + 1 × 오차(e_1) … ①

근면성 = 1.79 × 협조능력 + 1 × 오차(e_2) … ②

급여평가 = 0.64 × 협조능력 + 0.20 × 전문능력 + 1 × 오차(e_3) … ③

기획력 = 1.06 × 전문능력 + 1 × 오차(e_4) … ④

판단력 = 1.00 × 전문능력 + 1 × 오차(e_5) ⋯ ⑤

이와 같이 화살표의 양쪽 끝의 변수가 경로계수를 개입시켜서 1차식으로 연결되어 있다[2].

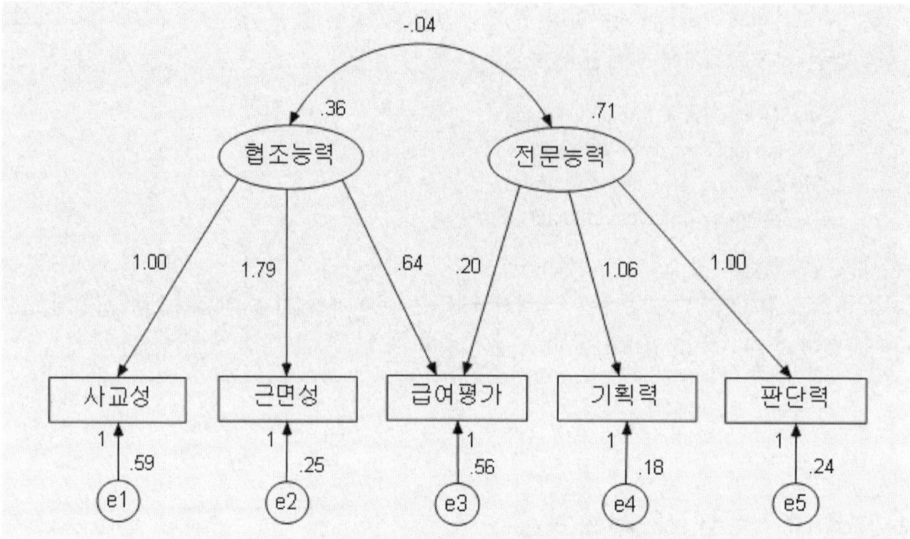

| 그림 2-6 | **비표준화 추정치 계산결과**

변수를 이와 같은 1차식으로 연결하는 유명한 다변량분석의 방법이 있다. 그것은 바로 회귀분석이다. 회귀분석에서는 이들 1차식을 **회귀방정식**이라 하고, 변수에 붙여진 계수를 **회귀계수라**고 한다. 이 말을 빌린다면, 경로계수를 다음과 같이 해석할 수 있다.

경로계수는 회귀계수를 표현하고 있다.

■ 식을 계산하면 경로계수의 의미가 보인다

회귀분석의 유명한 기법을 이용해서 좀더 식을 전개해 보도록 하자.

예를 들면, '근면성'의 분산을 추정해 본다. ②식으로부터의 간단한 계산으로부터,

'근면성'의 분산 = 1.79^2 × '협조능력'의 분산 + 1^2 × '오차(e_2)'의 분산

2) 1차식으로 표현되고 있다고 하는 의미에서, 공분산구조분석이 다루는 모델을 **선형 모델**이라고 한다.

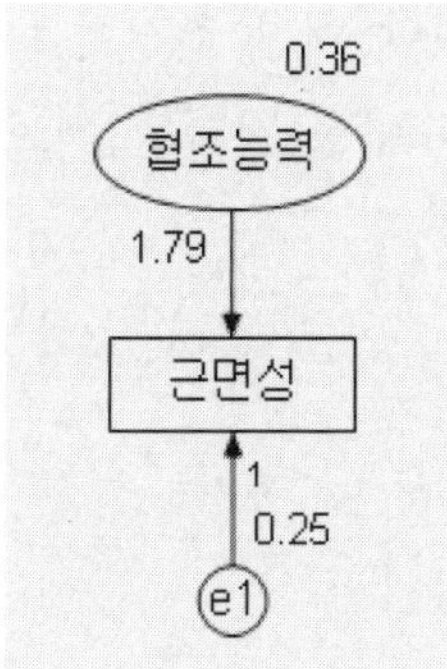

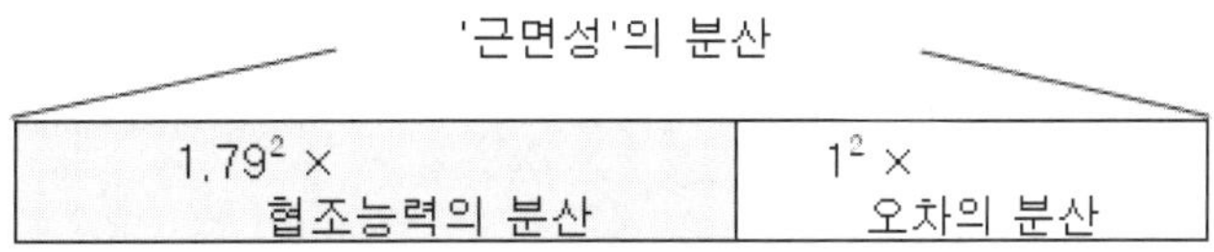

이것으로부터 다음의 관계를 간파할 수 있다.

경로 끝의 변수에 대한 분산의 점유도 = (경로계수)^2 × (경로 시작의 변수에 대한 분산)

분산은 변수가 갖는 정보량이라고 파악할 수 있다. 그러면 우변의

$$(\text{경로계수})^2 \times (\text{경로 시작의 변수에 대한 분산}) \cdots ⑥$$

은 경로 끝의 변수 중에 차지하는 경로 시작 변수의 정보량이라고 생각할 수 있다. 이것이 경로계수가 갖는 중요한 성질이다[3].

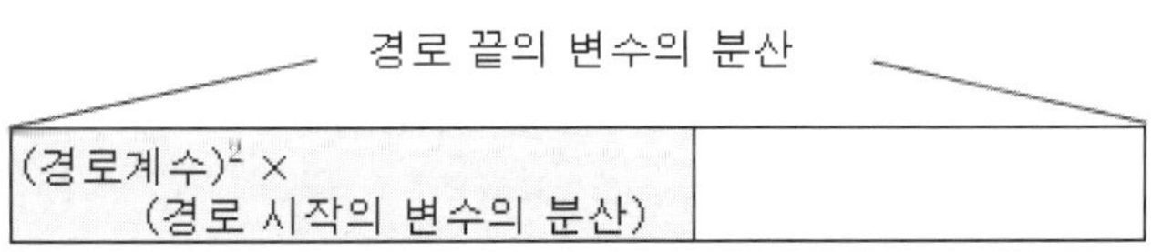

그런데 실제로 산출된 경로도형으로부터 '근면성'에 이어지는 분산과 경로계수의 값을 간파해 보자. 위의 그림으로부터 다음의 표가 얻어진다.

| 표 2-3 | **'근면성'에서 차지하는 '협조능력'과 '오차'의 분산 추정치**

	협조능력	오차(e_3)
분산	0.36	0.25
경로계수	1.79	1.00
(경로계수)^2×(경로 시작 변수의 분산)	1.15	0.25

3) 이상의 결과는 ②를 회귀방정식이라고 생각했을 때의 회귀분석의 결론과 동일하다.

이렇게 해서 '근면성'에서 차지하는 '협조능력'과 '오차'의 분산에 대한 추정치 1.15, 0.25라고 하는 값이 구해졌다. 이 표의 값으로부터 앞에 보인 그림을 정확한 척도로 그려 보도록 하자.

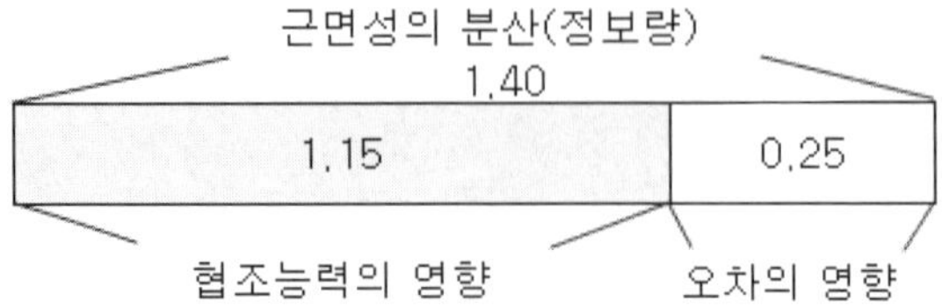

관측변수 '근면성'의 정보량은 잠재변수의 '협조능력'으로 잘 설명된다는 것을 알았다. 더욱이 이 그림으로부터 관측변수 '근면성'의 분산에 대한 추정치가 구해진다.

'근면성'의 분산에 대한 추정치 = 1.15 + 0.25 = 1.40 ··· ⑦

'근면성'의 분산은 <표 2-1>의 데이터로부터 직접 구해진다. 평균 $\overline{x}=5.33$이 되므로,

$$\text{'근면성'의 분산에 대한 실측치}=\frac{(6-\overline{x})^2+(5-\overline{x})^2+\cdots+(5-\overline{x})^2}{40}=1.42$$

⑦식에서 주어진 계산치는 좋은 추정치로 되어 있다는 것을 알 수 있다.

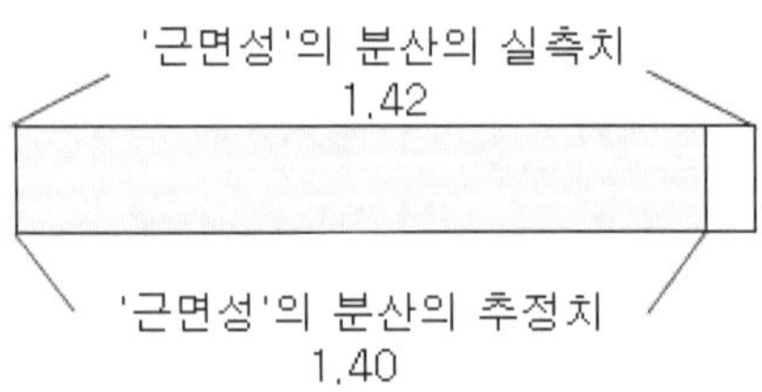

그와 관련하여 관측치 '근면성'에서 차지하는 잠재변수 '협조능력'의 정보의 비율은 다음과 같이 된다.

$$\frac{1.15}{1.42}=81\%$$ [4]

그런데 지금까지 '근면성'의 분산을 추정해 왔다. 그렇게 하여 경로계수가 경로 시작의 영향도를 나타내는 중요한 양이라는 것을 확인해 왔다.

마찬가지로 해서 다른 변수에 대해서도 분산이나 공분산의 값을 추정할 수 있다.

---

4) ②식을 회귀방정식이라고 생각했을 때, 회귀분석에서는 이 81%를 **결정계수**라고 부른다.

이와 같이 기본이 되는 경로계수와 분산, 공분산의 값이 구해지면, 다른 모든 정보가 계산으로 구해진다. 그렇게 하여 ⑥식이 나타내듯이 경로계수는 경로의 시작에 있는 변수의 정보량을 규정하는 데에 중요한 역할을 행하고 있는 것이다.

■ 실제의 계산은 PC에 맡겨라

그런데 이와 같이 필요한 정보량을 하나 계산하는 것조차 대단한 작업이다. 그래서 통계분석의 소프트웨어를 이용하기로 한다. 필요한 모든 정보를 산출해 준다. 아래 그림은 AMOS로 분산, 공분산의 추정치를 표시하고 있는 예를 보이고 있다.

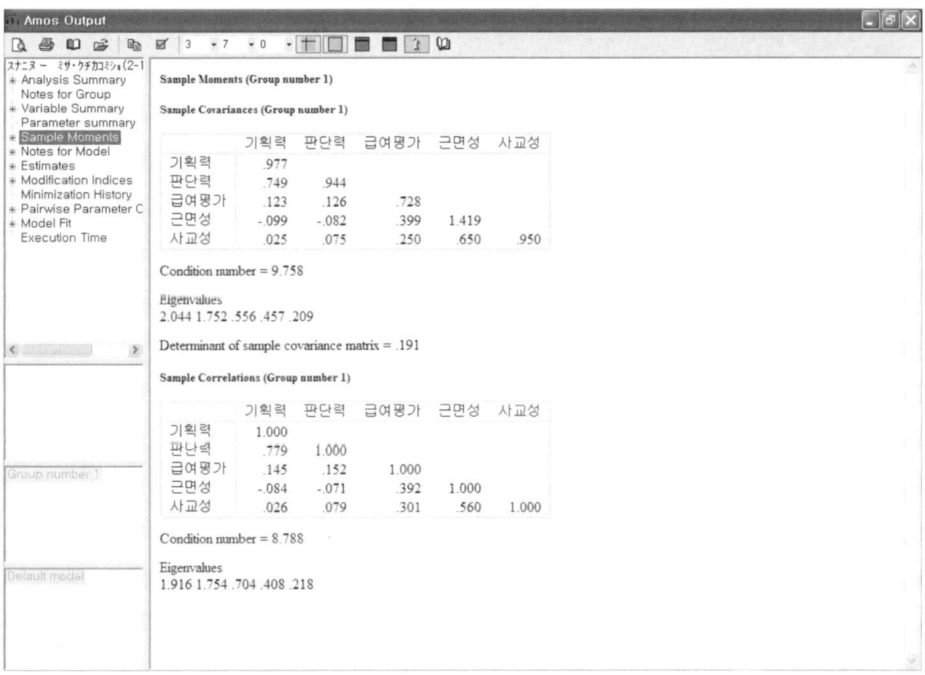

'근면성'의 분산일 때와 마찬가지로 이들 추정치를 실제의 추정치와 비교해 보면 재미있을 것이다. 실제의 분산을 Excel을 이용해서 구해 보면 아래의 표와 같다. 추정치는 실측치에 적합하고 있다는 것을 알 수 있다.

	사교성	근면성	기획력	판단력	급여평가
사교성	0.950				
근면성	0.650	1.419			
기획력	0.025	-0.099	0.977		
판단력	0.075	-0.082	0.749	0.944	
급여평가	0.250	0.399	0.123	0.126	0.728

■ AMOS에서 추정치의 표시

설치 직후의 디폴트(초기지정) 상태에서는, AMOS는 정보를 그다지 제공해 주지 않는다. 데이터 분석을 실행한 후에 메뉴에서 [View]−[Analysis Properties]를 선택한다.

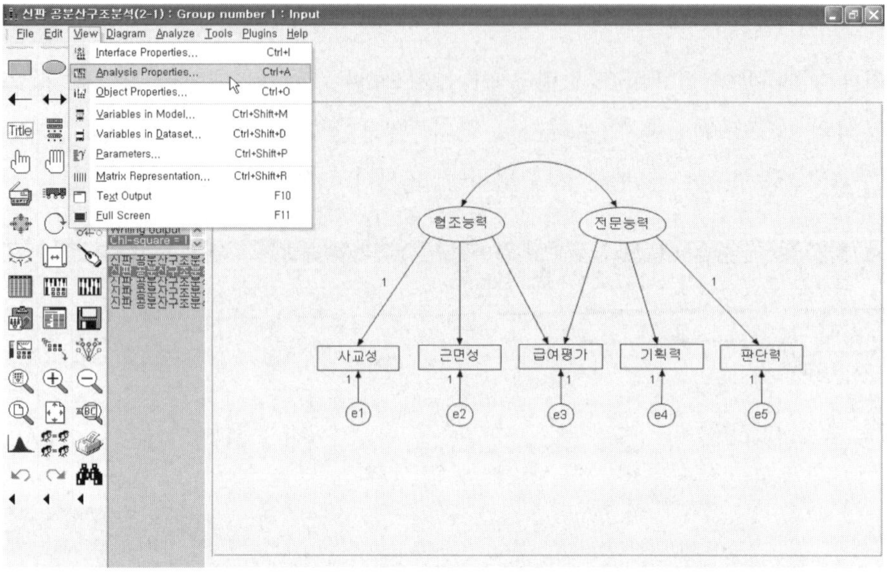

[Analysis Properties] 대화상자가 나타나면 [Output] 탭을 클릭한다. 그런 다음에 다음과 같이 산출하고 싶은 정보항목을 체크한다. 최소한 [Standardized estimates], [Covariances of estimates], [Correlations of estimates]에는 체크하여 선택할 것을 추천한다.

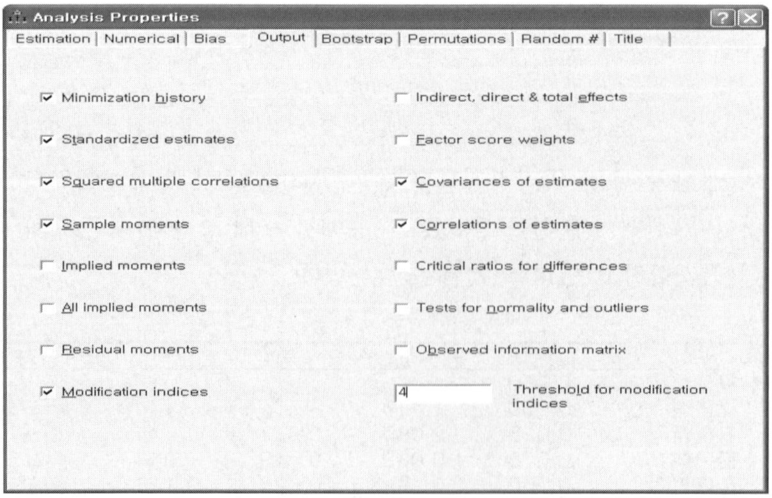

2.5 분석결과의 해석 – 공분산

■ 경로도형에서 공분산을 나타내는 쌍방향 화살표

앞 절에서는 분석결과로서 한 쪽 방향 화살표에 써넣어지는 수치, 즉 경로계수의 의미를 조사했다. 그렇게 하여 경로계수는 회귀분석의 경우 회귀계수에 상당한다는 것을 확인했다.

본절에서는 경로도형의 쌍방향 화살표에 써넣어지는 수치의 의미를 조사해 보기로 한다.

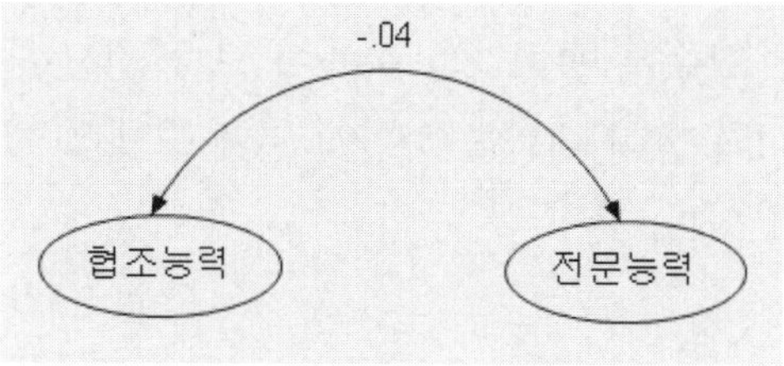

결론부터 말하면, 이 수치 −0.04는 두 변수의 공분산을 나타낸다.

공분산이란 두 변수의 관계를 수치화한 것이다. 두 변수의 공분산은 양자 모두 대등한 입장으로서 그 관계를 나타내고 있다. 즉, 두 변수의 관계에 대한 정보를 가장 순수한 형태로 표현한 값인 것이다. 경로계수도 두 변수의 관계를 나타내는 수치(회귀계수)이다. 그러나 이것은 화살표에 방향이 있듯이 대등한 관계는 아니다. 화살표가 시작되는 변수가 화살표가 끝나는 변수에 얼마만큼 의존하고 있는가를 표현하고 있는 것이다.

위의 그림을 보면, 이것은 '협조능력'과 '전문능력'의 공분산이 −0.04라고 하는 것을 나타내고 있다. 대단히 작은 값이다. 따라서 '협조능력'과 '전문능력'은 독립적인 능력이라고 생각해도 좋다는 것을 알 수 있다[5].

그래서 지금까지 조사해 온 경로도형은 다음 그림과 같이 좀더 단순하게 하는 편이 좋다는 것을 알 수 있다.

---

5) 공분산은 변수의 단위에 의존하는 양이므로, 단순히 수치만으로 두 변량의 관계의 대소를 논의할 수 없다. 이 경우에 '협조능력'과 '전문능력'의 분산이 각각 0.36과 0.71이므로, 척도에 의존하지 않는 상관계수는 −0.08이다. 상관계수는 ±1이 최대의 상관을 나타내고, 0에 가까울수록 상관이 없어진다는 것을 나타낸다. −0.08은 대단히 작은 상관을 나타내게 되어, 두 변수는 독립에 가까운 것을 의미한다.

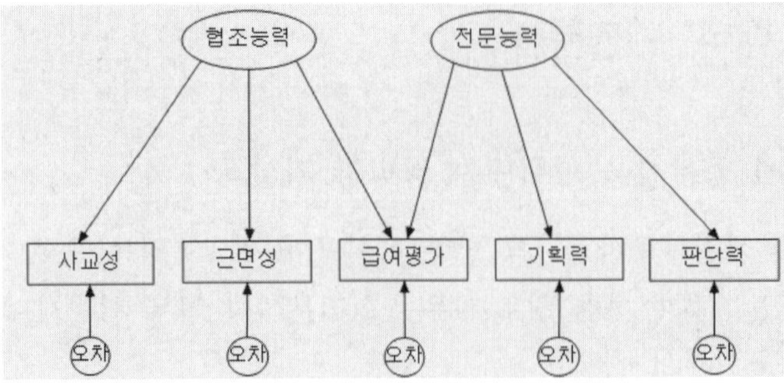

| 그림 2-7 | **개량된 경로도형 – '협조능력'과 '전문능력'이 독립화 되었다**

통계학의 목적은 "복잡한 데이터를 보다 단순하게 이해하고자 한다."는 것이다. 따라서 모델이 단순하면 할수록 통계학의 목표에 보다 접근하게 된다.

공분산구조분석은 이와 같이 대화를 하면서 관계 모델을 개량해 갈 수 있다고 하는 대단히 편리한 성질이 있다.

2.6 분석결과의 해석을 용이하게 하는 표준화해

■ 표준화해로 경로계수의 크기 비교가 가능

전술한 바와 같이 경로계수는 변수의 측정방법에 따라서 값이 변화한다. 경로계수란 회귀분석의 회귀계수에 상당하기 때문이다. 그래서 다른 화살표에 붙여진 경로계수의 값을 비교하는 데에는 의미를 갖지 않는 수가 있다.

그러나 같은 도면상에 있는 값은 비교해 보고 싶은 것이 인지상정이다. 그렇다고 해서 다른 변수를 연결하는 경로에 붙여진 경로계수의 값을 단순히 비교해서는 안 된다. 그래서 도움이 되는 것이 변수의 표준화(standardization)이다. 표준화를 행함으로써 단위가 다른 변수의 관계를 직접 논의할 수 있기 때문이다.

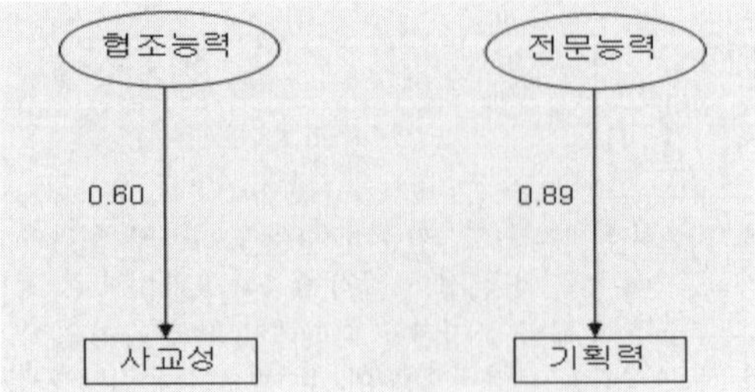

메모

변수의 표준화

변수 x에 대해서 다음의 변환을 시행하는 것을 변수의 표준화라고 한다.

$$z = \frac{x - \bar{x}}{s} \quad (\bar{x}\text{는 평균, } s\text{는 표준편차})$$

새로 얻어진 변수 z는 '표준화된 변수'라고 불린다. 이 z의 평균은 0, 분산은 1(표준편차도 1)이 된다.

관측변수에 대해서 표준화를 실행해 보도록 하자. 이때, 얻어지는 공분산구조분석의 결과를 표준화해라고 한다. 그러면, 실제로 지금까지 조사해 온 사원평가 데이터와 경로도형에 대해서 표준화해를 구해 보기로 한다. 그 결과는 다음과 같다.

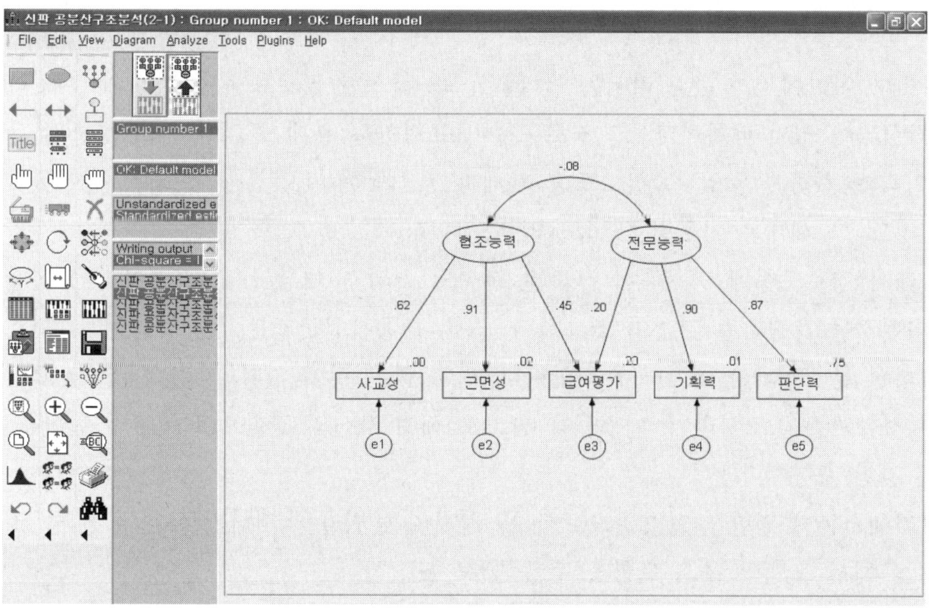

이 표준화해의 그림에 써넣어져 있는 경로계수나 공분산을 직접 비교할 수 있다. 예를 들면, 다음과 같이 표현할 수 있다.

'협조능력'이 '사교성'에 미치는 영향도(경로계수)는 0.62인데 비해서, '전문능력'이 '기획력'에 미치는 영향은 0.90이다.

그리고 대부분의 문헌에서는 이 표준화해가 분석결과의 출력 예로서 게재되고 있다.

2.7 산출 모델의 평가

■ 분석결과의 평가

지금까지의 내용을 통독함으로써 공분산구조분석이란 어떠한 것인가를 이해할 수 있을 것이라고 생각한다. 어려운 것을 빼면, 다음과 같이 정리할 수 있다.

공분산구조분석의 방법
주어진 데이터에 대해서 자신의 추측으로 경로도형을 그리고, 적당히 초기치를 설정해서 전용 소프트웨어로 계산을 한다. 경로도형에 보여지는 계산결과는 회귀분석과 공분산의 지식으로 해석한다.

그러나 여기에서 한숨 돌려서는 안 된다. 즉, 작성한 경로도형이 '자신의 추측'만으로 작성되어 있기 때문이다. 그 경로도형이 표현하는 관계 모델이 어느 정도 옳은지는 아직 평가하지 않았다. 경로도형 자체가 부적당한 것이었다면, 해가 얻어졌다고 하더라도 그 해에는 아무런 의미도 없는 것이다.

그래서 경로도형에 의거해서 산출된 분석의 결과가 대상이 되는 데이터에 적합한지 어떤지를 측정하는 기준이 필요하다. 그러나 공분산구조분석은 복잡해서 "이것만 체크하면 분석결과가 데이터에 적합하다."라고 하는 것이 없다. 따라서 몇 가지의 유명한 적합기준을 조사하여, 이것들을 참고로 해서 자신의 경험으로 최후의 판단을 내리는 것이 보통이다.

여기에서는 유명한 적합기준으로서 두 가지의 방법을 소개하기로 한다. 이들 지표를 이용해서 모델의 옳고 그름을 검증해 보기로 한다.

(1) χ^2 검정

공분산구조분석의 결과에 대한 검정으로서 가장 유명한 것으로, 다음의 가설을 χ^2 검정한다.

H_0 : 경로도형이 주장하는 관계는 옳다

즉, 분석결과와 데이터의 계산치와의 어긋난 정도의 기준 χ^2값을 구하고[6], 그것을 χ^2분포에 적용하여 유의수준과 비교한다.

다른 계산과 마찬가지로 경로도형과 현실의 데이터와의 어긋난 정도의 기준을 나타내는 χ^2값을 구하는 것은 큰일이다. 이것에 대해서도 통계분석용 소프트웨어를 이용하기로 한다. 예로서 AMOS의 산출결과를 보이면 다음과 같다.

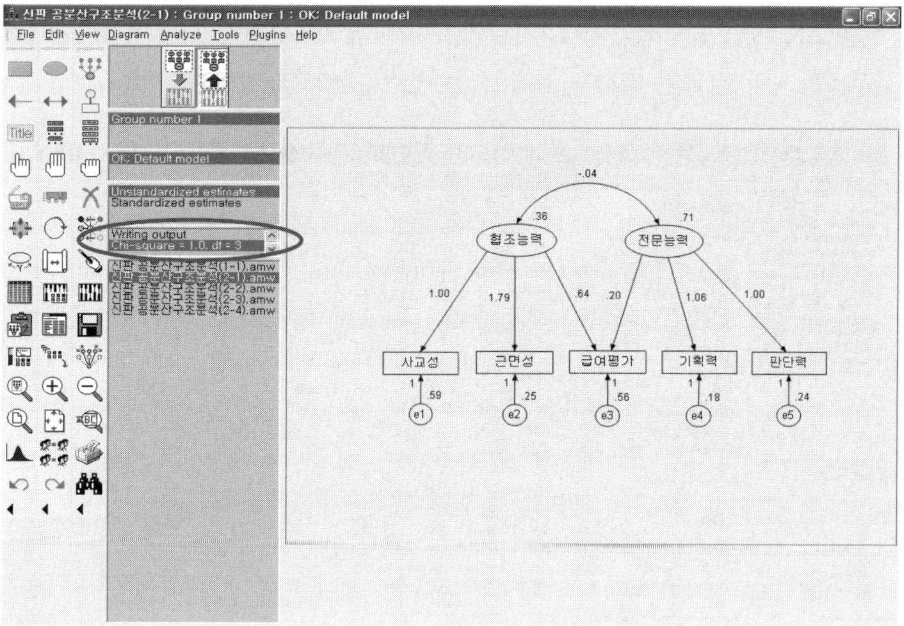

그림에 보여지는 바와 같이 이 예의 χ^2분포의 자유도는 3이다. χ^2분포에서 자유도 3, 유의수준 5%의 기각역은 통계표를 찾아보면 다음과 같이 된다.

$$\chi^2 \geq 7.815$$

이 데이터와 경로도형의 경우, χ^2값은 1.0이다. 따라서 기각역에는 들어가지 않는다. H_0는 기각되지 않게 된다. 적극적으로 검정된 것은 아니지만, 지금까지 생각해 온 경로도형이 보이는 관계 모델은 일단 인정된 셈이 된다.

(2) GFI

적합도지표(goodness of fit index)를 생략한 명칭을 갖는 지표로, (1)에서 조사한 χ^2 검정과 같은 정도로 자주 이용된다. χ^2검정이 표본의 크기에 민감하게 영향을 받는

---

6) χ^2값의 구체적인 식에 대해서는 제3장 7절을 참조하기 바란다. 그와 관련하여 AMOS에서는 이 χ^2을 괴리도(乖離度)라고 한다.

데 비해서, 이 GFI는 그것이 개선되어 있다.

GFI는 0~1까지의 값을 취하며, 1에 가까울수록 적합도가 좋다고 할 수 있다. 통상은 0.9 이상이면 '좋은 적합도'라고 일컬어진다.

(1)의 χ^2검정과 마찬가지로 통계분석 소프트웨어는 이 값도 역시 산출해 준다. 아래 그림은 AMOS의 출력결과이다. 지금까지 조사해 온 사원평가의 데이터에 대해서 공분산구조분석의 결과는 0.990이라고 하는 높은 적합도를 보이고 있다.

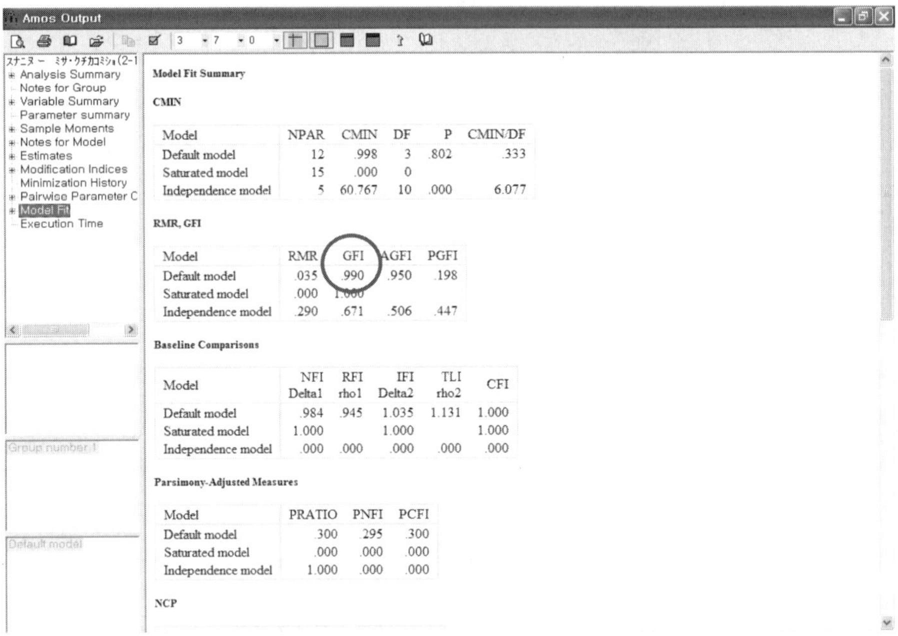

Model	NPAR	CMIN	DF	P	CMIN/DF
Default model	12	.998	3	.802	.333
Saturated model	15	.000	0		
Independence model	5	60.767	10	.000	6.077

Model	RMR	GFI	AGFI	PGFI
Default model	.035	.990	.950	.198
Saturated model	.000	1.000		
Independence model	.290	.671	.506	.447

Model	NFI Delta1	RFI rho1	IFI Delta2	TLI rho2	CFI
Default model	.984	.945	1.035	1.131	1.000
Saturated model	1.000		1.000		1.000
Independence model	.000	.000	.000	.000	.000

Model	PRATIO	PNFI	PCFI
Default model	.300	.295	.300
Saturated model	.000	.000	.000
Independence model	1.000	.000	.000

2.8 종합평가

■ 경로도형은 데이터의 엣센스

이 장에서는 공분산구조분석에 익숙해지기 위해서 이론의 설명은 차치하고, 먼저 그것을 실행해 보았다. 그렇게 하여 경로도형이나 통계분석을 위한 소프트웨어를 이용함으로써 어렵지 않게 공분산구조분석이 가능하다는 것을 확인했다.

지금까지 여러 가지 조사해 왔는데, 결국 도대체 무엇을 알았는지, 마지막으로 정리해서 다시 한 번 전체를 조감(鳥瞰)해 보기로 한다.

공분산구조분석은 데이터로부터 경로도형을 이미지화하고, 그것을 이용하여 여러 가지 계산을 한다. 본장에서도 그 시나리오에 따라 분석을 실행했다. 그렇게 하여 그 평가도 실시했다.

사원번호	사교성	근면성	기획력	판단력	급여평가
1	7	6	7	8	5
2	4	5	5	4	2
3	6	8	4	4	4
4	5	5	5	5	4
5	6	6	4	5	3
.	.	.	.	.	.
.	.	.	.	.	.
.	.	.	.	.	.
39	4	3	5	5	4
40	4	5	5	5	4

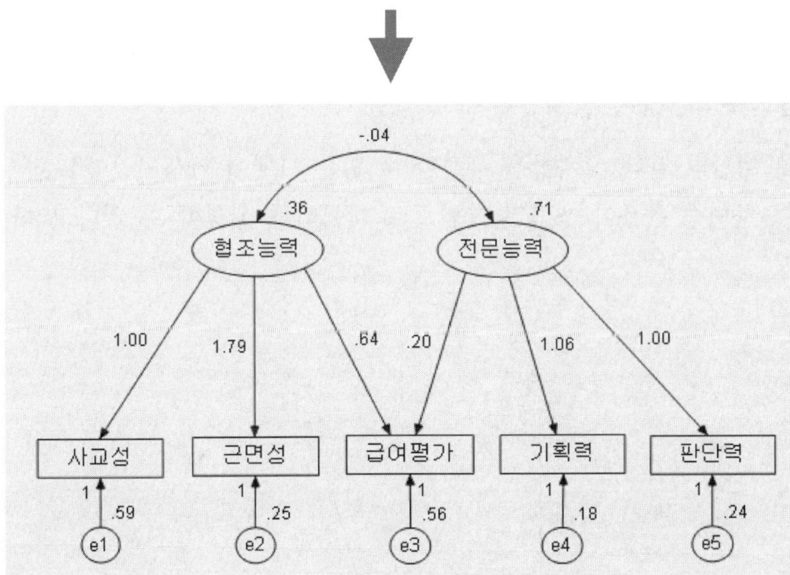

이와 같은 분석을 통해서 알 수 있었던 것은 '데이터의 구조'이다. "어느 변수가 얼마만큼 어느 변수와 관계하고 있는지"를 알 수 있다.

그런데, 통계학의 큰 목표 중 하나는 데이터를 단순화해서 그 구조를 이해하는 것이다. 공분산구조분석에서 중요한 것은, 데이터에 있어서의 복잡한 숫자의 나열이, 구체적인 관계가 표시된 단순한 그림으로 치환되었다고 하는 것이다. 즉, 경로도형이라고 하는 형태로 데이터로부터 엣센스가 추출된 것이다.

경로도형은 알기 쉽고, 이미지적인 데이터의 이해에 도움이 된다. 경로도형을 통해서 무엇이 중요한지, 무엇이 무엇을 개입시켜서 무엇에 영향을 미치고 있는지를 순식간에 독파할 수 있다. 이와 같은 경로도형을, 공분산구조분석은 구체적인 수치를 첨부해서 우리들에게 제공해 주는 것이다.

1변수의 데이터에서는 평균과 분산이 데이터의 엣센스라고 해도 과언이 아니다. 대부분의 논의는 이 평균과 분산만으로 소용에 닿는다.

그러나 다변수로 이루어지는 데이터가 되면, 평균과 분산이라고 하는 단순한 값만으로는 설명이 되지 않는다. 변수의 개수가 늘어나면 늘어날수록 데이터의 구조는 복잡해져서 관계가 보기 어렵게 되기 때문이다. 공분산구조분석은 경로도형이라고 하는 형태에서, 그 복잡한 것으로부터 관계의 본질을 드러내 준다. 계산결과를 동반한 경로도형은 1변수 데이터의 '평균과 분산'에 상당하는 데이터의 대표 이미지라고 해도 좋을 것이다.

■ 공분산구조분석은 잠재변수가 주역

그런데 계산의 결과, 오차항을 무시할 수 있는 모델이 완성되었다고 하자. 즉, 경로도형의 오차변수 부분이 생략된 그림으로 데이터를 설명할 수 있다고 하자.

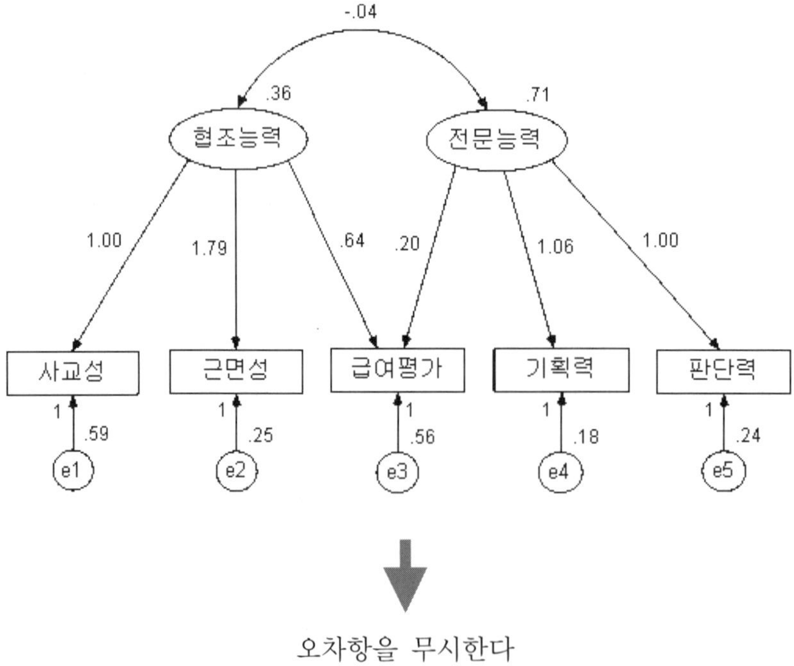

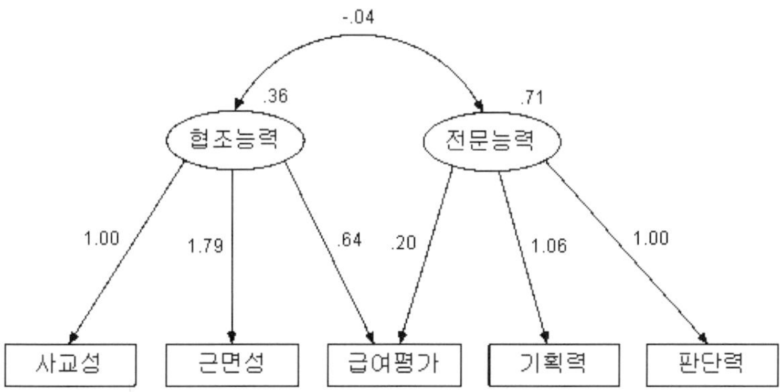

이와 같이 단순하게 되는지 어떤지는 구체적인 분석결과를 조사하지 않으면 안 된다. 그러나 만일 오차항을 무시한 단순한 경로도형을 적용할 수 있다고 한다면, 이것은 대단히 획기적인 것이 된다. 즉, 이는 데이터에 포함되는 대부분의 변수를 단순한 개념으로 설명할 수 있기 때문이다.

예를 들면, 바로 위의 그림에서 근면성과 급여평가를 조사해 보자. 오차항을 무시한 경로도형을 식으로 나타내면, 다음과 같이 된다.

근면성 = 1.79 × 협조능력 … ①

급여평가 = 0.64 × 협조능력 + 0.20 × 전문능력

기획력 = 1.06 × 전문능력 … ②

복수의 변수가 단 두 개의 잠재변수 '협조능력', '전문능력'으로, 이와 같이 설명되어 버리는 것이다.

거듭 말하지만, 통계학의 큰 목표 중 하나는 데이터를 단순하게 이해하는 것이다. 복잡한 다변수 데이터를 단 두 개의 잠재변수(요인)로 설명할 수 있다고 하는 것이 통계학의 목표에 들어맞고 있는 것이다.

더욱이 이와 같은 단순한 경로도형을 적용할 수 있다면, 데이터에 포함되는 개개의 데이터를 단순한 개념으로 설명할 수 있게끔 된다.

예를 들면, 위의 ①, ②식을 살펴보도록 하자. 근면성과 기획력은 관측변수이므로, 개개의 데이터 값이 구해져 있다. 즉, 이것은 이들 ①, ②식으로부터 각 사람의 능력이 구해지게 된다. 사원 한 사람 한 사람의 '협조능력'과 '전문능력'의 소유량을 구체적인 수치로 알 수 있는 것이다. 지금까지 추상적으로 행해져 왔던 인사평가도 객관적으로 행할 수 있게 되는 것이다.

3 공분산구조분석의 구조

3.1 변수의 관계 모델을 나타내는 경로도형

■ 공분산구조분석의 수학적 접근

제2장에서는 공분산구조분석의 전체적인 윤곽을 떠올리는 노력을 경주했다. 그렇게 하여 간난한 예를 보이면서 공분산구조분석이 결코 어려운 분석이 아니라는 것을 확인했다. 전용의 소프트웨어를 이용하면, 종래의 다변량분석보다도 간단하다고 해도 과언이 아니다. 실제로 제2장을 통독하는 것만으로 어느 정도의 공분산구조분석은 가능하게 된다.

그런데 지금까지는 공분산구조분석의 원리, 혹은 경로도형 등에 대해서는 예시적인 해설에 그쳤었다. 그러나 실제로 '잘 드는' 식칼로써 마음대로 다룰 수 있으려면 좀더 공분산구조분석을 상세히 나누어서 이해해 둘 필요가 있다.

앞 장까지에서 기본적인 이해는 되었다고 생각하지만, 정작 실천에 들어가면, 그 사이에는 상당한 격차가 있다. 그 차이를 메우기 위해서 이 장에서는 수식을 이용하여 공분산구조분석을 공략해 본다. 그것에 의해서 이해하고자 하는 이론을 납득해서 사용할 수 있게 되기 때문이다.

공분산이나 모수의 계산, 제곱과 최소자승법, 행렬이 등장하는 등, 다룰 내용이 조금 복잡해지지만, 이 장을 극복하면 목표지점이 보일 것이다.

■ 외생변수와 내생변수

경로도형으로부터 사각형으로 둘러싸인 관측변수, 타원으로 둘러싸인 잠재변수, 원으로 둘러싸인 오차변수 등 세 종류의 변수가 있다는 것은 바로 간파할 수 있다. 그러나 이 그림으로부터 다른 변수의 차이도 간파할 수 있다. 그것이 외생변수, 내생변수라고 하는 구별이다.

외생변수란 한 쪽 방향 화살표로 다른 변수를 가리키는 수는 있어도, 거꾸로 다른 변수로부터 지목되는 일이 없는 변수를 말한다. 이것에 비해서 어떠한 변수로부터 한 쪽 방향 화살표로 지목 받고 있는 변수를 **내생변수**라고 한다.

회귀분석적인 표현을 이용하면, 외생변수는 다른 변수의 원인으로 되어 있고 결과로는 되어 있지 않은 변수라고 말할 수도 있다. 따라서 모델에 있어서 가장 기본이 되는 변수라고 생각할 수 있다.

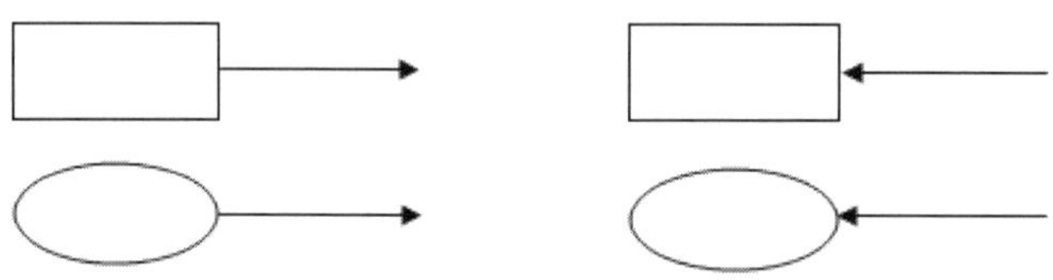

외생변수 내생변수

메모

변수의 분류

공분산구조분석에서 이용하는 변수에는 여러 가지의 분류가 있다. 지금까지 몇 번이나 등장했던 '관측변수', '잠재변수' 외에 위에서는 외생변수와 내생변수의 구별도 소개했다.

관측변수 잠재변수

더욱이 모델의 주역이 되는 잠재변수와 관측변수를 합쳐서 구조변수라 불러 오차변수와 구별하는 경우가 있다.

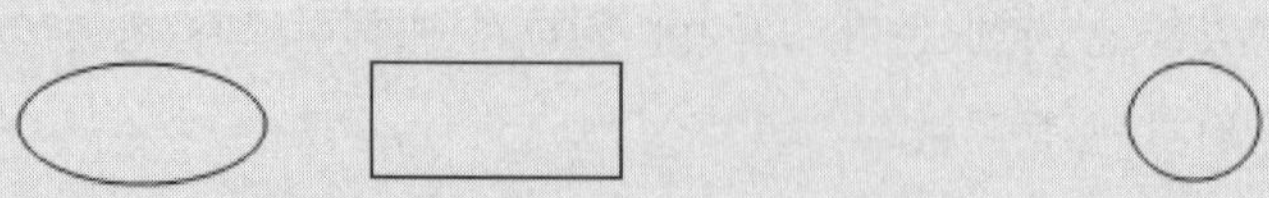

구조변수 오차변수

3.2 공분산구조분석은 선형 모델

■ 경로도형은 1차원으로 표현할 수 있다

공분산구조분석에서는, 데이터를 앞에 놓고 품는 이미지는 경로도형으로 표현된다. 사람마다 각각의 경험이나 사고방식에 의해서 직면한 데이터에 대해서 여러 가지의 감상이 발생하여 관계를 통찰하게 되는데, 그 이미지를 자연스럽게 경로도형으로 표현하면 되는 것이다.

그러나 경로도형만으로는 아무 도움이 되지 않는다. 손으로 그린 경로도형은 변수 사이의 막연한 관계는 보일 수 있어도, 수량적인 관계를 구체적으로 보일 수는 없기 때문이다. 경로도형만으로는 '그림에 떡'이다. 그래서 거기에 보인 관계를 수치화하는 이론이 필요하게 된다.

경로도형에 표시되는 관계를 구체적으로 수량화하려면, 이 그림으로부터 방정식을 도출하지 않으면 안 된다. 그 방정식을 기초로 변수 사이의 관계를 수치적으로 논의할 수 있는 것이다.

예로서, 다음의 데이터를 보고 그 아래에 보인 경로도형이 생각났다고 하자.

No.	x	y	u	v
1	6	50	35	20
2	23	17	33	6
3	38	48	40	1
4	14	16	30	42
5	11	3	21	13

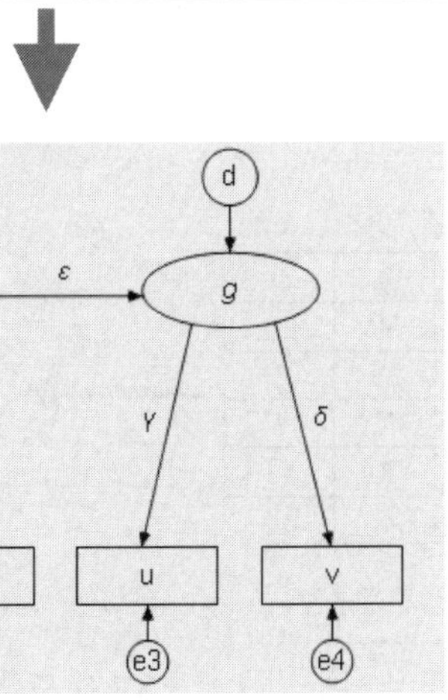

이 경로도형으로 표현되는 모델을 구체화하려면, 경로계수 $\alpha, \beta, \gamma, \delta, \varepsilon$, 변수 f의 분산, 그리고 오차변수의 분산을 값으로서 구하지 않으면 안 된다. 이것들을 모델의 모수라고 한다[1].

그런데 경로도형으로부터 관계식을 새로 써 보도록 하자.

$$x = \alpha f + e_1 \cdots ①$$
$$y = \beta f + e_2 \cdots ②$$
$$u = \gamma g + e_3 \cdots ③$$
$$v = \delta g + e_4 \cdots ④$$
$$g = \varepsilon f + d \cdots ⑤$$

이와 같이 경로도형으로 표현된 관계는 1차식으로 나타낼 수 있다. 이 특징으로부터 공분산구조분석에서 이용하는 모델을 선형 모델이라고 부른다. 이 선형 모델을 채택함으로써 공분산구조분석은 수학의 힘을 전적으로 활용할 수 있다. 행렬이나 벡터를 다루는 선형대수학을 무기로서 이용할 수 있는 것이다.

그런데 이들 ①~⑤를 이용하면, 모델에 포함되는 분산이나 공분산을 계산할 수 있다. 이렇게 해서 산출한 분산과 공분산이 실제의 값에 가깝도록 모수의 값을 정하는 것이 공분산구조분석의 기본원리이다. 그 기본원리에 대하여 다음 절에서 상세히 조사하기로 한다.

3.3 모수의 추정

■ 분산과 공분산

앞 절에서 경로도형으로 나타내 보인 모델을 식으로 표현했다.

No.	x	y	u	v
1	6	50	35	20
2	23	17	33	6
3	38	48	40	1
4	14	16	30	42
5	11	3	21	13

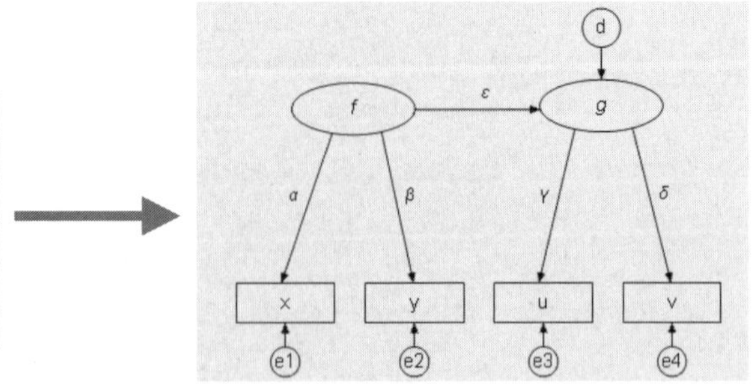

1) 다른 변수의 값 (x, y, u, v, g)는 이들 모수로부터 추정할 수 있다.

$$x=\alpha f+e_1 \cdots ①$$
$$y=\beta f+e_2 \cdots ②$$
$$u=\gamma g+e_3 \cdots ③$$
$$v=\delta g+e_4 \cdots ④$$
$$g=\varepsilon f+d \cdots ⑤$$

그러면, 어떻게 해서 이들 식 중의 모수(경로계수 α, β, γ, δ, ε과 f의 분산, 오차변수의 분산)를 추정할 것인가? 결론은 간단하다. 다음의 원리에 따른다.

> 모델로부터 계산으로 구한 분산과 공분산이, 데이터로부터 얻어지는 분산과 공분산에 가능한 한 적합하도록 모수(경로계수나 분산, 공분산)를 일치시킨다.

데이터로부터 얻어지는 정보는 여러 가지 있다. 그 중에서 분산과 공분산에 일치시키도록, 관계식에 포함되는 변수나 계수를 일치시킨다고 하는 것이 공분산구조분석의 원리인 것이다. 그리하여 이 원리 때문에 '공분산구조분석'이라고 불리는 것이다.

그러면 경로도형으로 나타내 보인 모델로부터 분산과 공분산을 모수로 표현해 본다. 이 이론치를 데이터로부터 얻어지는 분산과 공분산에 근사시키고 싶기 때문이다.

■ 분산을 모수로 표현

먼저 분산을 구해 보자. 예를 들면, x의 분산 σ_x^2은 다음과 같이 된다. 분산의 정의로부터,

$$\sigma_x^2=\frac{1}{n}\left\{(x_1-\bar{x})^2+\cdots+(x_n-\bar{x})^2\right\} \cdots ⑥$$

여기에서 n은 데이터의 크기(즉, 표본의 크기)이다. 이것에 ①식을 대입해 본다.

$$\sigma_x^2=\frac{1}{n}\left[\left\{\alpha(f_1-\bar{f})+\cdots+(e_{11}-\overline{e_1})\right\}^2+\cdots+\left\{\alpha(f_n-\bar{f})+\cdots+(e_{1n}-\overline{e_1})\right\}^2\right]$$ [2)]

이 σ_x^2의 우변을 전개해 본다.

---

2) x_1, f_1, e_{11}, e_{12}, …라고 하는 이해하기 어려운 기호를 이용하고 있는데, 이것들은 변수 x, f, e의 첫 번째 데이터, 두 번째 데이터, …라고 하는 의미이다.

$$\sigma_x^2 = \frac{1}{n}\Big[\left\{\alpha^2(f_1-\bar{f})^2+2\alpha(f_1-\bar{f})(e_{11}-\overline{e_1})+(e_{11}-\overline{e_1})^2\right\}+$$
$$\cdots+\left\{\alpha^2(f_n-\bar{f})^2+2\alpha(f_n-\bar{f})(e_{1n}-\overline{e_1})+(e_{1n}-\overline{e_1})^2\right\}\Big]$$

다음에 분배법칙을 적용하여 정리한다.

$$\sigma_x^2 = \alpha^2\frac{1}{n}\left\{(f_1-\bar{f})^2+\cdots+(f_n-\bar{f})^2\right\}$$
$$+2\alpha\frac{1}{n}\left\{(f_1-\bar{f})(e_{11}-\overline{e_1})+\cdots+(f_n-\bar{f})(e_{1n}-\overline{e_1})\right\}\Big\}$$
$$+\frac{1}{n}\left\{(e_{11}-\overline{e_1})^2+\cdots+(e_{1n}-\overline{e_1})^2\right\} \qquad \cdots ⑦$$

⑦식의 첫째 항은 잠재변수 f의 분산 σ_f^2이 포함되어 있다. 즉,

$$\sigma_f^2 = \frac{1}{n}\left\{(f_1-\bar{f})^2+\cdots+(f_n-\bar{f})^2\right\} \qquad \cdots ⑧$$

⑦식의 두 번째 항에는 잠재변수와 오차변수의 공분산 σ_{fe_1}이 포함되어 있다.

$$\sigma_{fe_1} = \frac{1}{n}\left\{(f_1-\bar{f})(e_{11}-\overline{e_1})+\cdots+(f_n-\bar{f})(e_{1n}-\overline{e_1})\right\}\Big\}$$

그런데 잠재변수와 오차변수의 상관은 없다고 생각된다. 따라서 이 공분산 σ_{fe_1}의 값은 0이다.

$$\sigma_{fe_1} = \frac{1}{n}\left\{(f_1-\bar{f})(e_{11}-\overline{e_1})+\cdots+(f_n-\bar{f})(e_{1n}-\overline{e_1})\right\}=0 \qquad \cdots ⑨$$

⑦식의 세 번째 항을 주목해 보자. 이것은 오차변수 e_1의 분산 $\sigma_{e_1}^2$이다.

$$\sigma_{e_1}^2 = \frac{1}{n}\left\{(e_{11}-\overline{e_1})^2+\cdots+(e_{1n}-\overline{e_1})^2\right\} \qquad \cdots ⑩$$

⑧⑨⑩을 ⑦에 대입해 보자.

$$\sigma_x^2 = \alpha^2\sigma_f^2+\sigma_{e_1}^2$$

아주 단순해졌다. 변수 y, u, v, g에 대해서도 마찬가지이다. 예를 들면, 관측변수 u에 대해서는 다음과 같이 표현된다.

$$\sigma_u^2 = \gamma^2\sigma_g^2 + \sigma_{e_3}^2 \qquad \cdots ⑪$$

그와 관련하여 관측변수는 아니지만 잠재변수 g에 대해서도 그 분산을 모수로 나타내 보자. 계산은 마찬가지로 해서,

$$\sigma_g^2 = \varepsilon^2\sigma_f^2 + \sigma_d^2 \qquad \cdots ⑫$$

σ_g^2은 잠재변수 g의 분산, $\sigma_{e_3}^2$은 오차변수 e_3의 분산, σ_d^2은 오차변수 d의 분산이다.

⑫의 준비를 기초로 다시 ⑪을 살펴보자. ⑫를 대입함으로써 다음과 같이 된다.

$$\sigma_u^2 = \gamma^2(\varepsilon^2\sigma_f^2 + \sigma_d^2) + \sigma_{e_3}^2 = \gamma^2\varepsilon^2\sigma_f^2 + \gamma^2\sigma_d^2 + \sigma_{e_3}^2$$

이상으로 분산의 계산이 끝났다.

관측변수의 분산이 모수(계수 $\alpha, \cdots, \delta, \varepsilon, f$의 분산 σ_f^2, 오차변수의 분산 $\sigma_{e_1}^2, \sigma_{e_2}^2, \cdots, \sigma_d^2$)로 표현된 것을 확인할 수 있다.

■ **공분산을 모수로 표현**

⑥식으로부터 시작해서 여러 가지 분산을 구해 보았다. 이번에는 공분산을 구해 보자. 예를 들면, x와 u의 공분산을 구해 보기로 한다.

$$\sigma_{xu} = \frac{1}{n}\{(x_1 - \bar{x})(u_1 - \bar{u}) + \cdots + (x_n - \bar{x})(u_n - \bar{u})\} \qquad \cdots ⑬$$

이것에 ①③식을 대입해서 다음과 같이 나타낸다.

$$\begin{aligned}\sigma_{xu} = \frac{1}{n}\Big[&\{\alpha(f_1 - \bar{f}) + (e_{11} - \overline{e_1})\}\{\gamma(g_1 - \bar{g})(e_{31} - \overline{e_3})\} + \\ &\cdots + \{\alpha(f_n - \bar{f}) + (e_{1n} - \overline{e_1})\}\{\gamma(g_n - \bar{g})(e_{3n} - \overline{e_3})\}\Big]\end{aligned}$$

분산을 구했을 때와 마찬가지로 이것을 전개하여 정리해 보자.

$$\begin{aligned}\sigma_{xu} &= \alpha\gamma\frac{1}{n}\{(f_1 - \bar{f})(g_1 - \bar{g}) + \cdots + (f_n - \bar{f})(g_n - \bar{g})\} \\ &+ \gamma\frac{1}{n}\{(e_{11} - \overline{e_1})(g_1 - \bar{g}) + \cdots + (e_{1n} - \overline{e_1})(g_n - \bar{g})\} \\ &+ \alpha\frac{1}{n}\{(e_{31} - \overline{e_3})(f_1 - \bar{f}) + \cdots + (e_{3n} - \overline{e_3})(f_n - \bar{f})\}\end{aligned}$$

$$+\frac{1}{n}\{(e_{11}-\overline{e_1})(e_{31}-\overline{e_3})+(e_{1n}-\overline{e_1})(e_{3n}-\overline{e_3})\} \quad \cdots ⑭$$

이 전개식의 최초의 항은 잠재변수 f, g의 공분산 σ_{fg}를 포함하고 있다.

$$\sigma_{fg}=\frac{1}{n}\{(f_1-\bar{f})(g_1-\bar{g})+\cdots+(f_n-\bar{f})(g_n-\bar{g})\}$$

두 번째 항과 세 번째 항은 잠재변수와 오차변수의 공분산을 포함한다. 분산일 때 조사한 바와 같이 오차변수와 잠재변수의 상관은 없다고 가정하고 있으므로, 이들 두 개의 { } 안의 값은 0이 된다. 또, ⑭의 마지막 식은 오차변수끼리의 공분산을 나타낸다. 오차변수끼리도 서로 관련성이 없다고 생각되므로, 이것도 0이 된다. 따라서 ⑭(즉, ⑬)는 다음과 같이 간단히 된다.

$$\sigma_{xu}=\alpha\gamma\sigma_{fg}$$

f와 g에는 ⑤의 관계

$$g=\varepsilon f+d \quad \cdots ⑤$$

가 있다. 따라서 더욱이 다음과 같이 외생변수 f로 표현된다.

$$\sigma_{xu}=\alpha\gamma\varepsilon\sigma_f^2 \quad \cdots ⑮$$

여기에서 외생변수 f와 오차변수 d의 상관이 없다는 사실($\sigma_{fd}=0$)을 이용하고 있다.

다른 공분산도 마찬가지로 예를 들면, x와 y의 공분산 σ_{xy}는 다음과 같이 된다.

$$\sigma_{xy}=\alpha\beta\sigma_f^2$$

이것으로서 공분산의 계산은 끝이 났다. 분산일 때와 마찬가지로 공분산을 모수(계수 $\alpha, \cdots, \delta, \varepsilon$, 변수의 f의 분산 σ_f^2, 오차변수의 분산 σ_d^2)로 표현된 것을 확인할 수 있다.

■ 모수로 표현된 분산 · 공분산의 정리

이것으로 마침내 분산과 공분산이 모수로 표현되었다. 이상의 계산결과를 정리해 보도록 하자.

$$\sigma_x^2=\alpha^2\sigma_f^2+\sigma_{e_1}^2 \ , \ \sigma_y^2=\beta^2\sigma_f^2+\sigma_{e_2}^2$$

$$\sigma_u^2=\gamma^2\varepsilon^2\sigma_f^2+\gamma^2\sigma_d^2+\sigma_{e_3}^2 \ , \ \sigma_v^2=\delta^2\varepsilon^2\sigma_f^2+\delta^2\sigma_d^2+\sigma_{e_4}^2$$

$$\sigma_{xy} = \alpha\beta\sigma_f^2$$

$$\sigma_{xu} = \alpha\gamma\varepsilon\sigma_f^2 \ , \ \sigma_{xv} = \alpha\delta\varepsilon\sigma_f^2 \ , \ \sigma_{yu} = \beta\gamma\varepsilon\sigma_f^2 \ , \ \sigma_{yv} = \beta\delta\varepsilon\sigma_f^2$$

$$\sigma_{uv} = \gamma\delta\varepsilon^2\sigma_f^2 + \gamma\delta\sigma_d^2$$

분산, 공분산의 표로 정리하면 다음과 같이 된다.

x	$\alpha^2\sigma_f^2 + \sigma_{e_1}^2$			
y	$\alpha\beta\sigma_f^2$	$\beta^2\sigma_f^2 + \sigma_{e_2}^2$		
u	$\alpha\gamma\varepsilon\sigma_f^2$	$\beta\gamma\varepsilon\sigma_f^2$	$\gamma^2\varepsilon^2\sigma_f^2 + \gamma^2\sigma_d^2 + \sigma_{e_3}^2$	
v	$\alpha\delta\varepsilon\sigma_f^2$	$\beta\delta\varepsilon\sigma_f^2$	$\gamma\delta\varepsilon^2\sigma_f^2 + \gamma\delta\sigma_d^2$	$\delta^2\varepsilon^2\sigma_f^2 + \delta^2\sigma_d^2 + \sigma_{e_4}^2$

이들 전체가 데이터로부터 얻어지는 분산, 공분산의 값에 적합하도록 모수(계수 $\alpha, \cdots, \delta, \ \varepsilon$, 변수 f의 분산 σ_f^2, 오차변수의 분산 $\sigma_{e_1}^2$, …, $\sigma_{e_4}^2$, σ_d^2를 결정하는 것이 공분산구조분석의 계산원리인 것이다.

그러면 어떻게 데이터로부터 얻어지는 분산, 공분산에 일치하도록 모수를 정할 것인가. 이것에 대해서는 다음 절에서 논하기로 한다.

메모

경로의 추적

경로도형에 있어서 두 개의 변수를 연결하는 경로에 따라서 모수가 되는 경로계수와 분산을 한데 곱하면 공분산이나 상관계수의 값이 구해진다. 예를 들면, ⑮식($\sigma_{xu} = \alpha\gamma\varepsilon\sigma_f^2$)을 보도록 하자. 변수 x로부터 u를 향해서 경로계수와 분산, 공분산을 한데 곱하면, $\alpha \times \sigma_f^2 \times \varepsilon \times \gamma$가 되어 ⑮식의 σ_{xu}와 일치한다.

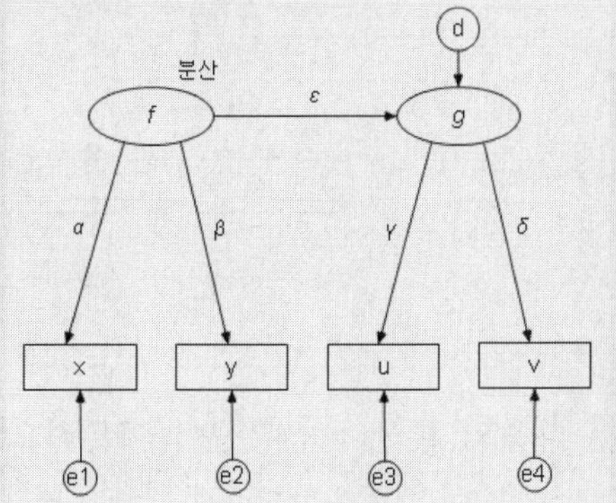

3.4 데이터의 분산·공분산에 이론치의 적합

■ 이론치를 관측치에 맞춤

경로도형으로부터 관계식을 작성하고(2절), 그 관계식으로부터 관측변수의 분산·공분산을 이론적으로 계산했다(3절). 이 분산·공분산은 모수로 표현되어 있다. 즉, 경로계수나 분산 등이 파라미터로서 미확정인 채로 들어가 있다. 그래서 이들 모수를 어떻게 결정할 것인지가 다음의 과제가 된다.

다시 한 번 공분산구조분석의 원리를 상기해 보도록 하자.

> 모델로부터 계산으로 구한 분산과 공분산이, 데이터로부터 얻어지는 분산과 공분산에 가능한 한 적합하도록 모수(경로계수나 분산, 공분산)를 일치시킨다.

그러면 이 원리에 따라서 모수를 추정해 보자. 앞 절에 이어서 다음의 경로도형으로 구체적인 조사를 실시해 보자.

No.	x	y	u	v
1	6	50	35	20
2	23	17	33	6
3	38	48	40	1
4	14	16	30	42
5	11	3	21	13

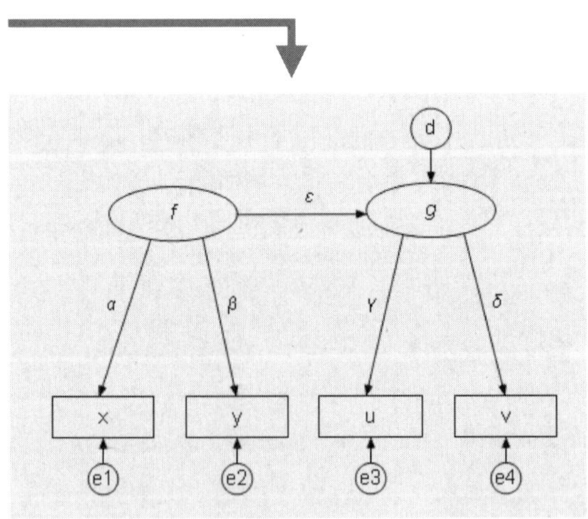

이 경로도형으로부터는 다음의 분산과 공분산이 이론적으로 구해졌다(3절).

$$
\begin{array}{lllll}
x & \alpha^2\sigma_f^2+\sigma_{e_1}^2 & & & \\
y & \alpha\beta\sigma_f^2 & \beta^2\sigma_f^2+\sigma_{e_2}^2 & & \\
u & \alpha\gamma\varepsilon\sigma_f^2 & \beta\gamma\varepsilon\sigma_f^2 & \gamma^2\varepsilon^2\sigma_f^2+\gamma^2\sigma_d^2+\sigma_{e_3}^2 & \\
v & \alpha\delta\varepsilon\sigma_f^2 & \beta\delta\varepsilon\sigma_f^2 & \gamma\delta\varepsilon^2\sigma_f^2+\gamma\delta\sigma_d^2 & \delta^2\varepsilon^2\sigma_f^2+\delta^2\sigma_d^2+\sigma_{e_4}^2
\end{array} \quad \cdots ①
$$

그런데 데이터로부터는 실제의 분산·공분산의 값이 구해질 것이다.

$$
\begin{array}{lllll}
x & s_x^2 & & & \\
y & s_{xy} & s_y^2 & & \\
u & s_{xu} & s_{yu} & s_u^2 & \\
v & s_{xv} & s_{yv} & s_{uv} & s_v^2
\end{array} \quad \cdots ②
$$

여기에서 문제가 발생한다. 이론적으로 구한 분산·공분산과 관측치의 그것이 '적합(fit)'하다고 하는 의미가 불명확한 것이다. 분산·공분산은 여러 개 늘어서 있지만 이들 복수의 분산·공분산이 전체로서 '적합'하다고 하는 의미는 아직 조사하고 있지 않다.

통계학에서는 복수의 수가 '적합하다'는 것의 판단기준으로 자주 최소자승법이라고 불리는 수법이 이용된다. 이것을 이용해서 모수를 결정해 보자.

■ 최소자승법의 원리

먼저 계산으로부터 구한 관측변수의 분산·공분산을 다음과 같이 정리해서 간략화하여 기술해 보자(이들 계산치는 ①에서 구해져 있다).

$$
\begin{array}{lllll}
x & \sigma_x^2 & & & \\
y & \sigma_{xy} & \sigma_y^2 & & \\
u & \sigma_{xu} & \sigma_{yu} & \sigma_u^2 & \\
v & \sigma_{xv} & \sigma_{yv} & \sigma_{uv} & \sigma_v^2
\end{array} \quad \cdots ③
$$

최소자승법은 ②와 ③이 적합(fit)하다고 하는 것을 다음과 같이 생각한다. 먼저 다음의 제곱합 Q를 만든다.

$$
\begin{aligned}
Q=&(\sigma_x^2-s_x^2)^2+(\sigma_y^2-s_y^2)^2+\cdots+(\sigma_v^2-s_v^2)^2 \\
&+2(\sigma_{xy}-s_{xy})^2+2(\sigma_{xu}-s_{xu})^2+\cdots+2(\sigma_{uv}-s_{uv})^2 \quad \cdots ④
\end{aligned}
$$

요컨대, Q는 분산과 공분산에 대해서 계산치와 실측치의 차를 만들어, 그것들의 제곱합을 구한 것이다.

공분산의 차의 제곱에 계수 2가 붙어 있는 것은 분산·공분산을 하나의 행렬(분산공분산행렬)이라고 생각하기 때문이다. 따라서 대칭성분까지 생각해서 2배하고 있는 것이다.

실측 이론

$$S=\begin{pmatrix} s_x^2 & s_{xy} & s_{xu} & s_{xv} \\ s_{xy} & s_y^2 & s_{yu} & s_{yv} \\ s_{xu} & s_{yu} & s_u^2 & s_{uv} \\ s_{xv} & s_{yv} & s_{uv} & s_v^2 \end{pmatrix} \qquad \Sigma=\begin{pmatrix} \sigma_x^2 & \sigma_{xy} & \sigma_{xu} & \sigma_{xv} \\ \sigma_{xy} & \sigma_y^2 & \sigma_{yu} & \sigma_{yv} \\ \sigma_{xu} & \sigma_{yu} & \sigma_u^2 & \sigma_{uv} \\ \sigma_{xv} & \sigma_{yv} & \sigma_{uv} & \sigma_v^2 \end{pmatrix}$$

이들 각 성분의 차에 대한
제곱을 더한 것이 Q

최소자승법은 이 Q를 최소가 되도록 모수를 정한다. 즉, ④식에 ①의 결과를 대입하고, Q를 모수(계수 $\alpha, \cdots, \delta, \varepsilon$, 변수 f의 분산 σ_f^2, 오차변수의 분산 $\sigma_{e_1}^2, \cdots, \sigma_{e_4}^2, \sigma_d^2$)으로 나타낸다. 실제로 ①을 이용해서 구체적으로 Q는 다음과 같이 새로 쓸 수 있다.

$$\begin{aligned} Q=&(\alpha^2\sigma_f^2+\sigma_{e_1}^2-s_x^2)^2+(\beta^2\sigma_f^2+\sigma_{e_2}^2-s_y^2)^2 \\ &+(\gamma^2\varepsilon^2\sigma_f^2+\gamma^2\sigma_d^2+\sigma_{e_3}^2-s_u^2)^2+(\delta^2\varepsilon^2\sigma_f^2+\delta^2\sigma_d^2+\sigma_{e_4}^2-s_v^2)^2 \\ &+2(\alpha\beta\sigma_f^2-s_{xy})^2+2(\alpha\gamma\varepsilon\sigma_f^2-s_{xu})^2+2(\alpha\delta\varepsilon\sigma_f^2-s_{xv})^2 \\ &+2(\beta\gamma\varepsilon\sigma_f^2-s_{yu})^2+2(\beta\delta\varepsilon\sigma_f^2-s_{yv})^2+2(\gamma\delta\varepsilon^2\sigma_f^2+\gamma\delta\sigma_d^2-s_{uv})^2 \end{aligned}$$

이 Q는 오차함수라든가 목적함수라고 불린다. 여기에서는 오차함수라고 하는 말을 이용하기로 한다.

모수(계수 $\alpha, \cdots, \delta, \varepsilon$, σ_f^2, $\sigma_{e_1}^2, \cdots, \sigma_{e_4}^2, \sigma_d^2$)를 바꾸면, 이 Q의 값은 여러 가지로 변화한다. 그 중에서 최소의 Q의 값을 실현하는 모수를, 모델의 값으로서 채택하는 것이다. 이렇게 해서 결정하는 방법이 최소자승법이다.

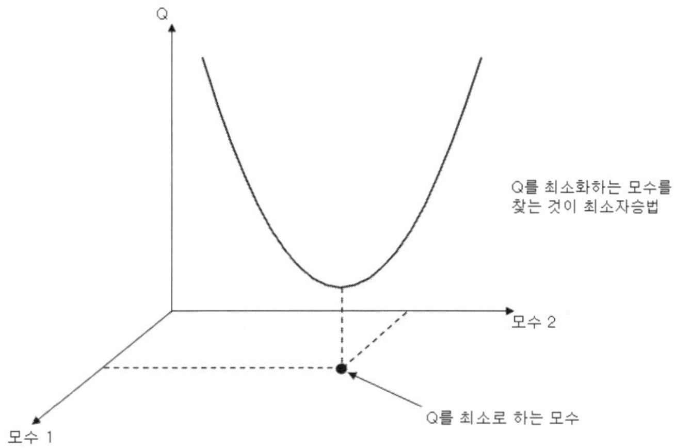

그와 관련하여 이 Q를 최소화하는 모수를 찾는 방법으로서는, 종래는 미분・적분학을 이용했다. 그러나 오늘날에는 PC를 이용하는 것이 보통이다. 원리는 간단한데, 모수에 여러 가지의 수치를 대입해서 최소치를 찾는 것이다. 순식간에 해가 구해진다[3].

■ 최우추정법도 기본은 최소자승법과 동일

최소자승법 다음에 최우추정법(最尤推定法)을 조사하기로 한다. 최우추정법은 상기의 오차함수 Q의 대신에 다음의 함수를 오차함수로서 이용한다.

$$f_{ML} = tr(\Sigma^{-1}S) - \log|\Sigma^{-1}S| - k \qquad \cdots ⑤$$ [4]

여기에서 Σ는 모델로부터 계산된 모수를 포함하는 분산·공분산행렬이다. 지금 조사하고 있는 모델에서 말하면, 분산·공분산의 표 ③을 행렬로 말끔히 정리한 것이다. 즉,

$$\Sigma = \begin{pmatrix} \sigma_x^2 & \sigma_{xy} & \sigma_{xu} & \sigma_{xv} \\ \sigma_{xy} & \sigma_y^2 & \sigma_{yu} & \sigma_{yv} \\ \sigma_{xu} & \sigma_{yu} & \sigma_u^2 & \sigma_{uv} \\ \sigma_{xv} & \sigma_{yv} & \sigma_{uv} & \sigma_v^2 \end{pmatrix}$$

3) 이제부터 조사할 최우추정법에서는 좀더 복잡한 함수의 최소화를 실시한다. 컴퓨터를 빼놓고는 계산이 불가능에 가깝다.

4) 최우추정법은 영어로 maximum likelihood estimation이라고 표현된다. 그래서 본서에서는 ML이라고 하는 약자를 첨부한다.

Σ^{-1}은 이 행렬 Σ의 역행렬을 나타낸다.

S는 관측변수로부터 얻어진 분산·공분산행렬이다. 지금 조사하고 있는 모델에서 말하면, 분산·공분산의 표 ②를 행렬로 말끔히 정리한 것이다. 즉,

$$S=\begin{pmatrix} s_x^2 & s_{xy} & s_{xu} & s_{xv} \\ s_{xy} & s_y^2 & s_{yu} & s_{yv} \\ s_{xu} & s_{yu} & s_u^2 & s_{uv} \\ s_{xv} & s_{yv} & s_{uv} & s_v^2 \end{pmatrix}$$

또, 행렬을 둘러싼 | |는 행렬식을 나타내고, tr은 트레이스(trace)라고 하여 행렬의 대각성분의 합을 구하는 기호이다.

마지막의 k는 관측변수의 수로, 지금 조사하고 있는 모델에서는 x, y, u, v의 네 개이다.

⑤식은 어쩐지 어렵게 생각된다. 더군다나 행렬 등이라고 하는 말이 이용되면 곤혹스럽기조차 하다. 그러나 걱정할 필요는 없다. 기본적으로는 오차변수가 Q에서 f_{ML}로 바뀐 것뿐이라고 해석할 수 있기 때문이다. 최소자승법과 마찬가지로 이 오차변수를 최소화하는 모수가 모델을 결정하는 값이 되는 것이다.

최우추정법은, 현재 공분산구조분석에서 표준으로서 이용되고 있는 추정법이다. 대부분의 분석 소프트웨어가 이것을 디폴트로서 채택하고 있다. 또, 다방면으로 발표되는 연구성과의 대부분은 이 추정법을 이용해서 계산되고 있다.

그러면 왜 최우추정법이 우수할까? 그것은 최우추정법이 다음의 성질을 가지기 때문이다.

(1) 척도불변성이 있다
(2) 평균치의 추정을 위한 확장이 용이
(3) 적합도 함수의 값이 검정 시에 의미를 갖는다.

역으로 말하면, 이들의 성질을 제외하면 최소자승법과 최우추정법이란 대부분의 성질이 동일하다. 최소자승법은 회귀분석에서도 이용되며 가장 알기 쉬운 추정법이지만, 그래서 얻어진 성질이 최우추정법을 이용했다고 해서 크게 변경되는 일은 없는 것이다.

메모

여러 가지 최소화에 의한 추정법

모수의 추정법에는 몇 가지의 방법이 있다. 여기에서 조사한 최소자승법이나 최우추정법은 그것들 중 하나이다. 여러 가지 있는 추정법이지만, 기본적으로는 여기에서 조사한 사고방식을 이해하고 있으면 어느 것에도 대응이 가능하다. AMOS에서는 여러 가지 추정법을 선택할 수 있다.

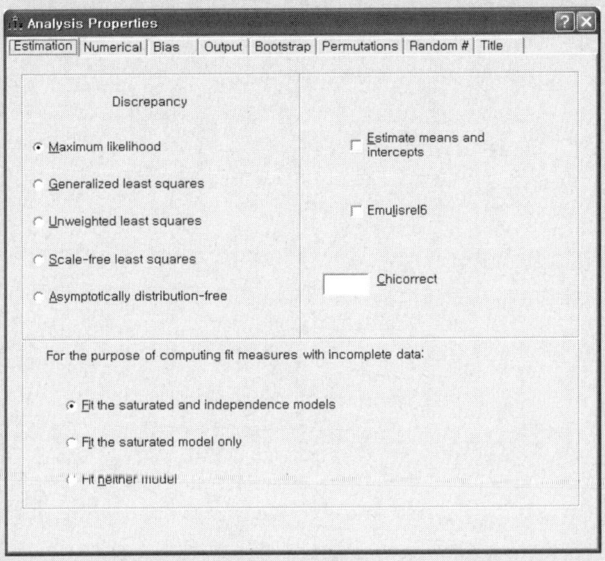

4 공분산구조분석 결과의 평가와 식별문제

4.1 해의 확정과 자유도

■ 모수의 확징

제3장 4절에서는 경로도형에 포함되는 모수로 분산·공분산을 나타내고, 어떻게 그 모수를 결정할 것인지를 조사했다.

그런데 이상의 준비 하에서 계산을 실행하면, 해가 얻어지지 않는 경우가 있다. 2장 3절에서 살펴보았듯이 초기치의 설정과 식별문제로 인하여 계산이 중단되는 수가 있는 것이다. 좀더 상세히 그 의미를 생각해 보도록 하자. 그래서 여기에서는 최소자승법을 이용하여 해설하기로 한다. 최소자승법은 식이 간단하며, 본질적으로는 최우추정법과 차이가 없기 때문이다.

약간 우회적이기는 하지만, 3장에서 도입한 Q를 모방하여 다음의 세 가지 Q를 생각해 보도록 하자.

$$Q=(x+y-1)^2+5 \qquad \cdots ①$$

$$Q=(x-1)^2+(y-2)^2+5 \qquad \cdots ②$$

$$Q=(x-1)^2+(y-2)^2+(x-3)^2+5 \qquad \cdots ③$$

이들의 Q 중에서 최소조건으로부터 변수 x, y의 값이 확정되는 것은 어느 것인가 조사해 보자.

먼저 ①은 어떠한가? 이 Q를 최소로 하는 x, y는 분명히

$$x+y-1=0 \qquad \cdots ④$$

라고 하는 조건이 충족되는 경우이다. 그리하여 Q의 최소치는 5이다. 그러나 최소치는 정해지더라도 x와 y의 값은 ④식에서는 정해지지 않는다. 따라서 이와 같은 Q의 식에서는, 식에 포함되는 변수의 값은 정해지지 않는 것이다.

다음에 ②의 Q를 조사해 보자. 이 Q를 최소로 하는 x, y는 분명히

$$x=1,\ y=2$$

라고 하는 조건이 충족되는 경우로서 Q의 최소치는 5이다. 최소치와 변수 x, y의 값은 정해진다.

마지막으로 ③의 식을 살펴보자. 간단한 계산으로부터,

$$Q=2(x-2)^2+(y-2)^2+7 \qquad \cdots ③$$

이것은 $x=2$, $y=2$일 때, 최소치 7을 취한다. 즉, ②일 때와 마찬가지, Q의 최소치와 변수 x, y의 값은 정해진다.

이상 이야기가 우회적으로 너무 장황했을지도 모른다. 여기에서 결론을 정리해 보자.

주장하고 싶은 것은 변수가 두 개일 때, 제곱합 Q의 최소조건에서 값을 확정할 수 있는 것은, 제곱의 수가 두 개 이상일 때라고 하는 사실이다. 일반화해서 말하면 다음과 같이 표현할 수 있다.

변수의 값의 확정과 제곱합 $\boldsymbol{Q}$의 관계
p개의 변수의 값을 확정하려면, Q에 포함되는 제곱의 수는 p개 이상이다

다른 표현을 빌리면, k개의 제곱의 합으로 성립되는 제곱합 Q를 최소로 하는 조건으로부터는, k개 이상의 변수 값밖에 확정할 수 없는 것이다.

이상의 고찰을 공분산구조분석에 적용해 보자.

■ 변수의 개수의 조건을 공분산구조분석에 적용하기

모수는 분산·공분산에 대해서, 이론치와 실측치를 가능한 한 근접하도록 결정된다.

즉, Q의 최소조건으로 결정되는 것이다. 그런데 관측치 변수의 개수가 k인 데이터로부터는, 분산, 공분산의 개수는 $\frac{1}{2}k(k+1)$개 얻어진다. 이것은 Q는 $\frac{1}{2}k(k+1)$개의 제곱합을 포함하게 된다.

$$
\begin{array}{llll}
\sigma_x^2 & & & \\
\sigma_{xy} & \sigma_y^2 & & \\
\sigma_{xu} & \sigma_{yu} & \sigma_u^2 & \\
\sigma_{xv} & \sigma_{yv} & \sigma_{uv} & \sigma_v^2
\end{array}
$$

이론으로부터 얻어지는 분산·공분산(모수로 표현되고 있다)

$$
\begin{array}{llll}
s_x^2 & & & \\
s_{xy} & s_y^2 & & \\
s_{xu} & s_{yu} & s_u^2 & \\
s_{xv} & s_{yv} & s_{uv} & s_v^2
\end{array}
$$

데이터로부터 얻어지는 분산·공분산

$$
\begin{aligned}
Q = & (\sigma_x^2 - s_x^2)^2 + (\sigma_y^2 - s_y^2)^2 + (\sigma_u^2 - s_u^2)^2 + (\sigma_v^2 - s_v^2)^2 + 2(\sigma_{xy} - s_{xy})^2 \\
& + 2(\sigma_{xu} - s_{xu})^2 + 2(\sigma_{xv} - s_{xv})^2 + 2(\sigma_{yu} - s_{yu})^2 + 2(\sigma_{yv} - s_{yv})^2 + 2(\sigma_{uv} - s_{uv})^2
\end{aligned}
$$

관측치 변수의 수가 네 개인 데이터에서 얻어지는 Q는 $\frac{1}{2} \cdot 4 \cdot (4+1) = 10$개의 제곱합을 포함한다.

그러면 앞에서 조사한 사실로부터 경로도형에 포함되는 모수의 개수 p가 확정되려면, 다음의 관계가 성립하지 않으면 안 된다.

$$\frac{1}{2}k(k+1) \geq p \qquad \cdots ④$$

이 ④가 공분산구조분석에서 모델이 확정되기 위한 최저조건이다. 즉,

> k개의 관측변수로 성립되는 데이터에 있어서는, 경로도형 내에서 이용되는 모수의 수는 $\frac{1}{2}k(k+1)$보다 작지 않으면 안 된다[1].

일반적으로 주어진 데이터로부터 경로도형에 대한 모델이 확정될 수 있는지 어떤지를 조사하는 문제를 **식별문제**라고 한다. 그렇게 하여 모델이 확정되는, 즉 목적함수의 최소화 조건에서 모수가 결정되는 경우를 **모델이 식별된다**고 한다.

지금, 조사한 변수의 개수 조건은 식별문제를 해결하는 유명한 필요조건이다. 이것이 충족되어 있지 않으면, 모델이 확정되는 일은 없다.

■ 모델의 자유도

그런데 다음의 수 df를 생각해 보자.

$$df = \frac{1}{2}k(k+1) - p$$

통계학에서는 이 값 df를 그 모델의 자유도라고 한다. 모수의 수 p가 작으면(즉, df가 크면), 경로도형으로 표현한 모델은 거친 것이 되고, 그만큼 실제의 데이터와 이론치와는 괴리가 있는 것이다. 역으로 p가 크면(df가 작으면), 경로도형으로 표현한 모델은 데이터에 적합할 것이며, 그만큼 실제의 데이터와 이론치와는 합치한다. df는 그 거친 정도를 표현한다. 이와 같은 상황을 자유도라고 표현하는 것이다[2].

4.2 식별문제의 해결책

■ 모수가 많으면 모델은 식별되지 않는다

여러 번 반복하고 있듯이 공분산구조분석의 훌륭한 점은 “데이터를 앞에 놓고 변수간의 관계를 어떻게 상정해도 좋다.”고 하는 것이다. 지금까지의 통계학과 달리 관계를 표현하는 모델의 패턴이 정해져 있는 것은 아니다. 자유로운 것이다. 그러나 역으로 말하면, 패턴이 정해져 있지 않기 때문에 각 사람이 그린 경로도형으로부터 정확히 수학적인 해가 얻어질 보증은 없게 된다.

상정한 모델이 수학적인 해를 갖는지 어떤지의 논의를 앞 절에서도 조사한 바와 같

1) ④의 등식이 성립하는 모델을 **포화 모델**이라고 한다.
2) $df=0$인 모델이 포화 모델이다. df는 디지털 카메라의 화소의 거친 정도와 같은 것을 말한다. 거침이 크면, 모델은 거칠게 찍힌다.

이 **식별문제**라고 한다. 공분산구조분석을 추진할 때에 처음으로 통과하지 않으면 안 되는 문제이다.

식별문제 해결책의 하나가 앞 절에서 조사한 "모수의 개수에 대한 필요조건을 명확히 할 것"이다. 즉, 모수의 수를 p라 하고, 데이터의 관측변수의 수를 k라고 놓으면, 이것들은 다음의 조건을 충족시키지 않으면 안 된다.

식별문제의 해결책(모수 $\boldsymbol{p}$와 관측변수 $\boldsymbol{k}$의 관계)
$\frac{1}{2}k(k+1) \geq p \qquad \cdots (1)$

이 필요조건을 충족하지 않으면 해는 얻어지지 않는다.

(1)의 조건을 충족시키지 못한다고 하는 것은 간단히 말하면 모수의 개수 p가 지나치게 큰 것이다. 예를 들면, 제3장에서 조사하고 있는 다음의 경로도형을 생각해 보자.

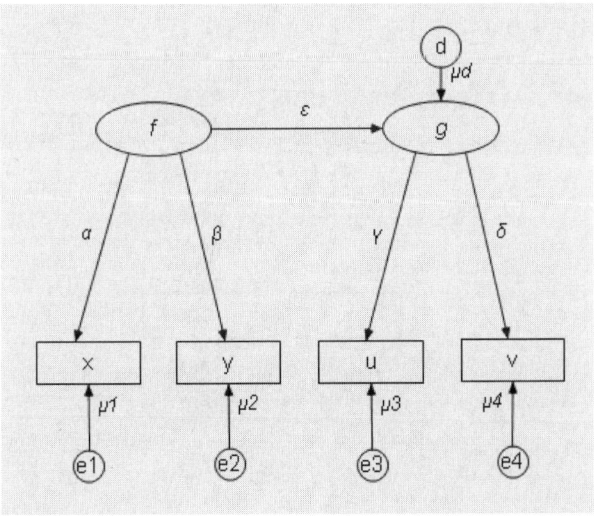

여기에서 추정할 모수의 수 p는 다음의 16개이다.

외생변수의 분산 f

오차변수의 분산 e_1, e_2, e_3, e_4, d

경로계수 α, β, γ, δ, μ_1, μ_2, μ_3, μ_4, μ_d

공분산 ε [3)]

또, 관측변수의 수 k는 4이므로,

$$\frac{1}{2}k(k+1)=10$$

이 되어 조건 (1)을 명확히 하지 못하게 된다. 따라서 위의 경로도형을 소프트웨어에 입력하더라도 해를 얻지 못한다.

그래서 조건 (1)을 충족시키는 대책을 생각해 보기로 한다. 그러려면 다음과 같은 유명한 방법이 있다.

(a) 잠재변수·오차변수로부터 나오는 하나의 경로계수를 1로 한다

잠재변수는 가상적인 것이기 때문에, 측정하는 단위를 자유롭게 취할 수 있다. 그래서 거기로부터 파생하는 하나의 경로계수를 1로 하는 것이 가능하다. 오차변수도 잠재변수의 일종이므로, 거기로부터 나오는 경로계수를 1로 취할 수 있다[4].

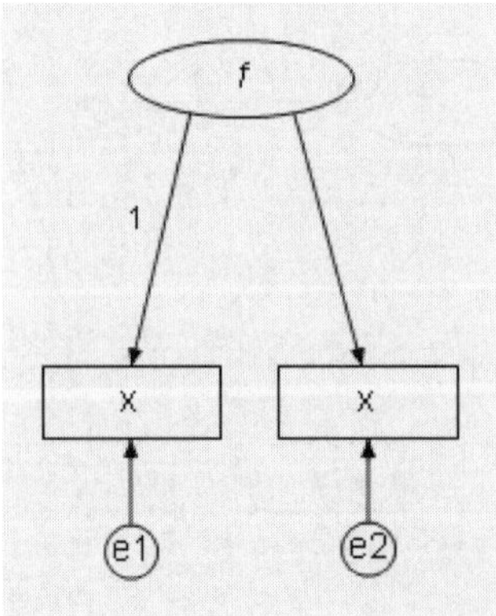

(b) 모델에 의도적인 제약을 부과한다

분석자의 경험이나 모델의 특성 등으로부터 모수에 제약을 부과하는 경우가 있다.

---

3) 내생변수 g, x, y, z, w는 이들 모수로부터 계산으로 구해진다.

4) 하나의 경로에 관한 경로계수를 1로 하는 대신에, "잠재변수와 오차변수의 분산을 1로 한다."라고 하는 방법도 자주 채택된다.

예를 들면, 잠재변수로부터 두 개의 관측변수에 경로가 그어졌을 때, "두 변수에 대한 영향이 같다."고 가정할 수 있는 경우가 있다. 이때, 다음과 같이 경로계수를 동일한 문자로 할당한다. 이것을 **등치제약** 등이라고 하는 명칭으로 부르는 경우가 있는데, 식별문제 해결의 한 조건이다.

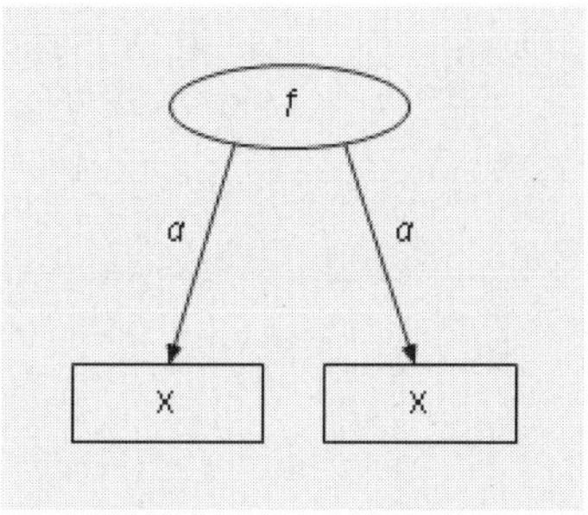

이상, 식별문제의 해결조건 (1)을 회피하는 유명한 방책을 두 개 소개했다. 실제의 데이터에 대해서 대책 (a)를 고려한 경로도형을 작성하고, 소프트웨어에 입력해 보자.

| 표 4-1 | **데이터표**

No.	x	y	u	v
1	9	8	6	8
2	10	7	8	10
3	5	5	6	6
4	8	9	7	8
5	7	7	7	8
6	10	8	8	8
7	8	6	7	6
8	7	7	6	7
9	9	8	8	9
10	10	9	9	8
11	4	3	4	3
12	10	10	10	10
13	9	9	7	7
14	6	7	6	9
15	10	9	8	9
16	9	9	10	8
17	7	8	6	7
18	7	7	8	7
19	4	6	5	4
20	6	6	7	7

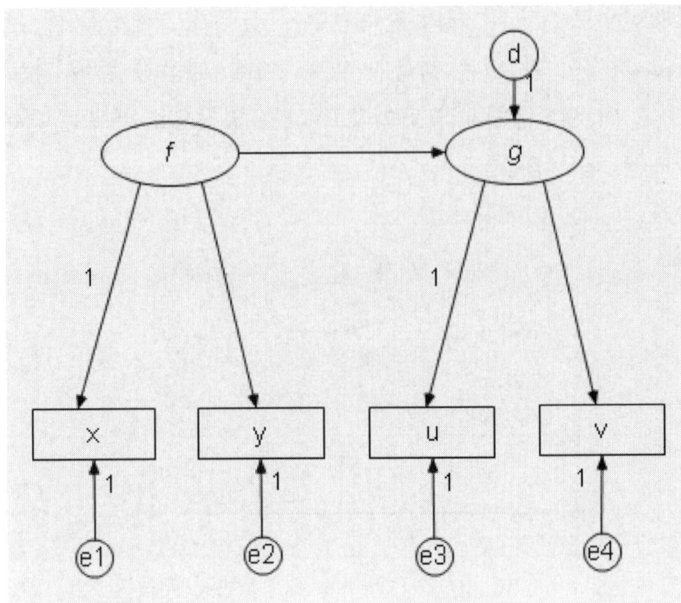

이 데이터와 경로도형에 대한 계산결과가 다음과 같이 얻어진다.

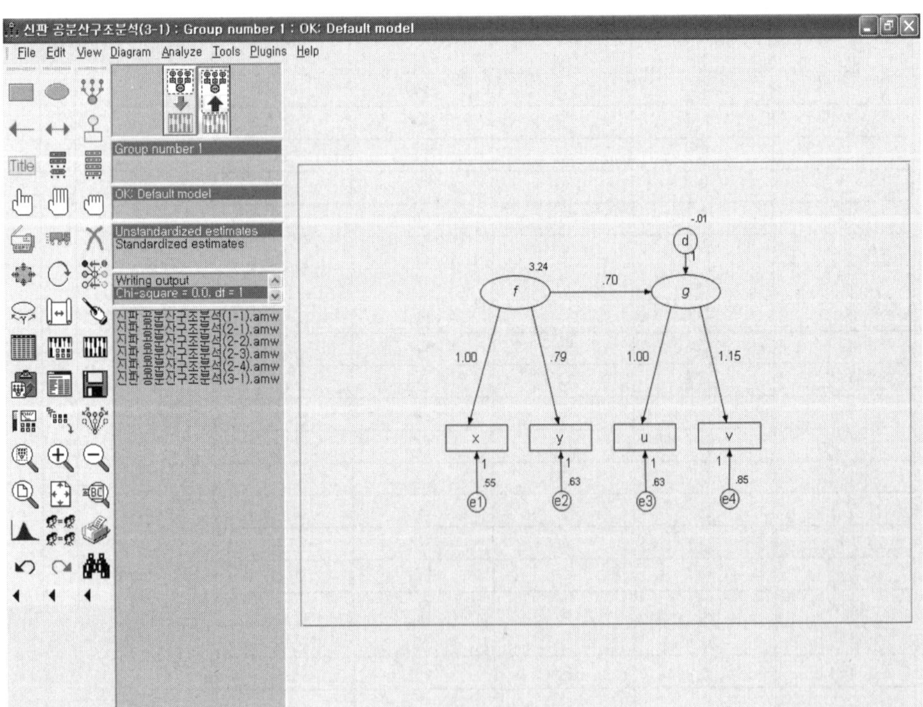

모델이 식별되어 모수가 구해지고 있다. 공분산구조분석의 계산이 성공한 것이다.

■ 수학적으로 고민하지 말고 PC로 분석 실행

그러나 이와 같이 매사가 단순히 진행되지 않는 경우도 있다. 여기에서 소개한 방법을 이용하더라도 식별문제를 해결할 수 없는 경우가 수없이 많이 있는 것이다. 예를 들면, 데이터의 질에 따라서, 동일한 모델에 대해서 모델이 식별되는 경우와 그렇지 못한 경우가 있다.

그렇다고는 하더라도 그다지 심각하게 생각할 일은 없다. 오늘날은 PC와 그 위에서 작동하는 통계분석 소프트웨어라고 하는 강력한 무기가 준비되어 있다. 식별문제에서 수학적으로 고민하기보다도 먼저 경로도형을 PC에 입력하고, 바로 계산시켜 본다. 만일 식별되지 않으면, 그 자리에서 모델을 개량하면 되는 것이다. 여러 가지로 궁리하면서 최량의 것을 실시간에 작성할 수 있다고 하는 것이 오늘날의 현실이다.

4.3 분석결과의 평가

■ 모델의 신뢰성 평가

지금까지는 경로도형에서 그려진 모델을 데이터에 적합시키도록, 모델에 포함되는 모수의 도출방식을 조사했다. 여기에서는 그 계산결과의 신뢰성에 대해서 조사하기로 한다.

경로도형으로 표현된 모델이 얼마만큼 신뢰성이 있는지를 보이는 지표로서, 여러 가지의 것이 제안되고 있다. 그 중에서 가장 유명한 것이 다음의 세 가지이다.

모델의 신뢰성을 나타내는 지표

(1) χ^2 검정의 이용
(2) 잔차제곱평균제곱근(RMR)
(3) 적합도지표(GFI)

(1), (3)에 대해서는 2장에서도 언급한 바 있지만, 다시 한 번 알아보도록 한다.

(1) χ^2검정의 이용

최우추정법을 이용하면, 오차함수

$$f_{ML} = tr(\Sigma^{-1}S) - \log|\Sigma^{-1}S| - k \qquad \cdots ①$$

이 최소화되도록 모수의 값이 결정되었다. 이 f_{ML}은 모델과 실제 데이터와의 어긋남 상태로서, 데이터에 대한 모델의 적합도를 표현하고 있다.

f_{ML}이 작으면 모델과 실제 데이터와의 적합도는 좋고, 크면 나쁘게 된다. 그러나 '크다', '작다'라고 하는 것은 상대적이다. 어느 정도가 크고, 어느 정도가 작은지에 대한 판단기준이 필요하게 된다.

그래서 χ^2값이 등장한 것이다. 이 값은 ①식을 이용하여 다음과 같이 정의된다.

> **χ^2의 정의**
>
> $$\chi^2 = (n-1) f_{ML} \qquad \cdots ②$$

n은 데이터의 개수, 즉 표본의 크기이다. 통계학의 세계에서는 이 χ^2값이 자유도 df의 χ^2분포가 된다는 사실이 알려져 있다. 여기에서 df란 다음의 값이다.

> **자유도 df**
>
> $$df = \frac{1}{2}k(k+1) - p \qquad (k\text{는 관측변수의 개수, } p\text{는 모수의 개수})$$

따라서 다음의 가설을 검정할 수 있다.

> H_0 : 경로도형에서 보인 관계 모델은 바르다

즉, ②에서 구한 χ^2값이 χ^2분포에서 기각역에 들어가느냐 어떠냐 하는 것으로 가설 H_0를 검정할 수 있는 것이다.

χ^2값은 통계분석 소프트웨어가 산출해 준다. 이 산출값(算出値)을 이용해서 χ^2검정을 하면, 위의 가설 H_0를 검정할 수 있다.

그와 관련해서 통계분석 소프트웨어는 χ^2과 병렬해서 그 값 p도 산출해 준다. p값이란 ②의 χ^2값보다 큰 값을 취할 확률로서 그것이 유의수준보다도 작으면 가설은 기각된다.

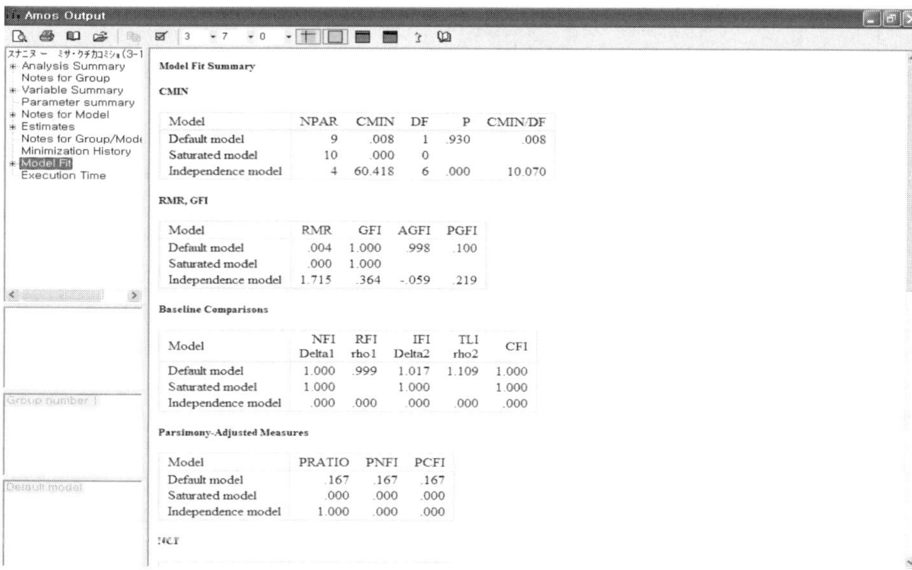

<표 4-1>의 데이터에 공분산구조분석을 적용하여 분석한 결과 적합도지표를 보면 위의 화면과 같다. 위의 출력결과에서 χ^2값, 자유도, 확률은 각각 다음과 같다.

CMIN = χ^2값 = 0.008

DF = 자유도 = 1

P = 확률 = 0.930

그런데 다시 한 번 가설 H_0를 살펴보도록 하자. 통상의 검정에서는 이것이 귀무가설이 되어 기각되는 것을 전제로 한다. 그렇게 하여 대립가설

H_1 : 경로도형에서 보인 관계 모델은 틀린다

가 지지되는 것을 기대하는 것이다. 그런데 지금의 경우에는 귀무가설 H_0가 기각되어서는 곤란하다. 애써 만든 모델이기 때문에 버려지지 않는 것이 바람직하기 때문이

다. 공분산구조분석에서 이용하는 χ^2검정은 통상의 통계학에서 이용하는 가설검정과는 사고방식이 거꾸로 되어 있는 것이다.

바꾸어 말하면, 공분산구조분석에 있어서의 χ^2검정은 소극적인 의미에서의 검정이다. 적극적인 의미에서 올바름이 지지되고 있는 것이 아니라 "기각되지 않는다"라고 하는 의미에서 지지되고 있기 때문이다.

②의 χ^2 정의로부터 알 수 있듯이 이것은 데이터의 크기 n이 커지면, 그만큼 값도 커진다. 따라서 데이터 수가 늘어나면 오히려 기각되기 쉬워지고 만다. 얄궂은 성질을 가지고 있는 것이다. 이것은 곤란한 성질이다. 데이터 수가 늘어나면, 당연히 신뢰성은 증가하기 때문이다.

그래서 모델의 적합도를 표현하는 여러 가지의 지표가 제안되어, 이 χ^2검정과 병용되고 있다. 그 중에서 유명한 것이 다음에 조사하는 RMR과 GFI이다.[5)]

(2) 잔차제곱평균제곱근(RMR)

모델의 적합도를 나타내는 지표 중에서 가장 알기 쉬운 지표가 **잔차제곱평균제곱근**(root mean square residual ; RMR)이다. 이것은 다음의 식으로 정의된다.

잔차제곱평균제곱근 RMR

$$\mathrm{RMR}^2 = \frac{(s_x^2 - \sigma_x^2)^2 + (s_y^2 - \sigma_y^2)^2 + \cdots + (s_{xy}^2 - \sigma_{xy}^2)^2 + \cdots}{\dfrac{n(n+1)}{2}} \quad \cdots ③$$

여기에서 σ의 여러 가지 분산, 공분산은 모델에서 얻어진 이론값(理論値)이다. 또, s의 여러 가지 분산, 공분산은 데이터에서 얻어진 실측치를 나타낸다.

③의 우변의 분자에 있는 각 항은 분산이나 공분산의 각 성분에 대해서 실측과 이론의 오차에 대한 제곱이다. 그것들을 합계하여 분산·공분산의 총수$(=n(n+1)/2)$로 나눈 값의 제곱근이 RMR이다.

이와 같이 RMR은 하나하나의 분산·공분산에 대한 이론과 실제의 오차에 대한 평균을 나타낸다. 따라서 RMR의 값은 0에 가까울수록 모델이 실제에 가깝다는 것을 표

5) 모델의 적합도(goodness of fit)는 통계적인 검정이 아니라, 주어진 데이터(표본)에 대한 모델의 설명력을 나타내고 있다.

현하게 된다.

RMR의 실제 계산은 보는 것만으로도 번거로우므로, 통계분석 소프트웨어에 맡기면 된다.

정의식 ③으로부터 알 수 있듯이 포화 모델에서는 RMR의 값은 0이 된다. 또, 변수 간에 상관이 없다고 가정한 가장 단순한 모델(독립 모델이라고 한다)에서 최대치가 되므로, 0과 그 최대치와의 비교에서, 모델의 RMR에 대한 대소를 검토하게 된다.

(3) 적합도지표(GFI)

(1)에서 조사한 χ^2검정과 같은 정도로 모델 평가에 자주 이용되는 것이 적합도지표이다. 통상 GFI(goodness of fit index)로 약칭되고 있다. 이것은 다음과 같이 정의된다.

적합도지표 GFI

$$GFI = 1 - \frac{tr((W(S-\Sigma))^2)}{tr((WS)^2)}$$

S : 실제의 분산·공분산행렬 Σ : 모델로부터의 분산·공분산행렬 W : 가중치행렬

이 GFI의 정의식에 있어서 S는 데이터에서 얻어진 실제의 분산·공분산행렬, Σ는 모델로부터 산출된 분산·공분산행렬을 나타낸다. 또, W는 가중치행렬이라고 불리는 것으로, 통상은 Σ^{-1}가 이용된다.

GFI도 RMR과 마찬가지로 통계분석의 소프트웨어가 산출해 준다. 다음은 AMOS의 산출예이다.

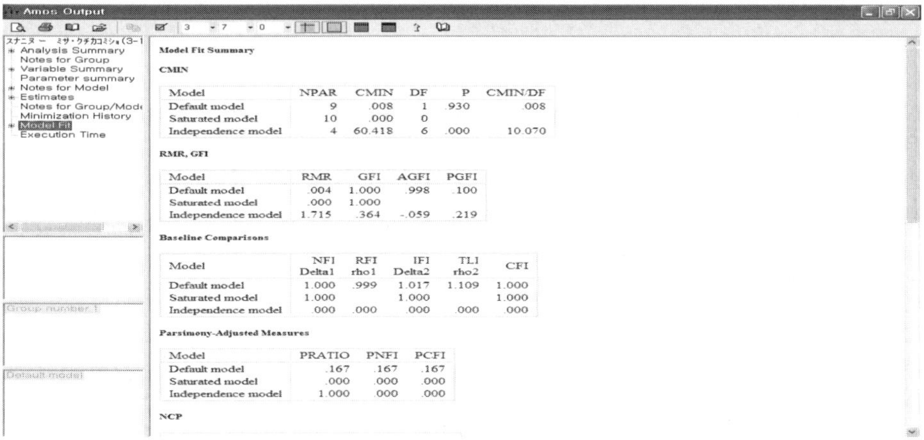

Model Fit Summary

CMIN

Model	NPAR	CMIN	DF	P	CMIN/DF
Default model	9	.008	1	.930	.008
Saturated model	10	.000	0		
Independence model	4	60.418	6	.000	10.070

RMR, GFI

Model	RMR	GFI	AGFI	PGFI
Default model	.004	1.000	.998	.100
Saturated model	.000	1.000		
Independence model	1.715	.364	-.059	.219

Baseline Comparisons

Model	NFI Delta1	RFI rho1	IFI Delta2	TLI rho2	CFI
Default model	1.000	.999	1.017	1.109	1.000
Saturated model	1.000		1.000		1.000
Independence model	.000	.000	.000	.000	.000

Parsimony-Adjusted Measures

Model	PRATIO	PNFI	PCFI
Default model	.167	.167	.167
Saturated model	.000	.000	.000
Independence model	1.000	.000	.000

NCP

위의 출력결과에서 RMR, GFI는 각각 다음과 같다.

RMR = 0.004

GFI = 1.000

정의식으로부터 알 수 있듯이 계산치와 실측치가 완전히 같으면(즉, $S=\Sigma$이면), GFI의 값은 1이 된다. 즉, 이 GFI는 모델이 실제에 적합하면 1에 가깝고, 어긋남에 따라서 0에 접근하는 성질이 있다. 포화 모델에서는 GFI의 값은 1이 된다.

전술한 바와 같이 GFI는 0.9 이상이라고 하는 것이 하나의 올바른 모델의 기준이 되어 있다. 경험적인 근거이지만, 암묵적으로 채택되고 있는 기준이다.

이상으로 모델의 평가에 대해서 χ^2검정, RMR, GFI를 조사했다. 이것 이외에도 실제로 여러 가지의 적합도가 공분산구조분석의 평가지수로서 이용되고 있다. 사용해 가는 과정에서 이것들에 대해 차츰 익숙해져 가게 된다.

마지막으로 이들 평가결과로부터 모델에 큰 잘못이 없다는 것을 확인하더라도, 그것으로 안심해서는 안 되는 것이다.

공분산구조분석은 모델의 작성이 자유로워서 여러 가지의 모델을 생각할 수 있다. 여기에서 조사한 평가법으로 그 나름대로의 평가법을 얻었다고 하더라도 그 중의 한 가지 모델을 검증한 것에 지나지 않기 때문이다. 따라서 분석자의 경험과 지식으로부터 여러 가지의 모델을 생각하여, 그 중에서 가장 좋은 것을 찾지 않으면 안 된다.

최적의 모델에 대한 선택법으로서 다음과 같은 것을 생각할 수 있다.

(1) χ^2값, 적합도지표(RMR이나 GFI 등)가 보다 적합한

(2) 단순한(simple) 것

(1)은 당연하지만, (2)는 주석(註釋)이 필요할지도 모른다. (2)는 통계학의 목표와 관련이 있다. 같은 χ^2값이나 적합도지표를 가지고 있는 모델이라면, 보다 단순한 것이 채택되는 것이 마땅하다. 즉, 통계학의 본래의 취지가 복잡한 데이터로부터 단순한 법칙을 찾는 것이기 때문이다.

4.4 경로계수의 유의성

■ 모수의 검정

앞 절에서는 χ^2검정 등을 이용해서 모델 전체의 적합도를 검정했다. 여기에서는 모델에 포함되는 개개의 모수에 대한 추정치의 올바름에 대해서 조사해 보기로 한다. 앞 절에서 조사한 다음의 데이터와 경로도형을 예로 해서 이것에 대하여 설명하기로 한다.

| 표 4-2 | 데이터표

No.	x	y	u	v
1	9	8	6	8
2	10	7	8	10
3	5	5	6	6
4	8	9	7	8
5	7	7	7	8
6	10	8	8	8
7	8	6	7	6
8	7	7	6	7
9	9	8	8	9
10	10	9	9	8
11	4	3	4	3
12	10	10	10	10
13	9	9	7	7
14	6	7	6	9
15	10	9	8	9
16	9	9	10	8
17	7	8	6	7
18	7	7	8	7
19	4	6	5	4
20	6	6	7	7

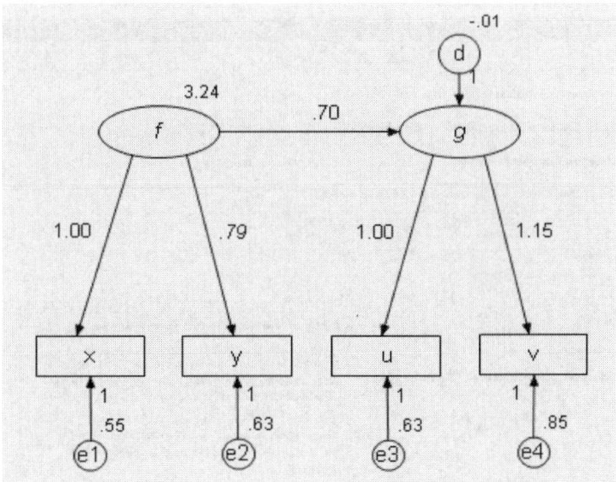

2절에서 조사한 계산으로부터, 예를 들면, 잠재변수 f와 관측변수 y와의 경로계수는 0.787이었다(위의 경로도형에서는 사사오입되어 0.79로 되어 있다).

$$y = 0.787 \times f + e_2 \qquad \cdots ①$$

통계학적으로 말하면, 이 0.787이라고 하는 값은 우연한 것이다. 간혹 수많은 사람 중에서 특별한 20명의 데이터를 이용했으므로, 이 값이 얻어졌다고 생각된다. 본래는 다른 값일지도 모른다고 염려된다.

공분산구조분석의 경우, 이와 같은 걱정을 해소하려면 번거로운 계산을 동반하게 된다. 시종 어려운 식의 나열이 계속된다. 그러나 번거로운 계산에 관해서는 그 걱정을 PC가 해소해 준다.

예로서, AMOS의 출력결과를 보도록 하자. 아래 그림은 <표 4-2> 데이터표와 그것에 대한 경로도형에 관해서 계산한 결과이다.

여기에서 출력결과를 보는 방식에 대해서 조사해 보자. 유의수준을 5%로 해서 귀무가설

H_0 : f에서 y로의 경로계수는 0이다
(즉, 잠재변수 f는 관측변수 y의 설명에 도움이 되지 않는다)

를 생각해 본다. 위의 결과로부터 이 가설이 실현될 확률(P값)은 0.000%이다. 즉, 이 귀무가설은 기각된 것이다. 따라서 대립가설

H_1 : 경로계수는 0이 아니다
(즉, 잠재변수 f는 관측변수 y의 설명에 도움이 된다)

가 확인된 셈이 된다. 그렇게 하여 그 경로계수의 값이 ①에서 보인 0.787이었던 것이다.

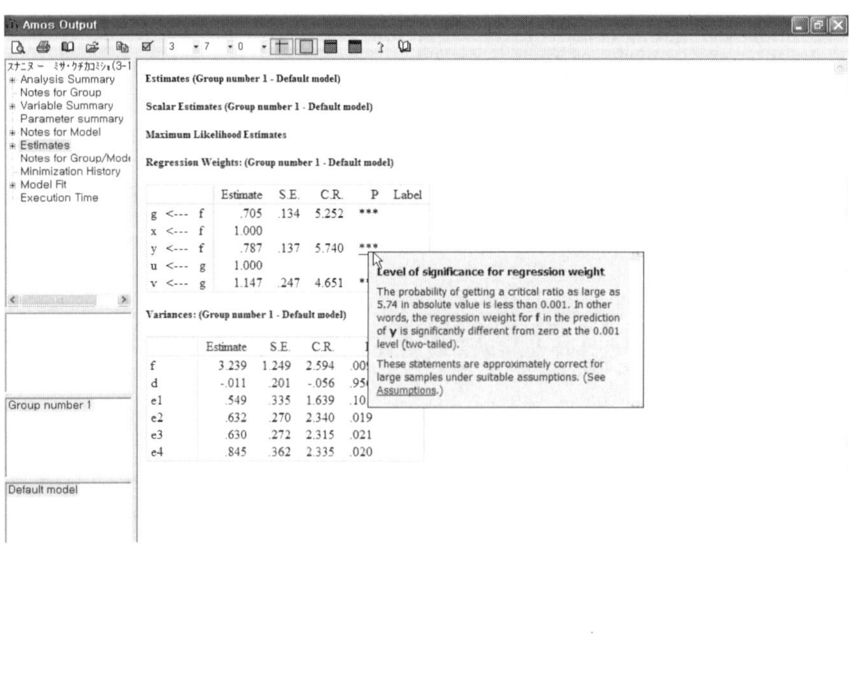

위의 출력 예를 보면 알 수 있듯이 각 모수에 대해서 이와 같은 귀무가설이 실현될 확률이 나타나 있다. 이것으로 각 모수의 검정을 실시할 수 있다.

메모

여러 가지의 적합도지표

전술한 바와 같이 모델의 평가로서 χ^2(괴리도), RMR, GFI를 조사했다. 공분산구조분석에서 이용되는 평가법으로서는 이 세 가지 이외에도 여러 가지의 것이 제안되고 있다. 그 중에서 몇 가지를 여기에서 소개하기로 한다.

수정된 GFI(AGFI, Ajusted GFI)

본문에서 조사한 GFI는 모델의 좋고 나쁨에 관계없이 추정할 모수의 수가 늘어나면, 좋은 값(즉, 1에 가까운 값)이 되는 성질이 있다. 또, 관측변수의 수가 늘어나더라도 1에 접근하는 성질이 있다. 이것을 수정한 적합도지표가 이 AGFI이다. 회귀분석에서 유명한 수정된 결정계수와 비슷한 것이다.

GFI와 마찬가지로 1에 가까울수록 적합도가 좋다는 성질이 있다. 그러나 적합도가 나쁠 때에는 마이너스의 값을 취하는 경우도 있다.

검약성 수정된 GFI(PGFI, Parsimony GFI)

AGFI와 마찬가지로 GFI의 결점을 보충하기 위하여 제안된 적합도지표이다.

기준화 적합도시표(NFI, Normed Fit Index)

독립 모델의 괴리도(χ^2)를 포화 모델의 괴리도로 나누고 1에서 뺀 것이다. 0에서 1까지의 값을 취하며, 1에 가까울수록 모델의 적합도는 좋다고 판단된다.

상대 적합도지표(RFI, Relative Fit Index)

NFI가 독립 모델과 포화 모델의 괴리도에 대한 비율을 조사한 것에 비해서, 이 지표는 그것들을 자유도로 나눈 값의 비율을 조사한 것이다. NFI와 마찬가지로 0에서 1까지의 값을 취하며, 1에 가까울수록 모델의 적합도는 좋다고 판단된다.

회귀분석 · 경로분석 모델과 공분산구조분석 5

5.1 회귀분석 모델과 공분산구조분석

■ 회귀분석은 다변량분석의 기본

두 개 이상 관측변수의 관계를 조사하는 것이 다변량분석이다. 그 다변량분석 중에서 가장 유명하고 자주 이용되는 수법이 회귀분석이다. 이 회귀분석과 공분산구조분석의 관계를 조사해 보자.

회귀분석은 데이터에 포함되는 1변수를 다른 변수의 식으로 표현하는 분석기법이다. 예를 들면, 다음과 같은 데이터를 조사해 보자.

| 표 5-1 | 데이터표

도시명	인지범죄건수	슈퍼마켓수	사회복지시설수	총면적
A	40,793	75	364	1,121
B	27,036	34	363	788
C	31,421	24	160	272
D	219,944	180	2,833	621
E	27,013	29	323	144
F	67,620	104	493	435
G	76,954	52	514	326
H	36,510	34	591	610
I	107,335	74	1,080	221
J	31,142	49	705	550
K	29,194	33	357	742
L	30,822	27	519	484
M	55,501	35	411	339

이것은 대도시에서 보고된 범죄건수(인지범죄건수), 슈퍼마켓의 점포수(슈퍼마켓수), 사회복지시설수 및 각 도시의 총면적을 조사한 것이다. 데이터로부터 범죄건수가 슈퍼마켓수나 사회복지시설수, 총면적과 어떻게 관련되어 있는지를 조사해 보자. 즉, 범죄건수를 목적변수로 하여 회귀분석을 적용해 보는 것이다.

■ 회귀분석의 실시

먼저 통상의 회귀분석으로 얻어진 회귀방정식을 나타내 보자.

$$\text{인지범죄건수} = 16145.6537 + 529.6672 \times \text{슈퍼마켓수} + 45.4223 \times \text{사회복지시설수} - 33.3118 \times \text{총면적} \qquad \cdots ①$$

이것은 Excel의 회귀분석 도구로 간단히 산출할 수 있다.

요약 출력

회귀분석 통계량	
다중 상관계수	0.97362
결정계수	0.94793
조정된 결정계수	0.93057
표준 오차	14175.7389
관측수	13

분산 분석

	자유도	제곱합	제곱 평균	F 비	유의한 F
회귀	3	3.2925E+10	1.0975E+10	54.6153188	4.2457E-06
잔차	9	1808564166	200951574		
계	12	3.4734E+10			

	계수	표준 오차	t 통계량	P-값	하위 95%	상위 95%	하위 95.0%	상위 95.0%
Y 절편	16145.6537	9617.9658	1.6787	0.1275	-5611.6964	37903.0039	-5611.6964	37903.0039
슈퍼마켓수	529.6672	196.0620	2.7015	0.0243	86.1442	973.1902	86.1442	973.1902
사회복지시설수	45.4223	12.2865	3.6969	0.0049	17.6284	73.2162	17.6284	73.2162
총면적	-33.3118	15.8029	-2.1080	0.0643	-69.0604	2.4369	-69.0604	2.4369

Sheet1 / Sheet2 / Sheet3

■ 공분산구조분석은 회귀분석의 재현

이 회귀분석을 이번에는 공분산구조분석으로 조사해 본다. 회귀분석을 나타내는 경로도형은 다음과 같이 된다.

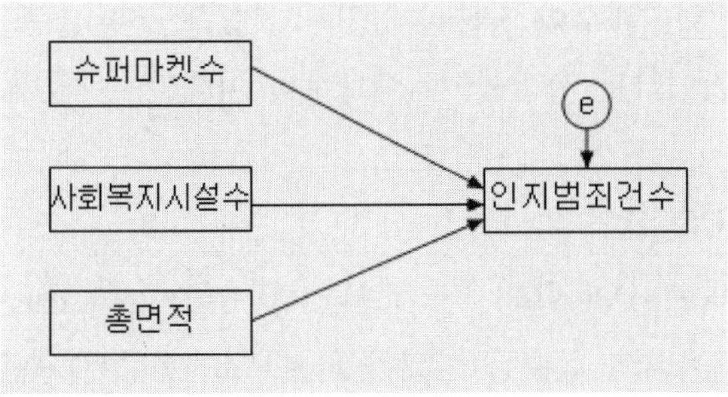

이 경로도형으로 데이터를 분석해 보자. AMOS로 계산한 결과는 다음과 같이 된다.

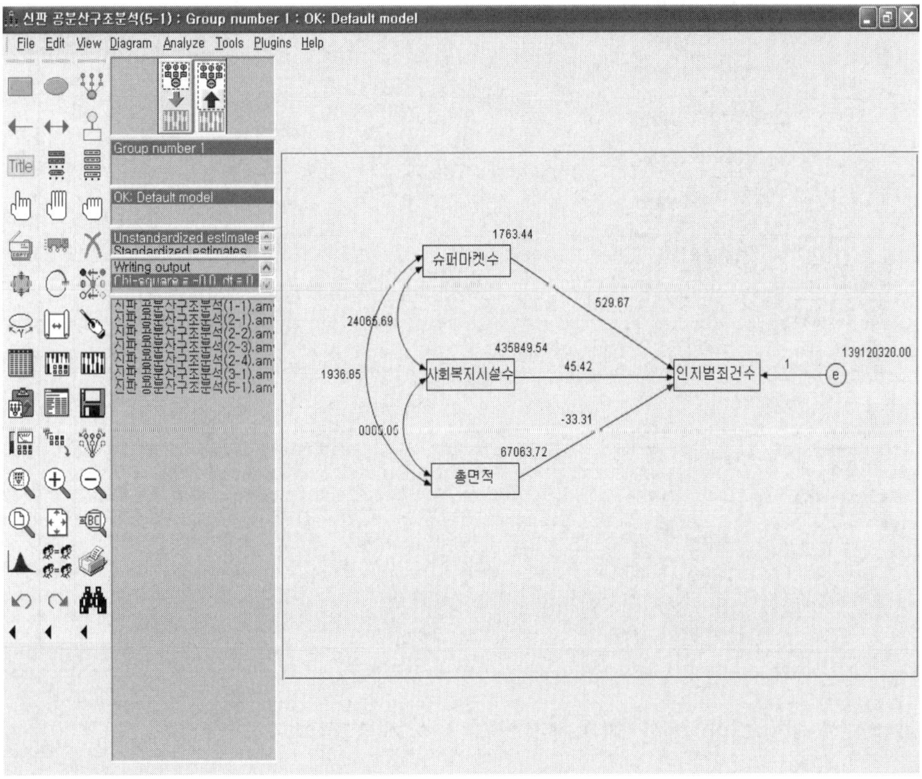

경로계수를 살펴보자.

슈퍼마켓수 → 인지범죄건수의 경로계수 = 529.67

사회복지시설수 → 인지범죄건수의 경로계수 = 45.42

총면적 → 인지범죄건수의 경로계수 = −33.31

①식에서 주어진 회귀계수와 정확히 일치하고 있다. 공분산구조분석이 종래의 회귀분석을 발전시킨 것이라는 사실이 이 예로부터 이해할 수 있다.

■ 표준화해에 의한 분석

그런데 위에서 보인 AMOS의 산출결과는 생 데이터(raw data)에 대한 계산결과이다. 다루고 있는 데이터의 변수는 단위가 다르므로, 통상은 표준화한 데이터로 분석을 실시해야 할 것이다. 그 결과를 보이면 다음과 같다.

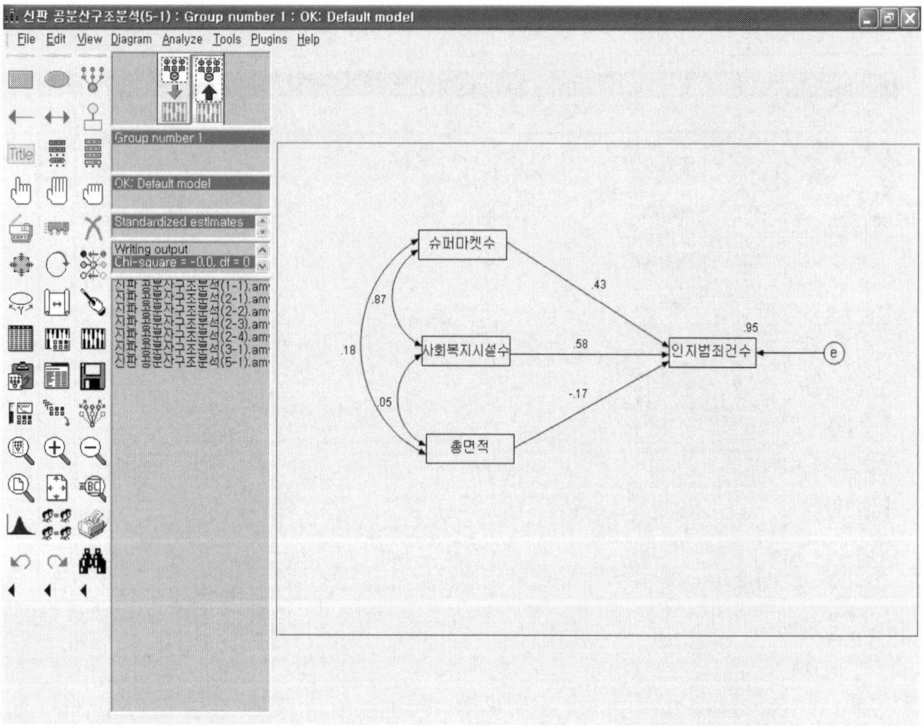

표준화한 데이터에 대한 회귀방정식을 보이기로 한다.

인지범죄건수 = 0.43 × 슈퍼마켓수

+ 0.58 × 사회복지시설수 − 0.17 × 총면적

표준화한 데이터에 대한 회귀분석의 결과도 공분산구조분석에서 산출한 결과와 일치하고 있다. 다음은 SPSS에 의한 회귀분석 결과이다. 표준화계수를 비교해 보면 공분산구조분석의 분석결과와 거의 일치하고 있음을 확인할 수 있다.

계수a

모형		비표준화 계수		표준화 계수	t	유의확률
		B	표준오차	베타		
1	(상수)	16145.654	9617.966		1.679	.128
	슈퍼마켓수	529.667	196.062	.430	2.702	.024
	사회복지시설수	45.422	12.286	.580	3.697	.005
	총면적	-33.312	15.803	-.167	-2.108	.064

a. 종속변수: 인지범죄건수

다시 한 번 공분산구조분석이 회귀분석을 포함하고 있다는 사실이 확인되었다.

마지막으로 회귀방정식 ①의 절편 16145.6537에 대해서인데, 이 절편의 값은 유감스럽게도 통상의 공분산구조분석으로는 구해지지 않는다. 절편을 구하려면, **평균·공분산구조분석**이라고 불리는 수법을 이용하지 않으면 안 된다. 이에 대해서는 제10장에서 상술하기로 한다.

5.2 경로분석 모델과 공분산구조분석

■ 회귀분석을 발전시킨 경로분석

회귀분석을 발전시켜서 그것을 경로도형으로 표현하고자 하는 분석법이 만들어졌다. 그것이 **경로분석(path analysis)**이다.

예를 들면, 어떤 거리의 슈퍼마켓의 점포수(슈퍼마켓수), 인구, 착공신설주택 호수(戶數)를 조사한 데이터가 있다고 하자. 이때, 부동산업자가 다음과 같은 인과 모델을 상정했다고 한다.

슈퍼마켓수가 많으면 인구가 모이고, 그렇게 하여 집이 새로 지어진다

이 인과 모델이 옳다면, 슈퍼마켓수가 많은 곳에 부동산업자는 안심하고 주택을 조성할 수 있다.

모델의 이미지는 다음과 같이 도시하면 알기 쉬울 것이다.

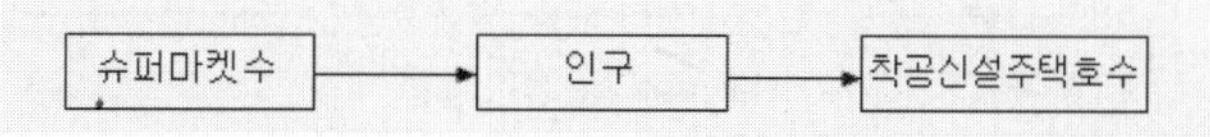

이것이 모델의 경로도형이며, 이 경로도형에 표시된 변수간의 관계를 조사하는 것이 경로분석인 것이다.

변수간의 관계는 회귀방정식의 관계(즉, 1차식)로 표현된다. 위의 경로도형으로 표현되는 회귀방정식은 다음과 같이 된다.

$$인구 = a \times 슈퍼마켓수 + e_1 \qquad \cdots ①$$

$$착공신설주택\ 호수 = b \times 인구 + e_2 \qquad \cdots ②$$

여기에서 e_1, e_2는 오차(잔차라고도 한다), a, b는 회귀계수이다. 경로분석에서는 회귀계수를 **경로계수**라고 하는데, 이것은 공분산구조분석에서도 마찬가지이다. 이와 같이 경로분석의 어법을 그대로 공분산구조분석은 이어받고 있다.

위의 두 식을 하나로 합쳐 보자.

$$착공신설주택\ 호수 = b \times (a \times 슈퍼마켓수 + e_1) + e_2$$

$$= ab \times 슈퍼마켓수 + e_3 \qquad \cdots ③$$

여기에서 e_3는 두 개의 잔차를 합친 잔차이다. 경로계수(즉, 회귀계수)의 곱이 다시 경로계수가 되어 있는 것에 착안하기 바란다.

경로계수를 경로도형에 입력해 보자.

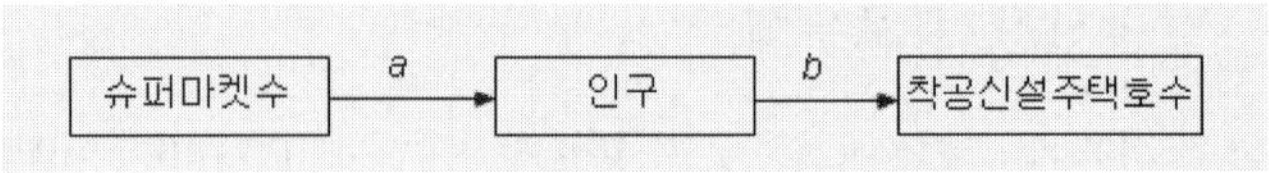

경로도형에 기입된 화살표의 순으로 경로계수를 좇으면, ③식의 경로계수가 얻어진다는 사실에 주의를 할 필요가 있다.

종래는 회귀분석의 수법을 반복 이용해서, 이 그림에 표시되도록 하는 경로분석을 실행했었다. 그러나 공분산구조분석은 1회의 계산으로 결과가 얻어진다. 실제로, 다음과 같은 경로도형을 공분산구조분석의 소프트웨어에 입력하면 된다.

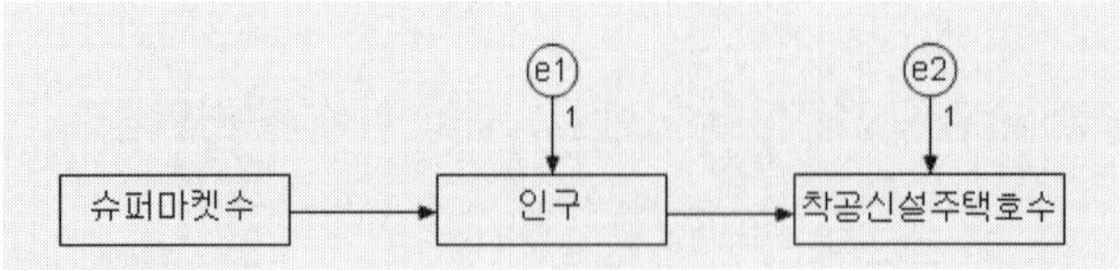

■ 실제의 분석 개시

그러면 실제로 이 경로도형을 이용해서 다음의 데이터를 분석해 보자. 이 데이터는 도시에 있는 지역마다의 슈퍼마켓수, 인구, 착공신설주택 호수를 조사한 것이다.

| 표 5-2 | **데이터표**

도시명	슈퍼마켓수	인구	착공신설주택호수
A	75	1,824,195	20,281
B	34	1,009,184	12,107
C	24	888,577	9,645
D	180	8,143,270	119,268
E	29	1,252,235	18,723
F	104	3,431,664	45,564
G	52	2,172,916	27,181
H	34	1,468,165	14,273
I	74	2,599,637	33,243
J	49	1,495,450	15,719
K	33	1,127,321	11,060
L	27	1,011,823	8,219
M	35	1,343,638	21,085

그러면 공분산구조분석을 실행해 보자.

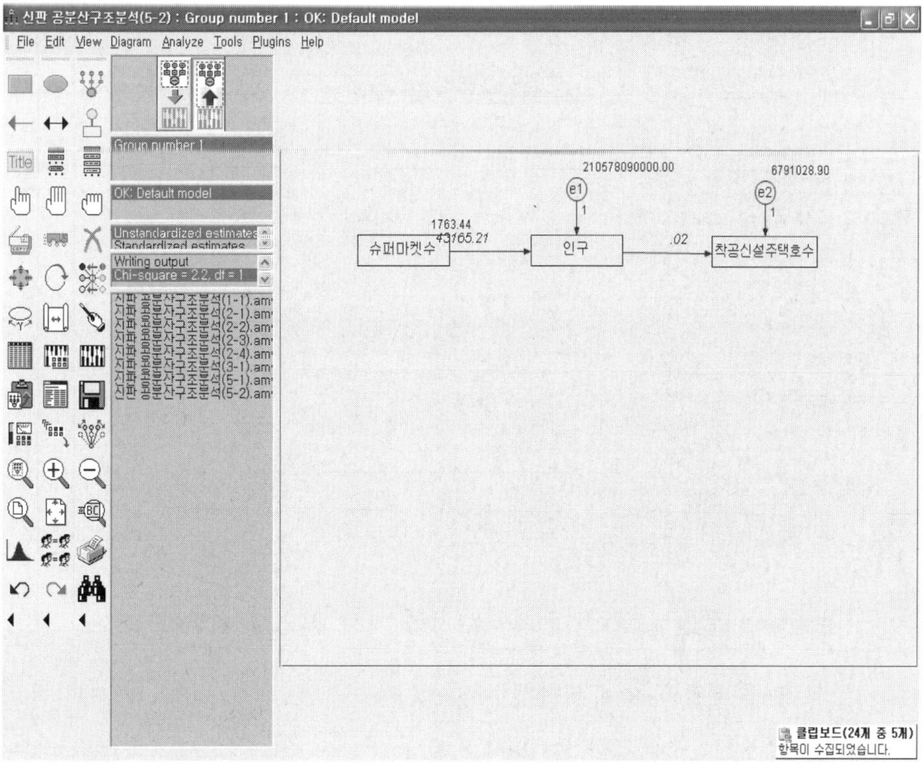

이 경로도형에 표시된 수치를 식으로 치환해 보자. 즉, ①, ②에 상당하는 식을 구체적으로 새로 써 보자.

인구 = 43165.21 × 슈퍼마켓수 + e_1

착공신설주택 호수 = 0.02 × 인구 + e_2

도시에 있는 슈퍼마켓수, 인구, 착공신설주택 호수의 관계를 잘 이해할 수 있다. 도시에서는 슈퍼마켓수가 1개 늘어나면, 인구가 거의 43,000명 늘어나고 있다. 또, 인구가 100명 늘어나면, 착공신설주택 호수는 2호 늘어난다.

■ 표준화해에 의한 분석

척도가 고르지 않으므로, 표준화한 해(표준화해)를 구해 본다.

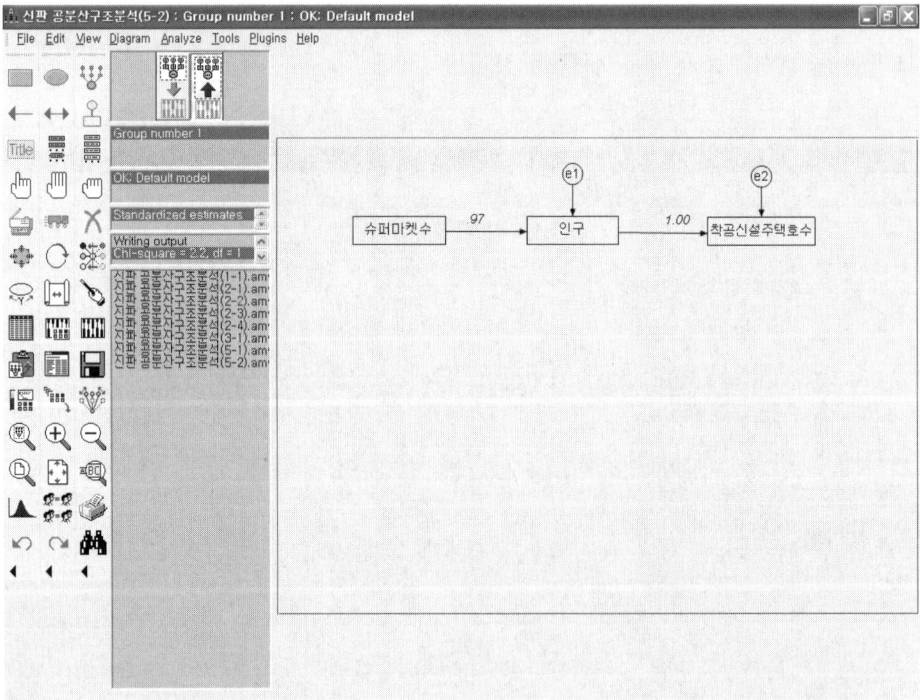

이 표준화해를 보인 그림에 나타난 수치를 다시 식으로 치환해 보자.

인구 = 0.97 × 슈퍼마켓수 + e_1

착공신설주택 호수 = 1.00 × 인구 + e_2

그런데 2장에서 조사한 해석법을 이용해 보자. 즉,

> (경로계수)^2 × 경로 시작의 변수에 대한 분산이, 경로 끝의 변수에 대한 영향도(정보량)를 나타낸다

고 하는 해석이다. 표준화해에서는 변수의 분산이 1이기 때문에, (경로계수)^{2}이 직접 영향도를 표현하게 된다.

그러면 위의 그림으로부터 변수간의 관계를 잘 알 수 있다. 인구는 슈퍼마켓수로 약 94%(= 0.97^2) 설명된다. 그것에 비해서 착공신설주택 호수는 인구로 거의 완전히 설명되게 된다. 즉, 계속해서 생각하면 착공신설주택 호수는 슈퍼마켓수로부터 94%(= $(0.97 \times 1.00)^2$) 만큼 영향을 받게 된다. 슈퍼마켓수와 착공신설주택 호수와는 대단히 밀접하게 관련되어 있다는 것을 알 수 있다.

■ 결과의 신뢰성 평가

이상의 결과에 대한 신뢰성을 통계학적으로 평가해 보자. AMOS의 산출결과를 보이면 다음과 같다.

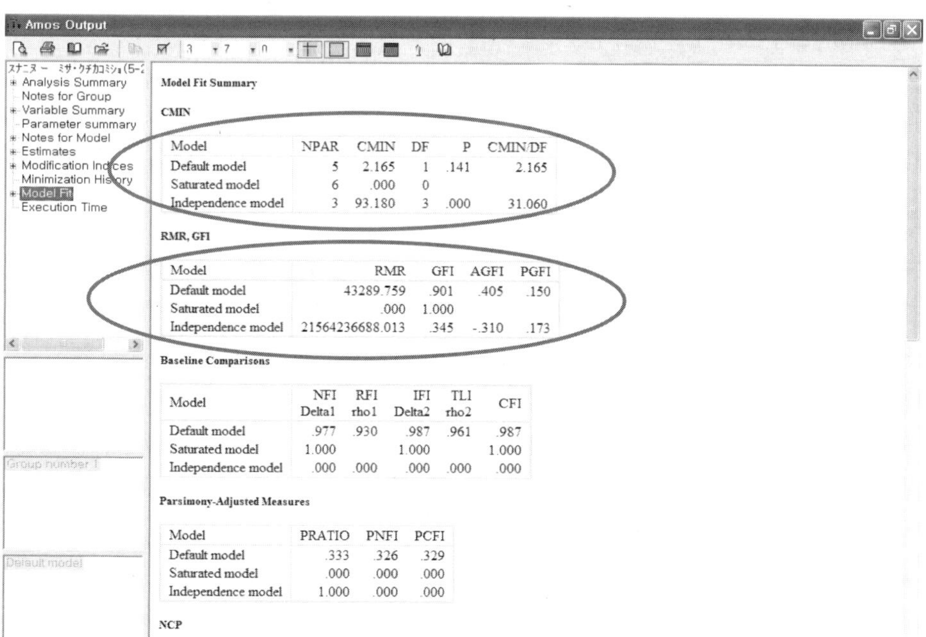

Model Fit Summary

CMIN

Model	NPAR	CMIN	DF	P	CMIN/DF
Default model	5	2.165	1	.141	2.165
Saturated model	6	.000	0		
Independence model	3	93.180	3	.000	31.060

RMR, GFI

Model	RMR	GFI	AGFI	PGFI
Default model	43289.759	.901	.405	.150
Saturated model	.000	1.000		
Independence model	21564236688.013	.345	-.310	.173

Baseline Comparisons

Model	NFI Delta1	RFI rho1	IFI Delta2	TLI rho2	CFI
Default model	.977	.930	.987	.961	.987
Saturated model	1.000		1.000		1.000
Independence model	.000	.000	.000	.000	.000

Parsimony-Adjusted Measures

Model	PRATIO	PNFI	PCFI
Default model	.333	.326	.329
Saturated model	.000	.000	.000
Independence model	1.000	.000	.000

NCP

이로부터 자유도와 χ^2의 값은 다음과 같이 되는 것을 알 수 있다.

$$\text{자유도} = 1,\ \chi^2\text{값} = 2.165$$

자유도 1인 χ^2분포의 95% 점은 3.8415이다(χ^2분포표). 소극적인 의미이지만 이 모델은 바르다는 것이 인정되었다.

RMR은 약 43289이다. 적합하지 않은 모델(독립 모델)에서는 21564236688이기 때문에, 그것과 비교해서 좋은 적합도를 나타내고 있다.

또, GFI는 0.901로 되어 있다. 기준인 0.9를 초과하고 있다. 이 면에서도 조사한 모델은 통계학적으로 바르다고 인정할 수 있다.

메모

포화 모델, 독립 모델

AMOS의 분석결과에 대한 표시 중에는, 'Default model'과 함께 '포화 모델', '독립 모델'이 병기(併記)된다. 'Default model'의 난은 분석자가 조사하고 있는 모델의 분석결과를 보이고 있다. 그것에 비해서 '포화 모델', '독립 모델'은 AMOS가 참고로 출력하는 값이다. '포화 모델'은 자유도가 0이 되도록 최대의 파라미터를 이용했을 때의 모델로서, 데이터 적합도는 최선이 되는 모델이다. 이것에 비해서 '독립 모델'은 관측변수에 상관이 없는 것을 가정한 가장 단순한 모델로서, 분석결과는 최악이 되는 모델이다.

'Default model'은 '포화 모델'과 '독립 모델'의 사이에 위치하고, 그것들의 상대관계 속에서 적합도의 좋고 나쁨이 조사된다.

요인분석 모델과 공분산구조분석 6

6.1 탐색적 요인분석 모델과 공분산구조분석

■ 잠재변수는 요인분석이 기원

공분산구조분석에서 이용되는 잠재변수의 아이디어는 요인분석이 기원이 된 아이디어이다.

요인분석은 영국의 심리학자 스피어만(Spearman)이 개발한 분석기법으로 알려져 있다. 스피어만은 교육현장에서 시험성적을 바라보았을 때에, '지능'이라고 하는 하나의 요인으로 이것을 설명할 수 없을까 하고 생각했다. 이것이 요인분석의 기원이 된다.

이 아이디어로부터 알 수 있듯이 요인은 직접 측정할 수는 없다. '시험'이라고 하는 관측할 수 있는 데이터로부터 간접적으로 추정하는 것이다. 이것이 잠재변수의 출발점이었던 것이다.

그런데 이 스피어만이 이용했던 요인분석은, **탐색적 요인분석(exploratory factor analysis)**이라고 불린다. 관측변수와 잠재변수에 미리 관계를 가정하지 않고, 계산결과로부터 관계를 '탐색'하기 때문이다. 계산의 최초에 요인의 수를 가정하고, 그것들 요인이 모두 관측변수에 관련되어 있다고 하는 고정적인 모델을 이용한다.

앞의 '지능'의 예로 말하자면, 다음과 같은 경로도형으로 표현된다. 여기에서 f가 '지능' 요인(즉, 잠재변수), x, y, z가 성적(즉, 관측변수)이다.

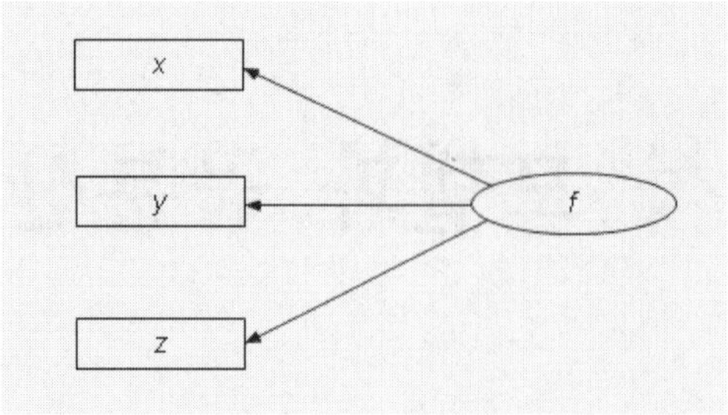

실제로 위의 경로도형에 상당하는 요인분석을 실시해 보자. 스피어만을 흉내내어 다음에 보인 50명의 학생의 성적 데이터를 대상으로 조사해 본다.

| 표 6-1 | **성적 데이터표**

No.	국어	사회	수학	No.	국어	사회	수학
1	3	6	6	26	6	5	7
2	8	4	7	27	6	7	6
3	8	8	7	28	8	10	9
4	7	6	10	29	6	8	6
5	3	4	5	30	8	7	4
6	3	4	5	31	6	7	9
7	5	8	5	32	6	5	7
8	7	7	8	33	4	6	5
9	7	8	8	34	6	5	4
10	8	6	6	35	8	8	9
11	7	9	7	36	4	6	6
12	9	7	10	37	9	10	9
13	6	7	8	38	6	7	8
14	5	7	4	39	5	6	8
15	8	4	5	40	5	5	5
16	7	6	7	41	5	6	8
17	10	10	8	42	4	4	4
18	9	9	7	43	6	6	4
19	4	6	6	44	4	4	8
20	8	7	8	45	7	4	8
21	10	10	10	46	5	5	4
22	8	7	7	47	4	4	4
23	8	8	6	48	8	8	7
24	7	9	7	49	7	7	8
25	6	7	6	50	7	7	7

이 경로도형의 모델을 소프트웨어를 이용해서 공분산구조분석을 실시해 보자. AMOS에 의한 계산결과를 보이면 다음과 같다. 고전적 탐색적 요인분석에 맞도록 요인 '지능'의 분산을 1로 초기설정하고, 표준화해를 구했다.

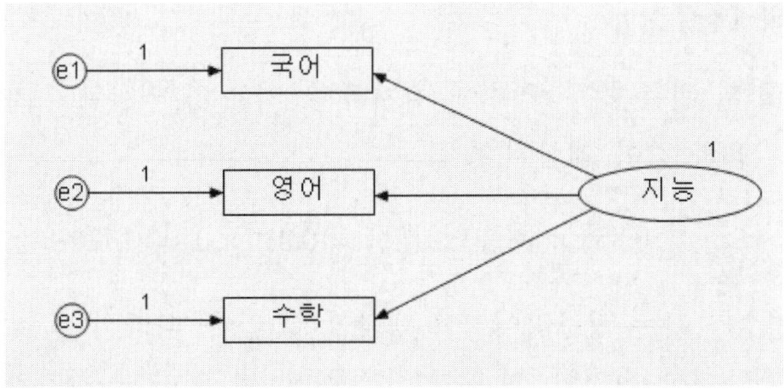

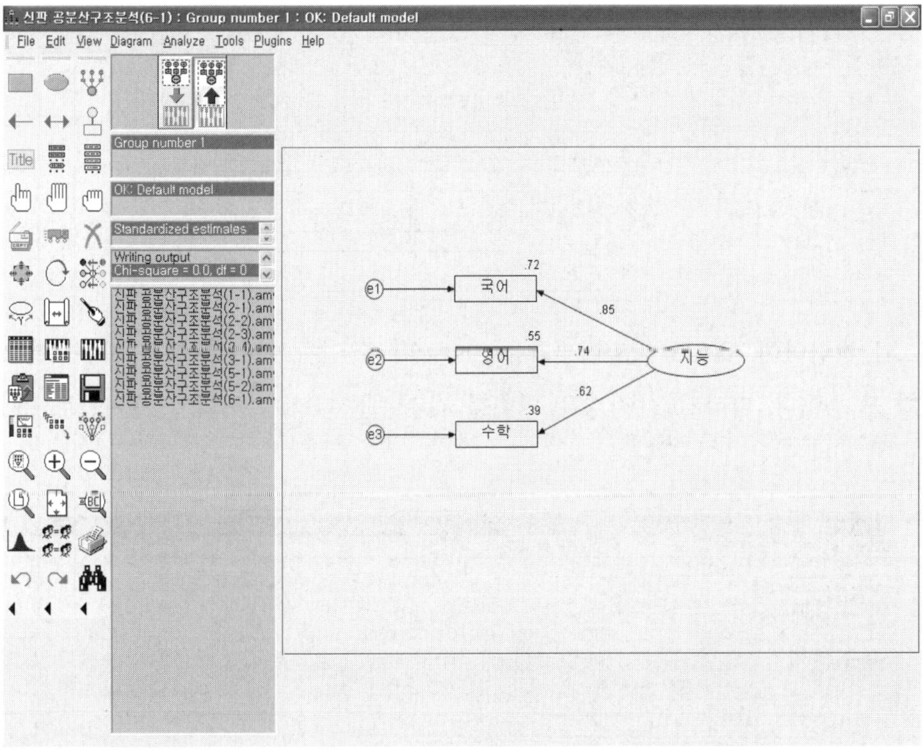

고전적인 탐색적 요인분석에서는 요인의 분산을 1로 하고, 변수는 표준화하는 것이 보통이다. 여기에서도 그와 같이 설정했다. 그와 관련하여 요인분석에서는 잠재변수(즉, 요인)와 관측변수를 연결하는 계수를 '요인부하량', 오차항을 '독자 부분'이라고 부른다.

회귀분석일 때와 마찬가지로 공분산구조분석은 고전적인 요인분석(탐색적 요인분석)을 포함하고 있다는 사실이 확인되었다.

■ 분석결과의 해석

그런데 표준화된 관측변수 '국어'에 차지하는 '지능'의 영향력의 비율을, 분산으로 표시해 보자. 다음과 같이 계산된다.

$$0.85^2 \times \text{지능의 분산} = 0.85^2 \times 1 = 0.72$$

분산은 그 변수가 갖는 정보량이라고 생각할 수 있다. 따라서 '국어'의 정보량은 지능 요인으로 70% 이상 설명할 수 있다는 것을 알 수 있다. 마찬가지로 해서, '영어', '수학'에 차지하는 지능의 영향의 비율은 각각 0.55, 0.39가 된다. 앞의 데이터로부터는 국어가 가장 '지능' 요인을 민감하게 표현하고 있다는 것을 알았다.

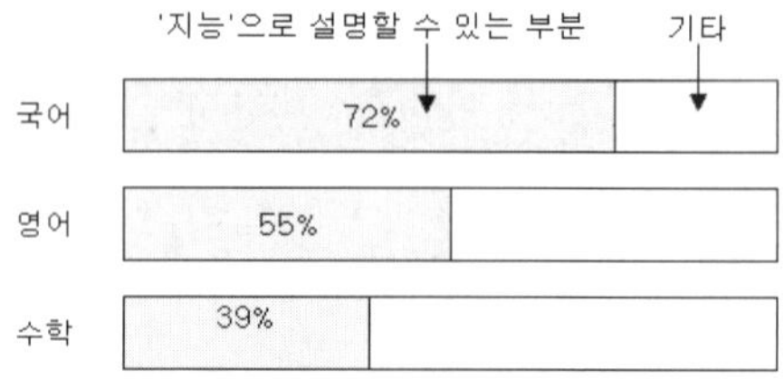

그와 관련하여 AMOS의 출력결과를 보면 알 수 있듯이 이 모델의 자유도는 0(즉, 포화 모델)이다. 따라서 χ^2검정은 의미를 갖지 못한다. 또, 포화 모델이므로 RMR의 값은 0, GFI 값은 1이 된다.

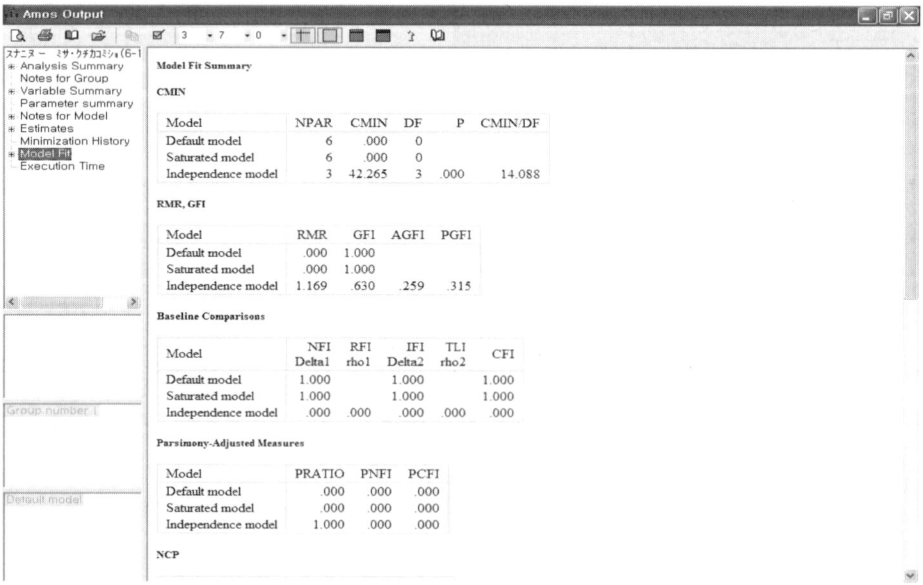

Model Fit Summary

CMIN

Model	NPAR	CMIN	DF	P	CMIN/DF
Default model	6	.000	0		
Saturated model	6	.000	0		
Independence model	3	42.265	3	.000	14.088

RMR, GFI

Model	RMR	GFI	AGFI	PGFI
Default model	.000	1.000		
Saturated model	.000	1.000		
Independence model	1.169	.630	.259	.315

Baseline Comparisons

Model	NFI Delta1	RFI rho1	IFI Delta2	TLI rho2	CFI
Default model	1.000		1.000		1.000
Saturated model	1.000		1.000		1.000
Independence model	.000	.000	.000	.000	.000

Parsimony-Adjusted Measures

Model	PRATIO	PNFI	PCFI
Default model	.000	.000	.000
Saturated model	.000	.000	.000
Independence model	1.000	.000	.000

NCP

6.2 검증적 요인분석 모델과 공분산구조분석

■ 요인분석을 비약시키는 검증적 요인분석

앞 절에서 조사한 바와 같이 공분산구조분석에서 이용되는 잠재변수에 대한 아이디어의 기원은 탐색적 요인분석이다. 경로도형을 보면 알 수 있듯이 탐색적 요인분석에서는 요인으로부터 각 변수에 반드시 경로가 그어져 있다. 분석자의 의지를 집어넣을 여지가 없이 모델이 패턴화되어 있고 경직화되어 있다. 그래서 좀더 자유롭게 요인(잠재변수)과 변수(관측변수)의 관계를 묘사해 보고 싶게 된다.

예를 들면, 앞 절의 예에서 지능이라고 하는 요인을 '이과적 지능'과 '문과적 지능'으로 나누어서 생각해 보자. 그때, 종래의 탐색적 요인분석에서는 다음의 <그림 6-1>과 같이 경로도형을 고정적으로 그리게 된다.

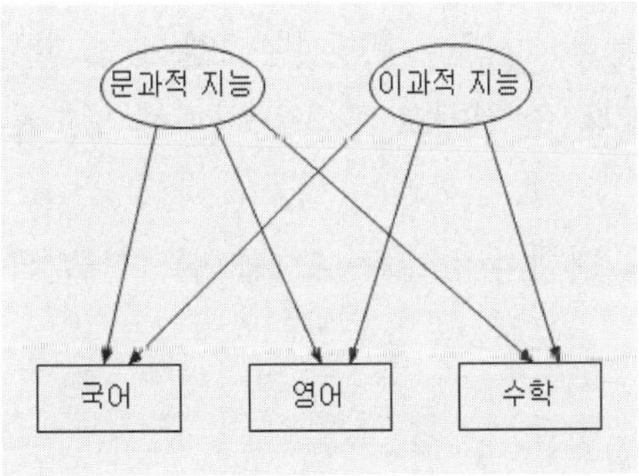

|그림 6-1| **탐색적 요인분석의 경로도형**

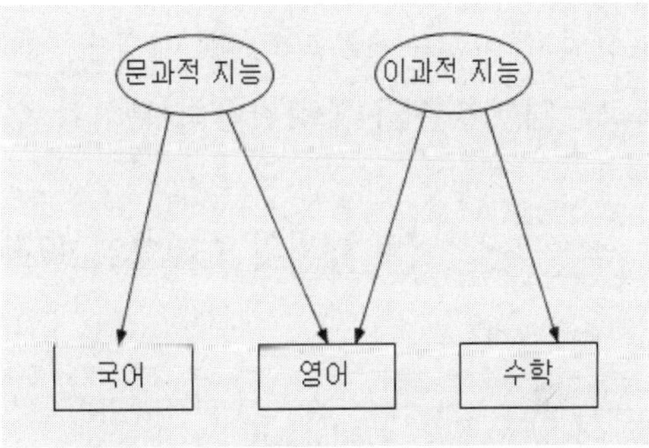

|그림 6-2| **검증적 요인분석의 경로도형**

그러나 상상할 수 있는 관계는 이것뿐만은 아닐 것이다. 수학은 '이과적 지능'으로부터만 영향을 받고, 국어는 '문과적 지능'으로부터만 영향을 받는다고 하는 모델도 생각할 수 있다. 즉, <그림 6-2>와 같은 경로도형도 생각할 수 있는 것이다.

또, 탐색적 요인분석에서는 두 개의 요인을 독립시켜서 생각하는 것이 일반적인데, 서로 관련되어 있다고 가정할 수도 있다. 그래서 다음의 <그림 6-3>과 같은 모델도 생각할 수 있다.

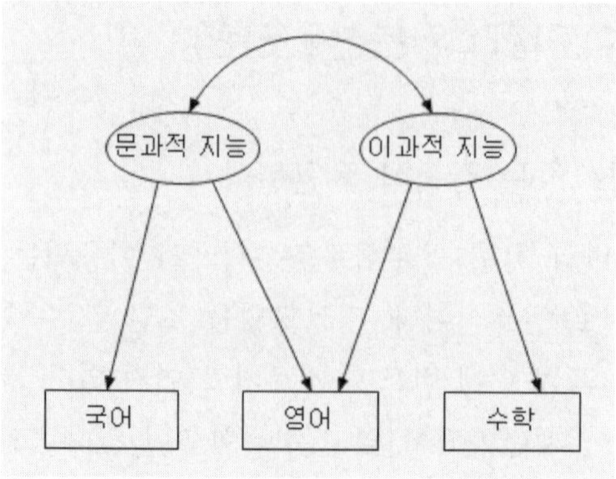

|그림 6-3| **두 요인이 독립이 아닌 검증적 요인분석의 모델 예**

이와 같이 요인과 변수의 관계를 자유롭게 짜맞추어 그것을 확인하고 검증하는 방법을 검증적 요인분석(또는 확인적 요인분석)이라고 한다.

그런데 이 검증적 요인분석의 경로도형을 보면 알 수 있듯이, 검증적 요인분석은 통상의 공분산구조분석의 한 예제에 지나지 않는다. 따라서 공분산구조분석의 전용 소프트웨어를 이용해서 간단히 분석할 수 있다. 그러면 실제로 분석을 실행해 보도록 하자.

<표 6-2>는 어떤 대기업 슈퍼마켓 40개 점포에 대해서 앙케트 조사를 실시한 결과이다.

|표 6-2| **앙케트 조사 결과표**

No.	레이아웃	품목	종업원태도	대응신속	No.	레이아웃	품목	종업원태도	대응신속
1	5	3	6	6	21	4	4	5	3
2	6	7	6	8	22	8	8	7	8
3	5	3	6	4	23	6	8	6	6
4	4	6	5	6	24	3	3	5	3
5	6	8	6	9	25	5	5	8	9
6	9	8	10	10	26	6	7	10	9
7	5	5	6	7	27	5	3	4	4
8	3	4	3	4	28	4	6	6	5
9	5	6	6	6	29	6	6	6	8
10	6	6	6	7	30	9	7	7	9
11	4	6	6	6	31	8	9	7	9
12	5	6	7	8	32	5	6	8	7
13	6	6	6	6	33	9	5	8	9
14	4	4	4	4	34	5	6	6	7
15	3	3	4	4	35	7	7	8	9
16	5	5	5	5	36	7	5	7	6
17	4	5	5	4	37	6	8	6	6
18	3	4	3	3	38	8	9	8	8
19	4	3	5	3	39	6	5	6	7
20	6	6	5	4	40	4	4	7	7

10점 평가로 각 점포를 평가하고 있다. 이 데이터를 보고, 다음의 <그림 6-4>에서 보인 바와 같은 두 개의 요인과 관측변수의 관계를 가정해 보기로 한다.

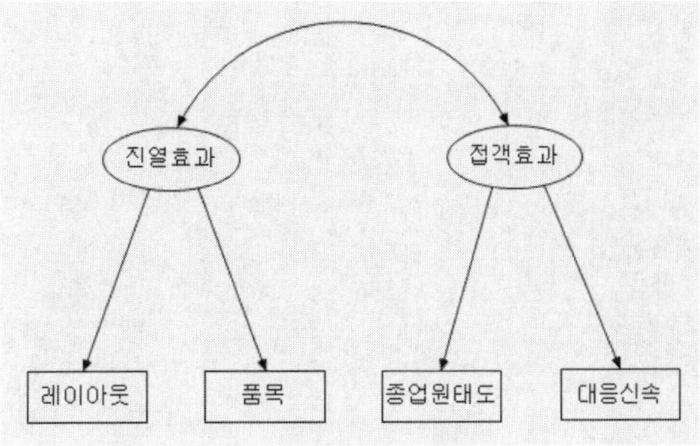

|그림 6-4| **검증적 요인분석의 모델 예**

앙케트 항목의 '레이아웃'과 '품목'은, '진열효과'라고 하는 요인으로 설명된다고 생각한다. 또, '종업원태도'와 '대응신속'이라고 하는 항목은 '접객효과'라고 하는 요인으로 설명된다고 생각한다. 그런데 이들 두 개의 요인 '진열효과', '접객효과'는 깊은 관계가 있다고 생각된다. 그래서 그것들의 공분산(쌍방향 화살표)도 생각하기로 한다.

■ 검증적 요인분석을 공분산구조분석으로

이제 경로도형으로 표현된 모델로 공분산구조분석을 실행해 보자. 초기설정의 그림과 경로계수를 비교하기 쉬운 표준화해를 나타내 보였다.

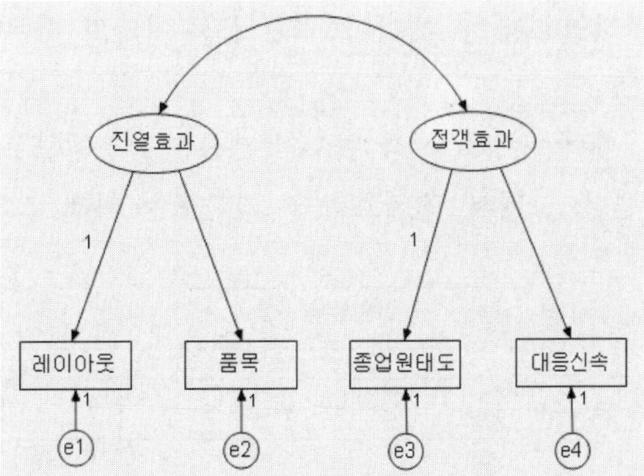

|그림 6-5| **검증적 요인분석 모델의 초기설정**

AMOS의 출력결과는 다음과 같다.

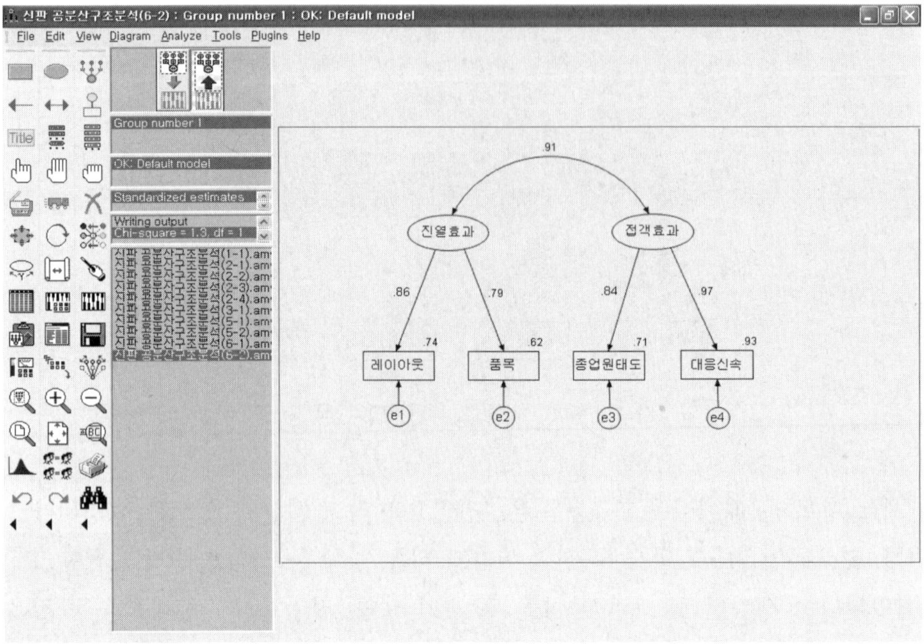

분석결과(표준화해)를 관찰해 보자. 먼저 '진열효과' 요인에 관련된 부분을 보도록 하자.

$$레이아웃 = 0.86 \times 진열효과 + e_1$$

$$품목 = 0.79 \times 진열효과 + e_2$$

경로계수는 커서, '진열효과'는 '레이아웃'과 '품목'이라고 하는 관측변수를 상당히 잘 설명하고 있다.

실제로 표준화해일 때에는 경로 시작 변수의 분산은 1이 되므로, 경로계수의 제곱이 영향도를 나타내게 된다. 그래서 '진열효과'의 영향도는 아래 그림과 같이 표현된다.

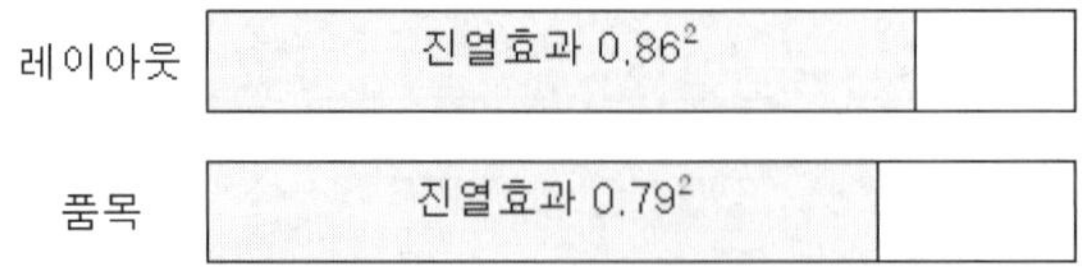

다음에 '접객효과'의 요인에 관련된 부분을 조사해 보자.

종업원태도 = 0.84 × 접객효과 + e_3

대응신속 = 0.97 × 접객효과 + e_4

'접객효과'도 '종업원태도', '대응신속'이라고 하는 두 개의 변수를 잘 설명하고 있다는 것을 알 수 있다. 위와 마찬가지로 경로계수의 제곱이 영향도를 나타내므로, 그것을 그림으로 나타내면 다음과 같이 된다.

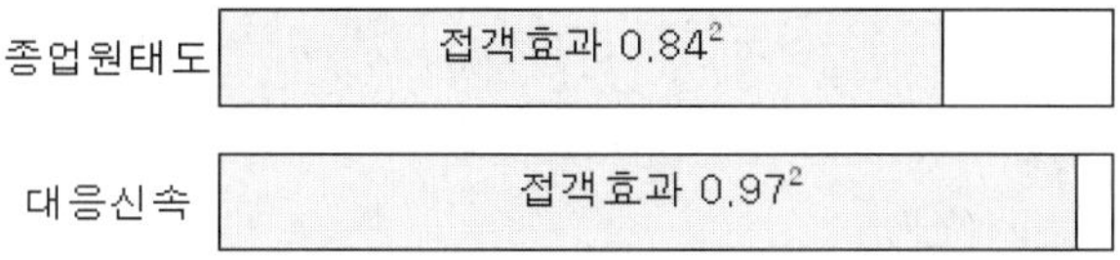

슈퍼마켓에 대한 네 개의 앙케트 항목은 '진열효과'와 '접객효과'라고 하는 두 개의 요인으로 대충 설명할 수 있다는 것을 알았다.

다음에 두 요인의 관계를 살펴보도록 하자. 상관계수가 0.91로 산출되고 있다. 당초의 예상대로 두 개의 요인에는 큰 상관이 있다는 것을 알았다. 진열을 잘 할 수 있는 점원은 접객태도의 센스도 겸해 갖추고 있다고 하는 당연한 사실을 수치적으로 나타내고 있다.

■ 분석결과의 평가

모델의 평가를 해 보도록 하자. 아래 그림은 AMOS의 평가출력의 예이다.

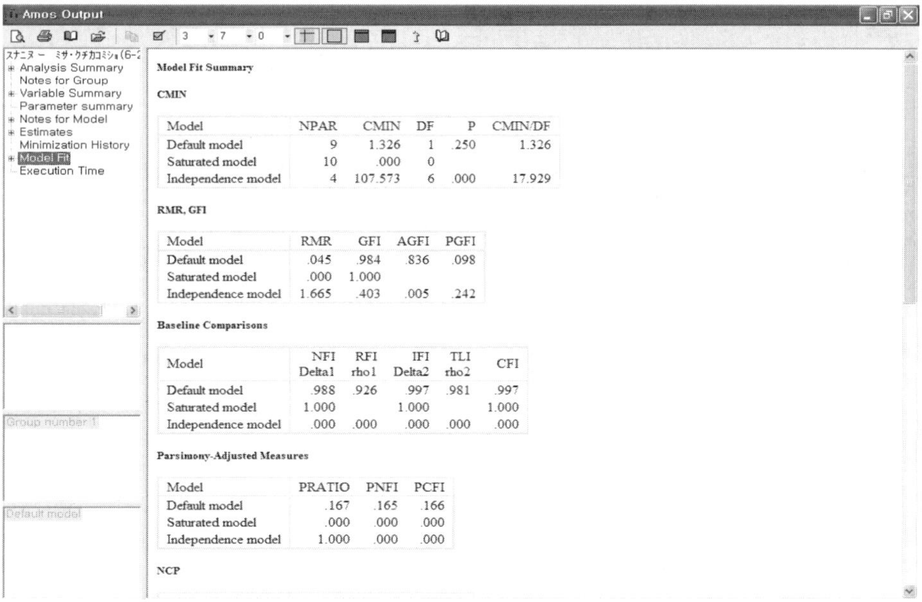

Model Fit Summary

CMIN

Model	NPAR	CMIN	DF	P	CMIN/DF
Default model	9	1.326	1	.250	1.326
Saturated model	10	.000	0		
Independence model	4	107.573	6	.000	17.929

RMR, GFI

Model	RMR	GFI	AGFI	PGFI
Default model	.045	.984	.836	.098
Saturated model	.000	1.000		
Independence model	1.665	.403	.005	.242

Baseline Comparisons

Model	NFI Delta1	RFI rho1	IFI Delta2	TLI rho2	CFI
Default model	.988	.926	.997	.981	.997
Saturated model	1.000		1.000		1.000
Independence model	.000	.000	.000	.000	.000

Parsimony-Adjusted Measures

Model	PRATIO	PNFI	PCFI
Default model	.167	.165	.166
Saturated model	.000	.000	.000
Independence model	1.000	.000	.000

NCP

모델의 적합도 출력결과를 보면, 자유도(DF)와 χ^2의 값(CMIN)은 다음과 같이 된다.

자유도 = 1

χ^2 = 1.326

χ^2분포의 95% 점은 3.8415이므로(χ^2분포표), 이 모델은 큰 잘못은 없다고 볼 수 있다.

RMR은 0.045이다. AMOS의 계산결과로부터 알 수 있듯이 포화 모델에서 0, 독립 모델에서 1.665이므로, 좋은 적합도를 나타내고 있다. 또, GFI는 0.984로 되어 있다. 상식적인 기준인 0.9를 초월하고 있다. 이 면에서도 조사한 모델은 통계학적으로 인정된다고 해도 좋을 것이다.

메모

검증적 요인분석에서 공분산구조분석으로

두 요인의 관계가 밀접하다면, 하나의 요인으로 모두를 설명해 보고 싶게 된다. 그것을 경로도형으로 표현하면, 다음과 같이 된다.

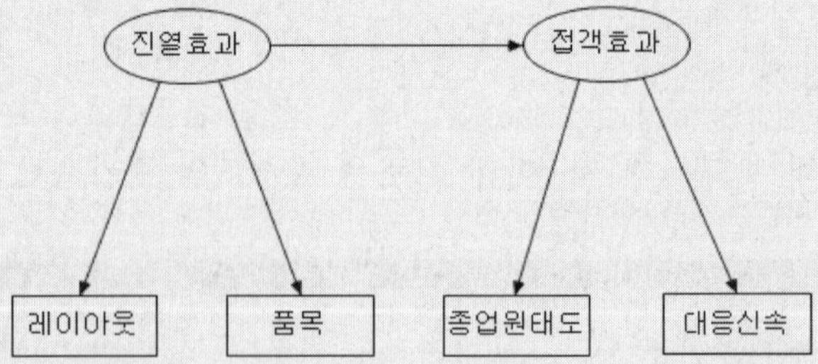

요인간에 구조가 가정되고 있다. 이것이 일반적인 공분산구조분석

여기에서 주의해야 할 것은 요인간에 구조(즉, 인과관계)가 가정되고 있다는 사실이다. 이것이 공분산구조분석의 일반적인 형태이다. 공분산구조분석은 관측변수만이 아니라 잠재변수도 자유롭게 다룰 수 있는 것이다.

여러 가지 모델과 공분산구조분석 7

7.1 MIMIC 모델과 공분산구조분석

■ 원인과 결과의 사이에 잠재변수를 넣으면

두 개의 관측변수에 대한 인과관계를 생각할 때에, 도중에 1스텝의 잠재변수를 넣고 싶은 경우가 있다. 예를 들면,

x원 연구개발비에 투자 → 특허취득수 u가 증가

라고 하는 관측변수 x, u의 인과관계를 생각할 때에, 그 도중에 '개발력 f가 향상했다'고 하는 잠재변수 f를 넣어 보자. 즉,

x원 연구개발비에 투자 → 개발력 f가 향상 → 특허취득수 u가 증가

라고 하는 도식을 생각해 보는 것이다.

이와 같은 관측변수 → 잠재변수 → 관측변수라고 하는 관계 모델을 MIMIC 모델(multiple indicator multiple cause model)이라고 한다. 경로도형으로 나타내면 다음과 같이 된다.

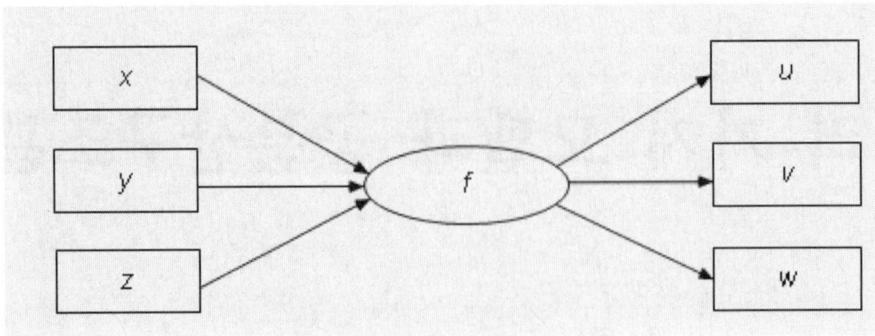

|그림 7-1| **MIMIC 모델**

그러면 이 MIMIC 모델로 실제의 데이터를 분석해 보자. 다음의 <표 7-1>은 어떤 부동산회사의 영업소에 관한 데이터이다. 전단광고 회수, 1개월의 캠페인 회수, 고객의 방문수, 문의수 등 네 가지를 정리한 것이다.

|표 7-1| **부동산영업소의 광고와 캠페인 효과**

No	전단광고	캠페인활동	고객방문수	문의수	No	전단광고	캠페인활동	고객방문수	문의수
1	5	6	725	630	31	6	9	798	780
2	5	7	694	477	32	5	7	626	541
3	7	7	719	848	33	6	5	464	695
4	10	10	545	609	34	4	4	717	599
5	3	5	312	499	35	8	9	906	854
6	3	5	542	487	36	6	6	556	652
7	5	5	777	858	37	8	9	822	1026
8	8	8	616	767	38	7	8	774	744
9	8	8	661	835	39	7	8	538	611
10	6	6	831	631	40	6	5	511	581
11	5	7	829	921	41	7	8	785	683
12	9	10	766	746	42	5	4	685	426
13	8	8	799	701	43	6	4	780	615
14	4	4	600	726	44	4	8	649	406
15	6	5	649	418	45	8	8	687	459
16	7	7	600	618	46	4	4	438	591
17	10	8	1043	1012	47	5	4	409	487
18	7	7	995	982	48	6	7	900	840
19	5	6	656	609	49	7	8	808	789
20	8	8	886	705	50	8	7	859	739
21	10	10	1022	1053	51	6	7	610	613
22	5	7	823	719	52	6	6	791	624
23	7	6	870	863	53	8	8	719	727
24	5	7	714	961	54	3	3	493	338
25	7	6	763	745	55	8	10	711	825
26	5	7	744	521	56	6	6	765	625
27	6	6	648	747	57	9	7	606	855
28	9	9	995	1094	58	8	7	661	534
29	6	6	753	803	59	8	8	976	909
30	6	4	577	702	60	10	9	1003	945

이 데이터를 보고 다음 <그림 7-2>와 같은 경로도형으로 표현되는 관계를 유추했다고 하자. '전단광고'와 '캠페인활동'의 효과로 '구매의욕'이라고 하는 잠재요인이 도출되어, 그것이 '고객방문수'와 '문의수'에 반영한다고 하는 생각이다.

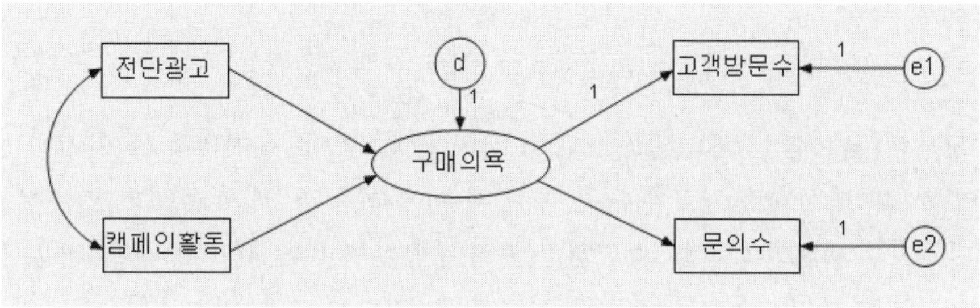

|그림 7-2| 위의 데이터로부터 예상되는 변수간의 관계(MIMIC 모델)

<그림 7-2>의 경로도형을 AMOS에 입력하고 계산해 보면 다음과 같은 계산결과를 얻게 된다(표준화해).

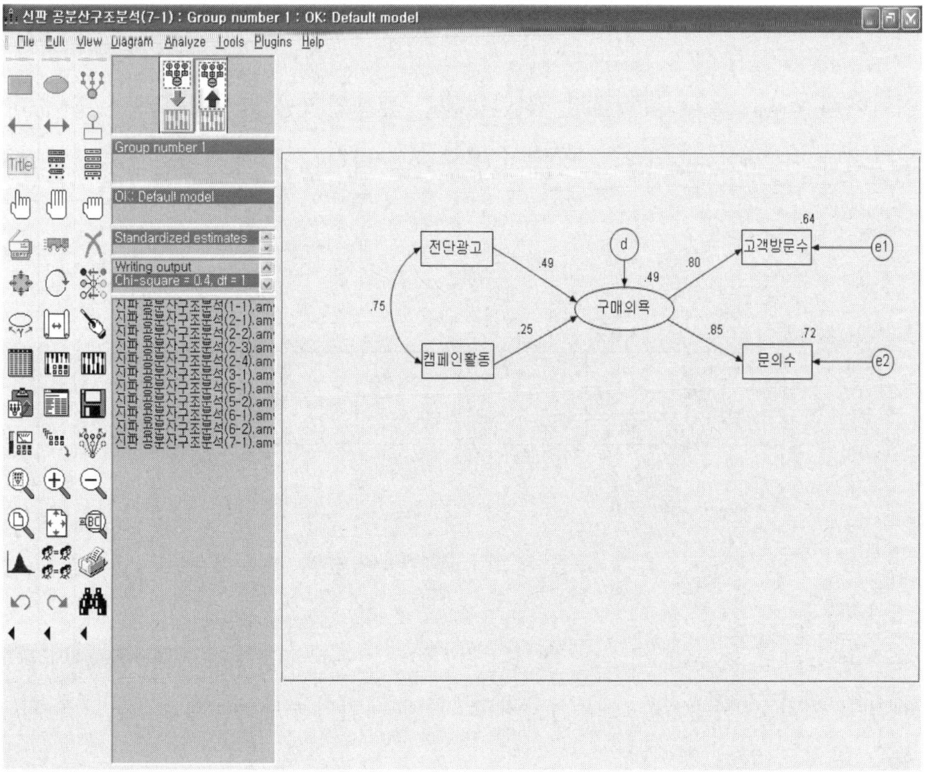

■ **분석결과의 해석**

계산결과를 살펴보자. 이 표준화해의 경로계수로부터 변수의 관계를 볼 수 있다. 먼저 '전단광고', '캠페인활동'과 '구매의욕'의 관계를 조사해 본다. 분석결과를 식으로 나타내면, 다음과 같이 된다(d는 오차변수).

$$\text{구매의욕} = 0.49 \times \text{전단광고} + 0.25 \times \text{캠페인활동} + d \qquad \cdots ①$$

이 모델이 옳으면 '캠페인활동'보다도 '전단광고' 쪽이 '구매의욕'을 환기하는 데 효과적인 것 같다. 실제로 경로계수(즉, 회귀계수)에서는 약 2배의 효과가 얻어지고 있다.

'전단광고', '캠페인활동'의 경로계수(편회귀계수)가 0.49, 0.25로 작은 것은, '구매의욕'을 이들 두 가지만으로는 충분히 설명할 수 없다는 것을 나타낸다. 가정의 구매의욕은 이들 두 가지 이외에도 여러 가지의 요인을 생각할 수 있으므로 당연한 일이다.

실제로 앞의 ①식으로부터 '구매의욕'에 대한 영향도를 조사해 보자. ①보다 간단한 계산으로부터(2장 4절) '구매의욕'의 분산에 차지하는 '전단광고', '캠페인활동'의 영향도는 다음과 같이 산출된다.

$$0.49^2 \times \sigma^2_{\text{전단}} + 0.25^2 \times \sigma^2_{\text{캠페인}} + 2 \times 0.49 \times 0.25 \times \sigma_{\text{전단캠페인}}$$

여기에서 $\sigma^2_{\text{전단}}$, $\sigma^2_{\text{캠페인}}$은 각각 '전단광고', '캠페인활동'의 분산으로서 표준화해이므로 1이다. 또, $\sigma_{\text{전단캠페인}}$은 그것들의 공분산을 나타내고, 계산결과로부터 0.75의 값을 갖는다.

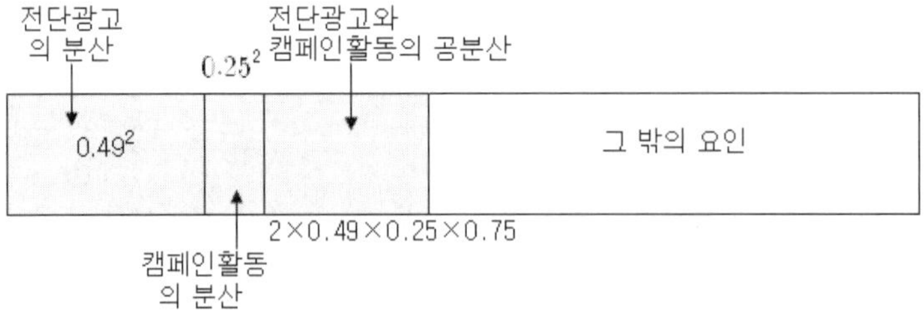

| 그림 7-3 | **구매의욕의 분산**

자주 언급하고 있듯이 변수의 분산은 그 변수가 갖는 정보량으로 생각할 수 있다. '구매의욕'이라고 하는 정보에 '전단광고'와 '캠페인활동'은 위의 <그림 7-3>과 같이 영향을 미치고 있는 것이다.

다음에 '고객방문수'와 '문의수'에 '구매의욕'이 어떻게 관련되어 있는가를 조사해 보자. 이번에는 '구매의욕'이 우변에 온다는(즉, 독립변수로 되어 있다) 사실에 주의를 요한다. 분석결과를 식으로 나타내면 다음과 같이 된다.

$$\text{고객방문수} = 0.80 \times \text{구매의욕} + e_2$$

$$\text{문의수} = 0.85 \times \text{구매의욕} + e_3$$

구매의욕이라고 하는 잠재변수가 '고객방문수'와 '문의수'를 잘 설명하고 있다. '고객방문수'와 '문의수'라고 하는 두 변수가 하나의 '구매의욕'이라고 하는 잠재변수로 대충 설명되어 버린다는 것을 알 수 있다.

■ 결과의 평가

산출결과를 평가해 보자. 다음은 AMOS의 출력 예이다.

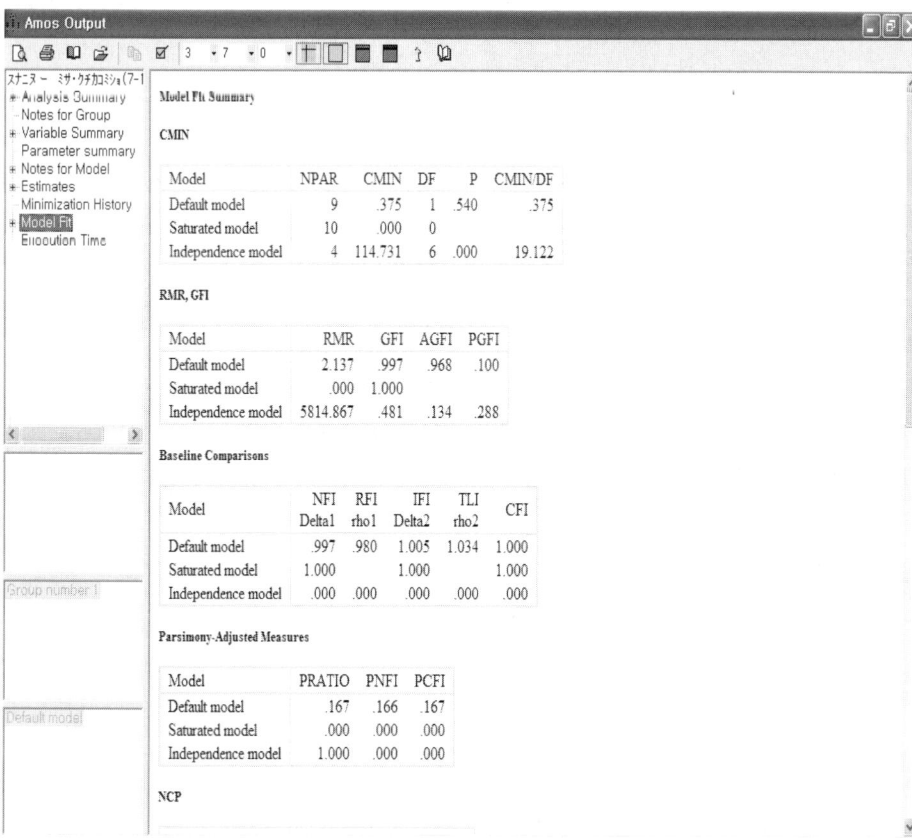

Model Fit Summary

CMIN

Model	NPAR	CMIN	DF	P	CMIN/DF
Default model	9	.375	1	.540	.375
Saturated model	10	.000	0		
Independence model	4	114.731	6	.000	19.122

RMR, GFI

Model	RMR	GFI	AGFI	PGFI
Default model	2.137	.997	.968	.100
Saturated model	.000	1.000		
Independence model	5814.867	.481	.134	.288

Baseline Comparisons

Model	NFI Delta1	RFI rho1	IFI Delta2	TLI rho2	CFI
Default model	.997	.980	1.005	1.034	1.000
Saturated model	1.000		1.000		1.000
Independence model	.000	.000	.000	.000	.000

Parsimony-Adjusted Measures

Model	PRATIO	PNFI	PCFI
Default model	.167	.166	.167
Saturated model	.000	.000	.000
Independence model	1.000	.000	.000

NCP

위에 보인 계산결과를 보면, 자유도(DF)와 χ^2(CMIN)의 값은 다음과 같이 된다.

자유도 = 1
χ^2 = 0.375

χ^2분포의 95% 점은 3.8415이므로, 이 모델은 통계학적으로 큰 잘못이 없다고 할 수 있다.

RMR은 2.137이다. 포화 모델에서 0, 독립 모델에서 약 5814.9이기 때문에 좋은 적합도를 나타내고 있다.

또, GFI는 0.997로 되어 있다. 상식적인 기준인 0.9를 초월하고 있다. 이 면에서도 본 모델은 통계학적으로 인정된다고 해도 좋을 것이다.

메모

공분산구조분석이 산출하는 분산

세 변수 x, y, z에 대한 데이터에 대해서 다음과 같은 경로도형을 이용하면, 공분산구조분석적인 계산수법으로 분산・공분산이 추정된다.

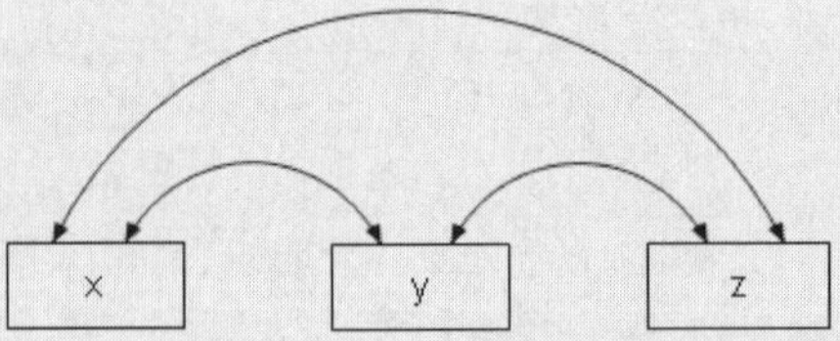

이 경로도형은 공분산구조분석 중에서 가장 원시적인 모델일 것이다.

그와 관련하여 이로부터 얻어지는 추정치는 분산이나 공분산의 정의식으로 얻어지는 값과 일치한다.

공분산구조분석의 소프트웨어가 산출하는 분산은 불편분산이 아니라, 표본분산인 것이 일반적이다. 이것은 산출법으로 최우추정법(最尤推定法)을 이용하고 있기 때문이다. 그래서 Excel의 VAR 함수로 산출한 값과 다른 것이다. 주의를 요한다.

7.2 PLS 모델과 공분산구조분석

■ 잠재변수에 인과관계를 넣은 PLS 모델

앞 절에서 조사한 MIMIC 모델을 더욱 복잡하게 한 것이 PLS 모델(partial least

squares model)이다. MIMIC 모델이 두 개의 관측변수군을 연결하는 도중에 하나의 잠재변수를 둔 것에 비해서, PLS 모델에서는 두 개의 잠재변수를 둔다. 즉, 다음과 같은 경로도형으로 표현되는 모델이다.

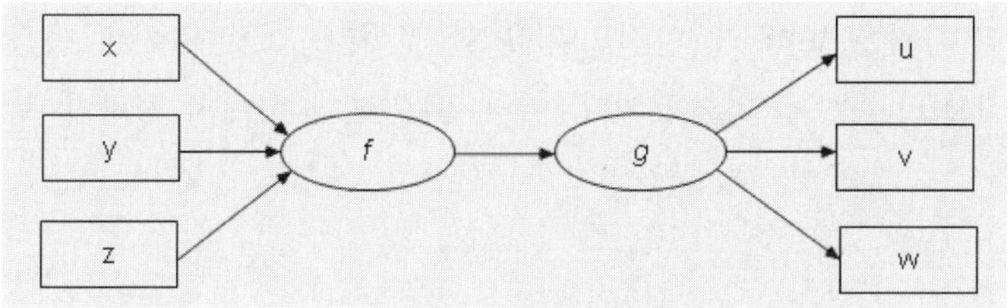

|그림 7-4| PLS 모델의 예

PLS 모델은 잠재변수 사이에 구조를 갖게 하고 있는 것이 획기적이다. 고전적인 다변량분석에서는 이와 같이 잠재변수에 대한 관계를 논의하는 것은 불가능했었다. 그런 의미에서 PLS 모델은 공분산구조분석의 가장 전형적인 모델의 하나라고 해도 좋을 것이다.

그러면 PLS 모델로 실제의 데이터를 분석해 보자. 다음에 게재한 데이터는 대기업 기계 메이커의 안전대책에 대한 데이터를 정리한 것이다.

|표 7-2| 어떤 기계 메이커의 안전대책과 효과에 대한 데이터

과 No.	연수시간	통지회수	안전제안수	사고보고수
1	15	11	6	5
2	19	12	4	5
3	21	15	7	5
4	22	16	7	6
5	8	3	4	8
6	19	7	5	8
7	19	0	7	6
8	21	15	8	4
9	18	10	8	5
10	21	12	8	5
11	21	15	7	6
12	21	17	8	7
13	21	15	8	5
14	20	14	5	5
15	19	6	8	6
16	18	7	6	6
17	22	17	10	3
18	21	14	9	3
19	7	13	5	6
20	21	17	7	5
21	22	16	9	3
22	22	17	6	5
23	21	16	7	4
24	20	13	6	3
25	21	12	6	6
26	21	17	7	6
27	20	14	7	4
28	20	16	8	3
29	20	16	6	6
30	18	14	7	5

이 회사는 안전교육으로서 연수와 안전통지를 주축으로 하고 있다. 그것들의 효과를 보기 위해서, 사원의 안전제안수와 사고보고 건수를 데이터로 정리했다. 그것이 <표 7-2>이다.

예상으로서는, 안전을 위한 '연수시간'과 '통지회수'를 늘리면, '안전의식'이 향상하고, 결과로서 사원은 보다 더 '안전노력'을 할 것이다. 그렇게 하여 '안전제안수'가 늘어나고 '사고보고수'는 줄어들 것이다. 이와 같은 예상 하에서 정리한 것이 다음의 경로도형이다.

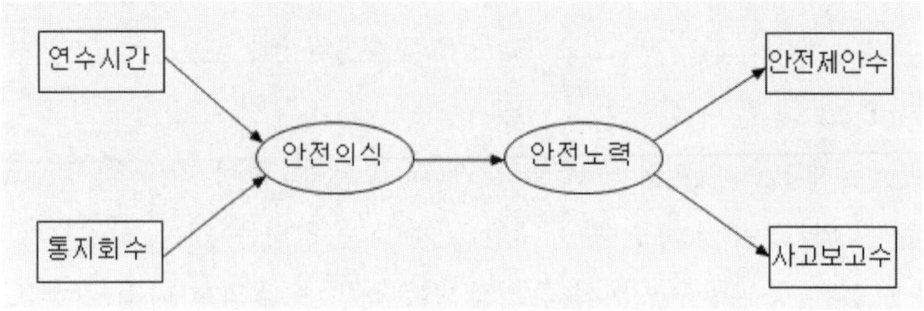

ㅣ그림 7-5ㅣ **데이터로부터 예상되는 변수의 관계**

그러면 이 경로도형을 공분산구조분석의 통계분석 소프트웨어에 입력하고, 계산해 보자. 아래 그림은 AMOS에 실제로 입력하는 경로도형과 초기치의 예이다.

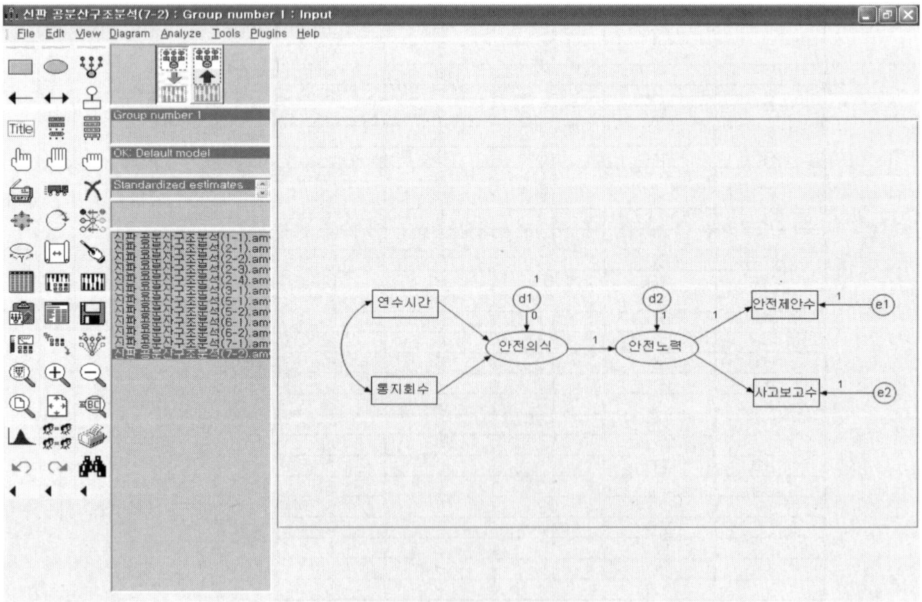

식별문제를 분명히 하기 위해서 오차변수 d_1의 분산을 1로, 경로계수를 0으로 고정시켜 놓고 있는 것에 유의하기 바란다.

추정결과는 다음과 같이 된다(표준화해).

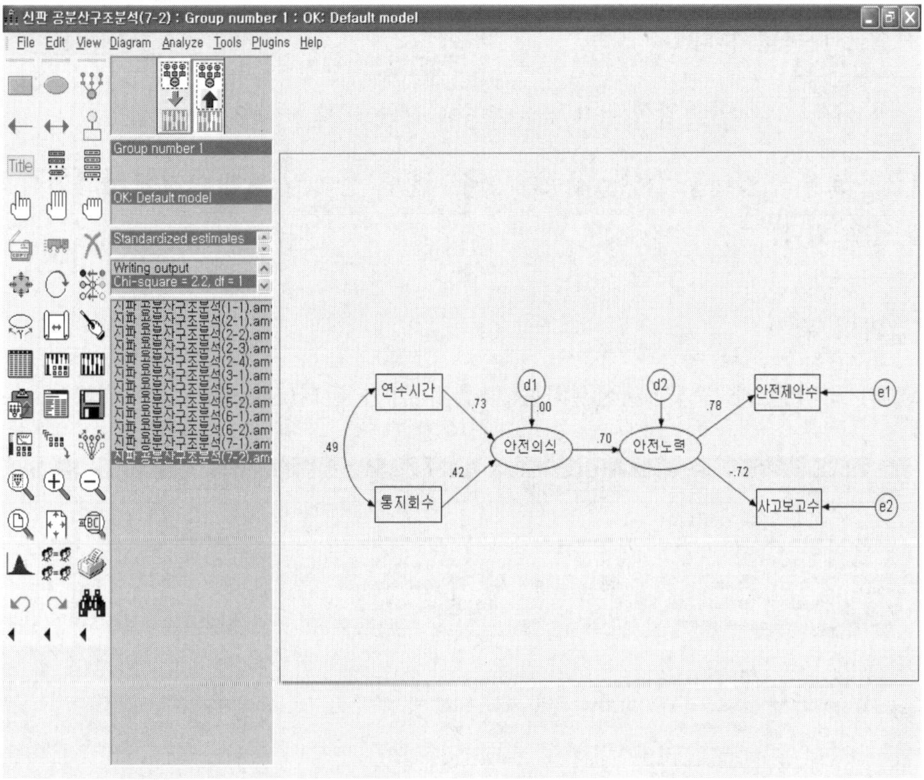

■ 분석결과의 해석

추정결과를 살펴보도록 하자. PLS 모델의 특징인 잠재변수 사이의 관계에 주목할 필요가 있다. 추정결과를 식으로 나타내면 다음과 같이 된다.

$$\text{안전노력} = 0.70 \times \text{안전의식} + d_2$$

표준화해에 대한 회귀계수의 제곱이 설명변량으로 설명할 수 있는 정보량이 되므로, 이 경우에 '안전노력'의 $0.70^2 = 0.49 \fallingdotseq 50\%$가 '안전의식'으로 설명할 수 있게 된다.

다음에 잠재변수 '안전노력'에서 관측변수 '사고보고수'로의 경로에 착안해 보자. 식으로 나타내면 다음과 같이 된다.

$$사고보고수 = -0.72 \times 안전노력 + e_2$$

경로계수가 마이너스로 되어 있다. 이것은 '안전노력'이 늘어나면 사고가 적어진다는 것을 나타내고 있다.

마지막으로 '안전의식'에 대한 '연수시간'과 '통지회수'의 관계를 조사해 보자. 이것도 식으로 나타내 본다.

$$안전의식 = 0.73 \times 연수시간 + 0.42 \times 통지회수$$

이 식으로부터 안전통지하는 것보다 연수시간을 늘리는 쪽이 안전에 효과적이라는 것을 알수 있다.

■ 결과의 평가

모델의 평가를 해 보자. 계산결과는 다음과 같이 된다(AMOS의 출력결과).

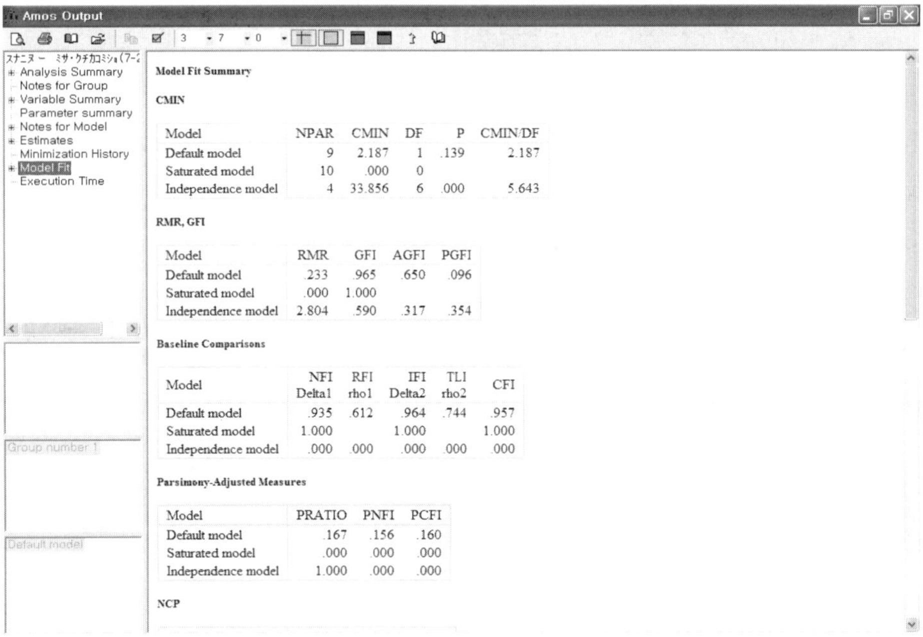

Model Fit Summary

CMIN

Model	NPAR	CMIN	DF	P	CMIN/DF
Default model	9	2.187	1	.139	2.187
Saturated model	10	.000	0		
Independence model	4	33.856	6	.000	5.643

RMR, GFI

Model	RMR	GFI	AGFI	PGFI
Default model	.233	.965	.650	.096
Saturated model	.000	1.000		
Independence model	2.804	.590	.317	.354

Baseline Comparisons

Model	NFI Delta1	RFI rho1	IFI Delta2	TLI rho2	CFI
Default model	.935	.612	.964	.744	.957
Saturated model	1.000		1.000		1.000
Independence model	.000	.000	.000	.000	.000

Parsimony-Adjusted Measures

Model	PRATIO	PNFI	PCFI
Default model	.167	.156	.160
Saturated model	.000	.000	.000
Independence model	1.000	.000	.000

NCP

결과를 보면, 자유도(DF)와 χ^2(CMIN)값은 다음과 같이 된다.

자유도 = 1

χ^2 = 2.187

χ^2분포의 95% 점은 3.8415이므로, 이 모델은 통계학적으로 큰 잘못은 없다고 할 수 있다.

RMR로 표시되는 적합도는 0.233이다. 포화 모델에서 0, 독립 모델에서 약 2.804이기 때문에, 좋은 적합도를 나타내고 있다.

또, GFI로 표시되는 적합도는 0.965로 되어 있다. 일반적인 기준인 0.9를 초과하고 있다. 이 면에서도 조사한 모델은 통계학적으로 인정된다고 해도 좋을 것이다.

7.3 다중지표 모델과 공분산구조분석

■ 요인의 인과관계를 조사하는 다중지표 모델

다중지표 모델은 두 개의 요인분석 모델을 편성한 모델이다. 그렇게 하여 각각의 요인(잠재변수) 사이에는 회귀분석적인 인과관계를 가정한다. 가장 기본적인 것의 하나를 소개하기로 한다.

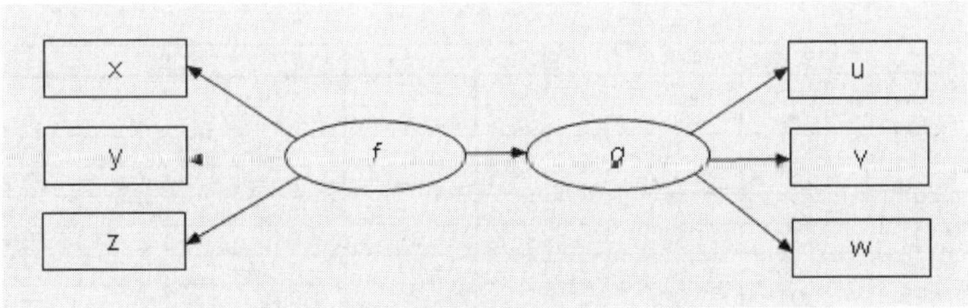

|그림 7-6| **전형적인 다중지표 모델**

전 절에서 조사한 PLS 모델이나 검증적 요인분석 모델과 비교해 보자. 비슷하지만, 화살표의 방향이 다르다는 데에 주의를 요한다.

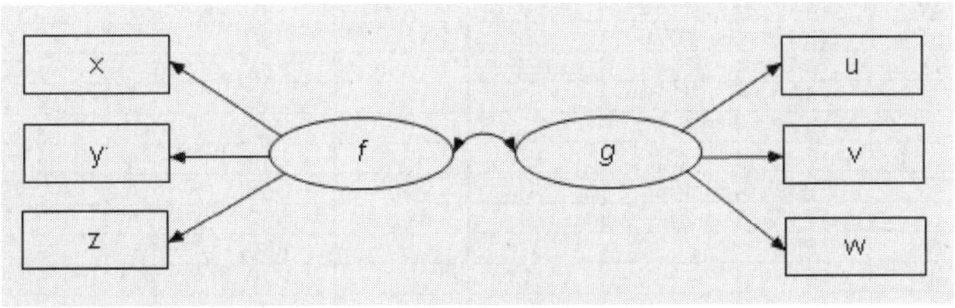

|그림 7-7| **검증적 요인분석 모델**

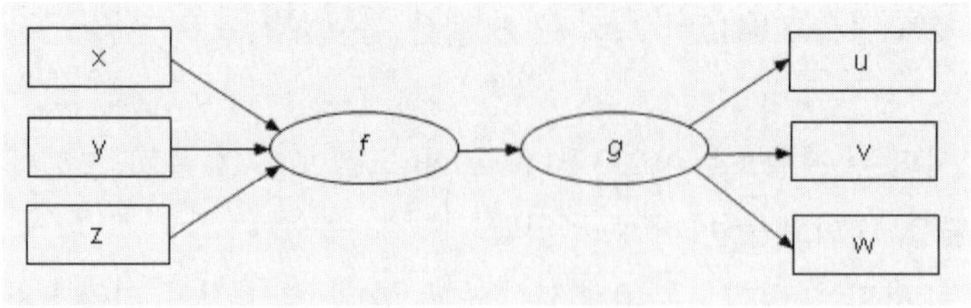

| 그림 7-8 | **PLS 모델**

PLS 모델과 마찬가지로 이 모델에서는 잠재변수의 관계를 조사할 수 있다. 특히 다중지표 모델에서는, 요인분석에서 말하는 '요인' 사이의 인과관계를 조사할 수 있다. 이것은 PLS 모델과 마찬가지로 고전적인 다변량분석에는 없는 획기적인 모델이다.

더욱이 이것과 PLS 모델을 편성하면, 여러 가지 복잡한 모델을 조사할 수 있다. 공분산구조분석의 현란한 세계가 전개되는 것이다.

그러면 다중지표 모델로 실제의 데이터를 분석해 보자. 다음의 데이터는 자동차 딜러의 영업사원 60명의 성적을 나타내고 있다.

| 표 7-3 | **데이터표**

No.	고객수	호별방문수	매출액	매출대수	No.	고객수	호별방문수	매출액	매출대수
1	663	1468	6840	63	31	770	1508	8358	97
2	454	1009	4976	78	32	510	1492	6606	75
3	835	1592	7939	75	33	668	1712	6939	55
4	641	1441	7994	107	34	504	1324	5490	47
5	468	933	4761	58	35	860	1227	9945	93
6	499	1376	5302	58	36	615	1406	5804	69
7	869	1630	7605	57	37	1067	1568	9288	96
8	767	1607	8982	85	38	772	1113	5528	86
9	853	1217	8739	80	39	641	1326	6691	84
10	650	1545	8074	64	40	543	903	6016	50
11	961	1436	7790	72	41	673	1436	7973	86
12	797	1156	8991	101	42	428	1237	4350	43
13	760	1320	8957	81	43	689	1343	4410	41
14	721	1316	5430	49	44	466	1482	4829	84
15	463	1239	8802	55	45	483	1410	5319	87
16	694	1559	6295	70	46	577	1579	5480	40
17	1016	1727	10554	87	47	431	1340	5464	43
18	981	1414	9322	74	48	863	1251	9724	72
19	603	1442	5768	69	49	718	1312	7998	86
20	712	1242	7078	86	50	790	1256	7320	77
21	1089	1446	9687	107	51	632	1716	7061	70
22	723	1469	6958	76	52	689	1257	6925	67
23	819	1477	7380	61	53	706	1488	6160	82
24	914	1025	6579	78	54	311	1521	3744	39
25	777	1942	6406	60	55	863	1263	7913	100
26	568	1414	7997	70	56	652	1064	7523	62
27	768	1288	7500	60	57	869	1244	7980	74
28	1008	1512	8165	92	58	570	1631	6517	70
29	844	1672	6742	65	59	926	1393	10259	89
30	733	1033	7535	43	60	954	1646	8924	93

메모

여러 가지 복잡한 모델

PLS 모델과 다중지표 모델을 얼마든지 복잡하게 편성한 모델을 생각할 수 있다. 그러나 그것이 식별조건이나 통계학적인 평가에 견뎌내는가는 별개의 문제이다.

이 데이터를 보고 다음의 구조관계를 마음속에 그렸다고 하자.

먼저 '고객수'와 '호별방문수'는 '영업노력'이라고 하는 잠재변수로 설명되고, '매출액'과 '매출대수'는 '영업능력'이라고 하는 잠재변수로 설명된다고 생각할 수 있다. 그렇게 하여 '영업노력'하는 사람은 '영업능력'에도 우수하다고 가정하여 인과관계를 가정한다.

이와 같은 모델을 표현한 것이 다음의 경로도형이다.

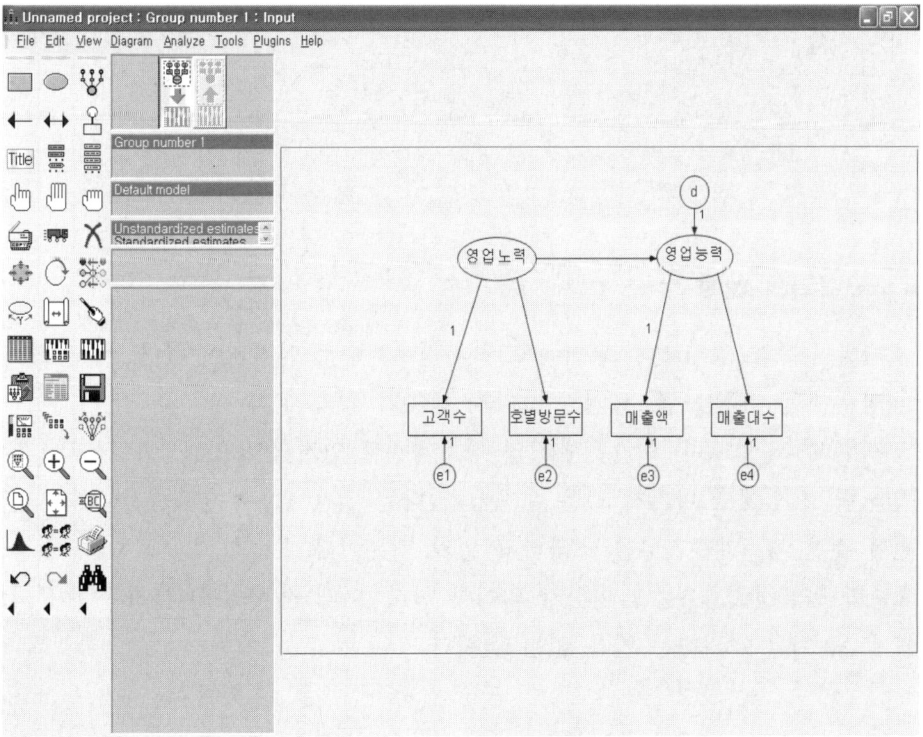

위의 추정 모델로 공분산구조분석을 실행해 보자. '고객수', '매출액'에 이르는 경로계수를 1로 초기설정했다.

상기의 초기설정으로 얻어진 계산결과(표준화해)를 보이면 다음과 같다.

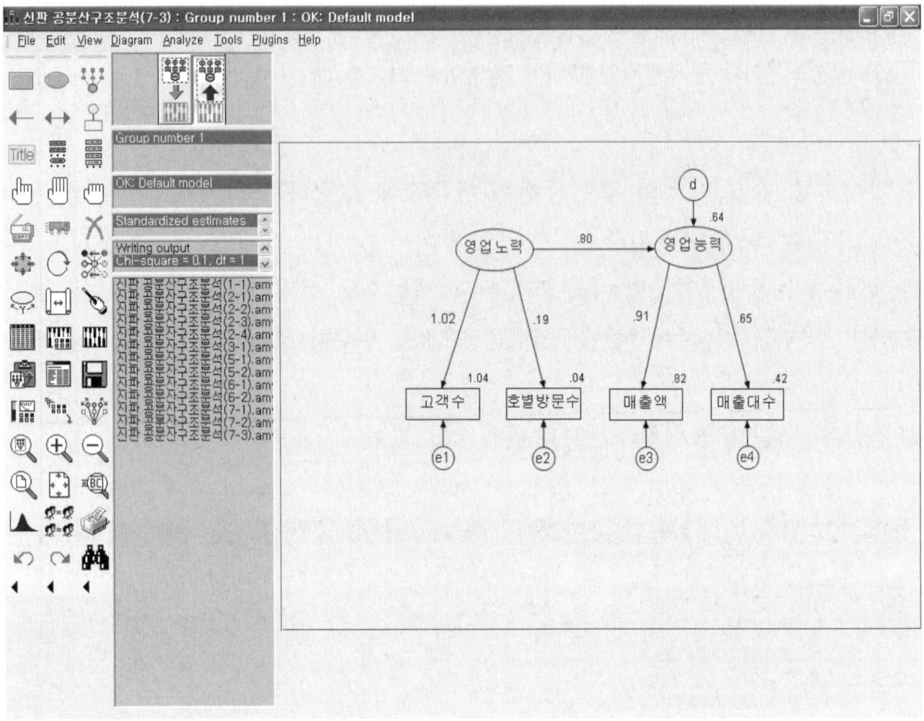

■ **분석결과의 해석**

'호별방문수'와 '영업노력' 요인은 0.19의 경로계수로 연결되어 있다. 이 결과로부터 '호별방문수'는 '영업노력' 요인과 그다지 관계가 없게 된다.

'고객수'와 '영업노력' 요인은 1.02의 경로계수로 연결되어 있다. 이것은 '고객수'와 '영업노력' 요인에 지나치게 깊은 관계가 있다는 것을 알 수 있다. 지나치게 깊다고 표현한 것은 경로계수가 1을 초과하고 있기 때문이다.

표준화해의 경로계수는 1 이하가 되어야 한다. 이때 각 변수의 분산은 1이 되므로, 경로계수는 1을 초과하는 일은 없는 것이다.

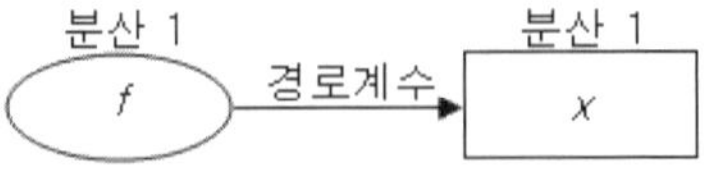

표준화해의 경우에 본래는 f와 x의 분산은 1이므로, 그것들을 잇는 경로계수는 1

이하이다.

그런데도 '영업노력' 요인으로부터 '고객수'를 향하는 경로계수는 한계인 1을 넘고 있다. 이것은 공분산구조분석에서 이용하고 있는 추정법에 유래한다. 분산·공분산의 실측치에 전체로서 최적이 되도록 파라미터 값을 추정하기 때문이다. 개개의 값에 대해서는 이와 같은 모순이 생겨 버리는 경우가 있다는 것을 기억해 두어야 한다.

'영업능력' 요인은 '매출액', '매출대수'와 각각 0.91, 0.65라고 하는 경로계수로 연결되어 있다. 영업능력이란 간단히 말하면 얼마만큼 돈을 벌 수 있느냐를 나타내는 지표이다. 자동차의 매출대수보다도 득이 되는 자동차를 얼마만큼 팔았느냐를 나타내는 '매출액'의 경로계수가 크다는 것은 수긍이 간다.

그런데 여기에서 가장 알고 싶은 것은 '영업노력'이 '영업능력'에 어느 정도 영향을 미치느냐 하는 것이다. 경로계수는 0.80이다. 영향도는 제곱에 비례하므로, 0.80^2(=64%)이 영업능력에 차지하는 영업노력의 비율이 된다. 영업능력에는 영업노력만으로는 충족시킬 수 없는 것이 36% 있는 것이다.

■ 분석결과의 평가

마지막으로 이 모델의 평가를 해 보자. 통계분석 소프트웨어의 출력결과는 다음과 같다.

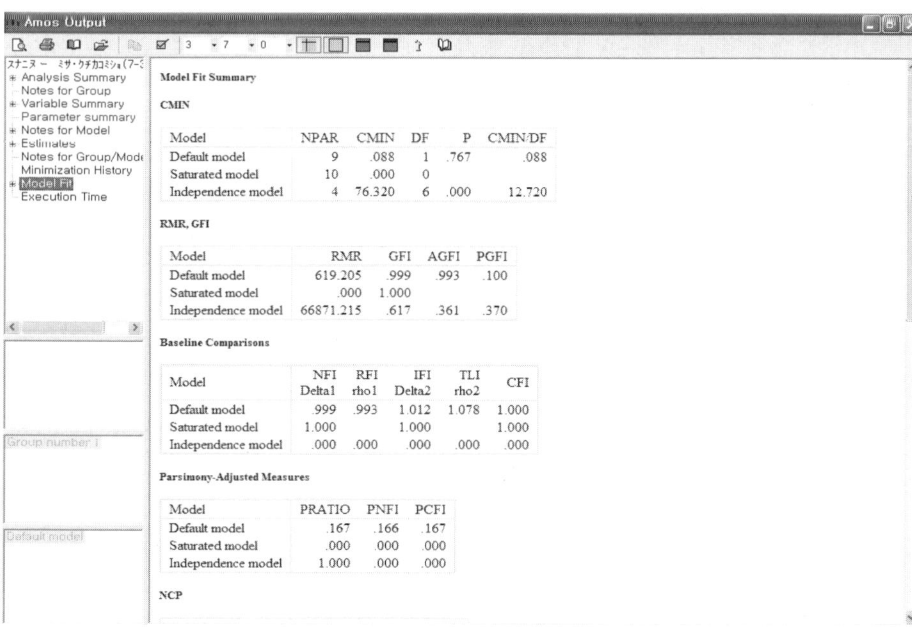

Model Fit Summary

CMIN

Model	NPAR	CMIN	DF	P	CMIN/DF
Default model	9	.088	1	.767	.088
Saturated model	10	.000	0		
Independence model	4	76.320	6	.000	12.720

RMR, GFI

Model	RMR	GFI	AGFI	PGFI
Default model	619.205	.999	.993	.100
Saturated model	.000	1.000		
Independence model	66871.215	.617	.361	.370

Baseline Comparisons

Model	NFI Delta1	RFI rho1	IFI Delta2	TLI rho2	CFI
Default model	.999	.993	1.012	1.078	1.000
Saturated model	1.000		1.000		1.000
Independence model	.000	.000	.000	.000	.000

Parsimony-Adjusted Measures

Model	PRATIO	PNFI	PCFI
Default model	.167	.166	.167
Saturated model	.000	.000	.000
Independence model	1.000	.000	.000

NCP

결과를 보면, 자유도(DF)와 χ^2(CMIN)값은 다음과 같이 된다.

$$자유도 = 1$$
$$\chi^2 = 0.088$$

χ^2분포의 95% 점은 3.8415이므로, 이 모델은 통계학적으로 큰 잘못은 없다고 할 수 있다.

RMR로 표시되는 적합도는 약 619.2이다. 큰 것 같지만 가장 거친 모델인 독립 모델에서 66871이라는 것을 생각하면, 나쁜 값은 아니다.

GFI는 0.999로 되어 있다. 적합도의 최고값인 1에 크게 접근하고 있다. 이 면에서도 조사한 모델의 적합도가 인정되었다고 할 수 있겠다.

8 모델 작성이 자유로운 공분산구조분석

8.1 모델 작성의 유연성

■ 틀에 들어맞지 않는 모델 작성

지금까지는 유명한 모델을 소개하여 그것을 공분산구조분석으로 분석했다. 그러나 이들 유명한 모델에 구애될 필요는 없다. 자신의 독창성을 발휘하면 되는 것이다. 자신의 분석력을 믿고 좋아하는 모델을 구축하면 된다.

여기에서는 지금까지의 응용예로서 '2차 요인 모델'이라고 불리는 다음과 같은 경로도형으로 표현되는 구조 모델을 조사하기로 한다. 이것은 요인분석으로 얻어지는 요인을 더욱 정리하는 요인을 가정하는 모델이다.

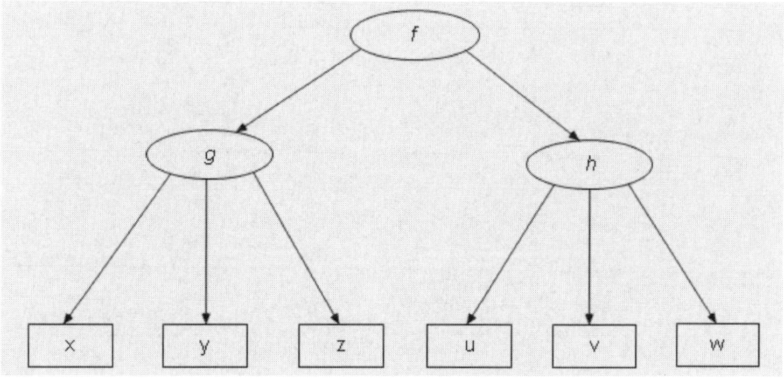

|그림 8-1| **2차 요인 모델**

그러면 이 모델을 이용해서 다음과 같은 데이터를 조사해 보기로 한다. 이것은 자가용차를 구입할 때의 앙케트 조사를 50명에 대해서 실시한 것이다. 자가용차를 구입할 때에 평가하는 네 개의 항목에 대해서 5단계로 평점을 체크하도록 했다.

| 표 8-1 | **데이터표**

No.	스타일	색	동력성능	회전력	No.	스타일	색	동력성능	회전력
1	4	5	4	3	26	5	4	5	4
2	5	3	5	4	27	3	3	3	3
3	2	3	3	2	28	3	3	2	2
4	4	3	4	4	29	3	3	4	4
5	3	3	4	3	30	2	3	2	2
6	5	4	4	4	31	5	4	4	4
7	4	3	3	2	32	5	4	4	5
8	3	4	3	3	33	3	2	2	2
9	4	4	4	5	34	2	2	3	3
10	5	4	4	4	35	3	2	3	2
11	2	2	1	1	36	1	3	1	2
12	5	4	5	4	37	4	3	4	5
13	4	4	3	4	38	3	3	4	4
14	3	3	4	4	39	2	2	1	2
15	5	4	4	4	40	3	3	4	4
16	4	4	4	4	41	4	3	3	3
17	3	4	3	3	42	2	2	1	2
18	3	3	3	4	43	4	4	4	4
19	2	2	2	3	44	3	3	3	2
20	3	2	3	3	45	3	3	3	4
21	3	2	3	4	46	4	3	3	2
22	2	2	3	2	47	2	1	1	2
23	3	3	4	3	48	3	3	3	2
24	2	3	3	3	49	2	2	2	4
25	4	4	4	4	50	4	4	4	3

이 데이터를 보고 다음과 같은 관계를 상정해 보기로 한다.

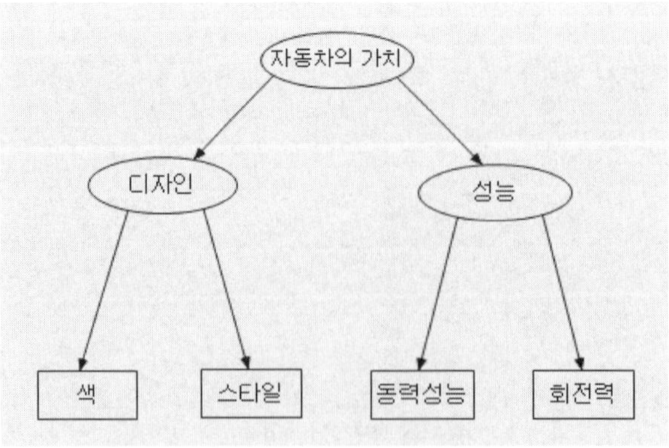

| 그림 8-2 | **자동차의 가치에 대한 2차 요인 모델**

<그림 8-2>에 보이는 바와 같이 공분산구조분석은,

잠재변수에 계층을 가정할 수 있는

것이다. 종래의 다변량분석에서는 상상조차 할 수 없었던 모델이다. 이와 같은 모델을 생각할 수 있는 점에 공분산구조분석의 훌륭함을 느낄 수 있다.[1]

그러면 이상의 추정 하에서 공분산구조분석을 실행해 보자. 다음의 그림은 AMOS에 입력한 초기설정의 경로도형이다.

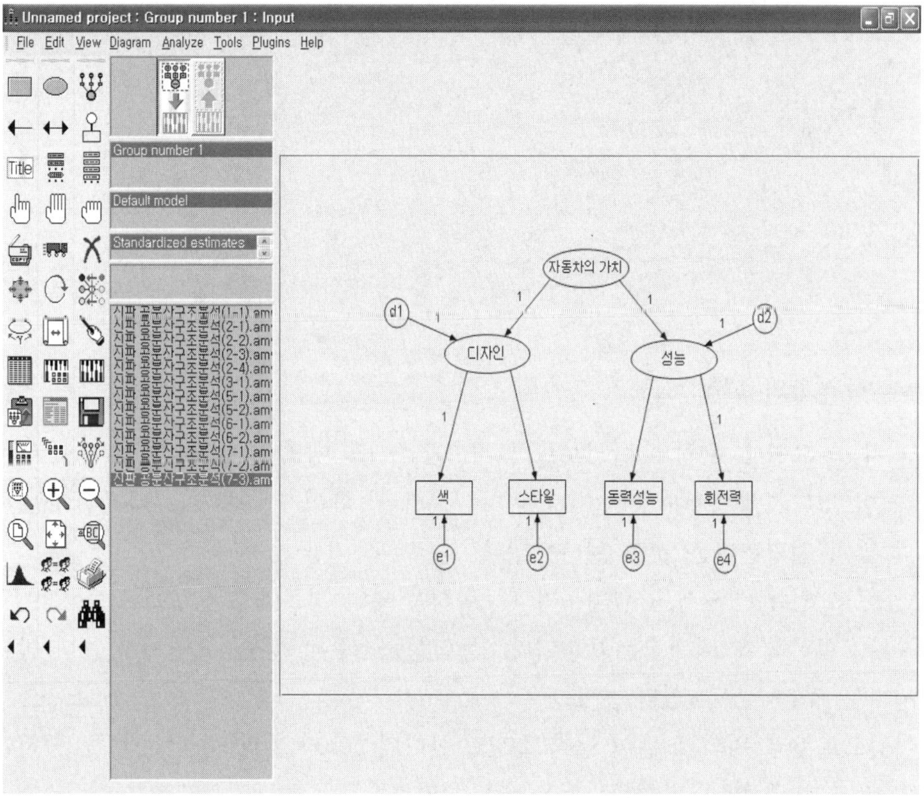

AMOS에 의한 공분산구조분석을 실시하면 다음과 같은 계산결과를 얻게 된다(표준화해).

1) 실제의 공분산구조분석은 이 모델보다도 더 복잡한 것을 분석할 수 있다.

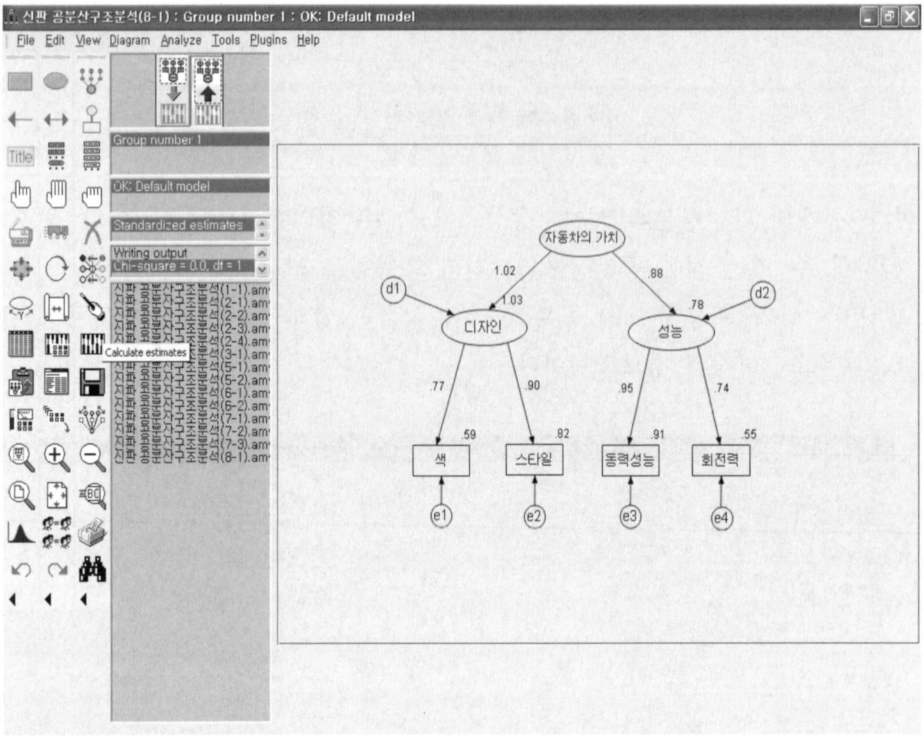

■ **분석결과의 해석**

'디자인' 요인에 대해서 살펴보도록 하자. '스타일'에의 경로계수는 0.90으로 큰 값이 되어 있다. '색'에 대해서는 0.77이다. '스타일' 쪽이 '색'보다도 '디자인' 요인에서 보다 많이 설명된다는 것을 알 수 있다.

'성능' 요인에 대해서도 살펴보자. '동력성능'에의 경로계수는 0.95로 큰 값이 되어 있으나, '회전력'에 대해서는 0.74이다. '동력성능' 쪽이 '성능' 요인에서 보다 많이 설명된다는 것을 알 수 있다.

이상으로부터 위의 모델이 올바르다고 한다면, '스타일'과 '동력성능'을 중시한 자동차 제조가 중요하다고 하는 것을 알 수 있다.

그런데 자동차의 가치를 추출한 요인 '디자인'과 '성능'은 하나의 요인 '자동차의 가치'로 잘 표현된다는 것도 알 수 있다. 실제로 요인 '자동차의 가치'로부터 요인 '디자인'과 '성능'에의 경로계수는 각각 1.02, 0.88로 되어 있다. 모두 큰 수치이다.

이러한 사실을 알면, 가일층 이 2차 요인 모델을 다음과 같이 단순하게 하는 쪽이 좋을지도 모른다. 이것은 탐색적 요인분석 모델이다.

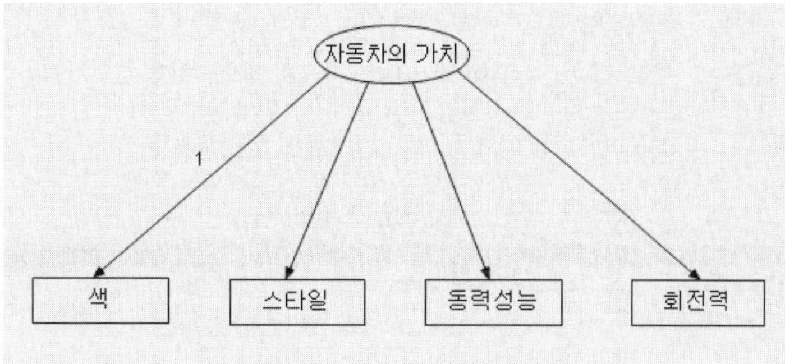

|그림 8-3| **탐색적 요인분석 모델**

8.2 모델의 개량

■ 대화적인 모델의 개량

여기에서 공분산구조분석의 장점이 살아난다. 공분산구조분석에서는 대화적으로 모델을 개량할 수 있는 것이다. <그림 8-3>의 경로도형으로 다시 계산해 보자.

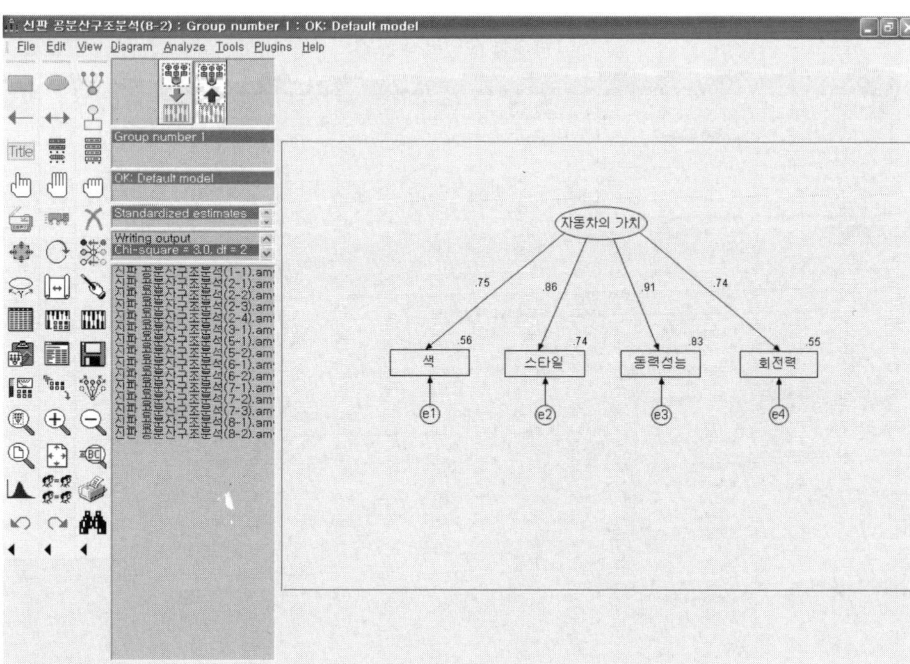

<그림 8-3>에서 보는 바와 같이 '색'으로의 경로계수를 1로 초기설정해 놓는다. 위의 그림은 AMOS의 출력결과(표준화해)이다. 두 모델의 적합도 지표는 각각 다음과 같다.

〈2차 요인 모델〉

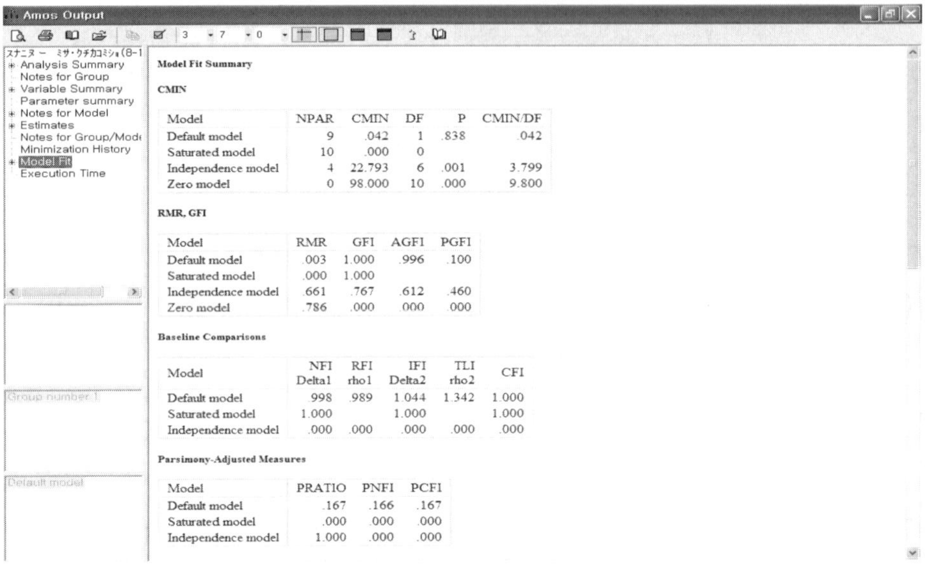

Model Fit Summary

CMIN

Model	NPAR	CMIN	DF	P	CMIN/DF
Default model	9	.042	1	.838	.042
Saturated model	10	.000	0		
Independence model	4	22.793	6	.001	3.799
Zero model	0	98.000	10	.000	9.800

RMR, GFI

Model	RMR	GFI	AGFI	PGFI
Default model	.003	1.000	.996	.100
Saturated model	.000	1.000		
Independence model	.661	.767	.612	.460
Zero model	.786	.000	.000	.000

Baseline Comparisons

Model	NFI Delta1	RFI rho1	IFI Delta2	TLI rho2	CFI
Default model	.998	.989	1.044	1.342	1.000
Saturated model	1.000		1.000		1.000
Independence model	.000	.000	.000	.000	.000

Parsimony-Adjusted Measures

Model	PRATIO	PNFI	PCFI
Default model	.167	.166	.167
Saturated model	.000	.000	.000
Independence model	1.000	.000	.000

〈탐색적 요인분석 모델〉

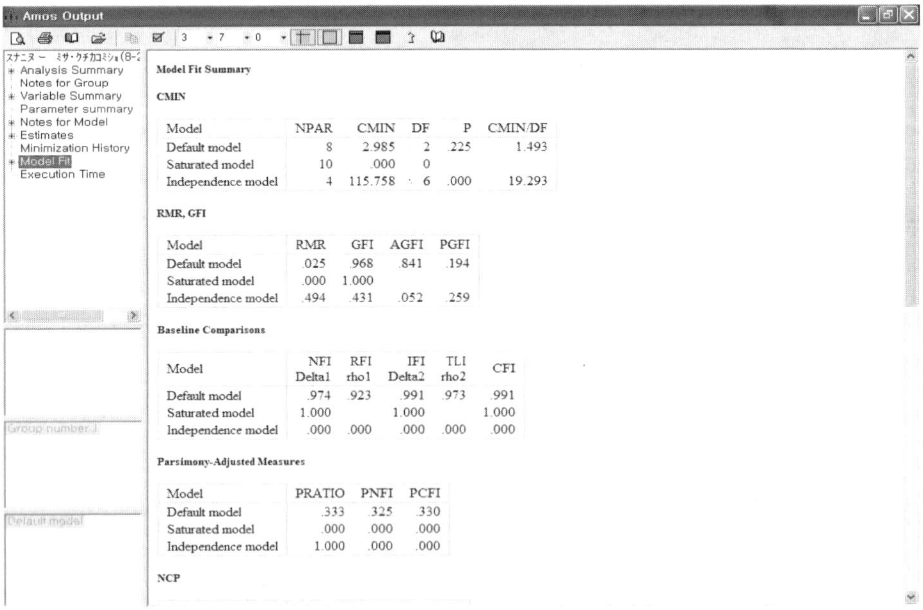

Model Fit Summary

CMIN

Model	NPAR	CMIN	DF	P	CMIN/DF
Default model	8	2.985	2	.225	1.493
Saturated model	10	.000	0		
Independence model	4	115.758	6	.000	19.293

RMR, GFI

Model	RMR	GFI	AGFI	PGFI
Default model	.025	.968	.841	.194
Saturated model	.000	1.000		
Independence model	.494	.431	.052	.259

Baseline Comparisons

Model	NFI Delta1	RFI rho1	IFI Delta2	TLI rho2	CFI
Default model	.974	.923	.991	.973	.991
Saturated model	1.000		1.000		1.000
Independence model	.000	.000	.000	.000	.000

Parsimony-Adjusted Measures

Model	PRATIO	PNFI	PCFI
Default model	.333	.325	.330
Saturated model	.000	.000	.000
Independence model	1.000	.000	.000

NCP

그런데 어느 쪽의 모델이 통계학적으로 우수하다고 할 수 있을까? 그것을 조사하는 기준으로 이용하는 것이 몇 번이고 이용하고 있는 χ^2값과 GFI 및 AIC이다. 이것들을 이용해서 두 모델 중 어느 쪽이 우수한지 체크해 보자.

	χ^2값	GFI	AIC	자유도
2차 요인 모델	0.042(자유도 1)	1.000	18.042	1
탐색적 요인분석 모델	2.985(자유도 2)	0.968	18.985	2

자유도 1인 χ^2분포의 95% 점이 3.8415, 자유도 2인 χ^2분포의 95% 점이 5.9915라고 하는 것을 생각하면, '2차 요인 모델' 쪽이 적합도는 좋다고 생각할 수 있는데, 통계학적으로 유의한 차는 나타나 있지 않다.

단, GFI 값은 '2차 요인 모델'이 1.000으로 '탐색적 요인분석'의 0.968보다 크고, AIC 값은 더 작아서 '2차 요인 모델' 쪽이 적합도가 좋은 것으로 결론을 내릴 수 있다.

χ^2검정에서는 큰 차가는 없다고 하더라도, 적합도의 관점으로부터는 '2차 요인 모델' 쪽이 추장(推奬)된다는 것을 알 수 있다.

이상과 같이 주어신 동세 네이너에 대해서 가시삭색의 모델을 생각하여, 여러 가지 평가를 이용해서 어느 것이 우수한지를 판단하고, 최종적으로 가장 좋은 모델을 찾는다. 이때, 전용 소프트웨어는 큰 무기가 된다.

9 다모집단의 동시분석

9.1 다모집단 동시분석의 개념

■ 다른 집단에 동일한 경로도형을 적용

다른 집단을 대상으로 조사한 데이터에서는 변수 관계의 강도에 집단마다 특징이 있다고 생각된다. 공분산구조분석의 경우에는 관계의 강도는 경로계수 등의 모수의 차이에 반영되는데, 그 차이를 통계적으로 검증하는 수단이 개발되어 있다. 그것이 다모집단의 동시분석이다.

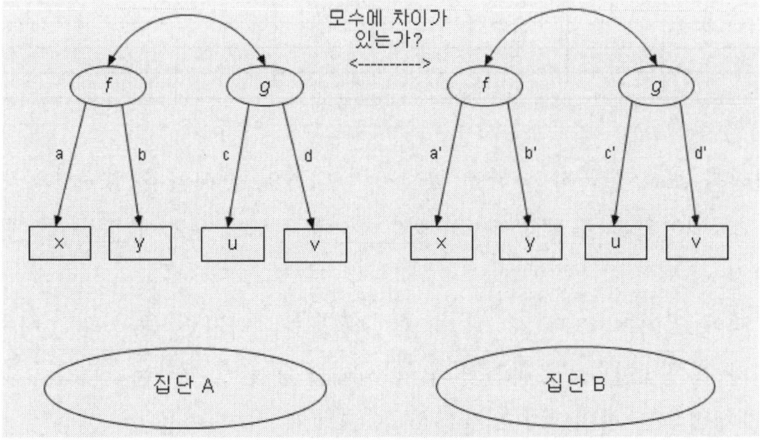

|그림 9-1| **다모집단 동시분석의 개념도**

즉, 동일한 조사항목을 두 개의 집단에서 조사하여 경로계수 등의 차이를 조사하는 것이 다모집단의 동시분석이다. 예를 들면, 다음의 <표 9-1>은 한국과 중국으로부터 30명을 표본으로서 추출하여 에어컨을 구입할 때 평가하는 네 가지 항목에 대해서, 5단계로 그 평점을 체크하도록 한 것이다.

| 표 9-1 | 에어컨 구입 시에 고려하는 네 개 항목의 평가점

한국인					중국인				
No.	색	형태	소비전력	리사이클률	No.	색	형태	소비전력	리사이클률
1	2	2	1	1	1	3	3	2	2
2	4	4	3	5	2	4	3	3	4
3	3	3	4	3	3	3	3	4	3
4	3	3	2	3	4	3	3	1	2
5	3	4	3	2	5	5	4	4	2
6	4	3	4	4	6	1	1	1	1
7	1	3	3	3	7	4	2	3	3
8	1	2	2	2	8	1	1	3	3
9	1	2	3	3	9	4	3	4	4
10	4	3	3	2	10	2	3	4	2
11	5	4	5	5	11	3	2	2	2
12	3	4	4	3	12	3	3	3	2
13	3	3	3	3	13	2	3	2	1
14	4	4	2	2	14	4	4	3	3
15	3	3	2	2	15	2	1	4	2
16	2	4	4	3	16	1	2	2	2
17	3	2	3	3	17	3	4	3	3
18	1	3	2	2	18	2	3	2	2
19	2	3	4	3	19	4	3	4	4
20	3	3	4	2	20	2	3	4	4
21	4	5	5	5	21	1	2	2	2
22	2	3	2	2	22	2	3	3	3
23	2	2	4	4	23	4	4	5	4
24	3	2	3	2	24	2	3	2	3
25	2	3	3	2	25	3	2	4	4
26	4	3	4	4	26	3	3	3	2
27	2	3	2	2	27	4	4	3	4
28	2	2	3	2	28	1	2	3	4
29	3	3	3	2	29	3	3	3	4
30	2	2	1	1	30	3	3	3	2

이 데이터를 보고 한국과 중국에 있어서의 디자인 중시와 환경중시의 차이를 조사해 보자. 즉, 에어컨을 구입할 때 의식의 차이를 <그림 9-2>에 도시한 경로도형으로 분석해 보자.

구입할 때에 있어서 '형태'와 '색'의 중시 정도는, '디자인 중시'라고 하는 잠재변수로 설명된다고 가정한다. '소비전력'과 '리사이클률'을 중시하는 정도는 '환경중시' 라고 하는 잠재변수로 설명된다고 생각한다. 그렇게 하여 이들 두 변수는 서로 상관이 있다고 생각한다.

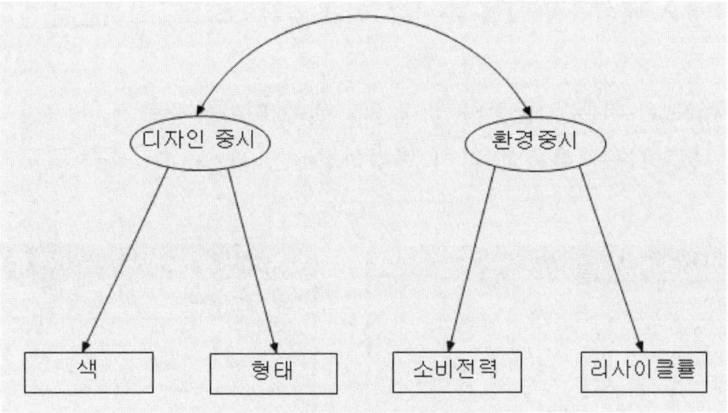

|그림 9-2| **검증적 요인분석 모델**

그러면 이 모델에 의해서 공분산구조분석을 실행해 보자. 실제의 계산은 전용 소프트웨어인 AMOS에 맡긴다. 이하 다음과 같은 절차로 분석이 실시된다.

순서 1 ▸▸▸ 먼저 AMOS의 윈도우 왼쪽 윗부분이 있는 [Group number 1]을 더블클릭한다.

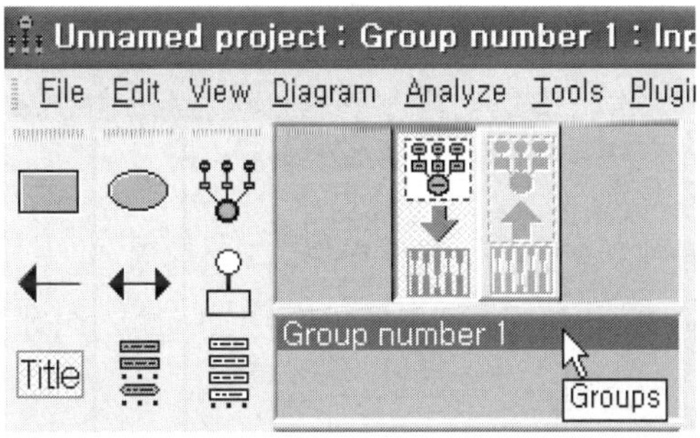

순서 2 ▸▸▸ [Manager Groups] 대화상자에서 다음과 같이 그룹 이름을 변경한다.

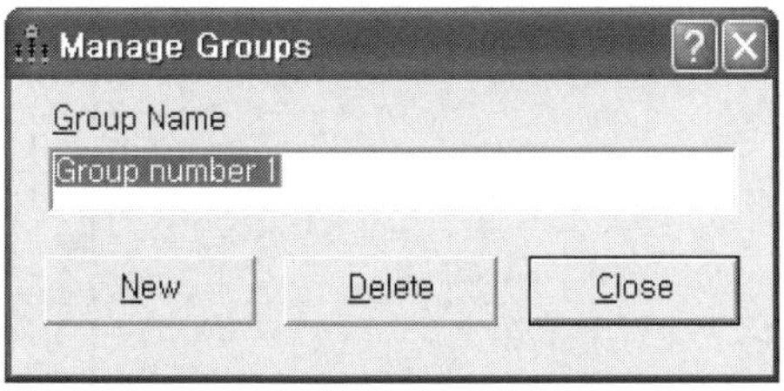

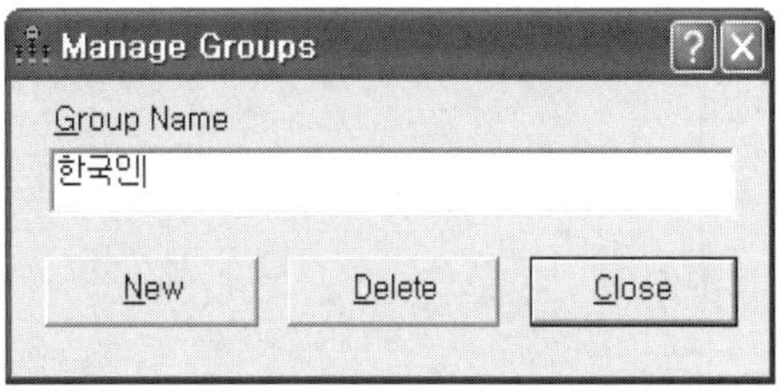

분석하고 싶은 데이터의 그룹 수만큼 위와 같은 조작을 실시한다.

순서 3 ▸▸▸ [New] 버튼을 클릭하면 다음의 왼쪽 대화상자로 된다. 같은 방법으로 그룹 이름을 다음과 같이 변경한다.

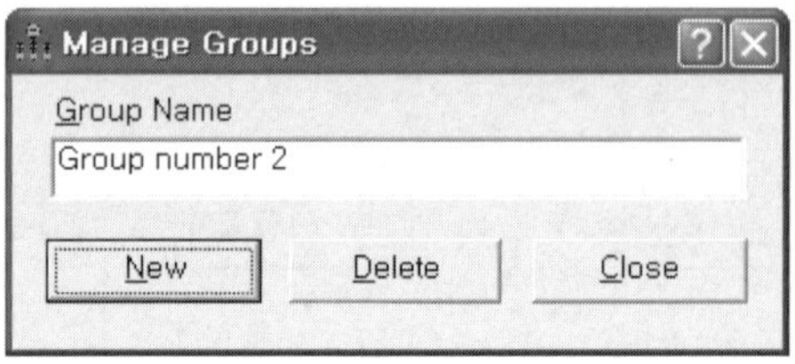

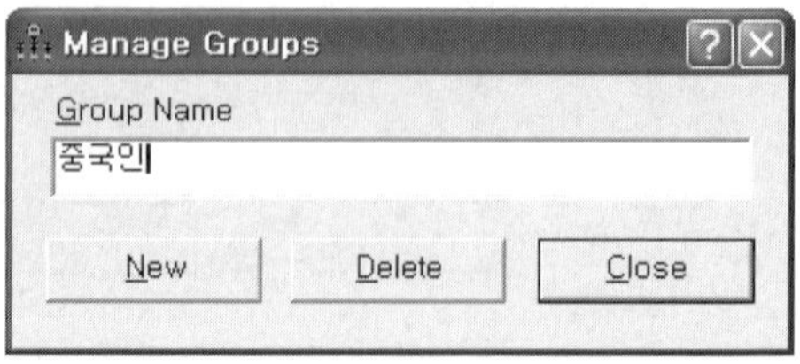

순서 4 ▸▸▸ [Close] 버튼을 클릭하면 [Groups] 난이 다음과 같이 되어 있음을 확인할 수 있다.

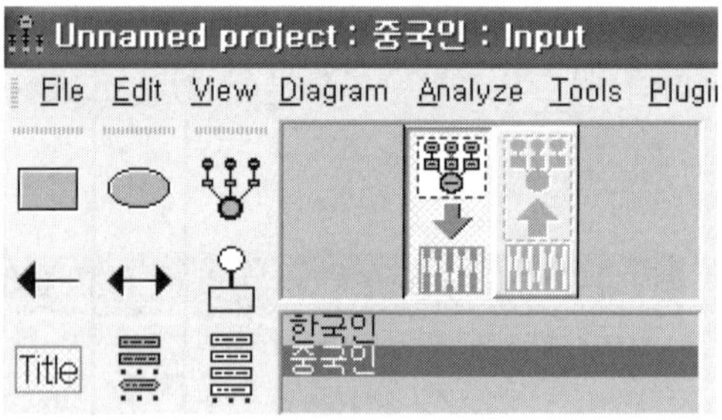

순서 5 ▸▸▸ 그룹 이름에 데이터를 할당한다. 그러려면 메뉴에서 [File]-[Data Files]를 클릭하여 [Data Files] 대화상자를 이용한다. 아래 대화상자에서 두 개의 데이터를 설정한다.

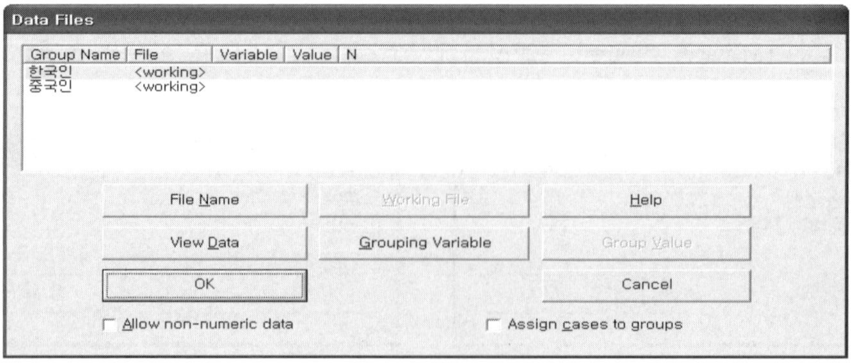

순서 6 ▸▸▸ 위에서 그룹 이름을 선택하고, [File Name]을 클릭한다. [열기] 대화상자에서 데이터가 입력되어 있는 파일을 찾아 선택하고 [열기(O)] 버튼을 클릭한다.

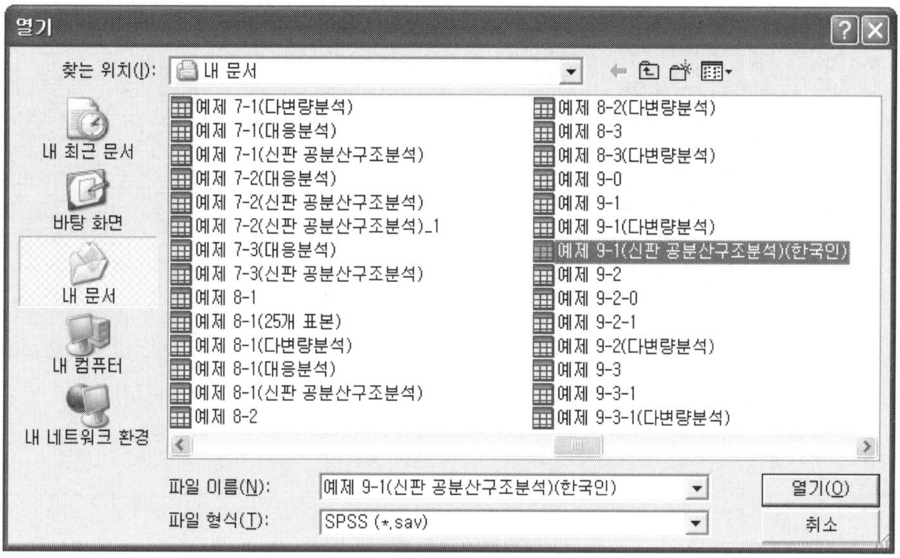

순서 7 ▸▸▸ 다음의 화면이 그 결과를 보이고 있다.

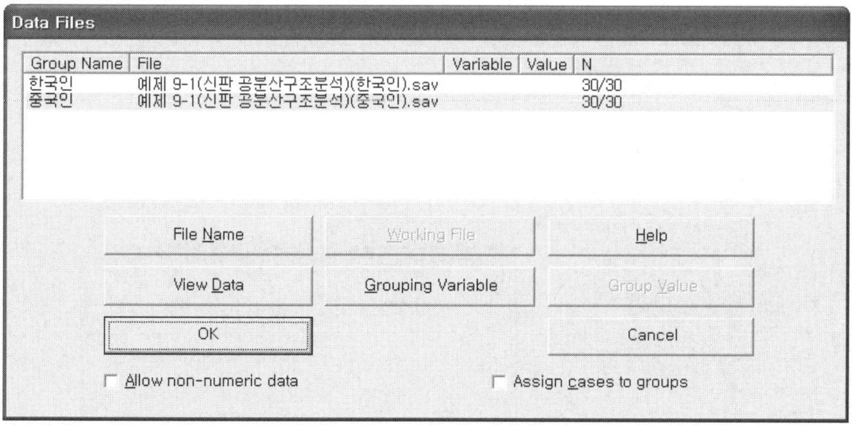

순서 8 ▸▸▸ **등치제약 파라미터 지정**

(1) 그룹 윈도우가 '한국인'으로 되어 있는 것을 확인하고 등치제약을 부과하는

파라미터에 이름을 붙인다. 이름을 붙이고 싶은 부분에서 마우스의 오른쪽 버튼을 클릭하고 [Object Properties]를 클릭한다.

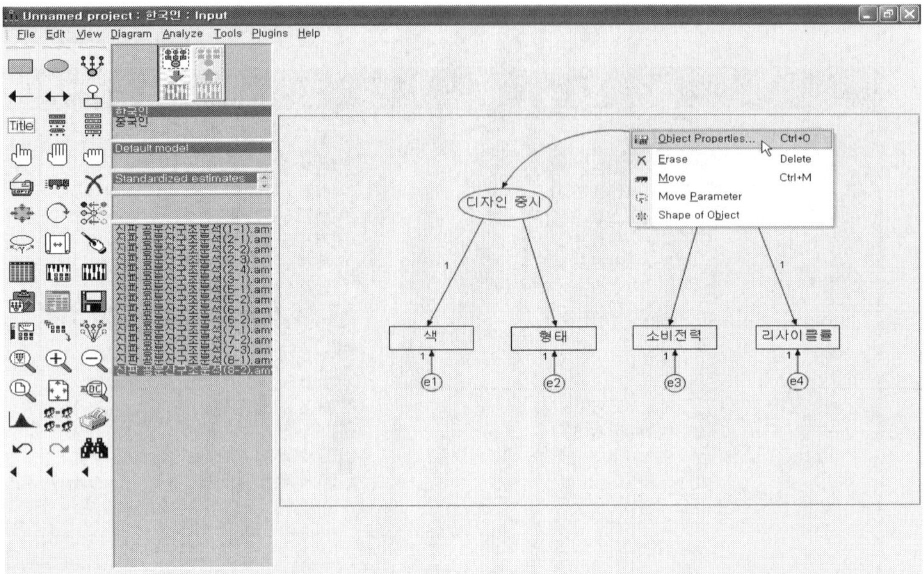

(2) '디자인 중시'와 '환경중시' 사이의 공분산에 이름을 붙이고 싶으므로, 다음과 같이 대화상자의 [Covariance] 난에 'rk'를 입력하고 대화상자를 닫는다.

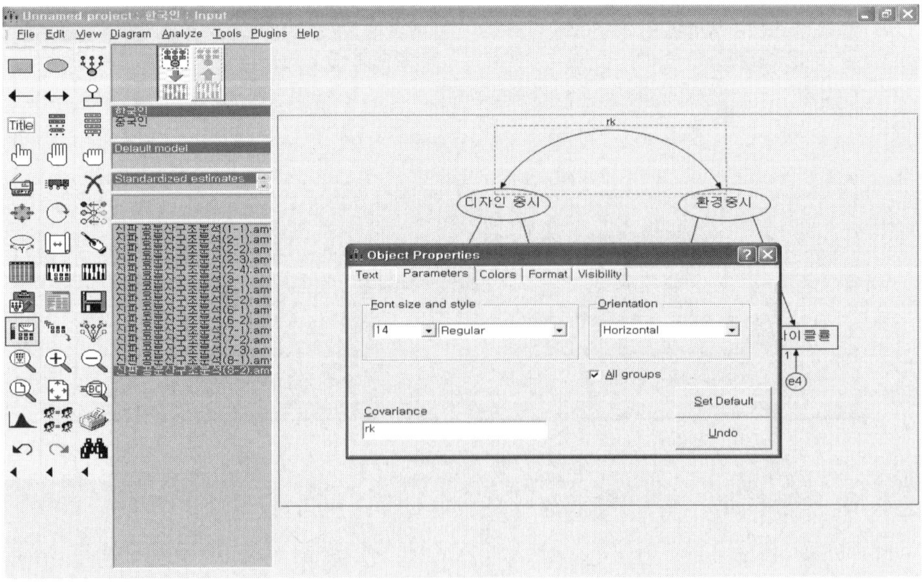

(3) 같은 방법으로 다른 경로에도 입력한다. 그 결과는 다음과 같다(한국인의 경우 초기설정).

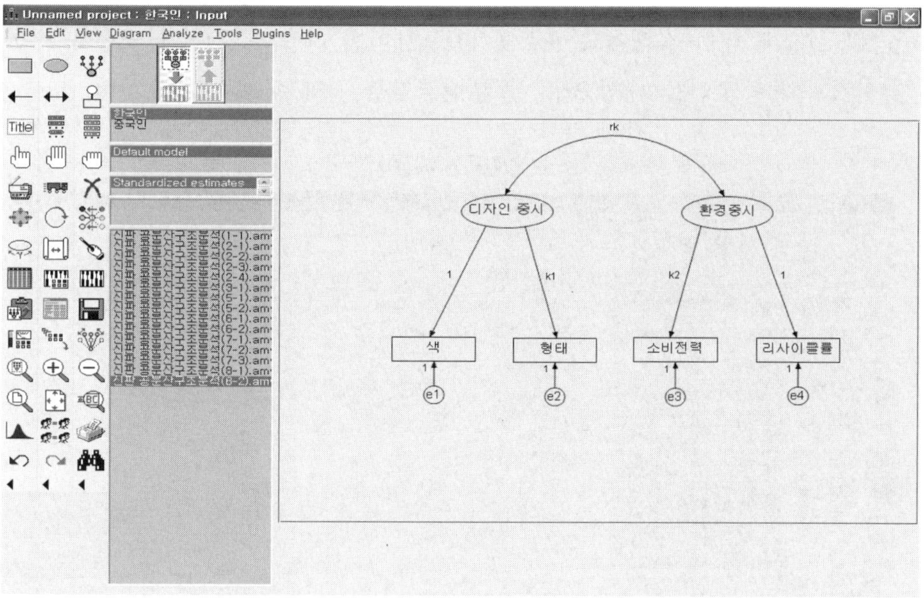

(4) 중국인의 경우에도 같은 방법으로 등치제약을 지정한다(중국인의 경우 초기설정).

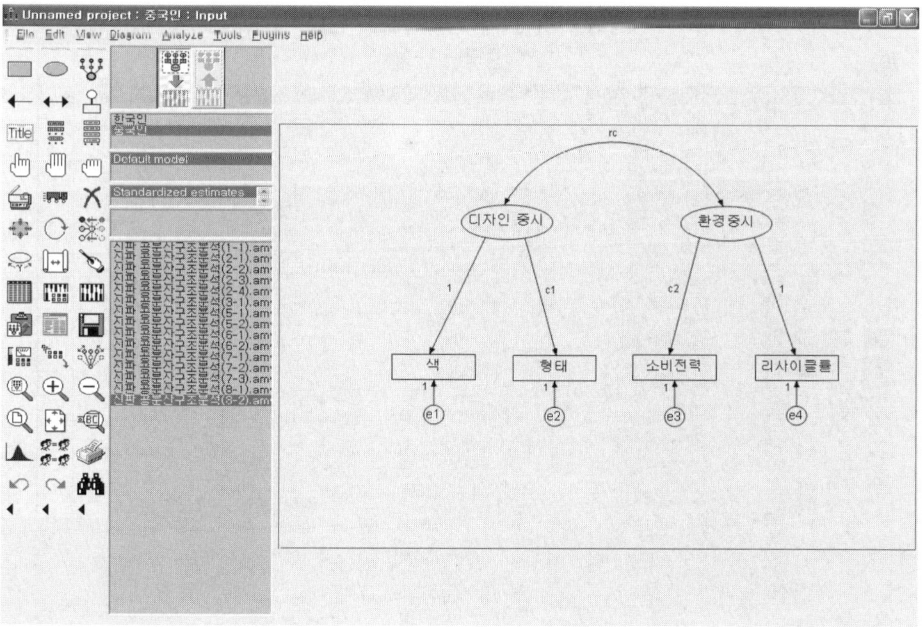

두 개의 초기설정으로부터 알 수 있듯이, 경로도형의 구조는 두 집단에 대해서 동일하다. 경로계수나 공분산의 크기에서, 즉 관계의 강약에서 두 집단의 차이를 분석하는 것이다.

이상의 설정에 대한 실행결과(표준화해)를 보이면 다음과 같다. 한국인을 대상으로 한 분석결과와 중국인을 대상으로 한 분석결과를 차례로 보이도록 한다.

〈한국인 대상〉

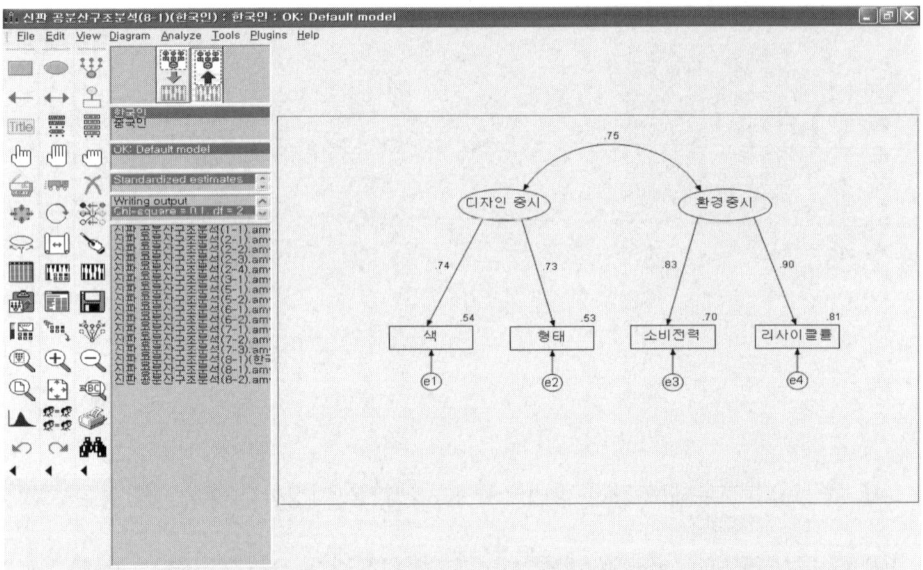

〈중국인 대상〉

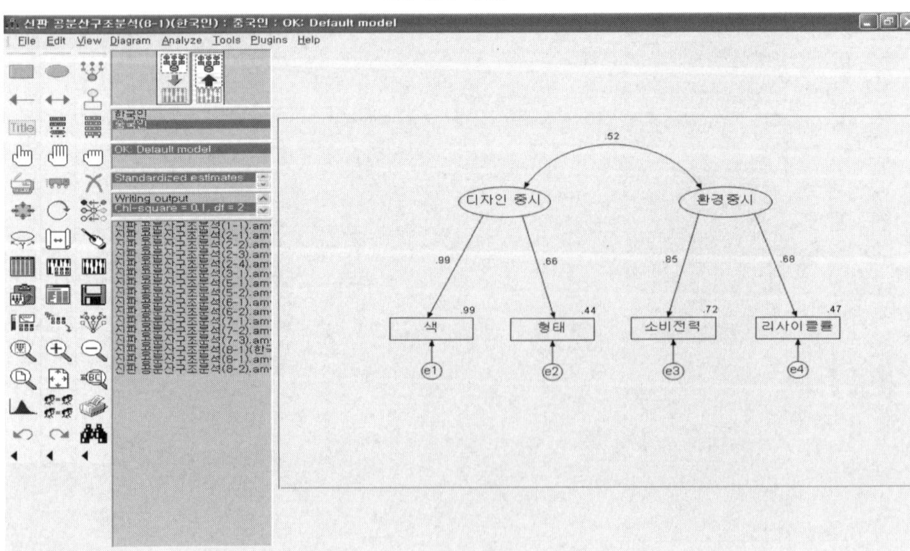

■ **분석결과의 해석**

잠재변수 '디자인 중시'에 대해서 살펴보자. '색', '형태'에의 경로계수는 한국인에서는 각각 0.74, 0.73, 중국인에서는 각각 0.99, 0.66이 되었다. 이 결과로부터 한국인은 색과 형태를 균등하게 평가하고 있다는 것을 알 수 있다. 이에 비해서 중국인은 형태보다도 색을 중시하고 있는 것 같다.

다음에 잠재변수 '환경중시'에 대해서 살펴보자. '소비전력', '리사이클률'에의 경로계수는 한국인에서는 각각 0.83, 0.90이다. 영향도는 제곱에 비례하므로, 한국에서는 '리사이클률'에 중점이 놓여 있다. 이에 비해서 중국에서는 각각 0.85, 0.68이다. '디자인 중시'의 경우와 마찬가지로 한국 쪽이 '환경중시'에서 '소비전력'과 '리사이클률'을 균형 있게 설명할 수 있다는 것을 알 수 있다.

더욱이 '디자인 중시'와 '환경중시'라고 하는 두 개의 잠재변수에 대해서, 그 상관계수를 보도록 하자. 한국에서는 0.75, 중국에서는 0.52이다. 중국에서는 한국에 비해서 이들 두 개의 요인의 관계는 약하다고 할 수 있다.

이상으로부터 '한국인용 에어컨'을 만들 때와 '중국인용 에어컨'을 만들 때의 주의사항이 떠오르게 된다. 한국에서는 색이나 형태, 소비전력과 리사이클률을 균형 있게 어필해야 한다. 한국 모델에서는 그것들을 나타내는 경로계수나 상관계수의 값이 중국보다도 균등하게 배분되어 있기 때문이다.

이에 비해서 중국용 에어컨에서는 디자인에 관해서는 색의 비중을 늘려야 한다는 것을 알 수 있다. 색이 선택의 최대 기준이 되어 있기 때문이다. 또, 환경에 관해서는 소비전력을 중시해야 한다고 이해할 수 있다.

9.2 다모집단 동시분석의 실제

■ **두 집단 모수의 차이 검정**

두 집단 모수의 차이는 통계학적으로 의미가 있는 것일까? 그 의문에 답하는 것이 바로 '다모집단의 동시분석'이다. 그러나 두 집단의 데이터에 대해서, 동일한 모델을 따로따로 공분산구조분석한 경우에는 이와 같은 검정을 실시할 수 없다.

AMOS가 출력한 파라미터 사이의 차에 관한 검정통계량은 다음과 같다.

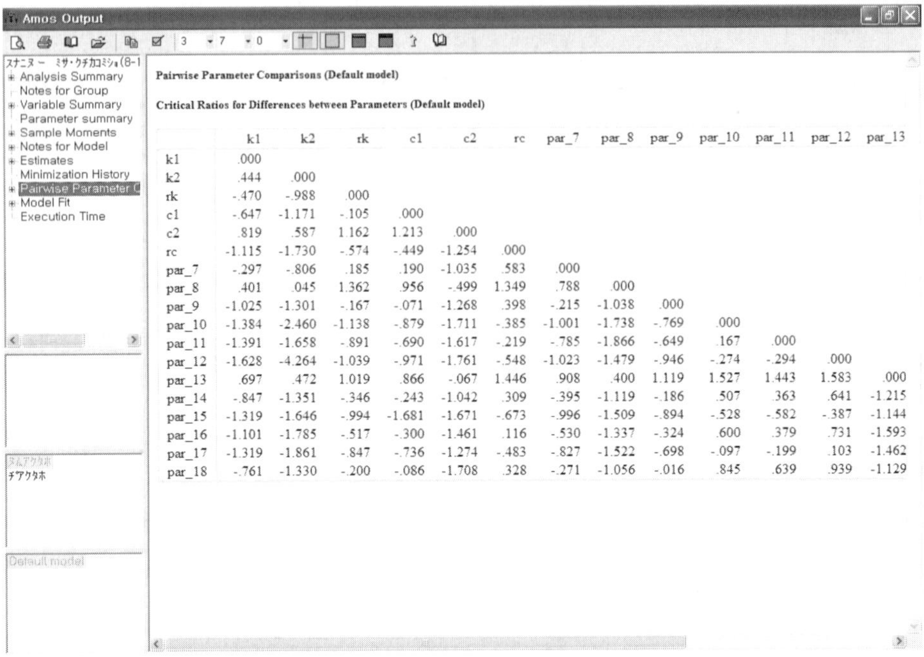

Pairwise Parameter Comparisons (Default model)

Critical Ratios for Differences between Parameters (Default model)

	k1	k2	rk	c1	c2	rc	par_7	par_8	par_9	par_10	par_11	par_12	par_13
k1	.000												
k2	.444	.000											
rk	-.470	-.988	.000										
c1	-.647	-1.171	-.105	.000									
c2	.819	.587	1.162	1.213	.000								
rc	-1.115	-1.730	-.574	-.449	-1.254	.000							
par_7	-.297	-.806	.185	.190	-1.035	.583	.000						
par_8	.401	.045	1.362	.956	-.499	1.349	.788	.000					
par_9	-1.025	-1.301	-.167	-.071	-1.268	.398	-.215	-1.038	.000				
par_10	-1.384	-2.460	-1.138	-.879	-1.711	-.385	-1.001	-1.738	-.769	.000			
par_11	-1.391	-1.658	-.891	-.690	-1.617	-.219	-.785	-1.866	-.649	.167	.000		
par_12	-1.628	-4.264	-1.039	-.971	-1.761	-.548	-1.023	-1.479	-.946	-.274	-.294	.000	
par_13	.697	.472	1.019	.866	-.067	1.446	.908	.400	1.119	1.527	1.443	1.583	.000
par_14	-.847	-1.351	-.346	-.243	-1.042	.309	-.395	-1.119	-.186	.507	.363	.641	-1.215
par_15	-1.319	-1.646	-.994	-1.681	-1.671	-.673	-.996	-1.509	-.894	-.528	-.582	-.387	-1.144
par_16	-1.101	-1.785	-.517	-.300	-1.461	.116	-.530	-1.337	-.324	.600	.379	.731	-1.593
par_17	-1.319	-1.861	-.847	-.736	-1.274	-.483	-.827	-1.522	-.698	-.097	-.199	.103	-1.462
par_18	-.761	-1.330	-.200	-.086	-1.708	.328	-.271	-1.056	-.016	.845	.639	.939	-1.129

위에 보인 AMOS의 출력결과는 '파라미터 사이의 차에 관한 검정통계량'의 정보이다. 추정량의 차가 표준정규분포의 양으로 환산되어서 표시되고 있다.

이 출력결과를 보는 방법에 대해서 조사해 보자. 예를 들면, 한국과 중국에 있어서의 '디자인 중시'로부터 '형태'에의 경로계수 값은 각각 0.73, 0.66인데, 이 0.07이라고 하는 차에 통계학적인 의미가 있는지 어떤지 알고 싶은 것이다. 그러려면 한국인을 대상으로 한 '형태'의 경로계수 이름 k1을 아래로 더듬어 가서, 중국인을 대상으로 한 '형태'의 경로계수 이름 c1과 교차한 값을 읽으면 된다. 아래 그림과 같이 그 값은 −0.647이 된다.

Critical Ratios for Differences between Parameters (Default model)

	k1	k2	rk	c1	c2	rc	par_7	par_8
k1	.000							
k2	.444	.000						
rk	-.470	-.988	.000					
c1	-.647	-1.171	-.105	.000				
c2	.819	.587	1.162	1.213	.000			
rc	-1.115	-1.730	-.574	-.449	-1.254	.000		
par_7	-.297	-.806	.185	.190	-1.035	.583	.000	
par_8	.401	.045	1.362	.956	-.499	1.349	.788	.000

이 −0.647이라고 하는 값은 두 경로계수의 차이를 표준정규분포로 변환했을 때의 값이다. 그 값의 대소로, 귀무가설

$$H_0 : \text{두 경로계수의 차이는 없다}$$

를 검정한다. 차이의 변환치가 기각역(유의수준이 5%일 때, 절대치가 1.96 이상)에 달해 있지 않으면, 가설은 기각될 수 없다.

이 경우에 차이의 변환치는 −0.647로 기각역에 들어가 있지 않다. 통계학적으로는 0.73과 0.66이라고 하는 두 경로계수의 차이에는 '유의성이 인정되지 않는다'고 할 수 있다.

다른 모수에 대해서도 마찬가지이다. 따라서 여기에서 조사한 차이의 논의는, 다모집단의 동시분석을 실시할 수 있다고 하는 공분산구조분석의 가능성을 보인 것뿐이다. 통계학적인 고찰로서는 아무런 '의미 없는 논의'를 하고 있었던 것이다.

차이에 유의성이 인정되지 않는 것은, '데이터 수가 적다는 사실'이 주된 원인일 것이다. 한국·중국의 각각에 대해서 30명씩의 선택으로는, 좀더 큰 차이가 생기지 않는 한, 유의한 차이는 인정되지 않는 것이다.

■ 다모집단의 동시분석을 위한 출력설계

AMOS로 다모집단의 동시분석을 실행할 때 차의 검정을 이용하려면, [View] 메뉴의 [Analysis Properties]로부터 다음의 대화상자를 표시하고, 'Critical ratios for differences'에 체크 마크를 붙일 필요가 있다.

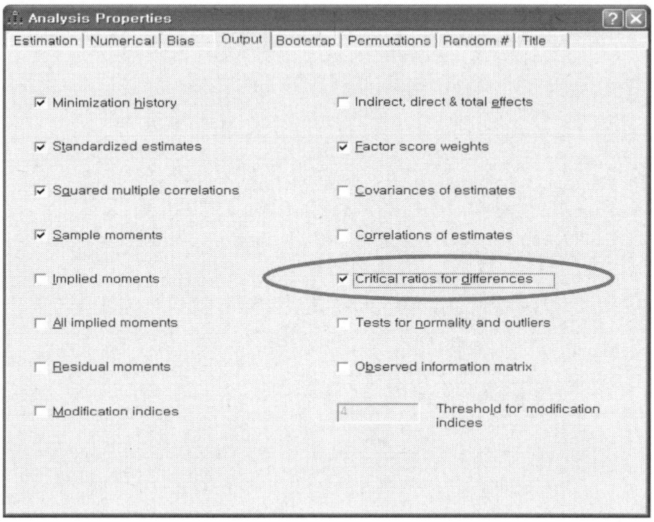

평균을 고려한 평균·공분산구조분석 10

10.1 잠재변수의 대소

■ 잠재변수의 대소에 대한 논의

지금까지는 잠재변수의 평균은 0으로 가정해 왔다. 따라서 굳이 잠재변수의 평균에 대해서 언급하는 일은 없었다. 그러나 잠재변수의 평균을 조사할 수 있으면 편리하다.

예를 들면, 한국과 미국의 'IT도(度)'에 대해서 조사한다고 하자. 먼저 이 두 나라의 표본에 동일한 IT 이용에 대한 앙케트를 취하여 그 결과를 데이터로 한데 모은다. 다음에 이 데이터를 이용해서 각 나라의 'IT도(度)'라고 하는 잠재변수를 측정해 본다. 그렇게 하면, 어느 쪽의 IT도가 높은지 알고 싶어진다. 이것이 잠재변수의 평균을 조사하고 싶은 하나의 예이다. 그리하여 이와 같은 때에 이용되는 것이 **평균·공분산구조분석**인 것이다.

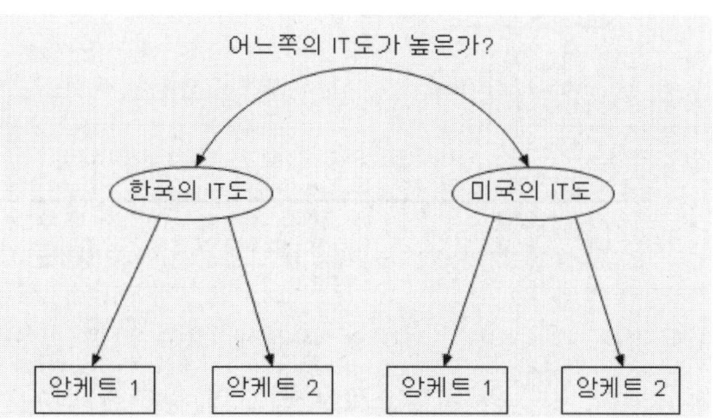

지금까지의 방법으로는 이들 두 나라 사이의 IT도에 대한 고저(高低)는 비교할 수 없었다. 일반적으로 말하면, 변수의 평균 사이의 차이는 논의할 수 없었던 것이다.

그런데, 공분산구조분석의 수법을 확장하면, 이와 같은 잠재변수의 평균 차이도 통계학적으로 논의할 수 있게 된다. 그것이 평균·공분산구조분석인 것이다.

공분산구조분석의 사고방식을 확장하면, 어떻게 해서 잠재변수의 평균을 논의할 수 있을까? 그것은 공분산구조분석의 유연성에 있다. 지금까지는 분산, 공분산의 실측치와 추정치의 오차가 전체로서 최소가 되도록, 변수의 분산이나 경로계수를 추정해 왔다. 확장한 공분산구조분석에서는 평균도 그 추정대상에 넣는 것이다. 즉, 실측치의 평균, 분산, 공분산에 추정치가 적합하도록 평균을 포함한 모수를 계산하는 것이다.

■ 변수 사이의 관계에 절편 도입

이상의 아이디어를 좀더 수학적으로 표현해 보자. 예를 들면, 잠재변수 f, 관측변수 x, 오차변수 e를 생각해 보자. 지금까지는 다음의 함수로 이들 두 변수가 연결되어 있다고 가정해 왔다.

$$x = \alpha f + e \qquad \cdots ①$$

사실을 말하자면, 지금까지의 논의에서는 x, f, e는 변수 그 자체는 아니었던 것이다. 평균으로부터의 차, 즉 편차를 나타내고 있었던 것이다. 다시 말하면, 분산이나 공분산에서는 평균으로부터의 차(편차)만이 문제가 되고 있었기 때문이다.

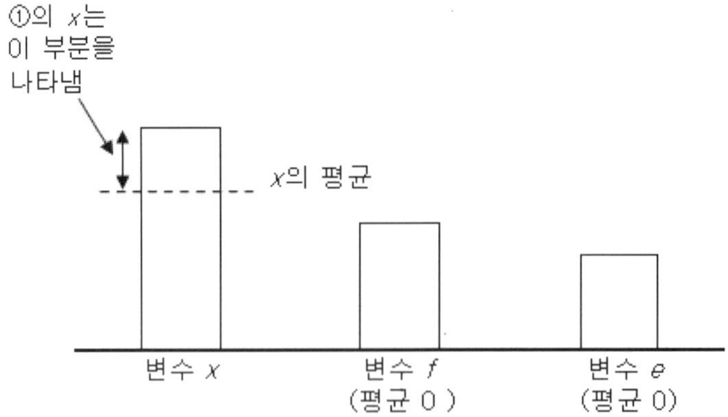

편차를 나타낸 ①식에서는, 변수 사이의 평균에 대한 차를 논의할 수 없었다. 즉, 양변의 평균은 0이 되어, 평균의 관점으로부터 보면 당연한 식이기 때문이다.

$$\bar{x}=\alpha\bar{f}+\bar{e}=0 \qquad \cdots ②$$

변수에 대한 평균의 차이를 논의하려면, 당연한 식 ①에 대신하여 어떠한 식을 이용하면 좋을까? 그 답은 ①식에 상수를 더한 것이다.

$$x=k+\alpha f+e \qquad \cdots ③$$

여기에서 x와 f는 편차가 아니라 변수 그 자체로 하고, k는 상수로 한다. 이 상수를 **절편**이라고 한다.

③식의 양변에 대한 평균을 취해 보자.

$$\begin{aligned}\bar{x}&=k+\alpha\bar{f}+\bar{e}\\&=k+\alpha\bar{f} \qquad \cdots ④\end{aligned}$$ [1]

절편 k의 덕분에 두 개의 평균 $\bar{x}$, $\bar{f}$에 고저차(高低差)가 붙여지는 것을 알 수 있다. 바꾸어 말하면, 절편 k에 의해서 변수에 대한 평균의 차이를 논의할 수 있게 되는 것이다.

이렇게 해서 ③식과 같이 변수 사이의 관계에 절편을 도입함으로써 변수 사이의 평균에 대한 차이를 논의할 수 있다는 것을 알 수 있다.

그런데 추정해야 할 경로계수나 분산 등을 '모수'라고 표현해 왔다. 이 모수라고 하는 표현을 빌리면 평균・공분산구조분석의 원리는 다음과 같이 표현할 수 있다.

> **평균・공분산구조분석의 원리**
> 절편을 모수에 포함한 공분산구조분석이 평균・공분산구조분석이다.

■ 경로도형에 절편과 평균을 기입하는 방법

그런데 공분산구조분석의 장점은 경로도형이라고 하는 이미지적인 도구를 이용해서 분석이 진행된다는 것이다. 이 장점을 평균・공분산구조분석에도 살리려면, 경로도형에 절편의 이름이나 값도 표현할 수 있도록 하지 않으면 안 된다. 이것은 다음과 같이 표현되는 것이 보통이다.

---

1) 지금까지는 잠재변수와 오차변수의 평균은 0으로 간주하고 계산을 해 왔다. 앞으로는 오차변수의 평균만이 0($\bar{e}=0$)이라고 가정하고, 그것 이외는 0 이외도 허용하기로 한다.

내생변수의 경우에는 그 변수를 나타내는 사각형이나 타원의 오른쪽 위에 절편의 이름이나 값을 기입한다.

외생변수에서는 변수의 오른쪽 위에 평균과 분산을 기입한다. 그리고 오차변수도 외생변수의 하나로서 파악되는데, 통상 그 평균은 0으로 가정한다.

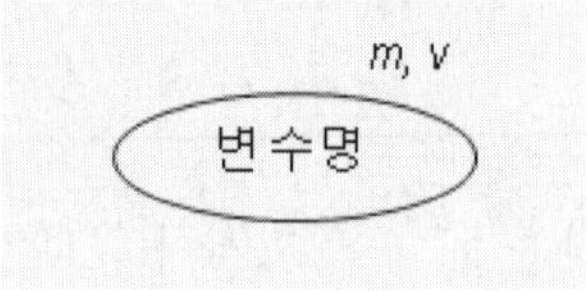

그런데, 지금까지는 잠재변수로부터 그어지는 경로에 대해서는 아래 그림과 같이 그 중의 한 경로계수를 1로 초기설정했다.

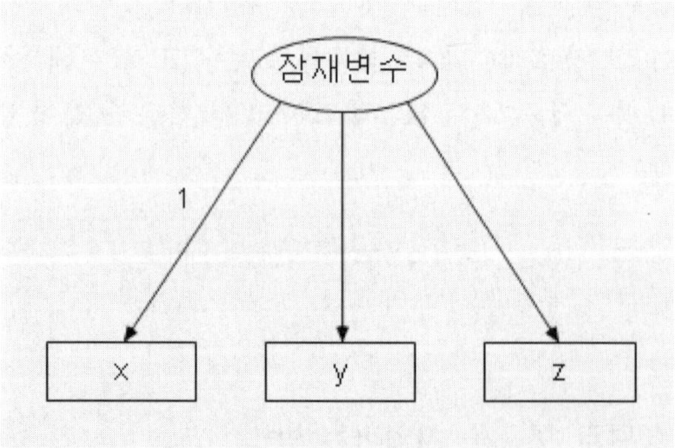

이와 같은 초기설정이 허용되는 것은 잠재변수의 측정단위를 취하는 방식이 자유롭기 때문이다. 같은 이유로 경로계수를 1로 취하는 대신에, 잠재변수의 분산에 대한 초기설정치로 1을 취하는 것도 허용된다. 평균·공분산구조분석에서는 기본이 되는 외생변수에 관해서 이와 같은 초기설정의 방법을 채택하는 것이 보통이다.

더욱이 기본이 되는 외생변수에 대해서는, 평균은 0으로 취하는 것이 일반적이다. 평균의 기준을 어디에 두느냐 하는 것은 마음대로이기 때문에, 기준으로 간주한 외생변수에 그 기준을 두는 것이다.

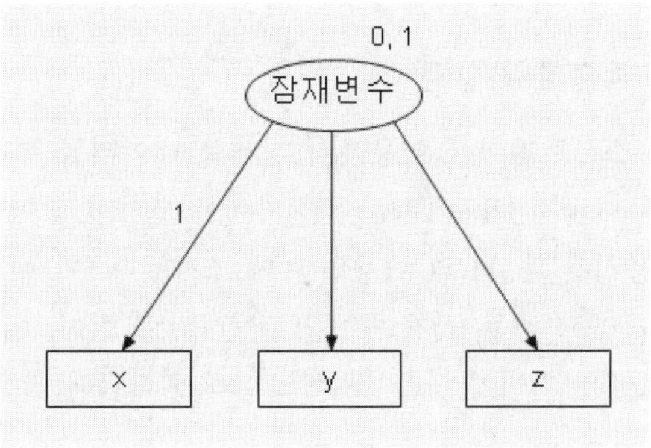

이와 같이 초기설정함으로써 복수의 잠재변수에 대한 관계가 잘 보이도록 된다.

지금까지와 마찬가지로 평균·공분산구조분석을 실행하려면, AMOS 등의 전용 소프트웨어가 필요하다. 아래 그림은 AMOS로 평균·공분산구조분석을 실행할 때의 설정화면이다.

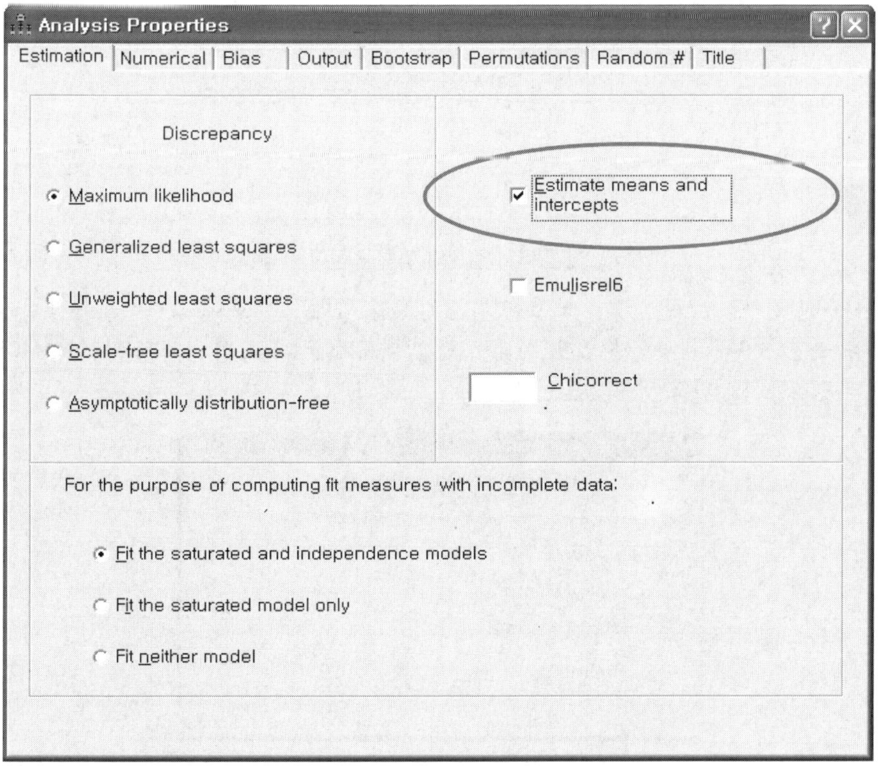

10.2 평균 · 공분산구조분석의 실제

■ 평균 · 공분산구조분석의 실행

그러면 통계분석 소프트웨어를 이용해서 실제로 데이터를 분석해 보자. <표 10-1>의 데이터는 한국과 미국의 IT도(度)에 대한 차이를 조사한 것이다. IT도로서는 1주간당의 '인터넷의 이용시간'과 'PC의 이용일수'를 조사했다. 이 두 가지의 조사항목(즉, 변수)으로부터 'IT도'라고 하는 잠재변수를 측정하기로 한다. 이때, 한국과 미국에서는 잠재변수인 IT도에는 차이가 있을 것이다. 그래서 다음과 같은 경로도형을 작성해 본다.

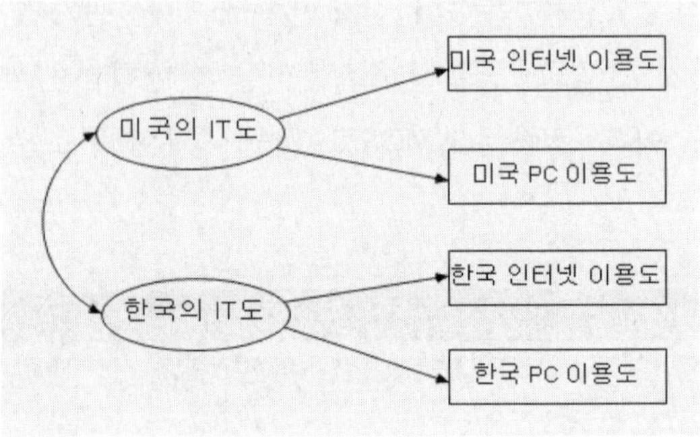

메모

AMOS에 있어서 절편의 이름을 붙이는 방법

평균·공분산구조분석을 위한 소프트웨어를 이용할 때에는, 절편에도 이름을 붙인다거나, 조건을 붙인다거나 할 필요가 있다. 아래 그림은 대표적인 통계분석 소프트웨어인 AMOS에 절편의 명칭을 정의하고 있는 그림이다.

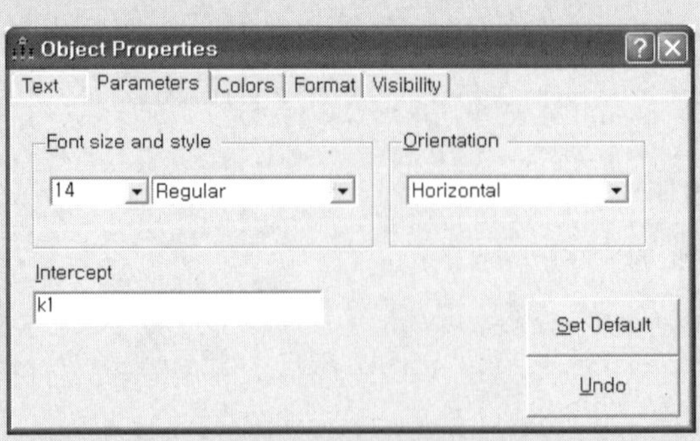

|표 10-1| 한·미 IT 이용 앙케트의 데이터

No	미국 인터넷 이용도	미국 PC 이용도	한국 인터넷 이용도	한국 PC 이용도
1	3	4	4	4
2	3	2	2	5
3	4	4	4	1
4	5	5	4	4
5	4	5	4	5
6	3	5	5	5
7	5	5	5	5
8	2	1	4	5
9	5	5	4	4
10	5	5	5	5
11	5	5	4	5
12	5	4	3	2
13	5	5	4	5
14	4	4	5	5
15	5	3	5	5
16	5	5	3	4
17	5	5	5	5
18	5	5	5	4
19	2	5	5	5
20	2	3	4	4
21	5	5	5	5
22	4	4	4	2
23	5	5	5	5
24	3	4	3	3
25	5	5	4	3
26	5	3	5	5
27	5	5	5	5
28	5	4	5	5
29	4	4	5	5
30	1	1	5	5

그러면 <표 10-1>의 데이터와 위의 경로도형을 시용해서 평균·공분산구조분석을 실행해 보자. 전술한 바와 같이 하나의 외생변수인 '미국의 IT도'의 평균을 0, 분산을 1로 했다. 이때, '한국의 IT도'의 평균과 분산에 관심이 끌린다.

이 경로도형에서 주의를 요하는 것은, 두 개의 잠재변수로부터 파생하는 경로계수, 그리고 오차변수도 모두 한국·미국 공통적이라는 사실이다. 같은 조건 하에서 잠재변수가 어느 정도 다른지를 조사하고 싶기 때문이다. 이와 같은 조건을 **측정의 불변성**이라고 부르고 있다.

그러면, 분석에 들어가기로 한다. 분석용 소프트웨어는 역시 AMOS다.

앞의 경로도형에 초기설정한 상태가 <그림 10-1>이다. 한국이나 미국 모두 잠재변수로부터의 경로에 붙여진 계수는 같은 이름(즉, 같은 값)이 되어 있는 것에 주의를 요한다.

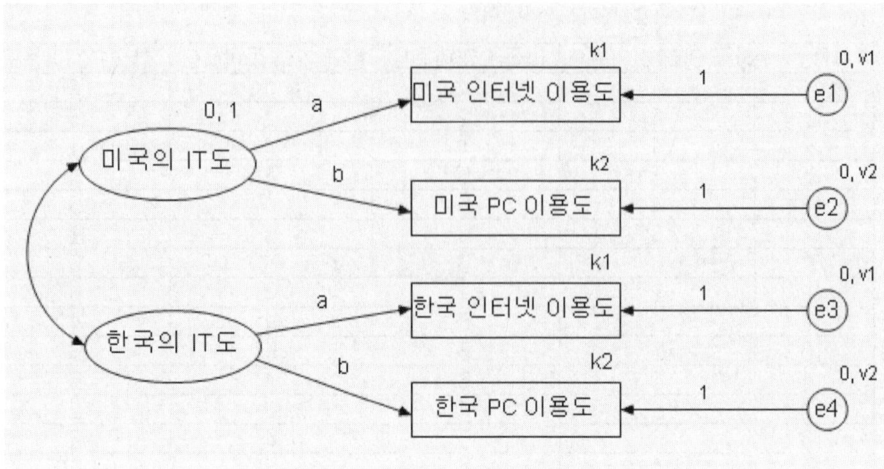

| 그림 10-1 | **초기설정된 경로도형**

AMOS에 의한 계산결과는 다음과 같다(비표준화해).

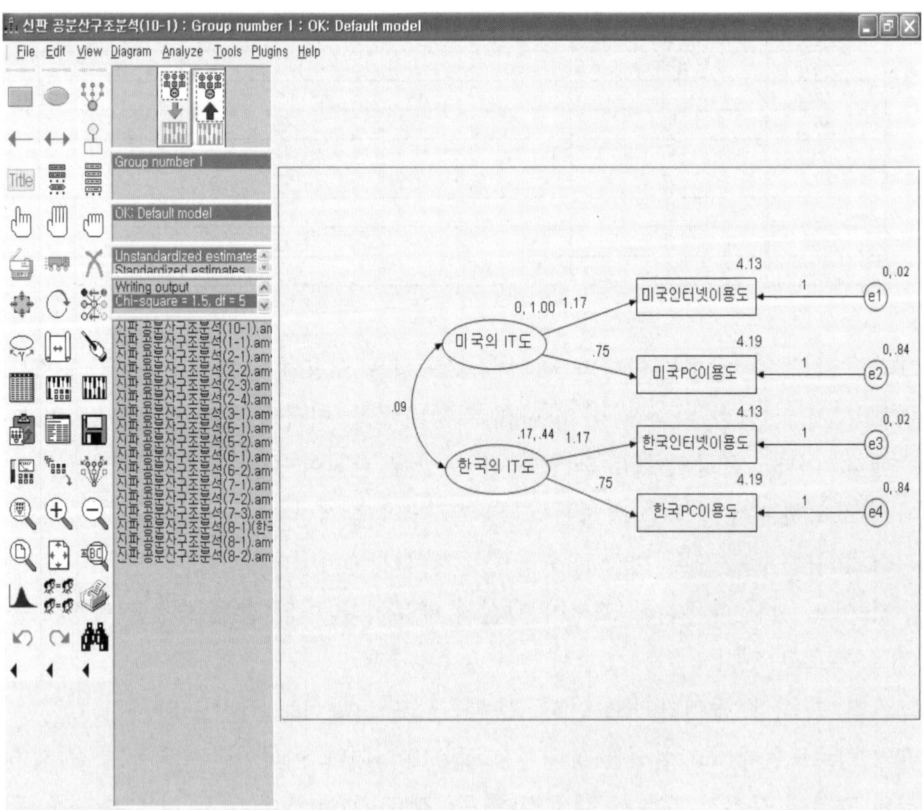

■ 한국 · 미국의 IT도 비교

잠재변수를 살펴보자. 서두에 언급한 바와 같이 미국의 'IT도'의 평균을 0, 분산을 1로 설정했다. 한국의 'IT도'를 살펴보도록 한다. 평균이 0.17, 분산이 0.44이다. 즉, 평균적으로는 한국의 'IT도'는 미국보다도 크다는 것을 나타내고 있지만, 분산(즉, 확대)은 작다는 것을 보이고 있다. 한국의 IT도는 미국에 비해서 일부의 사람들에게 집중되어 있다는 것을 알 수 있다.

이상의 예로부터 알 수 있듯이 평균·공분산구조분석을 이용하면, 종래의 분석법에서는 비교할 수 없었던 잠재변수의 (상대적인) 평균을 조사할 수 있다. 이것은 통계의 응용분야를 넓히는 획기적인 특징이다.

> 공분산구조분석의 특징
> 막연한 것의 대소(大小), 우열(優劣)을 비교할 수 있다.

특히 추상적인 아이디어를 많이 사용하는 경제·경영이나 심리의 분야에서 공분산구조분석이 자주 쓰이는 것은 이와 같은 이유 때문이다.

■ 잠재변수의 영향력

마지막으로 관측변수의 절편 값을 조사해 보자. 예를 들면, '미국의 IT도'에 대해서 보기 위하여, 해당 부분을 끄집어내 보자.

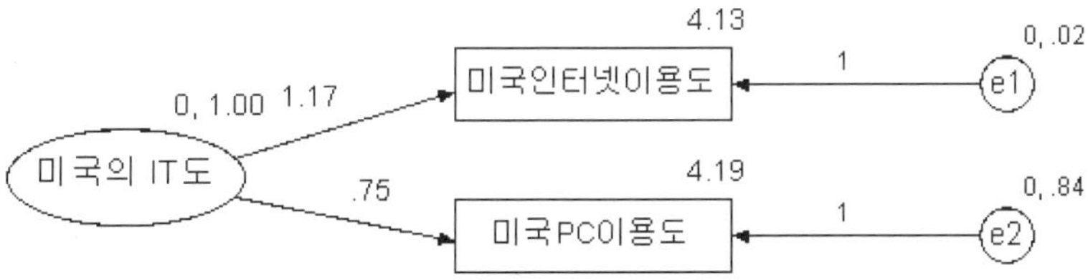

'미국 인터넷 이용도'의 절편은 4.13이다. 이 그림을 식으로 나타내면, 다음과 같이 된다.

$$\text{'미국 인터넷 이용도'} = 4.13 + 1.17 \times \text{'미국의 IT도'} + e_1$$

이 양변의 평균을 취해 보자. '미국의 IT도'의 평균은 0, 오차변수의 평균도 0로 가정하고 있으므로, 다음의 등식이 성립한다.

'미국 인터넷 이용도'의 평균 = 4.13

이 식으로부터 '미국의 IT도'는 '인터넷 이용도'에 큰 영향을 미치고 있지 않다는 것을 알 수 있다. 즉, 4.13이라고 하는 값을 '인터넷 이용도'는 기존의 평균치로서 보유하고 있기 때문이다. 조사 데이터를 살펴보자. 최대 점수가 5이다. 따라서 4.13은 큰 값이다.

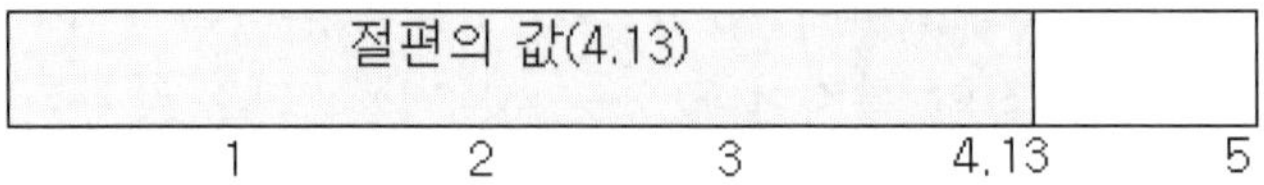

'미국의 IT도'라고 이름 붙인 잠재변수의 활약의 여지는, 그림이 보여 주듯이 넓지 않다. 본래의 미국 인터넷 이용도를 분석하려면, 또 다른 잠재변수가 필요한 것 같다.[2]

2) 측정의 불변성을 이용하고 있으므로, 한국에 대해서도 마찬가지이다.

종단 데이터와 평균·공분산구조분석

11

11.1 잠재변수의 변화

■ 잠재변수의 변화를 조사할 수 있는 평균·공분산구조분석

앞 장에서는 공분산구조분석을 발전시킨 평균·공분산구조분석을 조사했다. 여기에서는 이 평균·공분산구조분석의 대표적인 응용예를 조사해 보기로 한다. 이것은 종단(縱斷) 데이터의 분석이라고 불리는 것으로, 동일한 집단에 관해서 잠재변수의 시간적인 차이를 조사하는 분석기법이다.

어떤 집단에 대해서 동일한 조사를 다른 시기에 실시했다고 하자. 이때, 잠재변수에 어떠한 질적인 차이가 생겼는지를 조사하고 싶게 된다. 그것을 조사하는 것이 '종단 데이터'의 분석인 것이다.

예로서, 사내의 신입사원교육을 조사해 본다. 사원의 IT 기술을 향상시키기 위해서, 3개월간의 기술연수를 실시하고 그 성과를 조사하기로 한다. 그를 위해서 연수실시 전후에 세 개의 시험 '워드프로세스', '표계산', 'OS 기초'를 실시했다. 그 데이터가 <표 11-1>이다. 과연 사원들의 IT 기술은 향상했다고 할 수 있는가?

사원들의 기술도는 직접 관찰할 수 있는 것은 아니다. 이 변천을 조사하는 것이 평균·공분산구조분석의 우수한 점이다.[1)]

---

1) 세 개의 시험 '워드프로세스', '표계산', 'OS 기초'의 내용은 연수 전후로 동일한 것인데, 구별을 위해서 1과 2라고 하는 식별자를 붙였다.

| 표 11-1 | 기술연수의 성과 데이터

사원 No	연수 전			연수 후		
	워드 1	표계산 1	OS기초 1	워드 2	표계산 2	OS기초 2
1	7	8	8	8	6	8
2	8	7	9	7	5	8
3	7	7	8	7	7	7
4	5	6	5	8	8	6
5	5	8	6	6	7	7
6	6	6	5	5	6	8
7	5	4	2	4	4	4
8	9	9	9	9	9	9
9	7	4	3	4	5	4
10	6	8	9	8	6	6
11	6	7	6	5	5	5
12	5	8	5	6	4	6
13	6	4	4	5	4	4
14	7	9	7	9	8	7
15	5	5	6	7	3	6
16	6	6	5	6	6	4
17	6	6	7	6	8	6
18	6	5	5	6	7	6
19	6	6	8	8	7	9
20	8	9	7	8	6	9
21	6	5	4	7	6	6
22	4	5	6	6	5	7
23	6	6	6	4	7	5
24	5	7	7	9	6	8
25	6	6	3	5	7	5
26	6	5	7	7	4	6
27	7	5	4	6	4	6
28	6	6	8	8	4	6
29	5	7	6	7	6	7
30	9	9	10	9	8	10

그러면 평균·공분산구조분석을 이용해서 실제로 분석을 실시해 보자.

경로도형으로서는 다음의 <그림 11-1>과 같은 모델을 상정했다. 초기설정의 값도 기입해 넣었다.

또, 연수 이전과 이후의 기술도(技術度)를 '기술 전', '기술 후'라고 표현하기로 했다. 이 변화가 현재 가장 조사하고 싶은 내용이다.

초기설정에서 주의해야 할 점은 10장에서와 마찬가지로 '측정의 불변성'을 지키는 것이다. 통상, 절편이나 경로계수, 측정오차 등의 값은 측정 전후로 동일하게 해 놓는 것이 바람직하다.

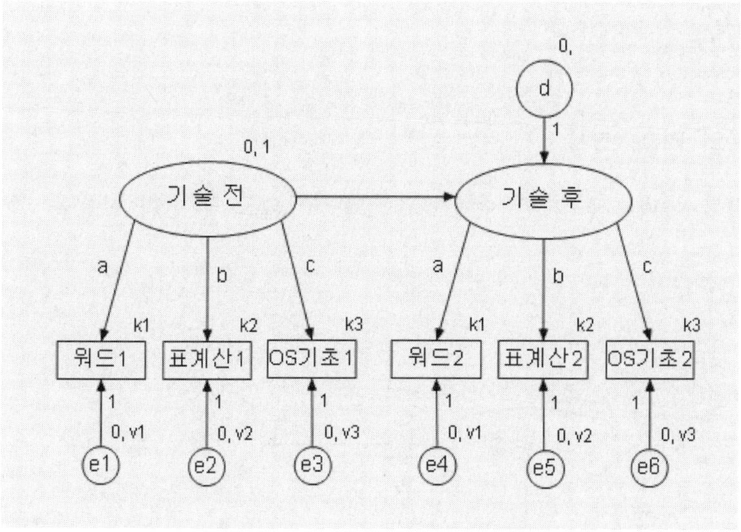

| 그림 11-1 | **기술연수 성과 모델**

통계분석 소프트웨어인 AMOS를 이용해서 분석한 결과는 다음과 같다.

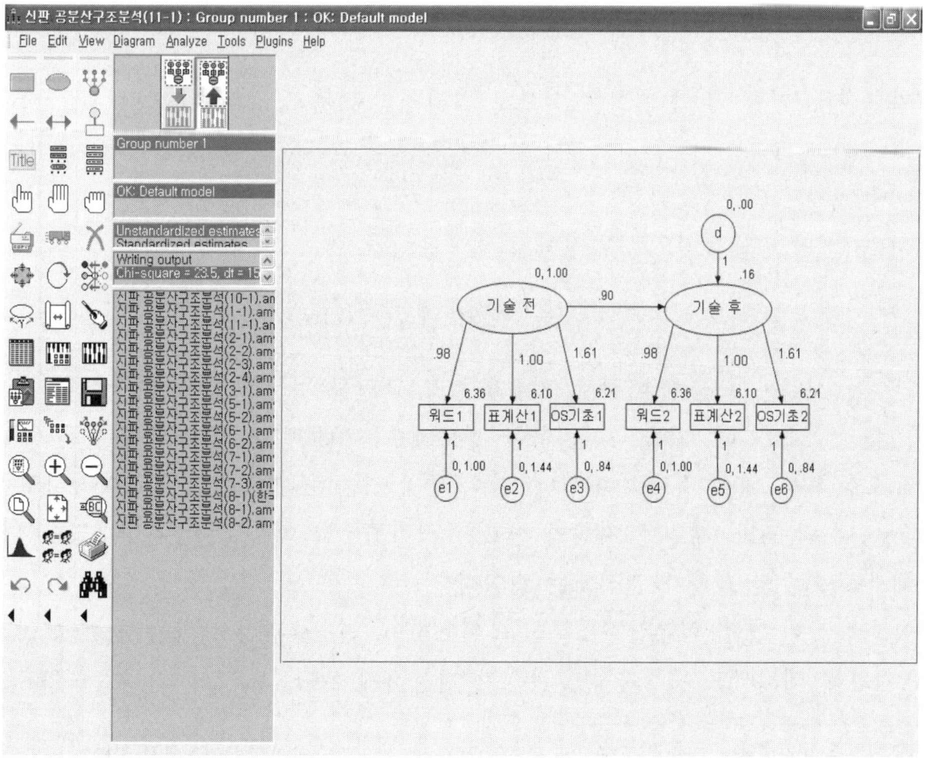

11.2 잠재변수의 변화 조사

■ 기술도의 변화 조사

분석결과를 살펴보자. 가장 주목하고 있는 '기술도'의 변화 부분을 살펴본다.

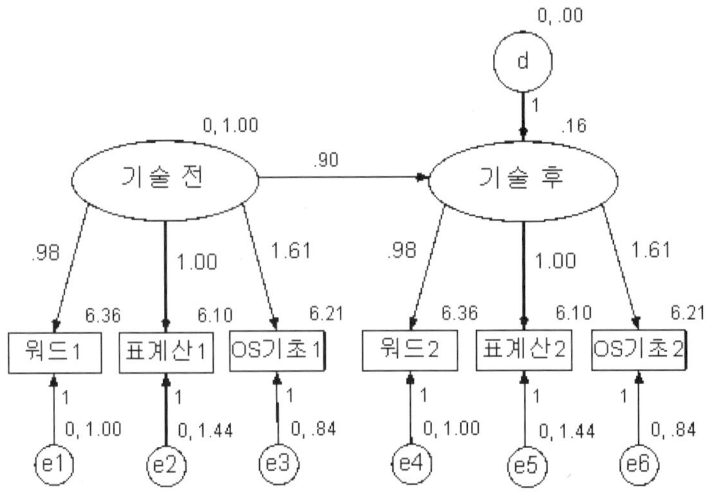

'기술 전', '기술 후'의 변화를 식으로 나타내면 다음과 같이 된다.

$$\text{'기술 후'} = 0.16 + 0.90 \times \text{'기술 전'} + d$$

'기술 전'의 평균을 0으로 가정하고 있으므로,

$$\text{'기술 후'의 평균} = 0.16$$ [2)]

연수를 실시하기 전에 비해서, 기술도는 0.16 만큼 향상하고 있다는 것을 알았다.
'기술 전'으로부터 '기술 후'를 향한 경로계수는 0.90이다. 따라서 분산은 0.90^2(약 80%)으로 되어, 20% 정도 작아진다. 연수 후의 기술에 대한 분산이 작아졌다고 하는 것은, 연수의 결과, 사원들 지식의 산포가 작아졌다고 하는 것을 나타내고 있다. 이 면에서도 연수의 효과가 인정되는 것이다.

이상과 같이 평균·공분산구조분석을 이용하면, 연수효과라고 하는 '눈에 보이지 않는' 효과에 대해서도 통계학적인 논의가 가능하게 된다.

---

2) 이 관계는 10장에서도 조사한 바가 있다. 그와 관련하여 d의 평균은 0으로 가정하고 있다.

■ **분석결과의 평가**

마지막으로 분석결과의 평가를 살펴보도록 하자. 아래 그림과 같이 RMR이나 GFI 라고 하는 적합도지표는 계산되지 않는다. 평균・공분산구조분석에서는 그것들에 대한 값은 산출되지 않는 것이다.

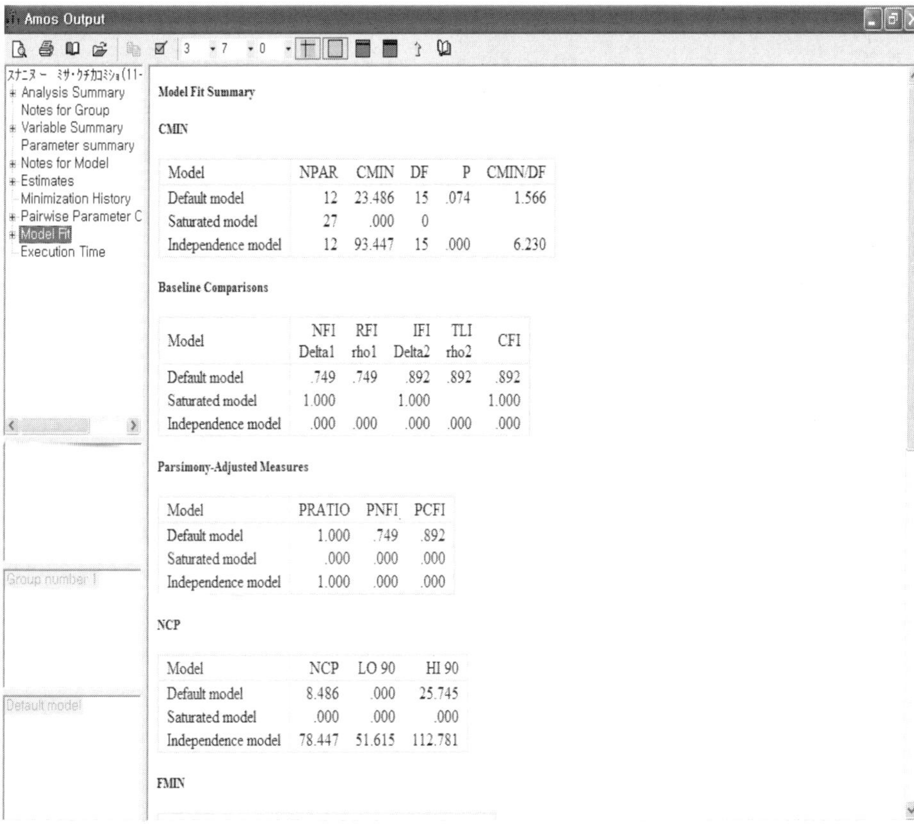

Model Fit Summary

CMIN

Model	NPAR	CMIN	DF	P	CMIN/DF
Default model	12	23.486	15	.074	1.566
Saturated model	27	.000	0		
Independence model	12	93.447	15	.000	6.230

Baseline Comparisons

Model	NFI Delta1	RFI rho1	IFI Delta2	TLI rho2	CFI
Default model	.749	.749	.892	.892	.892
Saturated model	1.000		1.000		1.000
Independence model	.000	.000	.000	.000	.000

Parsimony-Adjusted Measures

Model	PRATIO	PNFI	PCFI
Default model	1.000	.749	.892
Saturated model	.000	.000	.000
Independence model	1.000	.000	.000

NCP

Model	NCP	LO 90	HI 90
Default model	8.486	.000	25.745
Saturated model	.000	.000	.000
Independence model	78.447	51.615	112.781

FMIN

χ^2값(괴리도)을 살펴보자. 23.486이라고 하는 큰 값으로 되어 있다. 모델의 '적합도'는 좋지 않은 것처럼 보이지만, 자유도가 15이다. 이때, χ^2분포의 95% 점은 25 이므로,

H_0 : 경로도형에서 표시한 관계 모델은 올바르다

는 기각되지 않아, 모델의 올바름이 인정되는 것이다.

각 경로계수 등의 추정치는 정상적으로 산출되고 있다.

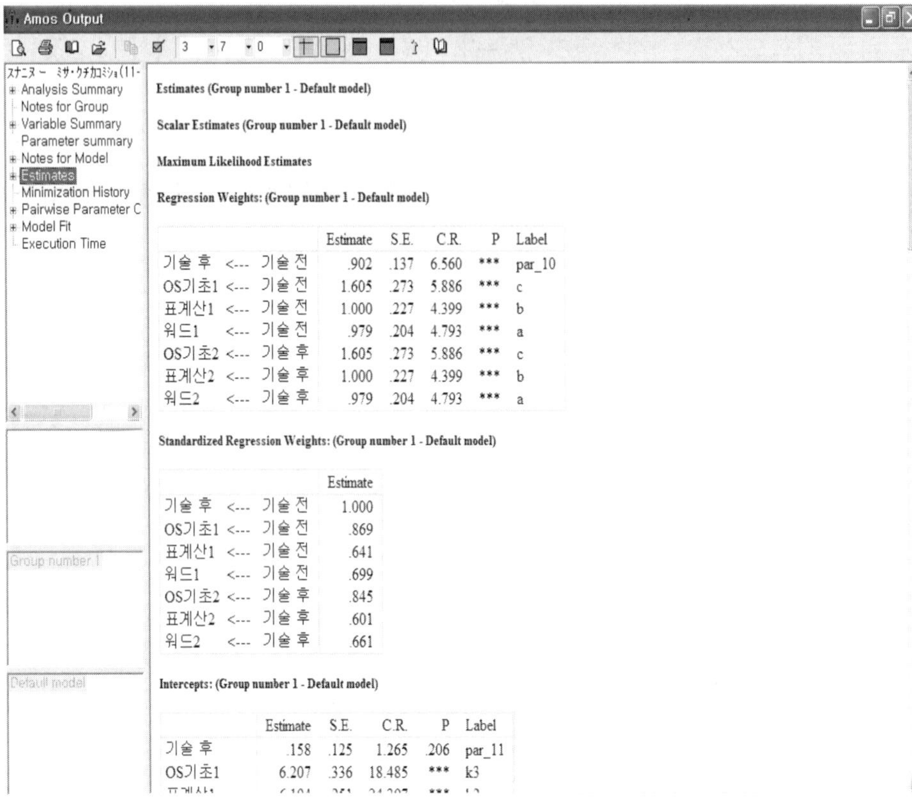

Estimates (Group number 1 - Default model)

Scalar Estimates (Group number 1 - Default model)

Maximum Likelihood Estimates

Regression Weights: (Group number 1 - Default model)

			Estimate	S.E.	C.R.	P	Label
기술 후	<---	기술 전	.902	.137	6.560	***	par_10
OS기초1	<---	기술 전	1.605	.273	5.886	***	c
표계산1	<---	기술 전	1.000	.227	4.399	***	b
워드1	<---	기술 전	.979	.204	4.793	***	a
OS기초2	<---	기술 후	1.605	.273	5.886	***	c
표계산2	<---	기술 후	1.000	.227	4.399	***	b
워드2	<---	기술 후	.979	.204	4.793	***	a

Standardized Regression Weights: (Group number 1 - Default model)

			Estimate
기술 후	<---	기술 전	1.000
OS기초1	<---	기술 전	.869
표계산1	<---	기술 전	.641
워드1	<---	기술 전	.699
OS기초2	<---	기술 후	.845
표계산2	<---	기술 후	.601
워드2	<---	기술 후	.661

Intercepts: (Group number 1 - Default model)

	Estimate	S.E.	C.R.	P	Label
기술 후	.158	.125	1.265	.206	par_11
OS기초1	6.207	.336	18.485	***	k3

여러 가지 유형의 경로도형 12

12.1 상관

상관관계는 쌍방향 화살표(↔)로 표현한다. 경로도형에서 상관계수를 산출하면 다음과 같이 된다. 단, 이 그림에서는 유의하지 않은 상관도 경로로서 그려져 있다.

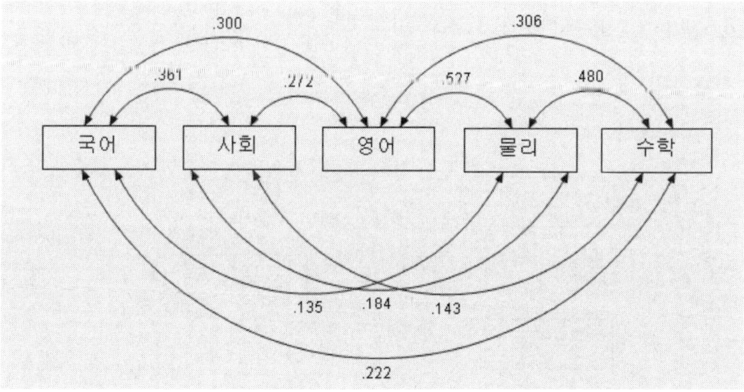

12.2 편상관

예를 들면, 신장과 체중을 10세에서 20세까지의 남녀를 조사하여 상관계수를 산출하면, 신장과 체중의 상관계수는 대단히 높게 된다. 그러나 그 상관관계에는 '연령'이 크게 영향을 미치고 있다.

이 예와 같이 제3의 변수를 제거한(통제했다고 한다) 상관계수를 편상관계수라고 한다. 경로도형에서 편상관계수를 표현하면, 다음의 그림과 같이 된다. 여기에서 편상관계수(ry1.2)는 신장(X1)과 체중(Y)에 영향을 미치는 연령(X2)으로는 설명할 수 없는, 오차(E1, E2)간의 상관에 해당된다.

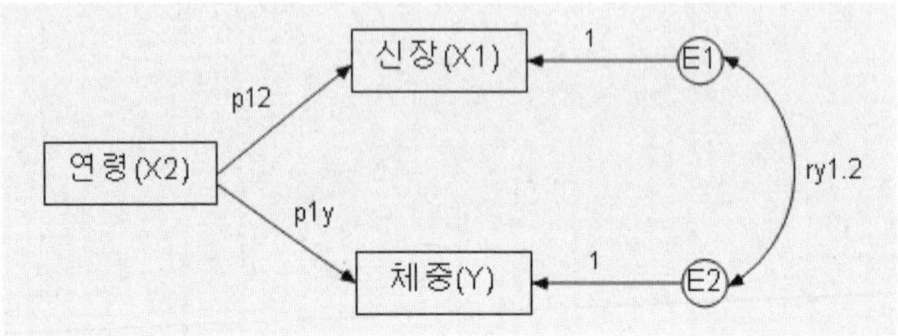

12.3 중회귀분석

중회귀분석은 복수의 독립변수(설명변수)가 하나의 종속변수(목적변수 또는 기준변수)에 영향을 미치는 모델(모두 양적 변수)이다. 중회귀분석을 경로도형으로 나타내면 다음과 같이 된다.

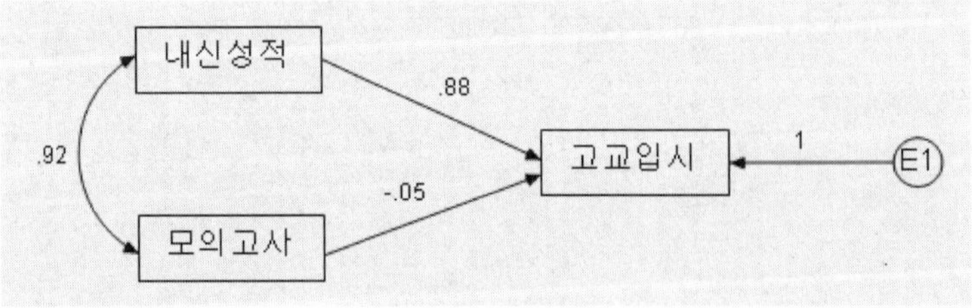

12.4 다변량회귀분석

다변량회귀분석은 복수의 독립변수(설명변수)로 복수의 종속변수(목적변수 또는 기준변수)를 예측하는 모델이다.

예를 들면, 중학생 시절의 내신성적·동기부여·교우관계 등이 고등학교 입학 후의 성적과 학교의 만족도에 영향을 미친다고 하는 가설을 세운 경우, 다음과 같은 경로도형을 그릴 수 있다.

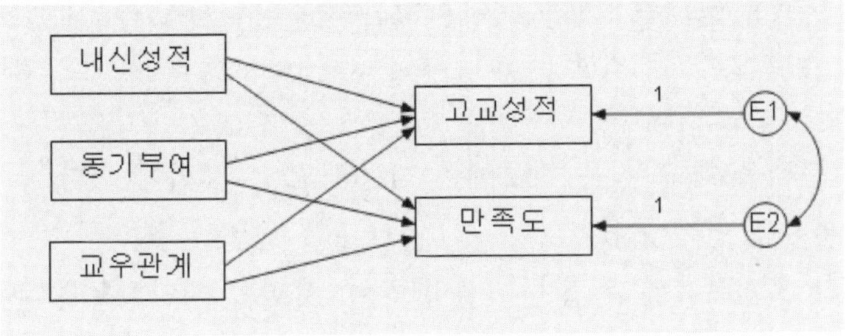

이와 같은 분석을 하고 싶은 경우에는 다음과 같은 방법이 있다.

① 중회귀분석을 반복한다
- 종속변수마다 중회귀분석을 반복하여 얻어진 표준편회귀계수를 경로도형 안에 기입한다.
- 오차간(E1, E2)의 상관은 독립변수(설명변수)를 통제한 편상관계수를 기입하면 된다.

② 공분산구조분석을 행한다
- AMOS를 이용해서 모델을 구성하여 경로계수를 추정한다.
- 공분산구조분석을 쓸 수 있는 환경이면, 이쪽을 사용하는 편이 좋다.

12.5 계층적 회귀분석

[A]가 [B]에, [A] [B]가 [C]에 영향을 미친다고 하는 형태의 분석을 계층적 회귀분석이라고 한다.

예를 들면, 다음과 같은 경로도형이 이에 해당된다. 오차는 생략하고 있지만 결정계수(R^2)가 기입되어 있으므로 계산은 가능하다.

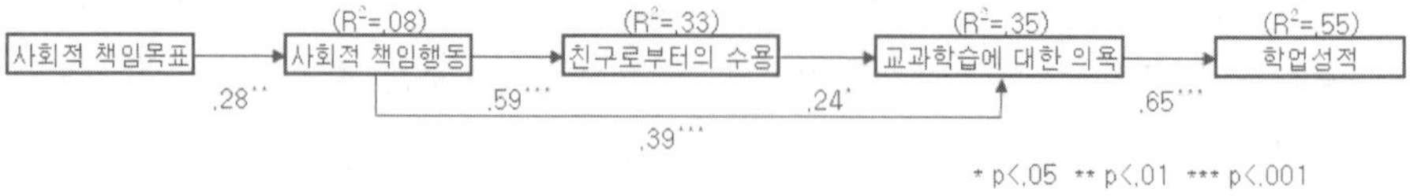

|그림 12-1| **사회적 책임목표가 학업달성에 미치는 영향** - 친구로부터의 수용을 매개로 한 동기부여 프로세스 - (결정계수(R^2)는 모두 $p < .001$; 유의하지 않은 경로는 생략)

이와 같은 분석을 하고 싶은 경우에는 다음과 같은 방법이 있다.

① 중회귀분석을 반복한다

- 사회적 책임목표를 독립변수(설명변수), 사회적 책임행동을 종속변수(목적변수)로 한 회귀분석을 실시한다.
- 사회적 책임목표, 사회적 책임행동을 독립변수(설명변수), 친구로부터의 수용을 종속변수(목적변수)로 한 중회귀분석을 실시한다.
- 사회적 책임목표, 사회적 책임행동, 친구로부터의 수용을 독립변수(설명변수), 교과학습에 대한 의욕을 종속변수(목적변수)로 한 중회귀분석을 실시한다.
- 사회적 책임목표, 사회적 책임행동, 친구로부터의 수용, 교과학습에 대한 의욕을 독립변수(설명변수), 학업성적을 종속변수(목적변수)로 한 중회귀분석을 실시한다.
- 얻어진 표준편회귀계수(β)를 경로계수로 하여, 유의한 경로계수가 얻어진 부분을 화살표로 그린다.

② 공분산구조분석을 행한다

- AMOS를 이용해서 모델을 구성하고 경로계수를 추정한다.
- 이 경우는 분석을 반복할 필요가 없다.

중회귀분석을 반복하는 기법은 탐색적인 기법이라고 할 수 있을 것이다.

12.6 주성분분석

주성분분석은 관측된 변수가 공유하는 정보를 합성변수로서 집약하는 기법이다. 주성분분석의 결과를 경로도형으로서 표현하면 다음과 같다.

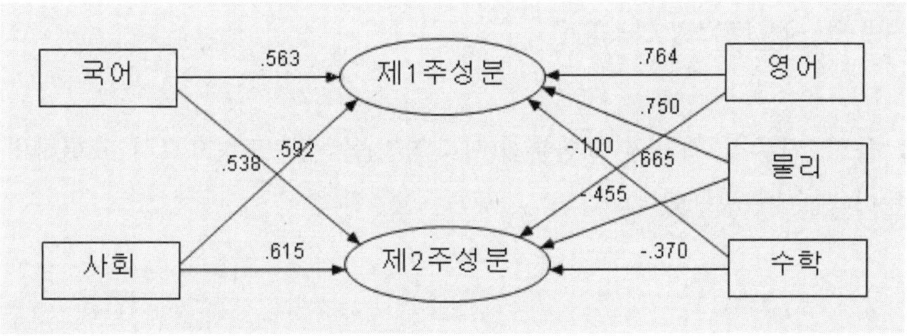

화살표의 방향은 측정된 변수로부터 주성분을 향한다. 주성분은 잠재적으로 가정되므로, 타원으로 그린다. 그림에서 알 수 있듯이 제1주성분은 5개 과목 전부로부터 큰 영향을 받고 있으므로 종합능력, 제2주성분은 국어와 사회가 플러스의, 물리와 수학이 마이너스의 영향을 미치고 있으므로 문과계와 이과계의 어느 쪽이 우위인가를 나타내고 있다고 생각된다.

12.7 탐색적 요인분석(직각회전)

요인분석(주성분해 · 베리멕스 회전)의 결과를 경로도형으로서 표현하면 다음과 같이 된다.

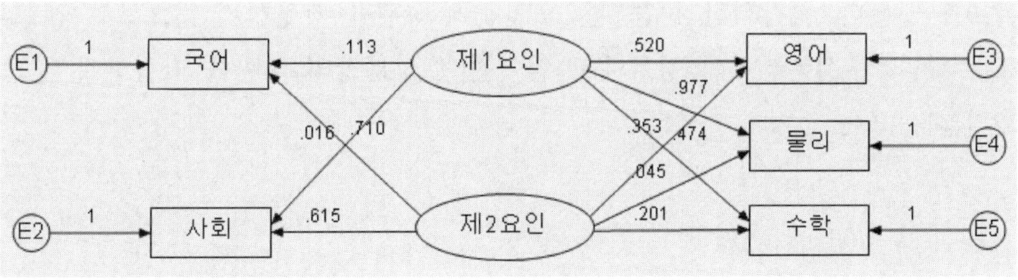

요인분석에서는 공통요인이 측정된 변수에 영향을 미치는 것을 가정하므로, 전술한 주성분분석의 경로도형과는 화살표의 방향이 거꾸로 된다. 제1요인은 물리나 수학, 영어에 플러스의 영향을 미치고, 제2요인은 국어나 사회, 영어에 플러스의 영향을 미치고 있다. 따라서 제1요인을 이과계 능력, 제2요인을 문과계 능력이라고 해석할 수 있다.

12.8 탐색적 요인분석(사각회전)

예를 들면, 자존심 척도의 요인분석(사각회전)을 경로도형으로서 표현하면 다음과 같이 된다(계수는 생략했다).

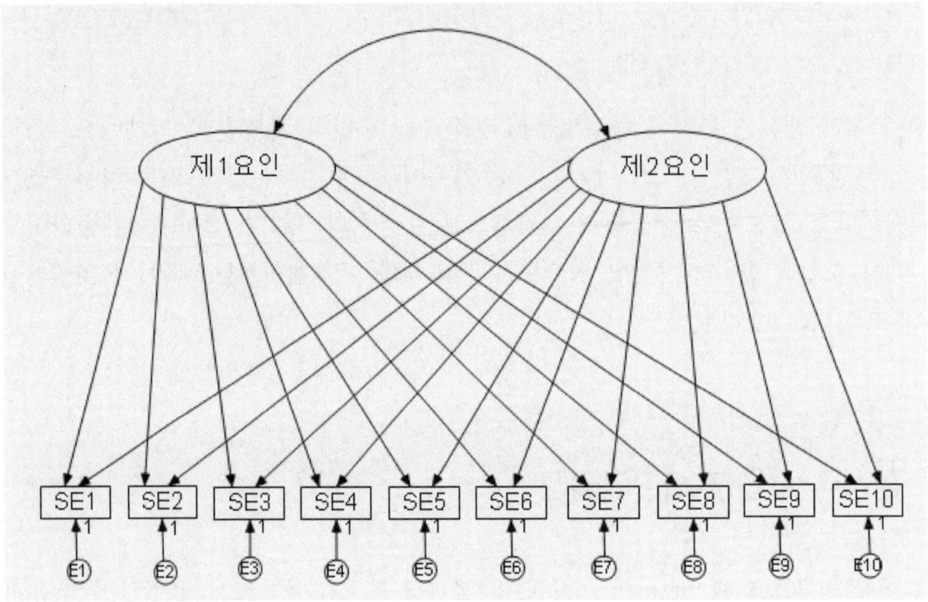

사각회전의 경우, 요인간에 상관을 가정하므로 제1요인과 제2요인의 사이에 상호의 화살표를 넣는다. 직각회전의 경우는 요인간에 상관을 가정하지 않으므로 상호의 화살표는 없다. 주성분분석의 경우에도 얻어진 주성분간의 상관을 가정하지 않으므로 상호의 화살표는 없다.

12.9 검증적 요인분석(사각회전)

특별한 가설을 설정해서 분석을 실시하지 않는 경우는 탐색적 요인분석이라고 부른다. 한편, 연구자가 세운 요인의 가설을 설정하고, 그 가설에 의거한 모델에 데이터가 합치하는지 아닌지를 검토하는 기법을 검증적 요인분석(혹은 확인적 요인분석)이라고 부른다.

실제로 AMOS를 이용해서 검증적 요인분석을 행한 결과를 경로도형으로 표시하면 다음과 같이 된다.

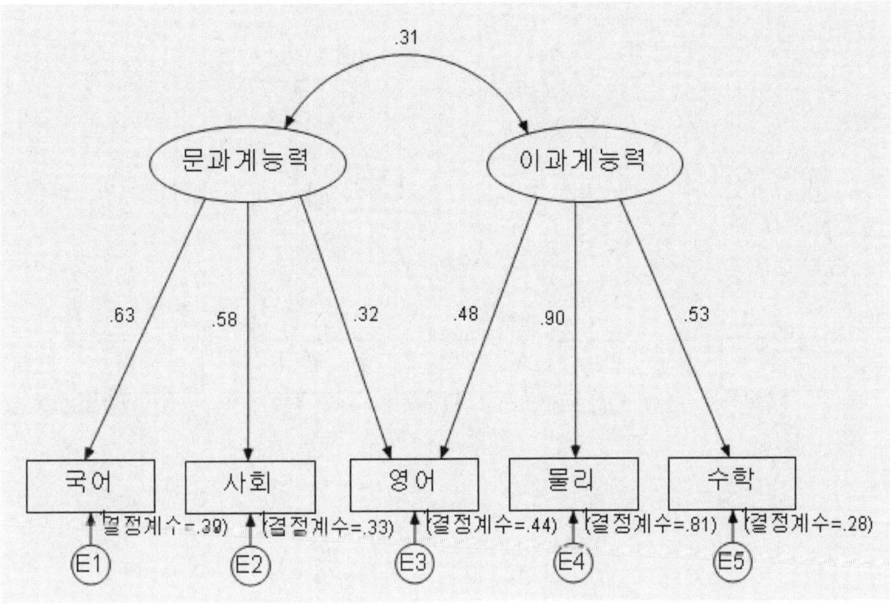

탐색적 요인분석과는 달리 연구자가 설정한 가설의 부분에만 경로가 그어져 있는 점에 주목하기 바란다.

12.10 고차 요인분석

12.9절에서는 문과계능력과 이과계능력이라고 하는 두 개의 요인을 설정했는데, 이것들은 결국 학력의 종합능력이라고 하는 보다 고차의 요인으로부터 영향을 받는다고 가정하는 것도 가능하다. 이와 같이 복수의 요인을 정리하는 보다 고차의 요인을 설정한다고 하는 고차 요인분석을 실시하는 경우도 있다.

12.9절에서 이용했던 데이터를 다시 이용해서 고차 요인을 가정하고, 실제로 AMOS에 의해서 분석한 결과를 경로도형으로 나타내면 다음과 같이 된다. 이 분석의 경우에 종합능력이라고 하는 2차 요인을 가정하고 있다.

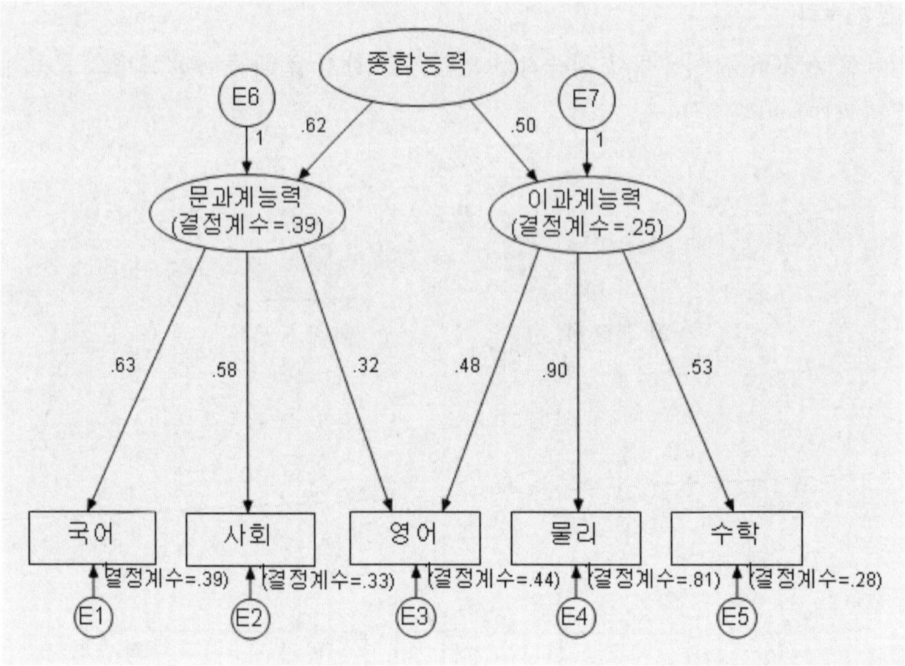

12.11 잠재변수간의 인과관계

여기에서 다시 한 번 잠재변수간의 인과관계분석 예를 경로도형으로 나타내 보자.

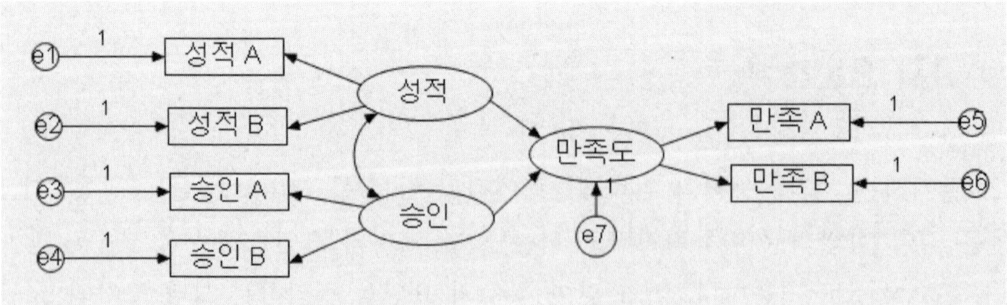

잠재변수 성적으로부터 관측변수 성적 A, 성적 B에 이르는 경로, 잠재변수 승인으로부터 관측변수 승인 A, 승인 B에 이르는 경로, 잠재변수 만족도로부터 관측변수 만족 A, 만족 B에 이르는 경로는 검증적 요인분석과 같다는 것을 알 수 있을 것이다.

잠재변수 성적과 승인 사이의 쌍방향 화살표는 상관관계와 같다는 것을 알 수 있다. 동시에 잠재변수 성적과 승인에만 주목하면, 이것은 사각회전에 의한 검증적 요인분석과 같다는 것을 알 수 있다.

잠재변수 성적, 승인으로부터 만족도에 이르는 경로는 중회귀분석과 같다는 것을 알 수 있을 것이다.

요컨대, 이 경로도형은

관측변수와 잠재변수에서 검증적 요인분석을,
잠재변수 사이에서 중회귀분석을 표현하고 있다

라고 생각할 수 있다.

모델의 구성 13

13.1 공분산구조분석이란 무엇인가

[질문] 공분산구조부석이란 무엇인지, 대략적인 이미지를 가르쳐 주시기 바랍니다.

[회답]

소위 공분산구조부석(CSA, Covariance Structure Analysis) 혹은 구조방정식모델링(SEM, Structural Equation Modeling)이란 구성개념간의 경로분석을 일컫는다. 구성개념이란 외향성, 친근감 등 눈에 보이지 않지만 현상의 설명을 위해서는 빼놓을 수 없는 개념으로, 심리학을 비롯하여 여러 분야에서 필요로 한다. 구성개념은 통계 모델에 있어서 요인분석에 의해 측정되는 경우가 많다. 응용연구에 있어서는 단지 구성개념을 측정하는 것만이 아니라, 복수의 구성개념간 관계를 검토하는 것이 목적인 경우가 많이 있다. 이때, 공분산구조분석을 사용하면 복수의 구성개념간에 연구가설을 반영시킨 모델을 구축할 수 있다. 이러한 사실로부터 공분산구조분석은 요인분석과 회귀분석을 동시에 행하는 모델이라고 하는 표현도 가능한 것이다.

공분산구조분석에는 모델의 데이터에 대한 적합성을 평가하는 문화가 있다. 적합도지표란 그 적합성의 정도가 수치화된 것으로, 그 종류는 매우 다양하다. 종래의 다변량분석과 비교해서 공분산구조분석은 모델의 적합도에 특히 주의를 기울인다. 예를 들면, 요인분석의 적합성이 나쁜 데이터에 대해서 요인분석을 실행했다고 하더라도 그 결과가 해석에 이용되는 경우도 있었다. 공분산구조분석은 적합도지표에 의해서 모델의 좋고 나쁨이 판단되므로, 연구자의 독선적인 모델링에 경고를 발한다.

요사이 공분산구조분석은 구성개념간의 경로분석 모델이라고 하는 틀을 넘어서 독자적인 발전을 계속하고 있다. 그것은 예를 들면, 다모집단분석, 순서범주형 변수의 취급, 질적 잠재변수의 도입, 다단추출 모델 등이다. 그 결과, 공분산구조분석은 연구가설을 검토하기 위하여 적합한 유연한 모델을 제공하는 것이 가능하게 되었다. 공분산구조분석을 사용한 연구는 증가일로에 있지만, 그 한편으로 응용적으로 성과가 있는 새로운 모델의 개발도 계속되고 있다.

13.2 변수의 종류

> [질문] 같은 변수에 대해서, 예를 들면 잠재변수라든가 외생변수라고 하는 것처럼 몇 가지의 통칭(通稱)이 구별하여 쓰이고 있는 것 같습니다. 어째서 여러 가지 통칭이 있는 것입니까? 또한 어떻게 구별하여 쓰이고 있는지를 가르쳐 주십시오.

[회답]

변수의 통칭이 구별하여 쓰이고 있는 것은 어떤 변수에 대해서, 여러 가지 관점으로부터 그 의미를 고찰할 수 있기 때문이다. 여기에서는 각 관점마다의 통칭에 대해서 간단히 설명하기로 한다.

(1) 관측변수와 잠재변수

먼저 '관측변수(observed variable)'와 '잠재변수(latent variable)'에 대해서 설명한다. 이 통칭은 그 변수의 측정치가 얻어지느냐 아니냐라고 하는 관점에서 붙여진 것이다. 측정치가 얻어지는 변수를 관측변수라 부르고, 얻어지지 않는 변수를 잠재변수라고 부른다.

예를 들면, 8항목으로 지능에 대해서 측정하는 1요인의 검증적 요인분석 모델을 생각하기로 한다. 이 모델은 <그림 13-1>과 같이 된다. 이때, v_1에서 v_8까지의 질문항목에 대한 데이터는 측정치를 얻을 수 있다. 그러므로 이것들은 관측변수가 된다.

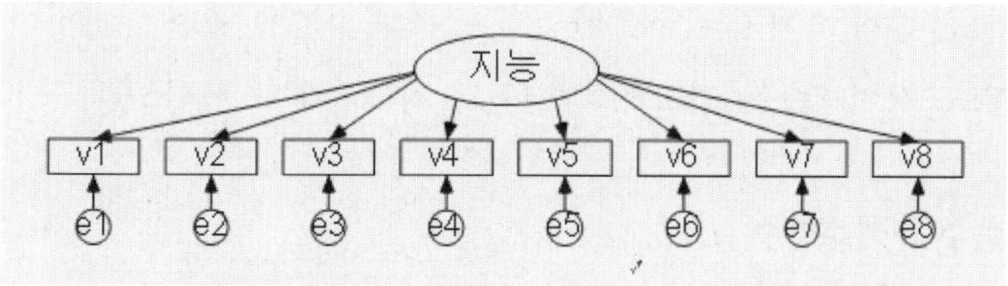

|그림 13-1| **관측변수 8개, 1요인의 검증적 요인분석 모델**

한편, 요인 '지능'은 관측변수의 배후에 존재한다고 가정한 구성개념으로, 측정치를 얻을 수 없다. 그러므로 이것은 잠재변수가 된다. 그리고 관측변수에 붙은 오차 e_1에서 e_8까지도 측정치를 얻을 수 없으므로 잠재변수가 된다.

(2) 내생변수와 외생변수

이어서 '내생변수(endogenous variable)'과 '외생변수(exogenous variable)'에 대해서 설명한다. 이 통칭은 그 변수가 모델상 어디에서 생성되고 있는가라고 하는 관점에서 붙여진 이름이다.

내생변수는 모델의 내부에서 생성된 변수이다. 모델 내에서 생성된다고 하는 것은 바꾸어 말하면, 다른 변수의 결과로서 표현되는 변수라고 할 수 있다. 하나라도 한쪽 방향의 경로(화살표)를 받고 있는 변수라고 바꾸어 말할 수도 있다. <그림 13-1>의 예에서는 v_1에서 v_8까지라고 하는 것은 각각 요인과 오차로부터 경로를 받고 있다. 그러므로 이것들은 내생변수라고 할 수 있다.

외생변수는 모델의 외부에서 생성된 변수이다. 모델 외부에서 생성된다고 하는 것은 다른 변수의 결과로서 표현되는 것이 아닌 변수라고 하는 것을 의미한다. 하나도 경로를 받고 있지 않은 변수라고도 할 수 있다. <그림 13-1>의 예에서는 요인 '지능', 오차 e_1에서 e_8까지는 경로를 받고 있지 않다. 그러므로 이것들은 외생변수가 된다.

(3) 구조변수와 오차변수

다음에 '구조변수(structural variable)'와 '오차변수(error variable)'에 대해서 설명한다. 이 통칭은 그 변수가 모델상 조사하고 싶은 대상을 나타내고 있느냐 아니냐 하는 관점에서 붙여진 이름이다. 구조변수는 조사하고 싶은 대상이 되는 변수이며, 오차변수는 구조변수간의 관계를 보기 어렵게 하는 교란항(攪亂項)이다.

<그림 13-1>의 예에서는 요인 '지능' 및 v_1에서 v_8까지는 조사할 대상이므로, 구조

변수가 된다. e_1에서 e_8까지는 구조변수 v_1에서 v_8까지에 관한 교란항이 되어 오차변수이다. 그리고 오차변수는 반드시 외생적인 잠재변수가 된다.

(4) 예측변수와 기준변수

마지막으로 '예측변수(predictor variable)'와 '기준변수(criterion variable)'에 대해서 설명한다. 이 통칭은 모델 내의 어떤 두 변수에 주목했을 때, 그 변수간에는 어떠한 관계가 있는가 하는 관점에서 붙여진 이름이다. 예측변수라고 하는 것은 변수간의 관계를 설명하는 데 이용되는 변수를 의미한다. 즉 경로(화살표)가 나오고 있는 쪽의 변수라고 할 수도 있다. 이것에 비해서 기준변수란 설명의 대상이 되는 변수를 의미한다. 경로를 받고 있는 쪽의 변수라고 할 수도 있다. 그리고 기준변수는 목적변수라고도 불리는 경우가 있으며, 예측변수는 분석의 목적에 따라서 '설명변수(explaining variable, explanatory variable)'라고 불리는 경우도 있다. 또한 예측변수와 기준변수의 관계는 '독립변수(independent variable)'와 '종속변수(dependent variable)'라고 불리기도 한다.

예측변수과 기준변수는 모델 내의 어떤 두 변수에 주목하고 있으므로, 이 호칭은 지금까지의 세 가지와는 달리 동일 모델 내의 동일 변수에서도 불리는 방식이 바뀌는 경우가 있다. 예를 들면, <그림 13-2>와 같은 경로분석 모델을 상정해 보자.

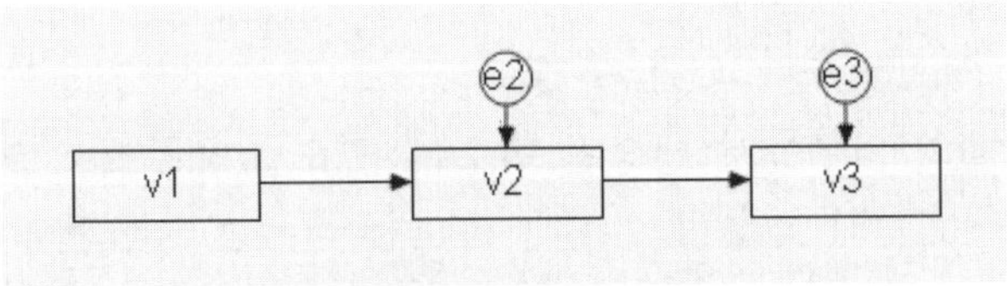

|그림 13-2| **관측변수 세 개의 경로분석 모델의 예**

여기에서 v_1과 v_2의 관계에 주의하면, v_1은 경로가 나오고 있는 쪽의 변수이기 때문에 예측변수가 된다. v_2는 경로를 받고 있는 쪽의 변수이므로, 기준변수가 된다. 그러나 v_2와 v_3의 관계에 주목하면, v_2는 경로가 나오고 있는 쪽의 변수이기 때문에 예측변수가 된다. 그리고 v_3는 경로를 받고 있는 쪽의 변수가 되어 기준변수가 된다. 이와 같이 경로를 받고 있는 동시에 경로가 나오고 있는 변수는 예측변수라고 불리는 경우와 기준변수라고 불리는 경우의 양쪽이 같은 모델 내에 있다고 하는 셈이 된다. 또한 외생변수라면 기준변수가 되는 경우는 없다.

이 밖에도 예를 들면 확률변수와 비확률변수라든가, 연속변수와 이산변수라고 하는 것처럼 변수 분류의 통칭에는 여러 가지가 있다. 중요한 것은 무엇을 표현하고자 했을 때, 어떻게 적절한 통칭을 사용하느냐 하는 것이다. 예를 들면, 경로를 받고 있지 않은 변수라고 하는 점에 주목한다면 외생변수라고 부르는 것이 적합할 것이고, 경로가 나오고 있는 변수라고 하는 관점에 주목한다면 예측변수라고 부르는 것이 적합하다고 할 수 있다. 또 그 변수가 구성개념을 보이고 있다고 하는 것이 중요하다면, 잠재변수라고 부르는 것이 적절하다. 오차가 아니라고 하는 것이 중요하다면, 구조변수라고 부르는 것이 적절하다고 생각할 수 있다. 이와 같이 무엇을 의도해서 그 변수에 언급할 것인가를 잘 생각하여, 적절한 호칭으로 부르는 것이 모델을 이해하는 데 도움이 된다.

13.3 측정방정식과 구조방정식

[질문] 공분산구조분석의 교과서 등을 읽어 보면 같은 식에 대해서 구조방정식이라고 부른다거나 측정방정식이라고 부른다거나 하는 경우가 있는데, 이 두 가지는 어떻게 다릅니까?

[회답]

질문의 구조방정식과 측정방정식의 구별이라고 하는 것은 요인의 경로분석 모델로서 고안된 LISREL 구조의 사고방식을 강하게 반영하고 있다. 요인의 경로분석 모델이란 <그림 13-3>과 같은 모델을 가리킨다.

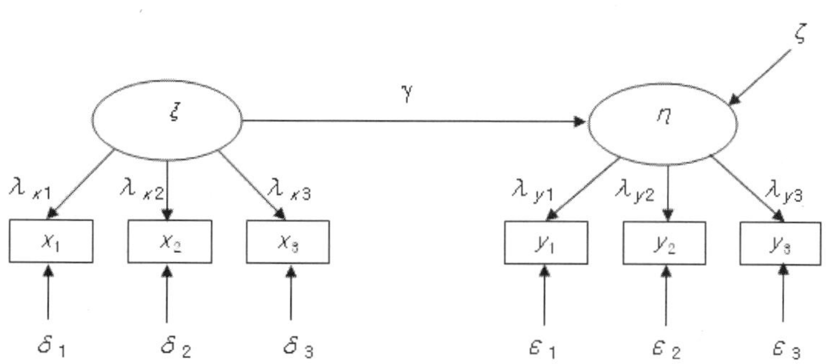

|그림 13-3| LISREL 구조를 이용한 요인의 경로분석 모델

이 모델에서는 관측변수 x_1에서 x_3까지의 배후에 요인 ξ를 가정하고, 관측변수 y_1에서 y_3까지의 배후에 요인 η를 가정한다. 그때, ξ와 η 사이의 관계는 경로분석 모델(이 경우는 단순회귀 모델이 된다)에서

$$\eta = \gamma\xi + \zeta \tag{1}$$

이 된다는 것을 의미하고 있다.

이 예와 같이 LISREL 구조에서는 요인을 측정하는 부분과 요인간의 관계를 보이는 부분을 명확히 나누어서 생각하고 있다. 그래서 요인을 측정하는 부분을 측정방정식, 요인간의 관계(구조)를 보이는 부분을 구조방정식이라고 부른다.

즉, 이 예의 경우에는 (1)식을 구조방정식이라고 부른다. 그리고 측정방정식은,

$$x_1 = \lambda_{x1}\xi + \delta_1 \tag{2}$$

$$x_2 = \lambda_{x2}\xi + \delta_2 \tag{3}$$

$$x_3 = \lambda_{x3}\xi + \delta_3 \tag{4}$$

$$y_1 = \lambda_{y1}\eta + \epsilon_1 \tag{5}$$

$$y_2 = \lambda_{y2}\eta + \epsilon_2 \tag{6}$$

$$y_3 = \lambda_{y3}\eta + \epsilon_3 \tag{7}$$

의 여섯 개 식을 가리킨다.

이상이 구조방정식과 측정방정식의 기본적인 분류이다. 그러나 이 분류의 방식으로는 표현할 수 없는 모델이 있다. 예를 들면, 관측변수간의 관계나 관측변수가 요인에 영향을 미치는 경우 등이다. 이와 같은 문제는 나중에 제안된 EQS 구조나 RAM 구조로, 구조방정식과 측정방정식을 구별하지 않고 구조방정식으로서 일괄하여 표현함으로써 해결하고 있다. 예를 들면, RAM 구조의 경우, <그림 13-3>의 예는 다음과 같은 구조방정식으로 표현된다.

$$\begin{bmatrix}\xi\\ \eta\\ x_1\\ x_2\\ x_3\\ y_1\\ y_2\\ y_3\end{bmatrix} = \begin{bmatrix} 0 & 0 & 0 & 0 & 0 & 0 & 0 & 0\\ \gamma & 0 & 0 & 0 & 0 & 0 & 0 & 0\\ \lambda_{x1} & 0 & 0 & 0 & 0 & 0 & 0 & 0\\ \lambda_{x2} & 0 & 0 & 0 & 0 & 0 & 0 & 0\\ \lambda_{x3} & 0 & 0 & 0 & 0 & 0 & 0 & 0\\ 0 & \lambda_{y1} & 0 & 0 & 0 & 0 & 0 & 0\\ 0 & \lambda_{y2} & 0 & 0 & 0 & 0 & 0 & 0\\ 0 & \lambda_{y3} & 0 & 0 & 0 & 0 & 0 & 0\end{bmatrix}\begin{bmatrix}\xi\\ \eta\\ x_1\\ x_2\\ x_3\\ y_1\\ y_2\\ y_3\end{bmatrix} + \begin{bmatrix}\xi\\ \zeta\\ \delta_1\\ \delta_2\\ \delta_3\\ \epsilon_1\\ \epsilon_2\\ \epsilon_3\end{bmatrix} \tag{8}$$

(1)식부터 (7)식까지가 하나의 식으로 표현되고 있는 것을 확인할 수 있다. 이와 같이 최근에는 측정방정식과 구조방정식을 구별하지 않고도 분석할 수 있게끔 되었다. 그러나 분석의 목적에 따라서는 여전히 나누어서 생각하는 편이 이해하기 쉬운 경우도 있어, 구별의 필요성을 결코 잃어버린 것은 아니다.

13.4 모수의 종류

> [질문] 공분산구조분석에서 이용하는 모수에는 여러 가지 종류가 있다고 들었습니다만, 그것에 대해서 가르쳐 주십시오.

[회답]

공분산구조분석에서 이용하는 모수(母數, parameter)에는 세 가지의 종류가 있다. 그것들은 ① 자유모수(free parameter), ② 고정모수(fixed parameter), ③ 제약모수(constrained parameter)이다. 자유모수란 자유롭게 값을 취할 수 있는 미지모수(未知母數), 고정모수란 어떤 값으로 특정되는 모수, 제약모수란 다른 모수의 함수와 같다고 하는 제약조건이 부과되는 모수를 각각 나타낸다.

회귀분석, 탐색적 요인분석 등 일반적인 다변량분석에서는 주로 ①이 자유모수를 이용해서 집단의 특징을 표현해 왔다. 이에 비해서 공분산구조분석에서는 자유모수 외에 고정모수, 제약모수를 이용해서 집단의 특징을 모델링하는 것이 가능하다. 이하 이들 세 가지 모수의 이용방식, 가려 쓰기에 대해서 설명한다.

자유모수 : 자유모수는 자신이 가정한 모델에서 어떠한 값을 취할 것인가 전혀 알 수 없는 값에 대해서 이용한다. 예를 들면, 신장 x로부터 체중 y를 예측하는 것을 생각해서 단순회귀 모델을 구성했다고 하자($y = a_0 + a_1 x + e$). 이때, 모수 a_0나 a_1, σ_e^2(오차분산)이 어떠한 값을 취하는지 전혀 알 수 없으므로, 이렇게 사전정보가 전혀 없는 모수는 데이터로부터 추정하지 않으면 안 된다. 통계 모델은 복잡한 현상을 알기 쉽게 표현하기 위해서 구성한 것이며, 구성한 모델의 미지의 모수 값을 데이터로부터 구하는 것은 통계분석의 주목적 중 하나이다.

고정모수 : 고정모수는 크게 나누어서 두 가지의 이용방식이 있다. 하나는 모델 식별을 위한 이용, 다른 하나는 모델에 실질과학적 식견을 반영시키기 위한 이용이다.

첫 번째의 예로서는, 측정방정식에 있어서 임의의 관측변수에 대한 영향지표를 1로 고정한다거나, 요인의 분산을 1로 고정하는 것, 다모집단의 동시분석에 의해 요인평균을 비교할 때에 한쪽의 요인평균을 0으로 고정하는 것 등을 들 수 있다. 이들 고정모수를 도입하지 않는 모델은 식별되지 않는다. 이들 제약은 모델 식별을 위한 필요조건이다.

두 번째의 예로서는, 검증적 요인분석(혹은 확인적 요인분석)에 있어서 영향지표를 0으로 고정하는 것을 들 수 있다. 다음의 <그림 13-4>는 13.5의 검증적 요인분석(2요인) 모델이다. 국어, 영어, 역사는 '언어적 요인'으로부터만 영향을 받고, 계산, 대수, 기하는 '수학적 요인'으로부터만 영향을 받고 있다는 것을 표현하기 위하여, 그것들 이외의 영향지표가 0으로 고정되어 있다.

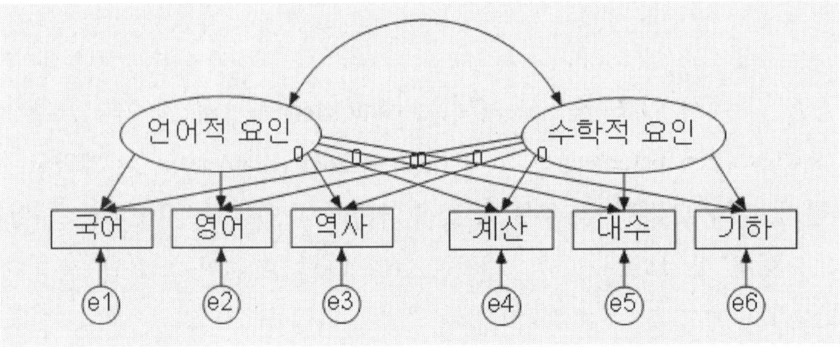

|그림 13-4| **요인 패턴이 0으로 고정되어 있다**

이들 두 개 고정모수의 이용법은 각각이 별개로 이용된다고는 할 수 없다. 잠재변수를 측정하는 변수가 하나밖에 없을 때에는, 요인 패턴을 1로 고정하고 더욱이 관측변수의 신뢰성계수 등으로부터 오차분산을 산출하고 그것도 고정모수로 하지 않으면 안 된다. 이 상황에 대한 오차분산의 고정은, ① 모델의 식별과 ② '선행연구에 의한 측정오차에 대한 식견'이라고 하는 실질과학적인 식견의 반영 등 두 가지를 동시에 행하고 있다.

제약모수 : 제약모수는 다모집단의 동시분석이나 종단적(縱斷的) 데이터의 분석에 있어서 자주 이용된다. 2군 혹은 2시점 사이에서 동일한 구성개념(요인)의 차이·변화(평균치·분산의 차)를 검토하기 위해서는, 2군(2시점) 사이에서 측정되는 요인의 의미가 같지 않으면 안 된다. 요인은 직접 관찰할 수 없으므로 측정방정식을 이용한다. 그때, 측정방정식의 모수에 등치제약(等值制約)을 둠으로써 2군(2시점) 사이의 요인의

의미가 같게 되어 요인비교가 쉬워진다.

모델에 관한 정보가 적은 단계에서는, 자유모수를 이용해서 모델 구성을 하지 않으면 안 된다. 그러나 모델에 관한 실질과학적 식견이 있다면, 그것을 고정모수, 제약모수로서 적극적으로 모델에 짜넣어야 한다. '자신이 멋대로 모수의 값을 정해 버린다'고 저항감을 느끼는 사람도 있을지 모르지만, 도입한 고정모수, 제약모수가 적절하지 않은 경우는 적합도지표가 나쁘므로 이것을 검지할 수도 있다.

13.5 탐색적 요인분석과 검증적 요인분석

> [질문] 요인분석에는 탐색적 요인분석과 검증적 요인분석의 두 종류가 있다고 들었는데, 그들의 차이에 대해서 가르쳐 주십시오.

[회답]

요인분석이란 관측되는 일련의 변수로부터 직접 관측할 수 없는 요인(잠재변수)을 찾아내는 방법이다. 잠재변수에의 접근방법에 따라서 요인분석은 탐색적 요인분석(exploratory factor analysis ; EFA)과 검증적(혹은 확인적) 요인분석(confirmatory factor analysis ; CFA)의 두 가지로 대별된다. EFA의 직교해(直交解)에서는 모든 요인 패턴과 독자성을, 사교해(斜交解)에서는 그것들 외에 요인간 상관을 자유모수로 한다. 이에 비해서 CFA는 실질과학적 식견을 기초로 이들 요인 패턴, 독자성, 요인간 상관에 대해서 고정모수, 제약조수를 도입한다. 여기에서는 양자의 차이에 대해서, 실제의 연구 장면을 상정하여 설명한다.

| 표 13-1 | Lawley & Maxwell(1963)의 테스트 6과목의 상관행렬

	게일어	영어	역사	계산	대수	기하
게일어	1,000					
영어	0,439	1,000				
역사	0,410	0,351	1,000			
계산	0,288	0,354	0,164	1,000		
대수	0,329	0,320	0,190	0,595	1,000	
기하	0,248	0,329	0,181	0,470	0,464	1,000

<표 13-1>은 Lawley & Maxwell(1963)[1]에 게재되어 있는 220명에 대한 6과목의 테스트 사이의 상관행렬이다. 이 행렬은 대칭행렬이므로 공백부분에는 각각의 상관계수가 배치된다.

분석의 초기단계에 있어서의 흥미는 "관측변수는 어떠한 요인구조를 하고 있는가" 이다. 예를 들면, 스피어만(C. Spearman)이 말했듯이 지능은 일반적인 지능요인과 독자적인 지능요인의 두 가지로 나누어지는가, 아니면 서스톤(L. L. Thurstone)이 말한 바와 같이 다요인구조(多要因構造)를 이루고 있는가에 대한 흥미이다. 그리고 이와 같이 분석의 초기단계에 있어서 요인에 대한 가설(몇 요인인가, 그것들을 측정하는 변수는 무엇인가)이 없을 때에, 데이터로부터 잠재변수를 찾아내는 것이 탐색적 요인분석이다. 여기에서는 요인 수 = 1, 2이고, 최우추정법(最尤推定法), 프로멕스 회전에 의해 탐색적 요인분석을 실행했다.

EFA의 1요인, 2요인 두 모델의 요인 패턴, 요인간 상관, 적합도를 <표 13-2>에 정리했다. EFA의 1요인 모델과 2요인 모델을 비교해 보면, 1요인 모델은 데이터와의 적합이 나쁘고, 2요인 모델은 데이터와의 적합이 좋다는 것을 알 수 있다. 데이터는 지능이 다요인구조를 하고 있다고 하는 입장을 지지하고 있다. 요인 패턴을 보면, 제1요인은 게일어(Gaelic)[2], 영어, 역사에 대한 영향이 강하고, 계산, 대수, 기하에 대한 영향이 매우 약하다는 사실로부터 '언어력 요인'이라고 해석할 수 있다. 한편 제2요인은 계산, 대수, 기하에 대한 영향이 강하고, 게일어, 영어, 역사에 대한 영향이 약하다는 사실로부터 '수학력 요인'이라고 해석할 수 있다. 또한 이들의 상관은 0.524로 약간 높으므로, 언어적인 능력이 높은 사람은 수학적인 능력도 높은 경향이 있다.

| 표 13-2 | EFA의 결과 비교

모델	EFA(1요인) 모델	EFA(2요인) 모델	
	제1요인	제1요인	제2요인
게일어	0.494	0.684	0.030
영어	0.537	0.533	0.167
역사	0.348	0.647	-0.111
계산	0.731	-0.027	0.803
대수	0.734	0.036	0.735
기하	0.615	0.076	0.566
상관	-	0.524	
χ^2 값(df)	53.081 (9)	2.391 (4)	
p 값	0.000	0.664	

---

1) Lawley, D. N., & Maxwell, A. E., Factor Analysis as a Statistical Method, Butterworth, 1963.

2) 스코틀랜드 고지의 주민인 게일인(Gael)의 언어

EFA의 결과, '언어력 요인'과 '수학력 요인'의 2요인에서, 어떤 관측변수는 그것들로부터의 요인 패턴이 매우 작다(예를 들면, 계산, 대수, 기하는 제2요인으로부터만 영향을 받고 제1요인으로부터는 영향을 받지 않는다)고 하는 요인 수와 요인을 측정하는 변수에 대한 식견이 얻어졌다. 이들 식견으로부터, ① 게일어, 영어, 역사는 제1요인 '언어력 요인'으로부터만 영향을 받고, 계산, 대수, 기하는 제2요인 '수학력 요인'으로부터만 영향을 받아, 그것들은 서로 상관을 가지고 있으며(CFA(2요인) 모델), ② 영어는 '수학력 요인'으로부터도 영향을 받는다(CFA(2요인') 모델)고 하는 두 개의 가설을 세웠다고 한다. 검증적 요인분석이라 이와 같은 가설을 고정모수, 제약모수를 이용해서 모델에 반영시킴으로써 잠재변수에 관한 가설이 타당한지 어떤지를 검토하는 분석기법이다. 모델 식별을 위해서 두 요인의 분산을 1로 고정했다.

<표 13-3>의 CFA(2요인) 모델, CFA(2요인') 모델의 요인 패턴을 보면, 가설 ①을 표현한 CFA(2요인) 모델은 요인 패턴의 6요소가 0으로 고정되어 있고, 한편 가설 ②를 표현한 CFA(2요인') 모델은 제2요인으로부터 영어에 대한 요인 패턴이 자유모수가 되어 있다는 것을 알 수 있다. 이것들이 두 CFA 모델의 차이다. 또 p값을 보면 두 모델 모두 데이터와의 적합은 대단히 좋으므로, 가설로서는 양자 모두 양질이었다고 할 수 있다. AIC, SBC 등의 적합도지표를 참조함으로써 모델의 선택이 가능하게 된다.

|표 13-3| CFA의 결과 비교

모델	CFA(2요인) 모델		CFA(2요인') 모델	
	제1요인	제2요인	제1요인	제2요인
게일어	0.685	0.000	0.741	0.000
영어	0.671	0.000	0.499	0.199
역사	0.531	0.000	0.551	0.000
계산	0.000	0.765	0.000	0.769
대수	0.000	0.767	0.000	0.761
기하	0.000	0.614	0.000	0.617
상관	0.597		0.514	
χ^2 값(df)	7.990 (8)		4.401 (7)	
p 값	0.434		0.733	

여기에서는 실제 연구의 흐름에 따라 양자를 가려 쓴다고 하는 관점에서 그것들의 차이를 설명했다.

13.6 직교해를 사용하는 이유

> [질문] 일반적으로 요인분석에 있어서의 직교해(直交解)와 사교해(斜交解)에서는, 요인간에 상관을 가정하는 사교해 쪽이 현실적이며, 정보라고 하는 점에서 보더라도 장점이 있다고 일컬어지고 있습니다. 그러나 현실적으로는 아직도 직교해를 이용하고 있는 케이스를 많이 볼 수 있습니다. 이것은 왜일까요? 직교해의 장점 등이 있다면 가르쳐 주십시오.

[회답]

탐색적 요인분석(EFA)의 결과로서 직교해(orthogonal solutions)가 표시되어 있는 경우에는, 직교해를 이용할 것인가 사교해(oblque solutions)를 이용할 것인가 생각한 다음에 직교해를 이용하고 있다고 하는 것이 아니라, 소프트웨어의 디폴트로 분석을 실행한 결과, 직교해가 되었다고 하는 경우가 많았다. 즉, 이것은 소프트웨어상의 문제로서 소프트웨어가 디폴트로서 사교해를 출력하도록 되면, 사교해를 이용하는 케이스가 늘어나리라고 생각한다. 또한 특별한 이유가 없는 한에 있어서는, 사교해를 이용하는 쪽이 바람직한 것으로 생각된다.

그러나 직교해에도 장점이 있다. 공분산구조분석에 대한 EFA 모델은 직교해라면 간단한 제약으로 모델 작성이 가능하다. 한편, 사교해의 경우에는 제약에 약간 어려운 부분이 있다. 이 점은 직교해의 큰 장점이다. 그리고 공분산구조분석에 의한 EFA 모델의 경우에는, 요인간 상관을 가정하거나 하지 않거나 적합도가 변화하지 않는다고 하는 것이 알려져 있다. 이러한 사실로부터 요인 수 결정의 수단으로서 공분산구조분석에 의한 EFA 모델을 실행하고 적합도를 평가하는 경우에는, 보다 모델 작성이 용이한 직교해를 이용하는 것이 좋다고 생각할 수 있다.

13.7 경로도형상의 자유도 계산방법

> [질문] 경로도형을 보고 자유도를 계산하는 경우가 있는 것 같은데, 거기에는 어떠한 의미가 있습니까? 그리고 이것은 무슨 자유도로 어떻게 계산하고 있는 것입니까?

[회답]

공분산구조분석에서 검토되는 자유도는 데이터와 모델의 괴리 정도를 χ^2분포로 근사했을 때의, χ^2분포의 자유도로, 관측변수의 분산공분산행렬에 대한 독자적인 요소의 수(분산공분산행렬은 대칭행렬이므로, 독자적인 요소의 수는 관측변수의 수를 n이라 하면 $n(n+1)/2$)로부터 추정을 행하는 모수의 수를 뺀 것이 된다.

공분산구조분석에서는 그 이해·설명의 용이함을 위해서 경로도형을 그림으로써 모델 구성을 표현하는 일이 많다. 그러나 모델을 구성할 때, 자유도를 계산하지 않고 작성한 경로도형에서는 자유도가 마이너스가 되어 버리는 수가 있다. 이 경우에는 추정이 불가능하다. 더욱이 추정이 가능하다고 하더라도 모델이 어느 정도 데이터에 의존하고 있느냐, 자유모수를 추가해서 설정할 수 있느냐라고 하는 정보에 대해서 고찰할 수 없게 되어 버리므로, 자유도를 계산하는 것은 모델을 구성할 때 대단히 중요하다.

모수의 설정은 특수한 모델을 제외하면, 경로계수와 독립변수의 분산·공분산에 관해서 행해진다. 경로도형상에서 자유도를 계산할 때에는 관측변수의 편성에 변수의 수를 더한 것으로부터 이 값을 뺀다. 구체적인 모델을 이용해서 계산방법을 예시한다.

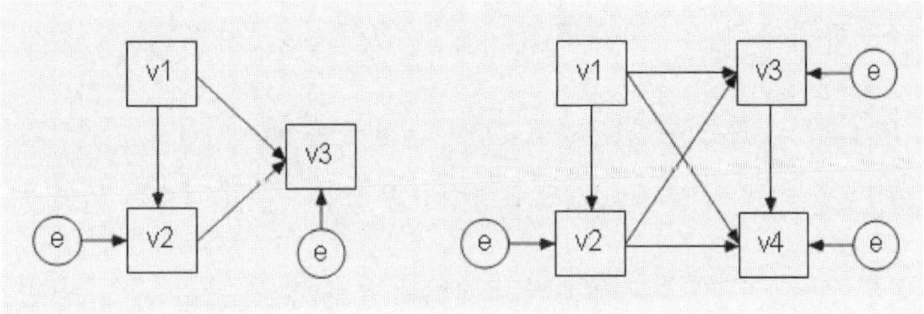

|그림 13-5| **축차 모델(3변수 · 4변수)**

완전 축차(逐次) 모델은 항상 자유도가 0이 된다. 이것은 모든 변수의 편성과 같은 수의 경로계수가 있다는 것(행렬의 독자적인 공분산의 수만큼 추정) 외에 독립변수는 그 분산을, 종속변수는 그 오차분산을, 모두 추정하기(행렬의 분산성분의 수만큼 추정) 때문이다. 그리고 오차변수로부터의 경로계수는 1이라고 고정하므로, 그 만큼을 자유모수로서 계산하지 않도록 해야 한다.

3변수, 4변수의 완전 축차 모델의 자유도($df_{완전축차3}$, $df_{완전축차4}$)를 구하는 식은, 다음과 같이 생각할 수 있다. 먼저 행렬의 독자적인 성분의 수는 각각 6, 10이다. 이것들로부터 추정한 자유모수의 수를 뺌으로써 자유도가 얻어진다. 이것을 식의 형태로 나타내면,

$$df_{완전축차3} = 6 - 1[\text{독립변수의 분산}] - 3[\text{경로계수}] - 2[\text{오차분산}] = 0$$

$$df_{완전축차4} = 10 - 1[\text{독립변수의 분산}] - 6[\text{경로계수}] - 3[\text{오차분산}] = 0$$

이 되어, 확실히 자유도가 0이 되는 것을 확인할 수 있다.

더욱이 <그림 13-6>과 같은 통상의 중회귀분석 모델도 자유도는 0이 된다.

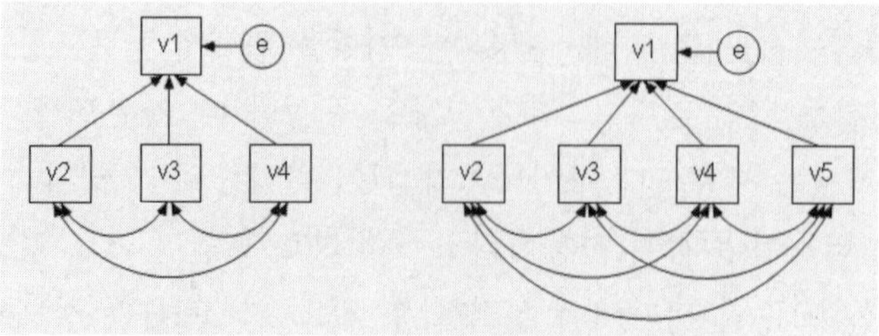

|그림 13-6| **중회귀 모델(4변수 · 5변수)**

계산방식은, 중회귀 모델에는 독립변수간의 공분산(상관)이 설정되어 있다는 사실 이외에, 완전 축차 모델과 완전히 같다. 독립변수가 3개 및 4개인 중회귀 모델의 관측변수의 수는 종속변수도 포함해서 4 및 5이므로, 독자적인 성분의 수는 각각 10, 15가 된다. 따라서 중회귀 모델의 자유도($df_{중회귀4}$, $df_{중회귀5}$)는 다음과 같이 계산된다.

$$df_{중회귀4} = 10 - 3[분산] - 3[독립변수간의\ 공분산] - 3[경로] - 1[오차] = 0$$

$$df_{중회귀5} = 15 - 4[분산] - 6[독립변수간의\ 공분산] - 4[경로] - 1[오차] = 0$$

그리고 중회귀 모델의 자유도가 0이 된다는 것을 관측변수 n의 일반식으로 확인하면, 독립변수 $n-1$개의 분산 · 공분산의 수는 $(n-1)n/2$이므로, 다음과 같이 된다.

$$\begin{aligned} df_{중회귀n} &= \frac{n(n+1)}{2} - \frac{(n-1)n}{2} - (n-1)[경로] - 1[오차] \\ &= \frac{n}{2}\{n+1-(n-1)\} - n = \frac{n}{2} \times 2 - n = 0 \end{aligned}$$

당연히 축차 모델의 자유도가 항상 0이 되는 것은 아니다. <그림 13-7>과 같은 불완전 축차 모델의 자유도 $df_{불완전축차}$는

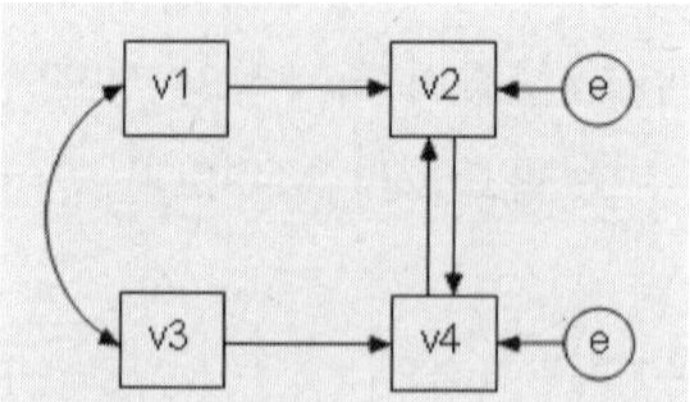

|그림 13-7| **불완전 축차 모델의 예**

$$df_{\text{불완전축차}} = 10 - 2[\text{분산}] - 1[\text{공분산}] - 4[\text{경로}] - 2[\text{오차}] = 1$$

이 된다.

여기까지의 예는 구성개념을 이용하지 않은 모델뿐이었는데, 구성개념을 이용하더라도 독립변수이면 그것들의 분산·공분산을 계산하는 데 변함은 없다. <그림 13-8>과 같은 3지표 및 4지표의 1요인 모델을 생각해 보자.

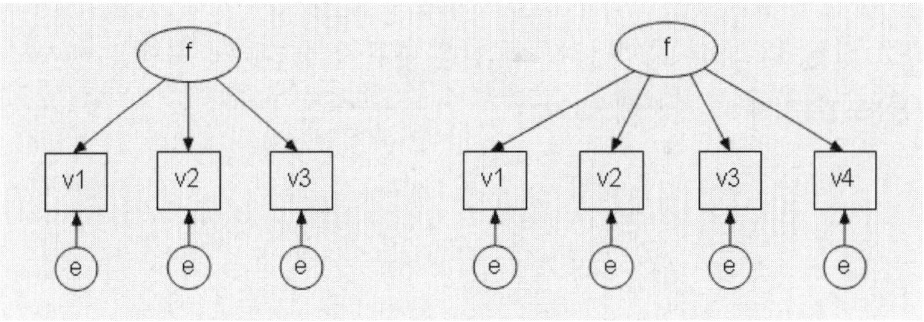

|그림 13-8| **1요인 모델(3변수 · 4변수)**

외생적인 요인을 측정하기 위해서는, 하나의 경로계수를 1이라고 놓든가, 요인의 분산을 1로 제약하는 데 주의를 요한다. 3지표, 4지표의 자유도($df_{\text{요인}3}$, $df_{\text{요인}4}$)는 관측변수간의 독립적인 분산공분산의 수가 6, 10이 되므로, 다음과 같이 계산된다.

$$df_{\text{요인}3} = 6 - 1[\text{요인(독립변수)의 분산}] - 3[\text{경로}] - 3[\text{오차}] + 1[\text{제약}] = 0$$

$$df_{\text{요인}4} = 10 - 1[\text{요인(독립변수)의 분산}] - 4[\text{경로}] - 4[\text{오차}] + 1[\text{제약}] = 2$$

요인의 측정에는 3개 이상의 지표가 필요한 사실을, 요인의 실질과학적인 의미와는 별개로 확인할 수 있다. 또한 자유도가 항상 0인 중회귀 모델과는 달리, 요인분석 모델에서는 지표의 수가 늘어나면 자유도가 증가한다는 것을 알 수 있다.

13.8 모델 사이즈와 모수의 수 그리고 자유도

[질문] 관측변수의 수와 모수의 수 그리고 자유도의 관계에 대해서 확실히 이해할 수 없으므로 설명해 주십시오.

[회답]

공분산구조분석에서는 관측변수의 수를 n, 추정해야 할(독립적인) 모수의 수를 p, 자유도를 df라고 했을 때, 그들 사이에 다음과 같은 관계가 있다. 즉,

$$df = \frac{n(n+1)}{2} - p$$

이다. 여기에서 $n(n+1)/2$은 분산공분산행렬의 아래 삼각요소(下三角要素)의 수이다.

그렇다면 가령 잠재변수가 2개이고, 각각의 잠재변수를 5개씩의 관측변수로 측정하고 있다고 하는, 다음의 <그림 13-9>와 같은 검증적 요인분석 모델을 생각하여 이 경우의 자유도를 실제로 계산해 보자.

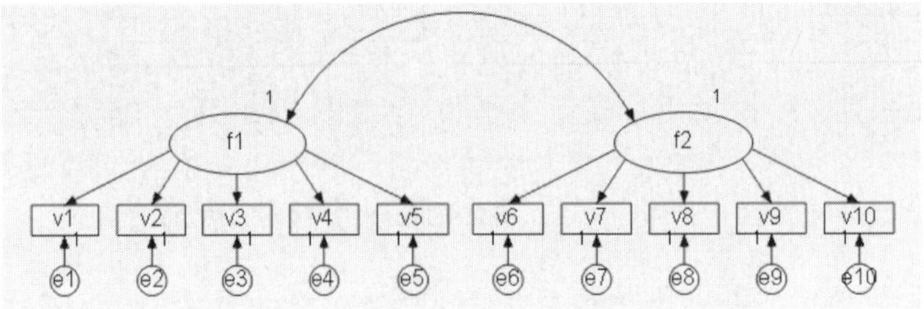

|그림 13-9| **2요인의 검증적 요인분석 모델**

이 모델 하에서 추정해야 할 모수의 수는 f_1으로부터 $v_1 \sim v_5$의 경로계수가 5개, f_2로부터 $v_6 \sim v_{10}$의 경로계수가 5개, $e_1 \sim e_{10}$의 오차분산이 10개 그리고 $f_1 \leftrightarrow f_2$의 공분산, 모두 합쳐서 21개이다. 또한 공분산행렬의 아래 삼각요소의 수는 $55(=10 \times 11/2)$이므로, 이 모델 하에서는 자유도 df가 $34(=55-21)$가 된다.

일반적으로 모델 내의 구조변수(관측변수와 잠재변수)의 수가 많을 때, 모델 사이즈가 크다고 하는 표현을 한다. 그리고 '일반적인 경향으로서' 모델 사이즈가 클 때 상대적으로 자유도는 커지고, 모델 사이즈가 작을 때 상대적으로 자유도도 작아진다.

예를 들면, <그림 13-9>의 v_{10}이 없다고 생각해 보자. 이때, 관측변수의 수가 1개 감소함으로써 공분산행렬의 아래 삼각요소의 수가 55에서 45로 줄어든다. 또한 $f_2 \rightarrow v_{10}$의 경로계수와 e_{10}의 오차분산이 없어지므로, 추정해야 할 모수의 수는 21에서 19로 줄어든다. 따라서 자유도는 $26(=45-19)$이 된다. 즉, 모수의 수는 2개 감소하는 데 비해서 자유도는 8이나 줄어든다. 이 사실은 공분산행렬의 아래 삼각요소의 수가 10이나 감소했는데, 모수의 수가 2만큼밖에 줄어들지 않았기 때문이다. 더욱이 이 상태에서 관측변수를 1개 없애면, 공분산행렬의 아래 삼각요소의 수는 36, 모수의 수는

17, 따라서 자유도는 19가 된다. 계속해서 또 하나의 관측변수를 없애면, 모수의 수가 15, 자유도가 13이 되어 모수의 수가 자유도를 상회한다.

관측변수를 1개 없앨 때, 그다지 복잡한 모델이 아닌 한 모수는 기껏해야 2, 3개 줄어들 뿐이지만, 그것에 비해서 자유도는 크게 감소한다. 왜냐하면, 모수의 수가 줄어드는 것보다도 많은 공분산행렬의 아래 삼각요소 수가 줄어들기 때문이다. 어디까지나 일반적인 경향이지만, 모델 사이즈가 작을 때 자유도는 커진다. 또한 그때 검약지표(17장 참조)는 신중한 값을 가져온다. 왜냐하면, 그때 자유도가 작을 가능성이 높고, 검약지표는 그와 같은 모델에 페널티(penalty)를 부여하기 때문이다. GFI가 높더라도 검약적 GFI(PGFI)나 자유도조정필(수정된) GFI(AGFI)가 매우 낮을 때가 있는 것은, 다음과 같은 경우이다.

공분산구조분석의 한 가지 참다운 묘미는 자유도가 큰 곳에서의 모델 탐색이다. 또한 공분산구조분석이 뛰어나게 응용상의 위력을 발휘하는 것은 다소라도 복잡한 현상을 목전에 두었을 때이다. 즉, 구조변수의 수가 비교적 클 때이다. 그때, 모델 사이즈가 커져서, 너무 염려하지 않더라도 자유도가 커지는 경향이 있다. 자유도가 커져서 적합도가 좋을 때, 상정한 모델이 상대적으로 적은 모수의 수로 상대적으로 많은 요소를 갖는 공분산행렬을 설명하는 데 성공적이라고 하는 것이다. 자유도의 크기를 확보하면서 각종의 적합도가 좋았을 때, 상정한 모델은 직면하고 있는 현상을 잘 축약하고 있다고 할 수 있다.

모델 사이즈가 작을수록, 바로 식별의 상태(자유도가 0인 모델일 때)가 되기 쉽다. 이것을 일률적으로 말할 수는 없지만, 추측통계학적 견지에서는 때로 해가 안정적이지 못한 경우가 있다.

13.9 오차간에 상관을 설정하는 경우

> [질문] 본인의 연구가설을 반영한 모델로 분석을 했더니, 적합도지표가 기대했던 만큼의 값을 보이지 않았습니다. 여러 가지 조사해 보았더니, 관측변수의 오차간 상관(공분산)을 자유추정하자 만족할 만한 적합도를 보이는 것을 알았습니다. 그러나 오차간에 상관이 있다고 하더라도 그 상관의 의미를 이해할 수 없는데, 어떻게 하면 좋을까요?
> 또 어떠한 때에 오차간에 상관을 설정하면 좋은지요?

[회답]

관측변수의 오차 사이에 상관을 설정하는 것은, 그 관측변수간에 모델에서 도입된 구조변수 이외의 공통변동요인이 존재한다는 것을 의미한다.

이 오차간 상관은 사후적으로 설정해도 좋은 것은 아니고, 미리 가설이 존재하는 것이 바람직하다. 그 때문에 질문과 같이 가설이 없는 오차간 상관의 설정은 선뜻 추천할 수 없다.

그러면 어떠한 때에 오차간 상관을 설정하는 것일까. 오차간 상관은 대부분의 경우에 연구가설을 검증하기 위해서 설정하는 것이 아니라, 표본을 수집했을 때의 상황을 검토함으로써 설정한다. 예를 들면, 같은 항목으로 같은 대상의 측정을 반복하는 반복측정에서는, 시기가 다른 같은 변수의 오차간에 상관을 가정하는 것은 자연스럽다. 왜냐하면, 그 변수의 요인에 의해 설명되지 않는 요소는, 시기가 바뀐다고 하더라도 무상관이라고 하는 것은 생각하기 어렵기 때문이다. 또한 체력측정 등에서 많은 사람수로부터 동시에 수집한 관측변수와 한 사람 한 사람 따로따로 취한 관측변수가 혼재해 있는 경우, 다른 사람 눈의 영향으로 힘을 낼 수 있는 사람과 낼 수 없게 되는 사람이 있다고 생각할 수 있다. 그때, 동시에 수집한 관측변수간, 개별로 수집한 관측변수간에 각각 오차간 상관을 설정하는 것은 자연스러운 일이다.

그리고 만일 3개 이상의 관측변수에 상호 큰 오차간 상관이 존재한다면, 그 배후에 더 한층의 요인의 존재도 가정할 수 있다. 모델에 그 요인을 도입해야 할 것인지 검토해 보아도 좋을 것이다.

13.10 1차 요인의 오차간 상관

[질문] 2차 요인분석 모델에서 1차 요인의 오차변수간에 상관을 가정하지 않는 경우가 많은 것은 무슨 이유인지요?

[회답]

먼저 1차 요인분석 모델에 있어서 요인의 성질에 대해서 생각해 보자. 1차 요인은 관측변수간의 상관관계를 설명한다. 관측변수끼리의 상관관계의 강약이나 관측변수에 대한 실질과학적인 식견에 의해서 해당 관측변수를 설명하는 요인이 결정된다. 여기에서 서로 다른 요인이긴 하지만, 요인간의 상관이 강한 경우가 있다. 이때에는 2차 요인분석 모델을 상정하면, 데이터를 잘 설명할 수 있는 경우도 있다.

2차 요인분석 모델은 복수의 1차 요인간의 상관관계를 소수의 2차 요인으로 설명하는 모델이다. 2차 요인의 의미는, 전술한 1차 요인의 성질을 2차 요인에 적용하면 이해가 용이하게 된다고 생각한다. 다음의 <그림 13-10>에는 1차 요인이 4개, 2차 요인이 1개인 경우의 경로도형을 나타내고 있다.

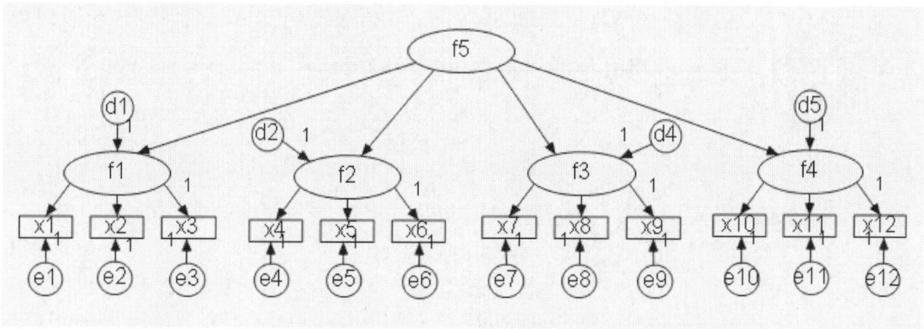

|그림 13-10| **2차 요인 모델**

1차 요인의 오차는 각각의 1차 요인의 2차 요인으로 설명되지 않았던 부분이다. 오차끼리 상관을 가정하기 어려운 것은, 1차 요인간의 상관관계는 이미 2차 요인에 의해서 설명되어 버리고, 나머지 부분끼리에는 관계가 없다고 가정하는 편이 대부분의 경우에 자연스럽기 때문이다. 그러나 관측변수의 성질, 요인의 성질을 고려한 결과, 오차간 상관을 가정할 수 있는 경우도 있을 수 있다. 그 경우에는 상관을 가정하는 편이 실질과학적인 식견을 반영한, 보다 좋은 모델을 구축할 수 있는 가능성도 있다.

더욱이 2차 요인의 수는 1로 고정하고, 1차 요인의 수를 k로 해서 이것을 변화시켜, 식별의 관점에서 오차간 상관에 대해서 생각해 보자. 여기에서는 1차 요인과 2차 요인 사이의 부분에만 착안한다. 즉, 1차 요인을 관측변수, 2차 요인을 1차 요인으로 간주한 요인분석 모델의 식별문제와 같은 것을 생각한다. 분산공분산행렬의 아래 삼각요소의 수는 $k(k+1)/2$이다. 모수는, 2차 요인으로부터의 요인 패턴이 k개, 오차분산이 k개, 합계 $2k$개이다. 분산공분산행렬의 아래 삼각요소의 수에서 빼면, $k(k+1)/2-2k=k(k-3)/2$가 된다. $k(k-3)/2$가 1차 요인과 2차 요인 사이의 부분에만 착안한 경우의 자유도가 된다. 이 $k(k-3)/2$의 범위 내에서 새로운 자유모수를 추정하는 것이 가능하다.

1차 요인이 2개인 경우에는, 오차간 상관을 도입하는 것은 불가능하다. 왜냐하면,

$k=2$일 때 $k(k-3)/2=-2$에서 자유도가 마이너스가 되어 식별할 수 없기 때문이다. 1차 요인이 3개인 경우에는, $k(k-3)/2=0$이 된다. 오차간 상관을 넣지 않는 경우에 정확히 식별할 수 있으므로 오차간 상관은 도입할 수 없다. 1차 요인이 4개 이상이면 도입 가능하다. 그러나 모든 오차간 상관을 도입하는 것은 불가능하다. 왜냐하면 오차간 상관의 수는 $k(k-1)/2$개가 되는데, k가 양수인 경우에는 $k(k-1)/2 > k(k-3)/2$이므로, 1차 요인과 2차 요인 사이의 부분에 관한 자유도는 오차간 상관의 총수보다도 적기 때문이다. 오차간 상관은 넣지 않는 것이 자연스럽기 때문에, 대부분의 오차간 상관을 가정하는 것은 현실적이 아니다. 역시 실질과학적인 식견에 맞는 개소에만 가정하는 것이 좋다고 생각한다.

13.11 내생적인 요인의 상관

[질문] 내생적인 요인끼리의 상관을 추정할 수가 없습니다. 어떻게 하면 이것을 구할 수 있을까요?

[회답]

만일 공분산구조분석을 실행할 때에 내생적인 요인끼리의 사이에 공분산의 경로를 긋고자 한다면, 그것은 불가능하다. 왜냐하면, 내생변수의 공분산은 외생변수의 분산 공분산의 함수로서 표현되는 것으로, 이것을 직접 추정하는 것은 불가능하기 때문이다. 내생적인 요인끼리의 사이에 공변관계(共變關係)가 있는 모델을 표현하고 싶은 경우에는, 요인간이 아니라 요인의 잔차(오차) 사이에 공분산의 경로를 긋지 않으면 안 된다. 구체적으로는 다음의 <그림 13-11>과 같은 형태가 된다.

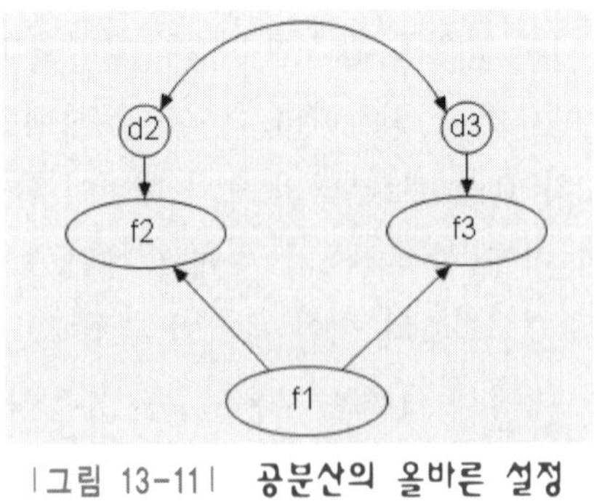

|그림 13-11| **공분산의 올바른 설정**

<그림 13-11>과 같은 상태의 경로도형에서, 두 요인의 오차 사이가 아니라 마치 내생적인 요인 사이에 공분산의 경로를 그을 수 있는 것처럼 표기하는 경우도 있겠지만, 이것은 어디까지나 오차항을 생략한 경우이며 실제로는 <그림 13-11>의 상태라고 하는 것을 이해한 다음에 사용되고 있는 것이니 오해를 하지 않도록 유의해야 한다.

이에 비해서 모델의 추정을 행한 후라면, 얻어진 모수의 추정치를 이용하여 적용된 구조에 있어서 내생적인 요인끼리가 어느 정도의 상관을 갖고 있는지를 구하는 것이 가능하게 된다. 다만, 현재로서는 대부분의 공분산구조분석을 실행하는 소프트웨어가 자동적으로 계산을 행하는 기능을 가지고 있으므로, 스스로 계산할 필요는 거의 없다.

13.12 관측변수와 잠재변수의 관계

[질문] 직접적으로는 관측할 수 없는 잠재변수를 측정하기 위해서 관측변수가 이용된다고 들었습니다. 관측변수에 의해서 잠재변수를 파악한다고 하는 입장이라면, 관측변수로부터 잠재변수에 경로를 긋는 편이 자연스럽다고도 생각합니다. 그렇게 하지 않고 관측변수에 대해서 실체가 없는 변수로부터 경로가 그어지는 것은 무슨 이유일까요?

[회답]

공분산구조분석은 잠재변수의 경로분석이라고 불리는 경우도 있듯이, 구성개념을 하나의 잠재변수로서 표현하고, 거기에서 복수의 관측변수로 경로가 그어지는 모델이 일반적으로 많이 채택되고 있다. 그러나 관측변수와 잠재변수와의 관계에 대해서 분석자는 통상, 채택하는 모델에 관해서 두 개의 선택지(選擇肢)를 갖고 있다고 생각된다.

하나는 상술한 잠재변수를 도입하는 모델이다. 또 하나는 관측변수를 단순히 한데 합치든가 가중치를 매겨 합성한 변수를 도입하는 모델이다. 분석에 있어서의 구체적인 변수의 정의나 내용으로부터 관측변수를 예측에 이용하는 편이 타당하다고 생각하는 경우에는, 관측변수로부터 잠재변수에 대해서 경로를 긋는 모델을 구성하는 것이 가능하다. 예를 들면, <그림 13-12>는 3개의 관측변수로부터 만들어지는 종합지표적인 값으로서 '학습의욕'이 결정되고, 그 고저에 의해서 '국어', '수학', '영어'의 성적이 영향을 받는다고 하는 가설을 표현한 모델이다.

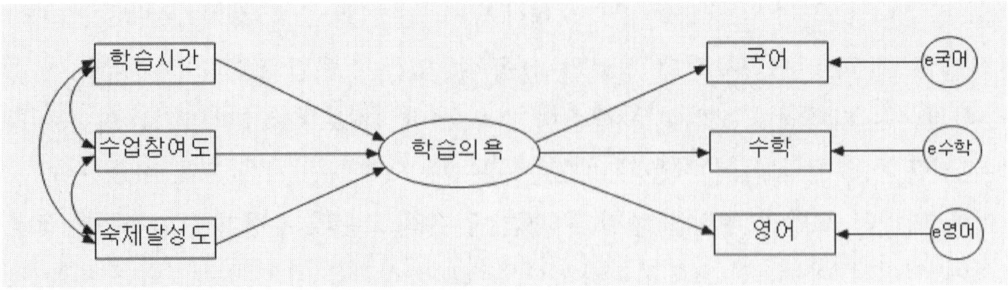

|그림 13-12| **(잠재변수에 오차를 동반하지 않는) MIMIC 모델**

이와 같이 '관측 → 잠재 → 관측변수'라고 하는 인과연쇄를 표현한 모델은 MIMIC 모델이라고 불린다. 이때, 합성된 변수에 오차가 동반되는 모델과 동반되지 않는 모델을 생각할 수 있다. '학습의욕'은 3개의 변수 이외로부터도 규정된다고 생각하는 경우 등에는 오차변수를 도입한다. 그리고 오차가 동반되지 않는 경우에는, 합성변수의 구체적인 수치를 관측변수로부터 계산할 수 있으므로, 이 변수를 잠재변수라고 부르지 않는 경우도 있다.

일반적인 잠재변수의 경로분석 모델이 이용되는 이유로서, 다음의 두 가지 점을 생각할 수 있다. 하나는 해석의 용이성이다. 다음의 <그림 13-13>을 이용해서 구체적으로 생각해 보자.

<그림 13-13>은 <그림 13-12>의 MIMIC 모델에 있어서의 '학습의욕'을 가설적인 구성개념으로 포착하여, 학습의욕이 높을수록 학습시간도 늘어나고 수업에도 적극적으로 참여하며 숙제도 또박또박 해치운다고 생각하는 모델이다. 여기에서는 3과목의 배후에 '학력'이라고 하는 구성개념도 도입되고 있다.

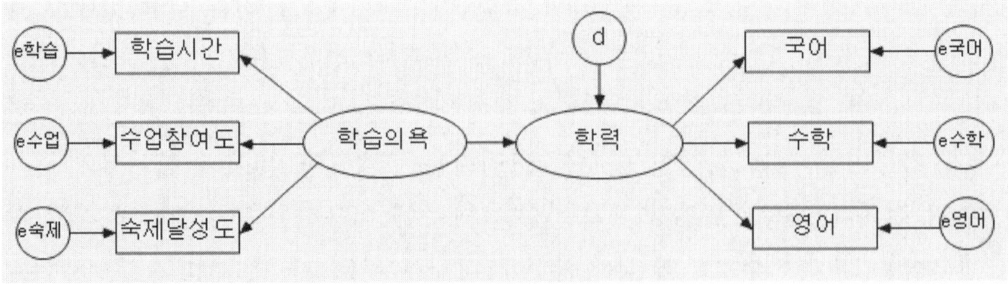

|그림 13-13| **다중지표 모델**

다중지표 모델이라고 불리는 이 모델에서는 <그림 13-12>와 달리 2개 이상의 화살

표를 받고 있는 변수는 없다. <그림 13-12>의 모델에서는 '학습의욕'에 대한 개개의 관측변수로부터의 영향은 중회귀분석에 있어서의 편회귀계수에 상당하고, 3개 이상의 변수가 있으면 실질과학적인 해석은 곤란해진다. 그러나 <그림 13-13>과 같이 잠재변수로부터 관측변수에 경로가 그어지는 모델은 단순회귀분석의 집합으로 볼 수가 있고, 관측변수의 수가 늘어나도 개개의 계수를 가설적인 구성개념으로부터의 영향으로서 명쾌하게 해석할 수 있다는 것을 알 수 있다.

또 하나의 이유는 오차의 분리이다. 잠재변수로부터 경로가 그어지는 모델의 경우, 관측변수는 잠재변수와 오차변수 각각으로부터의 영향으로 분해되어 표현된다. <그림 13-12>에서는 왼쪽의 관측변수에 오차는 부수하고 있지 않았다. '학습시간'과 같은 물리량에서는 측정의 오차를 작게 할 수도가 있지만, '수업참여도'의 평정(評定) 등 행동과학에 있어서 이용되는 데이터는 오차가 혼입되기 쉽다고 생각된다. <그림 13-13>과 같이 관심의 대상인 구성개념으로부터의 영향과 그 측정의 오차를 구별할 수 있는 모델은 유효하다. 이와 같은 이유로부터 관측변수를 합성한 변수보다도 관측변수에 경로를 그은 잠재변수가 도입되는 경우가 많다고 생각된다.

13.13 평균구조

> [질문] 공분산구조분석에서는 평균구조를 도입하는 경우가 있다고 들었는데, 이것은 어떠한 때에 도입합니까?

[회답]

공분산구조분석은 기본적으로 공분산구조를 이용한 분석으로, 경로계수나 변수의 분산 등을 추정해서 현상의 기술(記述)을 행하는 기법이다. 한편으로 연구의 목적에 따라서는 평균을 이용한 정보를 필요로 하는 경우가 있어서, 이때에 평균구조가 필요하게 된다. 평균규조가 필요한 장면으로서 주로 다음과 같은 목적에서의 분석을 생각할 수 있다.

(1) 복수의 모집단을 비교하는 경우

분석의 목적이 남녀간이나 학교간에서 각각의 구조 차이에 대한 검토에 있는 경우,

평균구조를 도입하면 남녀나 학교간에서 요인의 분산 차이나 경로계수의 차이를 검토할 수 있을 뿐만 아니라, 요인의 평균 차이를 검토할 수도 있게 된다.

(2) 반복측정을 행하는 경우

요인분석에 있어서 반복측정의 주된 목적은 측정할 때마다 요인의 변화를 조사하는 것이다. 요인의 변화를 조사할 때에는, 요인의 분산 차이와 함께 평균치의 차이도 중요한 정보가 된다.

(3)분산분석을 행하는 경우

분산분석은 수준마다 평균치의 차를 검토하는 것이 목적이다. 그를 위해서는 평균구조의 도입이 필수가 된다. 공분산구조분석에서는 계획행렬을 분석자가 준비하지 않으면 안 된다는 사실로부터, 통상의 분산분석을 행하는 일은 별로 없다. 그러나 등분산의 가정을 없앤 분산분석 등 공분산구조분석에서 개량한 모델의 분산분석을 행할 때에는, 공분산구조분석은 강력한 도구가 된다.

평균구조를 추정할 때에는 데이터의 평균에 관한 정보를 이용하므로, 통상의 공분산구조분석에서 필요한 표본분산공분산행렬 외에 관측변수의 표본평균이 필요하게 된다. 단, 프로그램에 생데이터를 읽히는 경우에는 새로 표본평균을 입력할 필요는 없다.

13.14 서로 다른 모집단의 병합

[질문] 남성의 데이터와 여성의 데이터를 같은 모델로 분석했더니, 양쪽의 모델 모두 적합도도 좋고 같은 추정결과가 되었습니다. 그러나 남녀를 합쳐서 하나의 집단으로서 같은 모델로 다시 분석을 했더니, 추정결과가 완전히 다른 것이 되었습니다. 이것은 어째서 일까요? 또한 이와 같은 때에는 어떻게 하면 좋을까요?

[회답]

별개의 집단으로부터 같은 모델로 같은 분석결과가 얻어졌다고 하더라도, 그것만으로 마구 각각의 집단을 병합해서 분석해서는 안 된다. 왜냐하면 같은 추정결과를 보이는 복수의 집단이 있다고 하더라도, 그것들을 병합하면 다른 추정결과를 보이는 일이 있기 때문이다. 이것은 상관계수를 구하는 경우에 모집단을 병합하면 문제가 일어날 가능성이 있는 것과 마찬가지이다. 층별해야 할 예로서 다음과 같은 산포도를 생각한다.

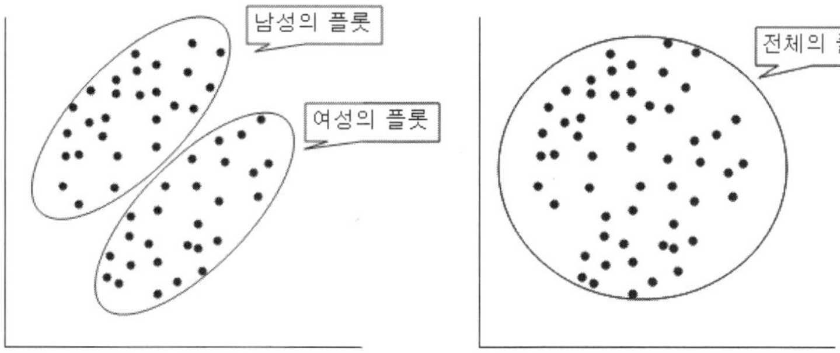

|그림 13-14| **층별해야 할 경우**

위의 산포도는 좌우 같은 것이지만, 왼쪽의 그림과 같이 남성 혹은 여성의 부분만을 골라내 보면, 각각 완전히 같은 정도의 상관이 있는 것처럼 보인다. 한편으로 남녀를 한데 합친 오른쪽의 산포도에서는 거의 무상관이라고 할 수 있는 산포도로 되어 있다. 여기에서는 상관의 이야기를 했지만, 이것은 척도단위와는 관계가 없으므로 공분산이라고 생각해도 마찬가지이다.

공분산구조분석은 표본분산공분산행렬의 정보를 기초로 해서 분석을 행하므로, 데이터가 위와 같은 구조라면 남성의 모델이나 여성의 모델과, 그것들을 합친 모델은 별개가 된다. 질문과 같이 해가 수렴하지 않는 경우에는 특히 이 집단을 병합한 효과가 현저히 나타나고 있다고 생각된다.

만일 복수의 모집단을 합쳐서 분석하고 싶은 경우에는, 표본을 병합하지 않고 다모집단의 동시분석을 행하는 것을 권장한다. 이때, 표본을 병합한 경우와 다른 추정결과가 얻어진다면, 병합을 행해서는 안 되는 집단의 편성이라는 것을 알 수 있다. 또한 표본을 병합한 경우와 같은 추정결과라면, 각각의 집단에서 같은 구조를 가지고 있다고 하는 보증이 얻어진다. <그림 13-14>의 예에서는 다모집단의 동시분석에 의해 남녀에서 공분산구조가 같고, 평균구조가 다르다는 것이 관찰되는 것이다.

13.15 인과를 의도하지 않는 경로

> [질문] 인과를 의도하지 않고 경로를 그어, 모델을 작성하는 것은 허용되는 것입니까?

[회답]

공분산구조분석에서 모델을 작성하는 경우, 작성하는 측의 의도는 몇 가지인가가 존재한다. 예를 들면, 공분산구조분석이라고 해서 일반적으로 떠오르는 이미지는 설명을 위한 모델 작성이지만, 예측을 위해서 모델을 작성하는 일도 있다. 또 수리적인 형식을 표현하기 위한 모델 작성이라고 하는 사고방식도 있다.

먼저 회귀분석 모델을 예로 해서, 설명을 위한 모델과 예측을 위한 모델의 차이에 대해서 생각한다. 예를 들면, 변수로서 50m 달리기의 시간과 발 근육의 양을 생각한다. 이때, 설명을 위한 모델을 작성한다면, 독립변수로서 발 근육의 양, 종속변수로서 50m 달리기의 시간을 생각하는 것이 인과(因果)의 흐름으로서 자연스러운 것은 명백하다. 이번에는 예측을 위한 모델 작성에 대해서 생각한다. 50m 달리기의 시간과 발 근육의 양에서는, 50m 달리기의 시간 쪽이 입수하기 쉬운 데이터이므로 현실적인 요청으로부터 본다면, 50m 달리기의 시간으로 발 근육의 양을 예측하고 싶다고 하는 것이 된다. 즉, 독립변수가 50m 달리기의 시간이고, 종속변수가 발 근육의 양이라고 생각할 수 있다. 이와 같이 예측이라고 하는 장면에 있어서는 인과를 역(逆)으로 해서 분석을 하는 것이 현실적인 요청인 경우도 드물지 않다.

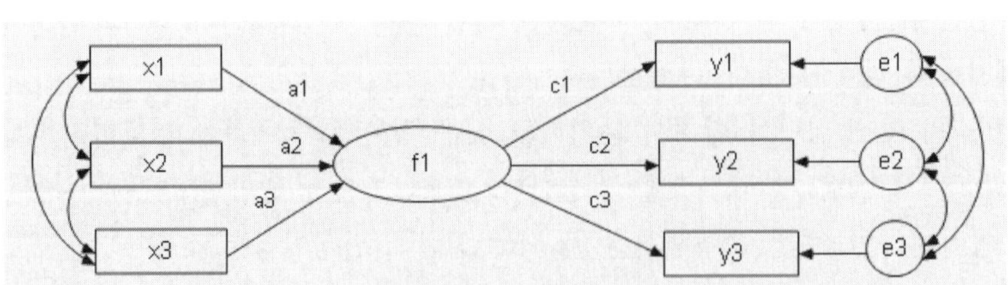

|그림 13-15| 요인에 오차를 가정하지 않은 MIMIC 모델

다음에 <그림 13-15>와 같은 요인에 오차가 없는 MIMIC 모델을 예로 해서, 설명을 위한 모델과 수리적인 형식을 표현하는 모델의 차이에 대해서 생각한다. 설명한다고

하는 의도로부터는, 인과를 의도하지 않고 경로를 긋는 것은 별로 바람직하지 않다. 예를 들면, x_1이 초등학교의 산수 성적, x_2가 초등학교의 자연 성적, x_3가 초등학교의 국어 성적이고 그것들의 합성변수로서 f_1을 작성하고, f_1이 y_1이라고 하는 중학교의 수학 성적, y_2라고 하는 중학교의 영어 성적, y_3라고 하는 중학교의 사회성적에 영향을 미친다고 하는 모델을 작성한 것이다. 이때, 인과관계는 시간적으로 역행을 허용하지 않으므로, 이 모델에서 변수 x_1에서 x_3까지는 어디까지나 원인계의 변수이고, y_1에서 y_3까지는 어디까지나 결과계의 변수라고 하는 셈이 된다.

그러나 이 모델은 Bagozzi, Fornell & Larcker(1981)[3], 豊田(2003, 第18章)[4] 등에 의해, 정준상관분석 모델과 수학적으로 일치한다는 것이 알려져 있다. 그러한 경우에 a_1에서 a_3까지의 부분에 관해서는, x_1, x_2, x_3로부터 합성변수 f_1을 작성한다고 하는 것으로 확실히 인과를 바르게 표현하고 있다. 그러나 c_1에서 c_3에 관해서는, 정준상관분석에 있어서, 한 쪽 변수군의 합성변수가 다른 쪽 변수군의 원인이 된다고 하는 것은 상정하고 있지 않다. 또 y_1에서 y_3까지를 외생변수, x_1에서 x_3까지를 내생변수라고 치환하더라도, 즉 인과의 방향을 역으로 하더라도 같은 결과가 나온다고 하는 것이 알려져 있다. 이러한 점으로부터 정준상관분석 모델에서는 인과를 바르게 표현하고 있다고는 말할 수 없다. 그러나 경로를 단순한 방정식으로 생각하면, 정준상관분석의 수리적인 형식은 바르게 표현되고 있다. 따라서 이 모델은 문제없이 이용할 수 있다. 이것들은 정준상관분석 모델로서 생각한 경우에 원인계, 결과계의 변수라고 하는 발상은 없다고 하는 것을 의미하고 있다.

또한 설명을 위한 모델이었다고 하더라도, 예를 들면 경제학 등의 장면에 있어서는, 경기동향과 같이 구성개념이 실재하지 않는 것은 명백하지만, 가정함으로써 설명이 용이해진다고 하는 이유로 요인분석 모델을 이용한다고 하는 것은 드문 일이 아니다.

확실히 인과를 말하는 장면에서, 적합도가 올라가기 때문이라고 하는 이유로 실질과학적으로 의미가 없는 경로를 긋는 것은 좋다고는 할 수 없다. 그러나 지금까지 보인 바와 같이 공분산구조분석에서의 경로는 실질적 인과의 방향성을 반드시 나타내는 것은 아니므로, 인과분석에서 말하는 바의 시간적 선행성(先行性) 등의 조건에 따를 필요도 없다.

---

3) Bagozzi, R. P., Fornell, C., & Larcker, D. F., "Canonical Correlation Analysis as a Special Case of a Structural Relations Model", *Multivariate Behavioral Research*, 16(4), pp. 437－454.

4) 豊田秀樹 編著, 共分散構造分析[技術編] － 構造方程式モデリング － , 朝倉書店, 2003.

14 모수의 제약

14.1 고정하는 값은 절대로 1인가

[질문] 모델의 식별을 행할 때에, 외생적인 요인의 분산을 1로 한다거나, 각 요인에 대해서 임의의 요인 패턴을 1로 합니다. 고정하는 값은 반드시 1이 아니면 안 됩니까?

[회답]

고정하는 값은 반드시 1일 필요는 없다. 통상, 1이라고 고정하는 것은 간단하며, 프로그램 내에서 예를 들면 1.6*f* 등으로 기술하지 않더라도 *f*로 괜찮기 때문이다. 그러나 고정하는 값이 1일 필요가 없다는 것을 이해하는 것은 공분산구조분석의 지식을 깊게 한다고 생각된다.

공분산구조분석의 추정에 있어서는 모수로 구조화된 공분산행렬을 표본공분산행렬에 근사한다. 그러나 모수가 모두 자유모수이면 해는 무수히 존재하고 있다. 그래서 해의 기준을 정하기 위해서 외생적인 요인의 분산 또는 임의의 요인 패턴을 고정하는 것이다. 즉, 고정모수를 두는 것은 해의 기준을 정하기 위한 것이기 때문에 특히 1일 필요는 없다.

그러면 1 이외의 값을 고정모수로 두면 어떻게 될까. 결과는, 비표준해는 일치하지 않지만, 표준해는 1이라고 놓은 경우와 일치한다. 이것은 요인의 분산과 경로계수가 연동해 있기 때문이다. 다음의 분석예를 통해서 고찰해 보자.

영어능력을 측정하는 3변수에 의한 요인분석 모델을 구축한다. 여기에서는 요인의 분산을 1로 한 경우와 변화시킨 경우를 비교해 본다. 요인의 분산 $V[f]$를 1로 한 경우와 예를 들면 1.6배로 해서 1.6으로 한 경우의 비표준해를 표로 나타냈다. α_i는 관측변수 i의 요인 패턴이다.

|표 14-1| **요인분석의 결과**

V[f]	α_1	α_2	α_3
1.0	0.622	0.551	0.610
1.6	0.492	0.436	0.482

여기에서 각 관측변수에 대해서, $V[f]$가 1인 경우의 요인 패턴을, $V[f]$가 1.6인 경우의 요인 패턴으로 나누고 제곱하면 거의 1.6이 되어, 1.6/1과 같아진다. 왜 이와 같이 될까. 그것을 이해하기 위해서 관측변수의 분산을 모수로 구조화한다. 관측변수 i, j의 분산 σ_i^2, σ_j^2, 공분산 σ_{ij}는 ,

$$\sigma_i^2 = \alpha_i^2 \times V[f] + \sigma_{ei}^2 \tag{1}$$

$$\sigma_j^2 = \alpha_j^2 \times V[f] + \sigma_{ej}^2 \tag{2}$$

$$\sigma_{ij} = \alpha_i \times \alpha_j \times V[f] \tag{3}$$

이 된다. 여기에서는 오차 e_i, e_j는 무상관으로 한다. (1), (2), (3)식의 좌변은 일정하므로, 우변의 합도 일정하다. $V[f]$가 1이든 1.6이든 일정하지 않으면 안 된다. 그러기 위해서는 $V[f]$가 c^2배 되었을 때에, α_i, α_j가 각각 α_i/c, α_j/c이면 괜찮게 된다. 그렇게 하면 (1), (2), (3)식의 $\alpha_i^2 \times V[f]$, $\alpha_j^2 \times V[f]$, $\alpha_i \times \alpha_j \times V[f]$는 변하지 않고 우변은 일정하다.

또한 표준해는 3변수에 대해서 요인의 분산을 1 혹은 1.6으로 한 경우이더라도 요인 패턴은 각각 0.810, 0.785, 0.796이 되어 바뀌지 않는다. 이것은 요인의 분산이나 관측변수의 분산이나 모두 1로 되었기 때문이다.

모델의 구축에 있어서는 요인의 분산과 요인 패턴의 관계를 알아둘 필요는 반드시 없을지도 모른다. 그러나 이와 같은 이론적인 배경의 이해는 공분산구조분석의 지식을 깊게 하고, 응용상의 문제해결에 도움이 되는 경우도 있다.

〈구성개념간의 관계를 조사하기 위한 항목작성의 비결〉

구성개념간의 관계를 조사하기 위해서는 처음부터 항목을 작성하고자 해서는 안 된다. 우선은 연구가설로부터 구성개념간의 모델을 작성하고, 구성개념의 정의를 명확히 한다. 예를 들면, 기업평가의 지표로서 '친근감'이라고 하는 구성개념의 정의를 머리 속에서 행한 것만으로는 자주 정의가 애매하게 되는 경향이 많다. 그렇게 해서는 항목을 잘 작성할 수 없기 때문에, 종이에 쓴다든지 해서 명문화해야 한다.

구성개념의 정의가 정해지면, 다음에 항목을 작성한다. 정의에 합치하고 항목군의 내적 정합성을 유지하는 항목내용을 생각한다. 여기에서 주의해야 할 것은 내적 정합성을 유지하면서도, 내용적 타당성을 고려한 항목군을 작성하는 것이다. 항목군의 내용을 대단히 가까운 것으로 하면 내적 정합성을 유지하는 것은 용이하지만, 그렇게 해서는 구성개념의 한 측면밖에 포착하지 못하는 항목군이 되고 만다. 곤란한 작업이지만, 가능한 한 양자를 충족시키는 항목군을 작성해야 한다. 하나의 구성개념에 대해서는 5개 이상의 항목을 작성해야 한다. 이것은 분석단계에서 요인 패턴이 낮고 구성개념을 그다지 표현하지 않는 항목을 삭제하는 것을 염두에 두고 있기 때문이다. 또한 항목 수를 늘리지 않으면 내용적 타당성을 충족시키는 것이 어렵기 때문이기도 하다.

14.2 분산 = 1 혹은 요인 패턴 = 1

[질문] 2요인으로 요인간에 공분산이 가정되는 모델을 분석하고 있습니다. 식별을 위해서는 요인의 분산을 1로 하는 방법이 있습니다. 또한 임의의 요인 패턴을 1로 하는 방법도 있습니다. 어떻게 가려 쓰는 것이 좋을까요?

[회답]

목적에 따라서 다르다. 요인 패턴의 차이를 보고 싶은 경우에는, 두 개 요인의 분산을 모두 1로 한다. 더욱이 요인 패턴의 유의성을 보고 싶은 경우에는, 비표준해를 참조한다. 또한 요인 패턴의 추정치와 표준오차로부터 모든 요인 패턴의 유의성 검정이나 신뢰구간의 음미를 행하고 싶은 경우에도 두 개 요인의 분산을 모두 1로 한다. 왜냐하면, 요인 패턴을 1로 고정한 개소에 관해서는 표준오차가 산출되지 않기 때문이다.

이에 비해서 요인의 분산 차이를 보고 싶은 경우에는, 각각의 요인에 대해서 임의의 하나의 요인 패턴을 1로 고정한다. 그리고 표준해에서는 요인의 분산은 1이 되므로, 요인의 분산 차이를 보고 싶은 경우에는, 비표준해를 참조해서 해석을 행한다.

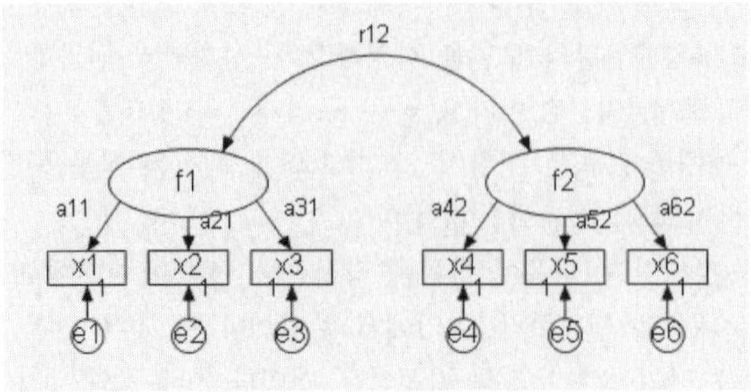

|그림 14-1| **2요인 모델**

두 개의 요인간에 공분산이 가정되고 있는 경우의 예를 든다. 가족을 피험자로 간주해서 남편과 아내로부터 '자녀 양육에 관한 불안'을 측정하는 같은 항목군에 대해서 데이터를 취하고 있는 경우를 생각한다. 경로도형을 그림으로 나타냈다. 두 개의 요인은 f_1 '남편의 불안'과 f_2 '아내의 불안'이다. 요인간에는 공분산 r_{12}가 가정된다고 한다. 이때에 요인의 분산을 1로 고정하는 것은, 두 개 요인의 측정상황의 차이를 보는 것이 된다. 아내의 불안을 측정하는 관측변수 x_4에서 x_6까지의 요인 패턴이, 남편의 불안을 측정하는 관측변수 x_1에서 x_3까지의 요인 패턴보다 크다면, 아내의 불안을 신뢰성 높게 측정하는 관측변수라고 말할 수 있다. 또한 요인 패턴의 유의성 검정이나 신뢰구간의 음미를 모든 요인 패턴에 대해서 행하는 것이 가능하다. 신뢰구간 내에 0이 포함되지 않으면, 그 요인 패턴은 0이 아니라고 말할 수 있다.

요인 패턴을 1로 고정하면, 요인의 분산 차이를 해석할 수 있다. 이때에는 요인간에서 같은 관측변수의 요인 패턴을 1로 고정한다. 또 고정하지 않은 관측변수의 요인 패턴에는, 같은 관측변수에 대해서 요인간에 등치제약(等値制約)을 과한다. 요인이 갖는 의미를 같게 하기 위함이다. 등치제약을 두면 요인의 의미가 같아진다고 하는 것은, 같은 관측변수가 두 개 요인에서 같이 측정되고 있다고 하는 상황이 되기 때문이다. 같은 의미를 갖지 않는 요인의 분산을 비교하더라도 충분한 비교는 되지 않는다. 분산의 비교를 위해서는 등치제약은 중요한 제약이라고 할 수 있다.

예를 들면 <그림 14-1>에서 a_{11}과 a_{42}를 1로 고정하고, a_{21}과 a_{52}, a_{31}과 a_{62}에는 등치제약을 과한다. 분산의 차이는 아내의 불안과 남편의 불안에 대한 산포의 차이를 표현하고 있다. 남편의 불안 쪽이 산포가 크면, 아내의 자녀 양육에 관한 불안에 비해서 남편의 자녀 양육에 관한 불안은 가족에 따라서 가지각색이라고 해석하는 것이 가능하다. 또 이 경우에 평균구조를 도입하면, 요인의 분산뿐만 아니라 요인 평균에 대해서도 남편과 아내에서 비교하는 것이 가능하다.

14.3 부등식의 제약

> [질문] 모수에 대해서 부등식의 제약을 두는 것은 가능합니까?

[회답]

가능하다. 부등식(不等式)의 제약을 두고 싶은 상황이란, 예를 들면, "오차분산 σ_{ei}^2은 0 이상이다($\sigma_{ei}^2 \geqq 0$)"라고 하는 부적해(不適解)를 회피하는 경우나 "기준변수 x_3에 대한 영향은 예측변수 x_1으로부터의 영향 a_{13}보다, 예측변수 x_2로부터의 영향 a_{23} 쪽이 작다($a_{13} \geqq a_{23}$)"라고 하는 연구가설을 모델에 반영하는 경우 등을 들 수 있다.

특히 부적해의 경우는 해가 얻어져도 모델 자체에 의미가 없으므로, 부적해를 회피하기 위한(모델에 실용적인 이용가치를 부여하기 위한) "오차분산 σ_{ei}^2은 0 이상이다($\sigma_{ei}^2 \geqq 0$)"라고 하는 부등호의 제약은 의미가 있는 모델 구성에서 대단히 유용하다. 분석을 하는 중에 빈번하게 이용할 기회가 있을지도 모른다. 그러나 오차분산의 마이너스 정도가 너무나 클 때(예를 들면 5% 수준에서 유의로 마이너스일 때)는 모델 자체가 데이터와 적합하지 않다고 생각되므로, 오차분산에 0 이상이라고 하는 부등식의 제약을 두는 것이 아니라, 모델 자체를 변경할 필요가 있다. '오차분산이 0 이상'이라고 하는 부등식의 제약을 두는 것이 타당한 것은, ① 모델 자체의 적합도가 좋음에도 불구하고, 오차분산이 마이너스가 되어 버리고, 또한 ② 오차분산의 마이너스 정도가 매우 심하지 않을 때라고 생각하면 된다.

모수에 부등식의 제약을 두는 방법은 크게 나누어서 두 가지가 있다. 하나는 부등식인 채 모수에 제약을 두는 방법, 다른 하나는 등식을 이용한 표현으로 고쳐서 부등식의 제약을 두는 방법이다. 처음의 방법은,

$$\sigma_{e1}^2 \geqq 0 \tag{1}$$

$$a_{13} \geqq a_{23} \tag{2}$$

라고 하듯이 모델에 부등식인 채 제약을 둔다. 한편, 두 번째 방법은 (1)식, (2)식을 각각

$$\sigma_{e1}^2 = 0 + c_1^2 \tag{3}$$

$$a_{13} = a_{23} + c_2^2 \tag{4}$$

라고 하듯이 새로운 모수($c_{1,}$ c_2)를 도입해서 표현한다. (3)식은 결국,

$$\sigma_{e1}^2 = c_1^2 \tag{5}$$

이므로, '오차분산 σ_{e1}^2은 모수 c_1의 제곱'으로서 제약 표현된다. c_1의 제곱이 오차분산 σ_{e1}^2이므로 σ_{e1}^2은 반드시 0 이상이 되어, (1)식과 (3)식이 동일한 내용을 나타내고 있다는 것을 알 수 있다. 이와 같이 오차분산 σ_{ei}^2은 그대로 추정했을 때에는 마이너스의 값으로 추정되어 버리는 경우도 있지만, 새로운 모수 c를 도입하여 '모수 c의 제곱'으로서 추정됨으로써 반드시 0 이상의 값을 취하도록 제약할 수 있다.

(4)식은 가령 a_{23}을 0.4로 하면,

$$a_{13} = 0.4 + c_2^2 \tag{6}$$

이 되고, a_{13}은 a_{23}의 값 0.4보다도 모수 c_2의 제곱 분만큼 큰 값이 된다. 모수의 제곱을 더한 것을 이용해서 제약을 두고 있으므로, a_{13}은 반드시 0.4 이상이 된다. 따라서 (2)식과 (4)식도 동일한 내용이라는 것을 알 수 있다.

소프트웨어에 의해, 부등식인 채 제약을 둘 수 있는 것이나 등식을 이용한 표현으로 되돌리지 않으면 안 되는 것 등, 각각 차이가 있다. 자신이 이용하고 있는 소프트웨어의 매뉴얼을 참조해서 그 소프트웨어가 어느 쪽의 제약방법을 이용하고 있는지를 확인하고, (1)식과 (3)식의 관계, (2)식과 (4)식의 관계를 참고로 해서 부등식의 제약을 도입하는 것이 바람직하다.

14.4 0 이상이라고 제약했을 때의 자유도

> [질문] 예를 들면, 모델 내의 모수에 대해서 0 이상의 값을 취한다고 하는 형태로 제약을 두었다고 합니다. 이와 같이 제약을 둠으로써 그 모수가 존재할 가능성이 있는 범위는, 양의 영역만으로 한정되게 된다고 생각합니다. 이와 같이 했을 경우, 자유도는 1/2 늘어날까요? 그렇지 않으면 다른 값으로 변화할까요?

[회답]

결론부터 말하자면, 그와 같은 형태로 제약을 두어도 자유도는 변화하지 않는다. 왜냐하면, 자유도란 자유추정할 수 있는 범위가 아니라, 변량 수 조건으로 생각한 경우에 앞으로 얼마까지라면 모수를 자유추정할 수 있느냐 하는 그 개수(個數)이기 때문이다.

좀더 상세히 설명하자면, 공분산행렬의 요소의 수(대칭행렬이므로, 실제로는 위 삼각행렬 혹은 아래 삼각행렬의 요소의 수)만큼 방정식을 세울 수 있다. 그래서 방정식의 수와 같은 수까지라면, 모수의 추정을 행할 수 있는 가능성이 있다. 이것이 변량 수 조건이다. 즉, 추정 가능한 모수의 나머지 수인 자유도를 소비한다고 하는 것은, 추정을 위해서 이용되는 방정식을 소비하는 것과 같다고 하는 것이다.

여기에서 어떤 하나의 분산에 관해서 0 이상이라고 하는 제약을 두는 것을 생각해 보자. 0 이상이라고 제약된 모수이더라도 추정치를 한 가지로 정하기 위해서는, 반드시 하나의 방정식이 필요하다. 이와 같이 범위를 지정하는 제약을 두더라도 추정치를 한 가지로 정하기 위해서 방정식이 반드시 필요하게 되고 만다. 그 때문에 방정식을 하나 소비해 버린다. 즉, 자유도를 1 소비하는 것에는 변함이 없다.

단, 이 제약이 없으면 분산이 0 이하로 추정되어 버리는 경우에는, 추측통계적 지표를 계산할 때의 자유도는 변화한다. 그러나 응용상의 관점에서는 걱정할 필요는 없다.

14.5 요인의 척도설정과 표준오차의 차이

[질문] 요인의 분산을 1로 고정했을 때에 유의했던 경로가 경로계수를 1로 고정해서 분석했더니 유의하지 않게 되어 버렸습니다. 어떠한 일입니까?

[회답]

요인의 척도를 정하는 방법에서 요인 패턴의 유의성이 변화하는 질문의 상황은, 추정치의 표준오차 차이에 기인하고 있다. 이하에서 Gonzalez & Griffin(2001)[1]을 참고로 구체적인 예를 통해서 설명한다.

| 표 14-2 | 요인의 척도설정이 다른 모델의 분석결과

모수	요인 패턴을 1로 고정			요인의 분산을 1로 고정		
	추정치	표준오차	z 값	추정치	표준오차	z 값
요인 패턴 1	1.00(0.73)			0.84(0.73)	0.07	11.89
요인 패턴 2	1.20(0.89)	0.12	10.12	1.01(0.89)	0.07	14.80
요인 패턴 3	0.83(0.68)	0.08	9.88	0.70(0.68)	0.06	11.13
요인 패턴 4	1.58(0.73)	0.26	6.08	0.81(0.73)	0.08	10.72
오차분산 1	0.92	0.09	10.14	0.92	0.09	10.14
오차분산 2	1.18	0.12	9.88	1.18	0.12	9.88
요인간 공분산	0.06(0.15)	0.04	1.79	0.15(0.15)	0.08	1.90

<표 14-2>의 요인 패턴 1에서 4는 7개의 관측변수 중 제1요인을 측정하는 4개의 변수에 대해서 나타낸 것이다. 괄호 내는 표준화해이다. 또 각 관측변수에 부수하는 오차변수의 분산은 2개만 문제 삼고 있다.

공분산구조분석에서는 모델 전체와 데이터와의 적합이 검토된다. 이때, 모델을 식별하기 위해서 요인 패턴을 1로 고정하거나 요인의 분산을 1로 고정하더라도 모델의 적합도는 전혀 변하지 않는다. 여기에서 문제 삼은 모델에서도 자유도는 13이고 χ^2값은 24.58, GFI는 0.97, RMSEA는 0.06으로 어느 쪽 모델의 적합도지표도 완전히 같아졌다.

그러나 표에 보이는 바와 같이 식별의 방식으로 요인 패턴과 요인간 상관의 표준오차는 다르다는 것을 알 수 있다. 그것에 따라서 모수가 0인지 아닌지에 대한 검정통

1) Gonzalez, R., & Griffin, D., "Testing Parameters in Structural Equation Modeling : Every 'One' Matters", Psychological Methods, 6(3), 2001, pp. 258－269.

계량 z값도 변하고 있다. 표의 결과에서는 두 모델 모두 요인간 공분산이 0이라고 하는 귀무가설은 기각되지 않지만, 요인의 분산을 1로 고정한 모델의 z값은 1.90으로, 좀더 값이 빗나가면 5% 수준(z값으로 1.96에 상당)에서 유의하게 된다는 것을 간파할 수 있다.

최우법(最尤法)이나 일반화 최소자승법에서는 모델과 데이터와의 불일치도 함수를 최적화함으로써 모수의 추정치를 구한다. 이때 추정치의 표준오차는 불일치도 함수의 2차 미분의 기대치에 대한 역수를 이용해서 근사적으로 추정된다. 요인 패턴을 1로 고정하는 모델과 요인의 분산을 1로 고정하는 모델에서는 이 값이 다르다. 그 때문에 표준오차가 바뀌고, 경우에 따라서는 같은 모수라도 유의하기도 하고 유의하지 않기도 하는 결과가 된다. 그러나 두 모델 모두 최적화의 결과, 적합도 함수가 도달하는 값은 변하지 않으므로, χ^2값이나 GFI 등의 적합도지표는 변화하지 않는 것이다.

전술한 바와 같은, 분석자가 임의로 선택한 모델 식별에 대한 방법의 차이로 모수의 검정결과가 변화해 버리는 문제를 회피하는 방법으로서, Gonzalez & Griffin(2001)은 우도비검정(尤度比檢定)을 이용하는 것을 권하고 있다. 예를 들면, 표의 모델에서 요인간 공분산의 검정에 흥미가 있을 때는, 이것을 자유추정되는 통상의 모델과, 공분산에 0이라고 하는 고정모수를 둔 모델과를 비교한다. 비교에는 χ^2값을 이용한다. 이때, 요인 패턴, 요인의 분산 어느 쪽을 1로 고정해도 상관없다. 앞에서 언급한 바와 같이 어느 쪽의 제약에서도 χ^2값은 같기 때문이다.

제약을 둔 모델과 통상의 모델을 분석하고, 두 모델의 χ^2값의 차를 취한다. 이 값도 또 χ^2분포에 따른다. 그때의 자유도는 두 모델의 자유모수의 개수의 차가 된다. 표의 모델에서 요인간 공분산을 0으로 했을 때의 χ^2값은 27.859였다. 통상의 모델과의 차는 $27.86-24.58=3.28$이며, 모수를 하나 고정했으므로 자유모수의 수는 하나만큼 줄어서 자유도는 1이 된다. 자유도가 1일 때 χ^2값의 평방근은 정규분포를 하므로, 요인간 공분산이 0이라고 하는 귀무가설의 z값은 $\sqrt{3.28} \cong 1.81$로 산출된다. 실제로는 요인 패턴을 1 혹은 요인의 분산을 1로 고정한 어느 쪽인가의 모델의 분석결과로부터 이 z값을 얻는데, χ^2값이 같기 때문에 이 1.81이라고 하는 값은 쌍방의 모델에서 공통적인 값이 된다. 즉, 두 모델 모두 요인간 공분산은 0이라고 하는 귀무가설은 5% 수준에서 기각되지 않게 된다.

14.6 표준화해가 같지 않은 경우

[질문] 요인의 분산을 1로 고정한 경우와, 그 요인이 측정하는 경로 중 하나를 1로 고정한 경우는 표준화해가 변하지 않는다고 들었습니다. 그러나 실제로 분석해 보았더니 양쪽에서 다른 해가 나왔습니다. 이런 일이 있을 수 있습니까? 있다고 한다면, 어떠한 경우에 어떻게 해서 그러한 일이 일어나는지 가르쳐 주십시오.

[회답]

분산을 1로 하는 방법과 경로계수 중 하나를 1로 고정하는 방법에서는, 기본적으로는 표준화해는 일치한다. 그러나 상황에 따라서는 일치하지 않는 경우도 있다. 이와 같은 일이 일어나는 이유로서는 ① 계산상의 문제, ② 모델 지정의 문제 등 두 가지를 생각할 수 있다.

①이라고 하는 것은, 예를 들면 최적화 계산에 실패하여 잘 수렴하지 않은 경우나 수렴은 했지만 국소(局所) 최적해가 되어 버린 경우 등이다. 이와 같은 경우에는 초기값을 적절히 지정하는 등에 의해서 표준화해를 일치시킬 수가 있다.

②라고 하는 것은, 제약모수, 고정모수를 두는 방법에 의해서 일치하지 않는 경우이다. 여기에서는 모수를 고정함으로써 모델의 의도하는 바가 바뀌고, 표준화해가 변화하는 예에 대해서 경로도형을 통해서 설명한다.

예를 들면, 쌍동이나 부부 등과 같이 반응에 상관이 상정되는 쌍(pair)에 대해서, 3항목의 데이터를 취한 경우를 생각한다. 3항목에 대해서 1요인의 요인분석 모델을 상정할 때, 모델로서는 다음과 같은 경로도형을 생각할 수 있다.

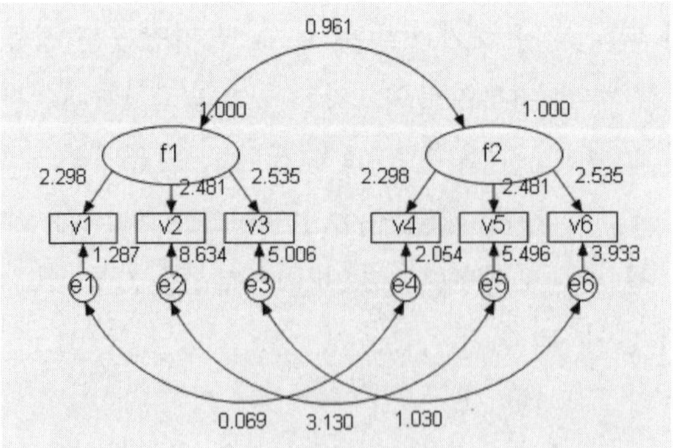

| 그림 14-2 | 요인의 분산을 고정시킨 비표준화해

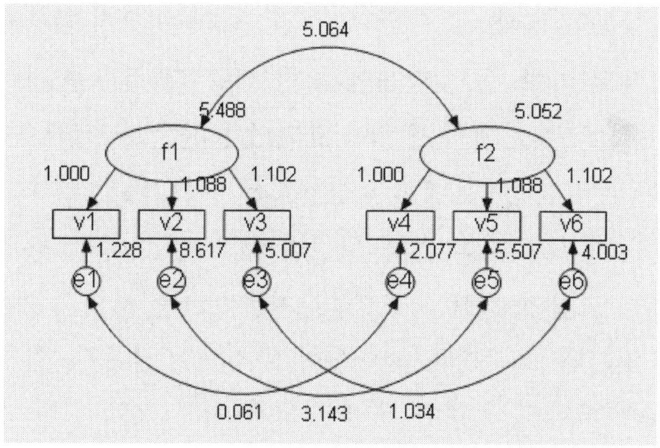

| 그림 14-3 | 경로의 하나를 고정시킨 비표준화해

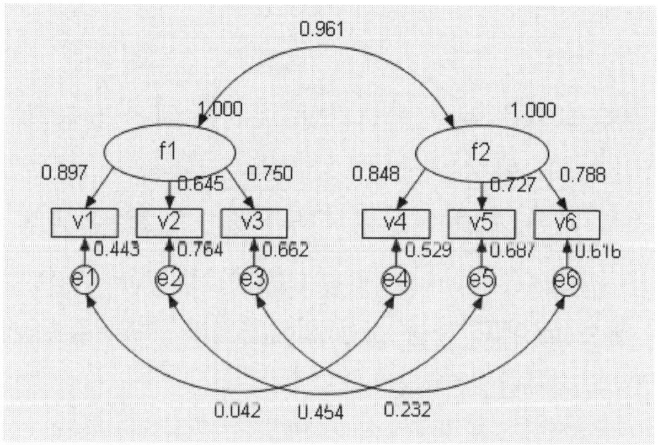

| 그림 14-4 | 요인의 분산을 고정시킨 표준화해

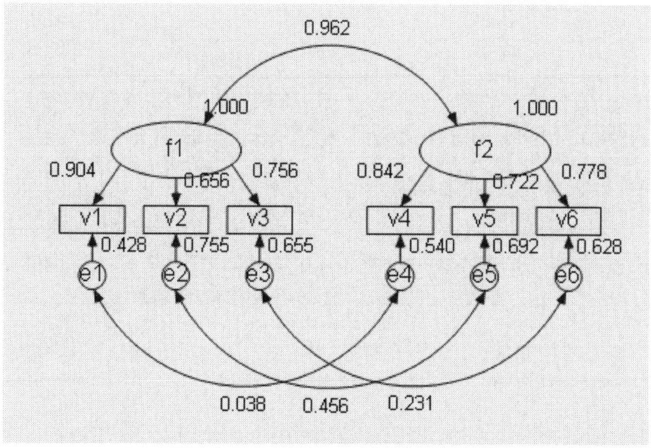

| 그림 14-5 | 경로의 하나를 고정시킨 표준화해

여기에서 동일 항목인 v_1과 v_4, v_2와 v_5, v_3와 v_6에는 오차간에 공분산을 가정하고, f_1에서 v_1으로 f_2에서 v_4로, 동일 항목에 요인으로부터 걸리는 경로의 계수에는 등치의 제약을 두기로 한다. 여기에서 쌍방의 요인의 분산을 1로 한 모델과 f_1에서 v_1, f_2에서 v_4의 경로계수를 1로 한 모델의 비표준화해가 각각 <그림 14-2>, <그림 14-3>과 같다고 한다. 이때, 각각의 표준화해는 <그림 14-4>, <그림 14-5>와 같이 된다.

두 개의 모델에는 요인의 분산을 1로 놓든가, 경로 중 하나의 계수를 1로 고정시키든가의 차이밖에 없는데, 표준화해는 확실히 일치하지 않는다. 일치하지 않는 원인은 모수의 고정 방식에 의해서 모델의 제약 강도가 바뀐 것에 있다. 쌍방의 분산을 1로 고정한 <그림 14-2>, <그림 14-4>의 모델은 쌍방에서 요인의 분산이 같고, 계수도 같다고 하는 가정을 둔 모델이라고 하는 셈이 된다. 이것은 쌍방의 요인의 비교에 흥미가 없다고 하는 전제 하에 모델 작성이 행해졌다고 하는 것을 의미하고 있다.

이것에 비해서 f_1에서 v_1으로 f_2에서 v_4로의 경로계수를 1로 고정시킨 <그림 14-3>, <그림 14-5>의 모델은 계수는 같지만, 분산은 같지 않다고 하는 가정을 둔 모델이라고 하는 셈이 된다. 이것은 쌍방의 분산의 크기를 비교하는 것이 모델상 의미가 있다고 하는 전제 하에 모델 작성이 이루어졌다고 하는 것을 의미하고 있다.

이로부터 <그림 14-2>, <그림 14-4>의 요인의 분산을 1로 고정하고 있는 모델 쪽이 보다 강한 제약이 놓여 있다고 하는 것을 알 수 있다. 이와 같은 제약의 강도 차이가 표준화해의 차이로서 나타난 것이다.

14.7 측정불변성의 검토방식

[질문] 3요인의 검증적 요인분석 모델에 대해서, 성별로 2군으로 나눈 다모집단의 분석을 실행하고 있습니다. 군간(群間)에서 요인이 같은 내용인지 아닌지를 확인하기 위하여, 하나의 요인 패턴을 1로 고정하지 않고, 대응하는 각 요인 패턴 모두에 등치제약을 둔 모델을 비교・검토하려고 생각합니다만, 이때 2군의 요인의 분산이 1이라고 하는 제약은 두지 않아도 좋을까요?

[회답]

질문과 같은 제약을 두는 것은 필요 없습니다. 요인으로서 측정되는 구성개념은 직접 관찰할 수 없기 때문에 단위가 임의이고, 모델을 식별하려면 그 척도를 정할 필요가 있다. 따라서 요인 패턴이 2군에서 모두 같다고 제약한 다음에 추정되는 경우에는, 요인의 분산을 각각 1로 고정하지 않으면 안 된다. 이 방법이라면 모든 요인 패턴에 대하여 군간에서의 불변성을 검토할 수 있다. 그러나 2군의 요인 패턴에 모두 등치제약을 부과하고, 또 분산을 1로 고정하여 요인의 척도를 정하는 것은, 군간에서의 요인의 불변성이 성립한다고 하는 상황을 표현하고 있는 것이다. 이것은 많은 분석자에게 있어서 필요 이상으로 강한 조건이며, 다른 모집단의 요인의 분산이 같다고 하는 가정은 일반적으로 좀처럼 성립하지 않는다.

다모집단분석에서는 각각의 모집단에서 요인의 분산이나 공분산에 차이가 있는지 어떤지 검토함으로써 흥미진진한 식견을 얻을 수 있다. 위와 같은 방법에서는 미리 분산을 같다고 놓음으로써 그 차이에 대해서 검토할 수 없게 되어 있다.

각 모집단의 요인에 대해서 분산이나 공분산에 차이가 있는지 어떤지를 비교검토하기 위해서는, 분산에 제약을 두지 않고 임의의 한 요인 패턴을 1로 해서 요인의 척도를 정하고, 다른 요인 패턴에는 등치제약을 부과해서 제약이 없는 모델과 비교한다. 이때, 요인 패턴을 1로 하는 관측변수는 각 군에서 공통적으로 되도록 한다. 이 모델이 지지되면, 각 군에서 같은 내용의 요인이 측정되고 있다고 생각되는 최저한의 기준은 충족되었다고 할 수 있다.

단, 분산을 같다고 놓았을 때와 마찬가지로 하나의 요인 패턴을 1로 고정하는 것은 그 모수가 2군에서 진짜 같다고 하는 것을 넌지시 가정하는 것을 의미한다. 따라서 그 가정이 충족되지 않는 경우에는 각 군에서 등치라고 하는 제약 하에 추정한 각각의 요인 패턴에 대한 추정치가 영향을 받게 된다. 분산을 1로 고정하지 않고 모델을 식별하기 위해서는 어느 것인가 하나의 요인 패턴을 1로 놓지 않으면 안 되므로, 그 요인 패턴의 군간에 대한 불변성의 검토는 중요하다. 대표적인 검토방법으로서는 모든 요인 패턴을 2군에서 제약을 두지 않고 추정하여, 대응하는 요인 패턴을 비교해서 값이 크게 다른 관측변수를 2군에서 불변이 아니라고 판단하는 방법이나, 2군에서 등치의 제약을 두고 모델 수정의 관점에서 검토하여 제약을 해방시킨 쪽이 모델 적합도가 올라간다고 시사된 관측변수를 2군에서 같지 않은 변수라고 판단하는 방법 등이 있다. 또한 어떤 요인 패턴을 1로 고정하고 다른 요인 패턴의 불변성을 검토하여, 이것을 모든 경우에 대해서 행하는 방법이 제안되고 있다.

잠재변수의 척도를 정하고 모든 요인 패턴의 불변성을 확인하기 위해서는, 임의의 모집단에 대한 잠재변수의 분산을 1로 고정하고 다른 모집단에서는 자유롭게 추정한다. 그리고 각 군에서 대응하는 요인 패턴은 같다고 하는 제약을 두면, 어느 요인 패턴도 1이라고 놓지 않고 척도의 단위를 정하는 것은 가능하다. 더욱이 동시에 분산을 1로 고정한 군의 잠재변수를 기준으로 해서 군간에 대한 잠재변수의 분산의 차이를 살린 분석을 행할 수도 있다.

어느 요인 패턴을 1로 고정할 것인가는 검토가 필요한 면도 있지만, 분산이 아니라 요인 패턴을 고정해서 측정불변이 확인된 후, 어떻게 분석을 진행할 것인가는 실질과학적인 요청에 의거한 목적에 따라서 분석자가 정하게 된다. 예를 들면, 성별에 의해서 구성개념이 나타내는 내용의 고저나 강약 등이 있는지 어떤지를 검토하고 싶은 경우에는, 요인에 평균구조를 도입하여 한쪽의 모집단을 기준으로 해서 그 차이를 검토한다고 하는 방향이 있다. 또 요인의 불변성에 관해서 보다 강한 제약을 가하여 측정의 등질성을 검토한다고 하는 것도 생각할 수 있다. 혹은 모집단간에서 척도의 신뢰성을 비교한다고 하는 방향도 있을지 모른다. 그 경우에는 오차변수의 분산공분산행렬에 대한 동일성에 대해서 검토할 필요가 있다.

어쨌든 다른 모집단간에서 같은 표현의 관측변수를 이용하여 측정된 요인을 분산이나 평균 등의 관점에서 비교검토할 때에는, 그 요인이 나타내는 내용이 같은지 다른지를 측정불변성의 검토로부터 확인하는 것이 중요하다.

15 여러 가지 문제와 그 대처

15.1 측정치의 독립성

[질문] 공분산구조분석에서는 측정치가 독립이 아니면 안 된다고 들었습니다. 이것은 관측변수간의 관계에 독립성이 필요하다고 하는 것인가요?

[회답]

공분산구조분석에 있어서의 독립성은 다음의 두 종류를 생각할 수 있다. 하나는 표본의 독립성, 다른 하나는 관측변수의 독립성이다. 질문의 관측변수간의 독립성은 공분산구조분석에 있어서 요구되고 있는 것은 아니다. 아래의 표와 같은, 분석할 데이터로서 얻어지는 다변량 생데이터 행렬을 예로 해서 두 개의 독립성의 차이를 생각해 보자.

| 표 15-1 | **다변량 데이터**

	신장(cm)	체중(kg)	복권에 당첨된 경험
A	175	80	0
B	160	55	0
C	147	42	1
⋮	⋮	⋮	⋮

먼저 표본의 독립성이란, 표의 행간에 있어서, 즉 A나 B의 사이에서 측정이 서로 독립이라고 하는 것을 말한다. 두 개의 표본이 서로 독립이라고 하는 것은 한쪽의 표

본 값이 관측될 확률이, 다른 한쪽의 표본 값에 영향을 받지 않는다는 것을 의미한다. 따라서 B의 신장이 160cm이거나 혹은 180cm였다고 하더라도 신장 175cm인 A가 선택될 확률(확률밀도)이 변하지 않을 때, 표본이 서로 독립이라고 말할 수 있다.

이 표본의 독립성은 공분산구조분석에 있어서 모수를 추정할 때에 중요한 개념이 된다. 모델의 모수를 추정할 때의 표준적인 방법으로서, 공분산구조분석의 소프트웨어에서는 최우법(最尤法)이 채택되고 있다. 최우법에서는 그 이름이 나타내듯이 그럴싸한 정도가 가장 높은 값을 모수의 추정치로 한다. 이 그럴싸한 정도를 나타내는 우도(尤度)는 개개의 표본에 대해서 데이터로서 얻어진 관측변수군의 값이 취할 확률밀도의 곱(대수우도의 경우에는 그 합)으로서 구성된다. 이때, 우도가 개개의 확률밀도의 곱으로서 표현되기 위해서는 각 측정치(표본)가 어떤 확률분포(통상은 다변량정규분포를 가정)로부터 독립적으로 추출될 필요가 있다. 이 전제에 의해서 A, B, … 각각의 측정치가 관측될 확률은 다른 측정치와 무관하게 정해지고, 표와 같이 전체의 측정치가 관측될 확률을 개개 확률의 단순한 곱으로서 나타낼 수 있게 되기 때문이다.

이 측정치간의 독립성은 다모집단의 동시분석을 행할 때에 특히 주의가 필요하다. 다모집단분석을 실시할 때의 우도(尤度)는 각 모집단으로 구성된 우도의 곱(대수우도의 경우에는 그 합)으로서 표현된다. 즉, 각 모집단은 독립이 아니면 안 된다. 동일한 관측대상으로부터 관점을 바꾸어서 수집한 복수의 데이터 등에 대해서, 다모집단분석을 행한다고 하는 것은 불가능하다. 예를 들면, 1시점의 측정에서 B의 체중이 55kg인 경우와, 65kg인 경우에서는, 2시점에서 70kg일 확률에 차이가 생긴다고 생각되어, 우도를 단순한 확률의 곱으로 표현할 수 없기 때문이다.

다음에 관측변수의 독립성에 대해서 생각하기로 한다. 표에서는 열 사이의 관계를 나타내게 된다. 이제 A에 대해서 복권에 당첨된 경험이 있느냐 없느냐 라고 하는 정보가 얻어지더라도, A의 신장이 몇 cm인가의 예측에는 아무런 영향도 미치지 않을 것이다. 즉, 이 두 개의 변수는 서로 독립이라고 생각된다.

복수의 확률에 대해서 그것들이 서로 독립이라는 것과 변수간에 상관이 없다는 것은 다변량정규분포 하에서는 같은 의미이다. 공분산구조분석에서는 관측변수가 다변량정규분포에 따르고 있다는 것을 많은 경우에 가정한다. 따라서 독립인 관측변수를 분석의 대상으로 하는 것은 무상관인 변수간의 관계를 분석하는 셈이 된다. 공분산구조분석은 값의 변동에 공통적인 부분이 있는 다변수간의 관계를 분석하는 기법이므로, 변수끼리 완전히 무상관인 데이터의 경우에 그것을 분석하는 적극적인 의의는 없다. 즉, 공분산구조분석에서 상정하는 측정치의 독립성이란 표본에 대해서이지 관측변수에서는 아니다. 복권과 신장의 관계를 분석하는 것보다 체중과 신장의 관계를 분석하는 편이 유효한 식견을 이끌어낼 수 있을 것 같다고 예상할 수 있다는 사실로부터도 납득할 수 있을 것이다.

15.2 작은 표본수의 문제

> [질문] 연구영역의 성질상, 데이터를 많이 모으는 것이 곤란합니다. 무엇인가 좋은 대책은 없습니까? 또한 공분산구조분석에 있어서 필요한 표본수의 기준은 있는지요?

[회답]

질문과 같이 현실적인 제약에 의해서 많은 데이터를 얻을 수 없는 상황에서는 다음과 같은 궁리를 생각할 수 있다. 예를 들면, 회답을 얻고 싶은 질문항목이 대단히 많고 모든 질문에 회답하고 있는 데이터를 수집하기 어려운 경우에는, 질문항목을 몇 개로 나누어서 조사표를 작성하고 각각을 별도의 협력자에게 회답해 받는다고 하는 방법이다. 이 경우에 측정상황이 다른 복수의 집단을 같은 모집단으로 상정하고, 그와 같은 제약을 부과하는 다모집단분석을 행함으로써 1회의 측정으로 얻어지는 질문항목에 대한 회답과 그 회답자는 적더라도 안정된 모수의 추정을 행하는 것이 가능케 된다. 이 사고방식은 모든 대상기업을 평가해 받는 것이 현실적으로 불가능한 기업평가 모델이나 출생빈도가 적은 쌍생아의 데이터 분석 등에서 응용되고 있다.

다른 대책으로서 조사대상자 한 사람 한 사람을 1개의 모집단으로 생각하는 방법이 있다. 예를 들면, 10명의 평가자가 100개의 신상품에 대해서 7개의 관점으로부터 평가를 실시한 데이터를 생각한다. 여기에서 100개의 상품을 관측대상으로 하고, 각 평가자가 '평가자'라고 하는 하나의 속성이 다른 10의 값으로 간주한다. 즉, 각 모집단이 7개 변수 100번의 관측인 10개 모집단에 대한 동시분석을 행한다고 하는 방법이다.

이상은 많은 표본수를 확보할 수 없는 경우의 분석방법의 일례인데, 일반론으로서는 표본이 적절하면 그 수는 많을수록 좋다고 생각된다. 표본수를 늘리는 것은 표본오차를 작게 하고, 안정된 추정을 행하는 데 기여한다. 그 추정의 표준오차나 검정통계량의 분포는 표본을 끝없이 증가시킨 이론상의 대표본을 상정하고 있기 때문에, 데이터로부터 얻어지는 식견을 적용하기 위해서는 실제의 표본도 어느 정도 클 필요가 있다. 또 데이터에 의거해서 분석된 모델의 식견을 모집단 전체에 일반화해서 고찰할 때에, 그 데이터가 연구의 대상이 되는 모집단으로부터 무작위로 수없이 많이 수집되고 있다면, 그 일반화의 타당성도 얻어진다. 한편으로, 표본수가 적으면 해가 수렴하지 않는다거나 부적합해가 된다고 하는 문제가 일어나기 쉽게 된다. 또 검정력도 낮아진다. 표본수가 적다고 느껴지는 경우에는 이러한 것들에 주의하고, 분석결과를 보다 신중하게 검토하는 것이 필요하다.

이와 같은 관점에서 데이터를 가능한 한 많이 모으는 편이 좋다고 하는 것이 원칙이긴 하지만, 공분산구조분석에 있어서 안정된 추정이 행해지고 적합도를 적절히 평가할 수 있는 필요최저한의 표본수에 대해서는, 설정되어 있는 모델의 크기, 복잡성 등에도 의존하여 일괄적으로 기준을 나타낼 수는 없다. 이 문제에 대해서는 몬테칼로법에 의한 시뮬레이션 연구 등이 행해지고 검토되고 있지만, 여러 가지 상황에 따라서 값이 달라져 명확한 일반적 기준이 존재하지 않는다고 하는 것이 실제 상황이다. 단, 관측변수보다 표본수의 쪽이 많지 않으면 추정은 실시할 수 없다고 하는 기준은 있다. 이것은 분석 자체를 실행하기 위한 최저한의 조건이다.

우선 적절한 표본수의 문제는 모델이 포함하는 변수의 수, 추정할 모수의 수와 관련이 있다. 5개의 관측변수가 하나의 요인을 측정하는 모델을 최우법으로 분석했을 때, 표본수가 10이더라도 적합도에 관한 통계량이 적절히 기능했던 것에 비해서, 같은 관측변수에 두 개의 요인을 설정한 경우에는 25에서 30의 표본수가 필요하게 된다고 하는 결과가 있다.[1)]

이와 같이 관측변수가 많고 또 추정할 모수의 수가 많은 큰 모델에는 상당수의 데이터를 수집할 필요가 있게 된다. 예를 들면, Bentler & Chou(1988)[2)]는 자유 모수의 수의 5에서 10배의 표본수를 확보할 것을 권하고 있다. 그러나 이것도 하나의 기준에 지나지 않고 절대적인 기준이라고는 할 수 없다.

또 같은 모델이더라도 모수의 추정법에 따라서 필요하게 되는 표본수가 다른 경우가 있다. Boomsma(1985)[3)]는 표본수가 100 이하일 때는 신뢰가 충분한 결과를 얻을 수 없을 가능성이 있어, 200 이상의 표본수가 바람직하다고 하고 있다.

---

1) Geweke, J. F., & Singletone, K. J., "Interpreting the likelihood ratio statistic in factor models when sample size is small," *Journal of the American Statistical Association*, 75, 1980, pp. 133－137.

2) Bentler, P. M., & Chou, C. P., "Practical issues in structural modeling," In Long, J. S.(Ed.), Common Problems/Proper Solutions : *Avoiding Error in Survey Research*, Sage, 1988, pp. 161－192.

3) Boomsma, A., "Nonconvergence, improper solutions, and starting values in LIREL maximum likelihood estimation," *Psychometrika*, 50(2), 1985, pp. 229－242.

표본수 조건이라고 하는 하한과 이상적으로는 끝없는 상한의 사이에서, 필요한 표본의 수는 상황에 따라서 기준이 달라지고 있지만, 데이터가 적다고 느껴지는 경우에는 복잡한 모델을 구성하는 것은 삼가야 할 것이다.

15.3 상관행렬을 이용한 분석

> [질문] 이전에 수집한 데이터를 이용해서 다시 분석을 실시하고 싶지만, 상관행렬밖에 남아 있지 않습니다. 표본수는 알고 있는데, 어떠한 때에 상관행렬을 분석해도 좋을까요?

[회답]

상관행렬의 분석에는 두 가지의 논점이 있다. ① 표본공분산행렬 대신에 표본상관행렬을 이용하는 것에 대해서와, ② 척도불변의 모델이냐 아니냐에 대해서이다.

① 통상의 공분산구조분석 소프트웨어는 표본분산공분산행렬을 확률변수로 간주한 분포를 전제로 해서 최우해(最尤解)를 도출하고 있다. 이때 물론 표본분산공분산행렬의 대각요소인 표본분산은 확률변수이다. 그런데 표본상관행렬의 대각요소는 1로 고정되어 있어 확률변수가 아니다. 따라서 분산공분산행렬에 의거한 우도(尤度)의 식에 표본상관행렬을 대입하는 것은, 엄밀하게 말하자면 잘못이다. 이 때문에 분산공분산행렬을 기초로 한 소프트웨어로 상관행렬을 분석하면, 정확한 표준오차나 z값을 산출할 수 없는 경우가 있다.

이 문제는 SEPATH와 같은 상관행렬을 적절히 분석하는 소프트웨어를 이용함으로써 해결한다. 표본상관행렬을 정확히 분석하는 소프트웨어도 앞으로 늘어날 것으로 생각한다.

② 만일 분석할 모델이 척도불변이라면, 추정치를 이용하더라도 괜찮다. 척도불변인 모델이라면 표본상관행렬을 표본공분산행렬로 간주해서 분석을 하더라도 표본상관행렬을 바르게 분석하는 소프트웨어와 같은 결과가 얻어져, 생데이터를 정수배한 것과 하지 않은 것의 표준화해가 일치하기 때문이다.

만일 그렇지 않다면 특정의 척도상에서 해석할 필요가 있으므로, 분산공분산행렬을 분석할 필요가 있다. 구성개념간의 경로분석과 같이 공분산구조분석이 이용되는 전형적인 경우는 대부분의 모델이 척도불변이다.

15.4 범주형 순서변수의 탐색적 요인분석

> [질문] 탐색적 요인분석을 하고 싶습니다만, 관측변수는 범주형 순서변수입니다. 검증적 요인분석과 같이 탐색적 요인분석에서도 범주형 순서변수를 취급할 수 있는지요?

[회답]

가능하다. 요인분석의 분류로서 두 가지의 방향을 생각한다. 첫 번째는 관측변수가 연속변수인가 범주형 순서변수인가, 두 번째는 검증적 요인분석인가 탐색적 요인분석인가이다. 이 분류에 의하면 전부 네 가지의 방법이 있다. 관측변수가 연속인 경우는 검증적 요인분석이나 탐색적 요인분석이나 모두 잘 사용된다. 범주형 순서변수인 경우는 범주형 순서변수간의 상관계수를 이용한, 검증적 요인분석 모델에 의한 분석이 최근에 자주 눈에 띄고 있다. 질문의 내용과 같은 범주형 순서변수를 이용한 탐색적 요인분석도 실행하는 것은 가능하다. 단, 문제가 있다.

그것은 회전 후의 모수의 표준오차를 출력하는 것이 현시점에서는 어렵다는 것이다. 회전 후의 모수의 표준오차 산출에 대해서는 연속적인 관측변수를 이용한 경우에서도 논의되고 있다. 이것은 이론적으로 보다 복잡한 범주형 순서변수에서도 마찬가지이다. 服部(2002)[4]는 부트스트랩법(bootstrap method)과 몬테칼로법을 이용해서, 범주형 순서변수를 이용한 탐색적 요인분석에 있어서, 회전 후의 표준오차의 출력을 시도해 보고 있다. 앞으로도 이 분야의 연구가 발전될 것으로 기대된다. 소프트웨어로서는 Mplus가 대응하고 있다.

또 2가(價) 범주형 순서변수와 다가(多價) 범주형 순서변수 그리고 연속변수가 혼재해 있는 관측변수군에 대해서, 탐색적 요인분석이나 검증적 요인분석을 행하는 것도 가능하다. 예를 들면, 심리검사에 있어서의 2건법항목(件法項目)과 3건법항목 및 양적인 생리지표를 관측변수군으로서 분석을 행하는 경우가 이에 해당된다.

지금까지는 범주형 순서변수의 이야기였지만, 범주형 변수 중에서도 명목변수를 다루는 경우도 있다고 생각한다. 이 경우에는 명목변수를 관측변수로는 하지 않고, 군으로 나누어서 다모집단의 검증적 요인분석을 실행할 것을 권한다.

---

4) 服部環, 2値的變數の因子分析における因子パターンと獨自分散の標準誤差と信賴區間, 筑波大學心理學研究, 24, 2002, pp. 43－57.

15.5 순서 데이터의 분석

[질문] 리커트 척도로 데이터를 취했습니다만, 그것을 그대로 분석해도 좋은지요?

[회답]

리커트 척도에 의해서 얻어지는 데이터는 전형적인 순서변수(ordinal variable)의 데이터라고 할 수 있을 것이다. 공분산구조분석에서 이용되는 추정법의 대부분은 다변량정규분포에 따르는 연속변수인 데이터를 전제로 하고 있으므로, 이들 조건과의 어긋남이 커질수록, 순서변수를 이용한 분석의 추정결과는 비뚤어지게 된다. 이것을 피하기 위해서는 수중의 데이터를 검토하고 그것에 맞는 분석방법을 선택할 필요가 있다.

먼저 순서변수를 외생변수로서 이용하는 것뿐이라면, 연속변수와 같은 취급으로 분석을 행하더라도 괜찮다. 이것은, 외생변수는 추정에 있어서 특히 분포가 가정되고 있지 않고, 모델 안에서는 상수로서 다루어지기 때문이다. 또 내생변수로서 이용하는 경우에도 범주수가 4 이상인 순서변수에 대해서는, 일반적으로 연속변수로서 간주하고 분석을 행해도 좋다고 되어 있다. 다만 지나치게 회답에 지우침이 있어 정규분포로 간주하기가 어려운 경우에는, 데이터의 다변량정규분포를 전제로 한 최우(maximum likelihood, ML) 추정 등의 추정법을 이용하는 데는 문제가 있을 것이다.

이와 같은 경우에는, 예를 들면 ADF(asymptotically distribution free) 추정을 이용하는 방법을 생각할 수 있다.[5] 이것은 데이터의 공분산행렬과 그 각 요소에 대한 분산공분산의 추정치를 배치한 점근적 공분산행렬을 이용해서 추정하는 기법이다. 단, 생데이터로부터 ADF 추정을 행하기 위해서는 대단히 많은 표본이 필요하게 된다.

또한 외생적인 관측변수를 비확률변수로 간주함으로써 내생변수의 히스토그램이 정규분포에 반드시 따르지 않는 경우에도 추정을 행하는 것이 가능한 소프트웨어도 존재한다. 이것을 이용하면 표본수를 불문하고 정규성이 없는 데이터를 정확히 분석할 수 있다.

다음에 범주수가 3인 경우에는 연속변수로 간주해서 분석을 행하는 것도 가능하지만, 가능하면 하지 않는 것이 바람직한 것으로 되어 있다. 또 범주수가 2인 경우에는 연속변수로 간주하고 분석을 행해서는 안 되는 것으로 되어 있다. 이러한 경우에는

---

5) Browne, M. W., "Asymptotically distribution-free methods in the analysis of covariance structures," *British Journal of Mathematical and Statistical Psychology*, 37, 1984, pp. 62–83.

순서변수간에 정의되는 상관계수인 다분상관계수(多分相關係數, polychoric correlation coefficient)를 이용하는 것이 필요하다. 왜냐하면 연속변수를 분석하는 것을 전제로 한 소프트웨어는 입력된 데이터로부터 피어슨의 적률상관계수(Pearson's product moment correlation coefficient)를 산출해서 분석을 하고 있는데, 순서변수에 대해서 이것을 구하더라도 정확한 상관을 얻을 수는 없기 때문이다. 소프트웨어에 따라서는 변수가 순서변수라고 지정하면, 자동적으로 다분상관계수를 구해주는 것도 있다.

또 범주수가 3 이하인 변수는 그 이산적인 히스토그램을 정규분포로 간주하는 데도 문제가 있기 때문에, 범주 순서변수로서 추정을 하지 않으면 안 된다. 따라서 이 경우에는 다분상관계수와 그 표준오차로부터 얻어지는 가중치행렬을 이용한 WLS(weighted least squares) 추정을 실시하는 것이 가장 좋은 방법이라고 생각된다.

단, 다분상관계수를 이용한 WLS 추정은 생데이터를 이용했을 때만큼은 아니지만, 추정결과를 안정시키기 위해서는 ML(maximum likelihood) 추정보다도 많은 표본이 필요하다. 또 외생적 관측변수를 비확률변수로서 다룰 수 있는 소프트웨어도 아직 그다지 많지는 않다. 그러므로 경우에 따라서는 비정규성을 배려한 추정방법을 이용할 수 없는 경우도 있을 것이다.

이와 같은 때에는 다분상관행렬을 기초로 분석을 실시하는데, 추정법으로서는 ML 추정을 이용한다고 하는 방법이 타당한 해결법이 된다. ML 추정의 추정치는 데이터의 다변량정규성이 성립하지 않는 경우에도 비교적 완건성(頑健性)이 높다는 사실이 알려져 있기 때문이다. 단, 점추정치는 이용가능하지만, 표준오차나 χ^2값을 이용한 적합도지표, 각종 검정 등은 부정확한 값이 되기 때문에 이용할 수 없다. 구간추정치를 이용하고 싶은 경우에는 부트스트랩법 등을 병용하는 것이 필요하다.

> 다분상관계수(polychoric correlation coefficient) : 두 개의 변수가 각각 r개($r \geq 3$) 및 s개($s \geq 3$)의 범주로 나누어져 있고, 그 동시분포가 $r \times s$의 도수분포표로서 주어져 있다고 한다. 이것에 비해서 이들 변수는 원래 연속변수이며 2변량 정규분포에 따르는 것이라고 가정하고, 그 상관계수를 위의 데이터로부터 추정한 것이 다분상관계수이다. 추정에는 처음에 각 변수에 대한 각 범주의 도수분포로부터, 정규분포 함수를 이용해서 범주의 경계치를 구하고, 그 다음 이것을 이용하여 상관계수를 최우법에 의해 추정하는 방법과, 범주의 경계치와 상관계수를 동시적으로 최우 추정하는 방법이 있다. 그리고 범주의 수 r, s가 모두 2일 때에는 사분상관계수(四分相關係數)라고 불리고 있다.

15.6 결측값을 포함하는 데이터에 대한 대처

[질문] 자신이 분석하고 싶은 데이터에는 결측값이 많이 포함되어 있습니다. 이와 같은 경우에 좋은 대처법은 있는지요?

[회답]

한마디로 결측값(missing value)이라고 하더라도 그 패턴이나 원인에는 여러 가지를 생각할 수 있고, 그것에 따라서 대처도 달라진다. 그러나 모든 결측값에 대한 대처방법이 확립되어 있는 것은 아니다. 그것에 입각하여 여기에서는 현재까지 제안되고 있는 주된 결측값의 처리법을 소개하기로 한다.

먼저 결측값은 크게 나누어서 원인이 없는 랜덤한 결측값과 어떠한 이유에 의해서 결측이 야기되고 있는 조건부의 결측값 등 두 종류로 대별할 수 있다. 이 중 후자에 대해서는 결측값이 발생하는 구조 그 자체를 모델에 짜 넣어 표현하는 것이 이상적인 해결법이 된다.

만일 결측의 원인을 명확히 알고 있다면, 그 변수를 결측하는 군(群)과 하지 않는 군으로 데이터를 나누어서 다모집단분석(multigroup analysis)을 행하는 방법이 유효하다. 예를 들면, '누이동생을 좋아한다'라고 하는 항목에는, 누이동생이 없는 사람은 회답할 수 없다. 이 경우에 누이동생이 있는 군과 없는 군으로 나누어서 분석을 해야 한다.

이것에 비해서 결측하는가 하지 않는가를 나타내는 지표가 명확하지 않지만, 일정한 규칙에 따라서 결측하고 있는 것 같다고 생각되는 경우도 있을 것이다. 이 경우에 잠재적인 군 구분을 가정해서 표본이 어느 군에 소속하는지를 추정하는, 잠재변수혼합모형(潛在變數混合模型, latent variable mixture modeling)에 의한 분석이 유효하다. 이것을 이용하면, 상술한 누이동생의 예에 있어서, 가령 누이동생의 유무를 데이터로서 수집하지 않은 경우에도 누이동생이 있는 군과 없는 군을 추정하는 것이 가능케 된다.

또 대부분의 사람이 회답할 수 없을 듯한 항목이기 때문에 생기는 결측값도 있다. 예를 들면, "독일 F3 선수권에서 어느 선수가 우승할 것이라고 생각하는가"라고 물어도 대부분의 사람은 회답하지 못할 것이다. 그러나 이와 같이 표본의 대다수가 결측값을 가져오는 상황에서는, 정보량의 태반은 바로 결측값 안에 존재하고 있다고 생각된다. 이와 같은 변수는 중단변수(censored variable)라고 불리며, 전용의 분석기법을 이용하는 것이 바람직하다.

다음에 랜덤한 결측값에 대한 대응인데, 이것은 결측의 방식이 어느 정도 랜덤한 것인가에 따라서 더욱 더 선택지가 달라진다. 공분산구조분석에 있어서 어느 정도 대처방법이 확립되어 있는 것은, 특히 MAR(missing at random)이라고 불리는 상황과 MCAR(missing completely at random)이라고 불리는 상황의 두 가지이다.

MAR이란 결측하는 변수는 랜덤이 아니지만, 그 변수에 착안한 경우에 결측 패턴이 변수의 값에 의존하고 있지 않은 상황이다. 예를 들면, 질문지 내에서 '끈돈의 액수'라고 하는 항목의 결측이 대단히 많고, 게다가 '끈돈의 액수'가 많은 표본일수록 이 항목에 대한 결측값이 증가하고 있는 경우, 이것은 MAR이 아니다. 금액의 대소에 관계없이 '끈돈의 액수'에 대한 회답에 결측이 보인다면, MAR이라고 하는 셈이 된다. 이것에 덧붙여서 질문지 내의 모든 변수가 랜덤하게 결측하도록 되어 있는 상황이 MCAR이다. 이들 랜덤한 결측의 경우에 이용되는 대처법은 크게 ① 표본을 삭제하는 방법, ② 결측값을 보완하는 방법 등 두 종류로 나눌 수 있다.

①에 대한 대표적인 기법으로 리스트와이즈 소거(listwise deletion, LD)와 페어와이즈 소거(pairwise deletion, PD)가 있다. LD는 결측값을 포함하는 표본을 데이터로부터 제외하고 분석을 행하는 방법이다. 이것에 비해서 PD는 표본공분산행렬의 요소마다 이것을 구하기 위해서 필요한 변수에 결측값이 있는지 어떤지를 확인하고, 다른 변수에 결측이 있는 표본이더라도 해당변수가 결측하고 있지 않다면, 그 정보를 이용해서 계산을 실시한다. 양자 모두 MCAR인 경우에는 추정치의 평균·분산이 일치추정량이 되지만, MAR인 경우에는 올바른 추정치를 얻지 못한다.

②의 기법은 실로 다양한데, 그 중에서도 단순한 기법으로 평균치에 의한 보완(mean imputation)이 있다. 이것은 결측값을 그 변수의 표본평균으로 보충하는 기법이다.

단, 이 방법은 MCAR 경우의 추정치 평균이 바로 일치추정량이 되기는 하지만, MCAR 경우의 분산과 MAR 경우의 평균・분산이 바르게 추정되지 않는다.

이것에 대해서도 좀더 복잡한 기법으로, 결측하고 있는 변수의 값을 데이터 중의 다른 변수로부터의 다변량회귀에 의해서 예측하는 기법(regression imputation)이나 결측치도 추정해야 할 모수의 일종이라고 간주해서 추정을 하는 FIML(full information maximum likelihood) 추정 등이 있다. 이들 기법은 평균치에 의한 보완을 행하는 것보다도 정확한 추정치를 얻을 수 있지만, 그것은 어디까지나 보완방법과 결측치의 발생 메카니즘이 일치하고 있는 경우에 한한다. 그 중에서도 FIML은 비교적 완건성(頑健性)이 높다는 사실이 알려져 있는데, 반드시 만능인 것은 아니다.

15.7 다중공선성에의 대처

[질문] 회귀분석 모델로 분석을 행했더니 "이 모델은 다중공선성을 일으키고 있는 것 같으니 계수의 해석은 피하는 편이 좋다"라고 하는 말을 들었다. 이것은 어떻게 해서 대처하면 좋을까요?

[회답]

질문에 있는 다중공선성(multicollinearity)이란 회귀분석 모델에서 독립변수간에 강한 상관관계가 있을 때나, 더 나아가서는 그 극단적인 경우로서 하나의 독립변수가 다른 하나 혹은 복수의 독립변수와 선형종속적일 때에 일어난다. 이때, 편회귀계수의 표준오차가 커진다거나 추정할 수 없다거나 하기 때문에 모델의 해석을 행하는 데 있어서 중대한 문제가 된다.

다중공선성의 존재를 검토하는 방법의 하나로, 독립변수간의 중회귀분석이 있다. 하나의 독립변수를 종속변수로 하고, 나머지 변수를 독립변수로 해서 회귀분석을 행하면, 만일 관측변수간에 강한 상관관계가 있다면 큰 중상관계수가 나타날 것이 예상된다. 중회귀분석의 방법은 이 중상관계수의 크기로 다중공선성의 존재를 찾아내고자 하는 것이다. 이때, 자의적(恣意的)인 기준이기는 하지만 중상관계수의 값이 0.9 이상인 경우에, 그때의 종속변수가 다중공선성을 일으키고 있는 원인변수는 아닌가 하고 의심하는 수가 많다.

다중공선성에 대처하는 방법은 분석의 목적이나 상황에 따라서 다르다. 우선 완전히 선형종속일 때에는, 선형종속을 일으키고 있는 변수를 삭제하지 않으면 추정결과를 얻을 수 없다. 다음에 다중공선성의 원인이 관측변수간 상관의 높이에 있는 경우에는, 먼저 상관행렬의 모든 요소를 조사해서 다중공선성을 일으키고 있다고 생각되는 상관이 높은 변수의 편성을 찾아낸다. 만일 그래도 원인이 발견되지 않는 경우는, 위와 같이 독립변수간의 중회귀분석을 행하고, 그때 중상관계수가 높은 변수가 다중공선성을 일으키고 있다고 생각한다. 원인이 되는 변수를 발견하면 그 변수를 삭제할 것, 요인분석이나 주성분분석 등의 차원축소를 실시하는 분석을 이용할 것, 등을 생각할 수 있다. 더욱이 공분산구조분석의 틀이라면 강한 상관관계의 배후에 공통요인을 생각하여, 해결하는 것이 가능하다. 즉, <그림 15-1>의 A 부분에서 상관이 높을 때, v_1에 대한 두 개의 경로 대신에 구성개념 f를 도입하는 방법이다. 그래서 f와 v_4의 상관이 작으면 다중공선성의 상태가 해소된 셈이 된다.

여기에서 수치예를 보도록 하자. 단, 그림의 구성개념 f는 지표가 적으므로, 실제로 분석을 실시할 때에는 추정이 잘 되지 않는 경우가 있다는 사실에 주의를 요한다.

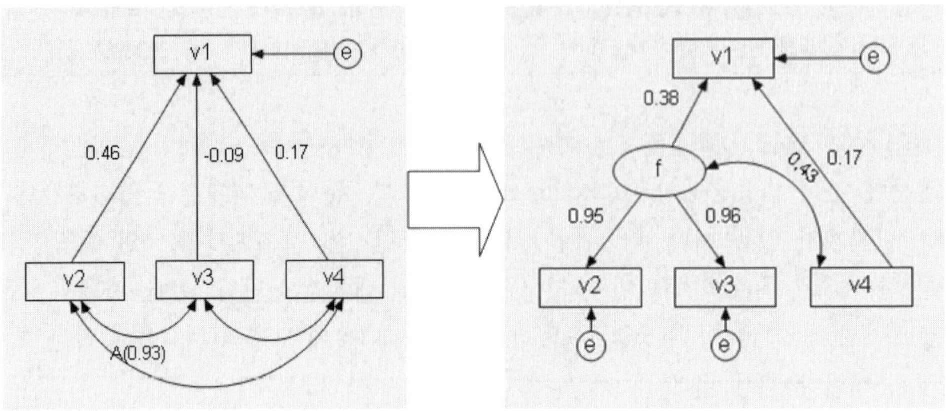

|그림 15-1| **공분산구조분석의 틀에서의 다중공선성 회피**

그림의 수치는 다음과 같은 $v_1 \sim v_4$에 의해서 구성된 상관행렬을 분석한 결과이다.

|표 15-2| **사용한 상관행렬**

	v_1	v_2	v_3	v_4
v_1	1			
v_2	0.412	1		
v_3	0.449	0.931	1	
v_4	0.326	0.427	0.417	1

여기에서 v_2와 v_3의 상관계수가 0.931로 큰 값으로 되어 있다.

<그림 15-1>의 왼쪽 그림의 중회귀 모델에 대한 추정결과를 보면, 본래 v_2와 v_3는 상관계수가 큰 비슷한 변수임에도 불구하고 v_2에서 v_1으로의 경로계수와 v_3에서 v_1으로의 경로계수는 각각 0.46, −0.09로 분명히 다른 수치를 보이고 있다. 이것이 실질과학적으로 설명할 수 없다면, 다중공선성이 일어나고 있다고 생각된다. 그래서 오른쪽 그림과 같이 요인 f를 도입하면, f는 v_2와 v_3에 같은 정도의 영향을 미치고, 그 f에서 v_1으로의 경로계수는 0.38이라고 관측할 수 있다. 또 f과 v_4의 상관은 0.43이 되어, 이 예에서는 다중공선성이 해소되었다는 것이 확인된다.

그리고 회귀 모델의 독립변수와 종속변수의 상관계수와, 편회귀계수의 플러스・마이너스의 부호가 역전될 때에 다중공선성이 일어나고 있을 가능성이 있는데, 다중공선성이 생기지 않을 때에도 이와 같은 일이 일어날 수 있다.

15.8 마이너스의 오차분산

[질문] 분석을 실시했더니 잠재변수의 오차가 마이너스 값이 되었습니다. 이런 일이 있을 수 있습니까?

[회답]

질문과 같은 요인에서 관측변수로의 경로계수에 대한 추정치에는 언뜻 보기에 이상이 없어 보임에도 불구하고, 관측변수에 대응하는 오차변수의 분산이 0이나 마이너스의 값을 취해 버린 상태를 헤이우드 케이스(Heywood case)라고 부른다. 분산은 변수가 확률적으로 산포하는 정도를 나타내는 값이므로, 이것이 마이너스의 값이 되는 경우는 이론적으로 이상하며 따라서 헤이우드 케이스는 부적합한 해라고 하는 결과가 된다. 또 오차분산이 0보다 큰 값이 되는 제약을 걸어서 추정을 행한 결과, 그 값이 0이 된 경우도 실질적으로 값이 마이너스라고 생각되므로 헤이우드 케이스에 포함된다. 원칙적으로 헤이우드 케이스인 모델을 최종적인 분석결과로서 보고하는 것은 허용되지 않으므로, 만일 이와 같은 상황에 빠진다면 어떻게든 해서 이것을 해소할 방법을 찾지 않으면 안 된다.

헤이우드 케이스에 대한 가장 단순한 대처법은, 오차분산이 마이너스가 되어 있는 변수를 분석에서 제외하는 것이다. 그러나 이렇게 해서는 모델의 형태가 변해 버리기 때문에, 그다지 권할 수 있는 방법이 아니다. 그 외의 대처법으로서 오차분산을 0으로 고정하고 추정을 행하는 방법이나 추정방법을 ML에서 GLS, ULS로 바꾼다고 하는 것이 있다. 그러나 왜 헤이우드 케이스가 되었는가를 검토하면, 보다 효과적인 대처법을 취할 수 있다. 그래서 다음에 헤이우드 케이스를 일으키는 여러 가지 원인과 그 대처법에 대해서 기술하기로 한다.

먼저 생각할 수 있는 것은 모델에 관한 문제이다. 정확히 식별할 수 없는 모델을 추정한 경우에 헤이우드 케이스가 되는 수가 있는데, 이것은 논외이다. 분석한 모델이 식별가능한지 어떤지를 먼저 확인해야 한다. 그리고 식별가능하기는 하지만 데이터에의 적합도가 나쁜 모델을 지정한 경우도 헤이우드 케이스가 되는 수가 있다. 적합도가 너무 나쁘다면 모델 자체의 변경을 검토해야 한다.

검증적 요인분석 모델에 있어서 하나의 요인에 대한 관측변수가 두 개이더라도, 모수에 제약을 부과하든가 다른 요인과 경로를 이으면 그 요인은 측정가능하게 된다는 사실이 알려져 있다. 그러나 이 2지표에 의한 측정은 반드시 안정된 상태는 아니다. 이와 같은 요인이 많은 경우에 헤이우드 케이스가 생기는 수가 있다. 따라서 모델 내의 요인에 관측변수를 두 개밖에 갖고 있지 못한 것이 없는지 어떤지 확인하는 것도 중요하다. 또 오차변수간에 존재하는 강한 상관이 원인이 되는 수도 있다. 이 경우, 오차간에 공분산의 경로를 설정하든가 그것들 배후에 별개의 요인을 가정하면 될 것이다.

그러나 경우에 따라서는 올바른 모델이더라도 헤이우드 케이스가 생기는 수가 있다. 예를 들면, 요인부하가 대단히 높은 관측변수가 있는 경우, 그 오차분산은 매우 작은 값이 되므로 추정치가 0을 뛰어넘어 마이너스의 영역으로 떨어져 버릴 가능성이 있다. 또 요인수가 많은 대규모 모델이나 MTMM(multi trait multi method) 행렬을 분석하는 모델은 헤이우드 케이스가 생기기 쉽다는 사실이 알려져 있다. 이와 같은 경우에는 오차분산을 0으로 고정하고 추정을 하더라도 괜찮다. 또 복잡한 모델의 경우에는 추정의 초기값을 바꾸어 보면 헤이우드 케이스를 회피할 수도 있다.

또 데이터가 원인이 되어 헤이우드 케이스가 되는 수도 있다. 대표적인 것은 표본수가 적다거나, 결측값이 많다거나, 극단적인 이상치가 데이터에 포함되어 있는 경우 등이다. 이들 문제는 충분한 표본수를 확보해서 주의를 기울여 데이터를 다루고, 사후의 스크리닝을 행함으로써 피할 수 있는 것이다.

좀더 복잡한 원인으로서, 예를 들면 변수간에 비선형의 관계가 있는 경우를 생각할 수 있다. 변수를 쌍으로 한 산점도를 보고 현저한 비선형의 관계가 확인되면, 변수변환을 행함으로써 헤이우드 케이스를 해소할 수 있는 가능성이 있다. 또 0.95 이상의 대단히 높은 상관을 갖는 변수의 조가 있는 경우에도, 헤이우드 케이스가 생기기 쉽다. 이 경우 어느 쪽인가의 변수를 분석으로부터 제외하면 헤이우드 케이스는 해소되지만, 상관이 높은 변수가 존재하는 것 자체가 반드시 나쁜 것은 아니다. 이론적인 관점 등으로부터 두 개의 변수가 모델에 필요하다고 생각되면, 오차분산을 0으로 고정한다든지 해서 대처해도 괜찮을 것이다.

헤이우드 케이스의 원인은 대단히 다양하기 때문에, 반드시 이것을 해결할 수 있다고는 할 수 없다. 그러나 헤이우드 케이스는 모델이나 데이터에 어떠한 문제가 있어서 생기는 경우가 많고, 그런 의미에서는 분석자에 대한 유익한 경고라고도 생각된다. 따라서 대처방법을 찾는 것은 좋은 결과를 가져올 것이다. Dillon, Kumar & Mulani(1987)[6] 등을 참고로 해서 단념하지 말고 노력하면 좋은 대처방법이 생길 수 있다.

15.9 탐색적 요인분석과 검증적 요인분석의 차이

> [질문] 탐색적 요인분석과 검증적 요인분석은 어느 쪽도 요인분석이라고 생각합니다만, 양자로부터 서로 다른 분석결과를 얻게 됩니다. 이 경우에 어느 쪽을 우선해서 해석하면 좋을까요?

[회답]

탐색적 요인분석(exploratory factor analysis, EFA)과 검증적 요인분석(confirmatory factor analysis, CFA)의 결과가 어긋나 버리는 원인은 다양하여, 일괄적으로 어느 쪽을 우선하면 좋다고 정할 수는 없다. 여기에서는 실제의 분석에 있어서 자주 나타난다고 생각되는 예를 들기로 한다.

먼저 생각할 수 있는 것이 CFA에 있어서 분석자가 어떤 이론에 의거한 모델을 지정해서 분석을 하면 충분한 적합도를 가지고 있다는 것을 확인할 수 있음에도 불구하고, EFA를 실시하면 이것과는 완전히 다른 요인구조가 얻어진다고 하는 경우이다. 이것은 EFA가 분석한 데이터에 의존하는 성질이 강하기 때문에 초래되는 결과이다. EFA는 측정오차에 의한 미묘한 흔들림에 민감하여 반드시 그 결과가 유일하게 적합도가 좋은 모델이 된다고는 할 수 없다. 교차타당화(交差妥當化)나 복수회의 조사를 실시해서, CFA로 분석한 모델 쪽이 측정기회 사이에서의 안정성이 높다는 것이 확인되면, CFA의 결과를 우선해도 괜찮을 것이다. 그러나 실질과학적인 이론에 의거한 명확한 가설이 없는 경우에는, EFA의 결과를 발판으로 더욱 모델의 검토를 행하는 것이 필요하다.

다음에 생각할 수 있는 것이, EFA에 의해서 가설대로의 요인구조를 얻은 다음에, 그것을 기초로 CFA를 실시하면 충분한 적합도를 얻기는 하지만, 경로를 늘린 모델은

---

6) Dillon, W. R., Kumar, A., & Mulani, N., "Offending estimates in covariance structure analysis : Comments on the causes of and solutions to Heywood cases," *Psychological Bulletin*, 101, 1987, pp. 126－135.

그것보다 더욱 적합도가 좋다고 하는 경우이다. 이것은 공분산구조분석에 있어서는 추정할 모수를 늘릴수록 모델이 유연해지고 보다 데이터에 적합한 모델을 만들 수 있다고 하는 성질에 따른 것이다. 그러나 모수를 너무 늘리면 분석한 데이터에 특화한 모델이 되어 버린다. 따라서 이 경우에 무리하게 적합도를 개선하려고 하지 말고, 최초의 모델을 보고해도 괜찮다. 사후에 경로를 늘린다면 LM 검정이나 모델의 검약도(儉約度)[7]에 주의해서 모델이 지나치게 데이터에 적합하지 않도록 주의하는 편이 좋을 것이다.

15.10 낮은 α계수

> [질문] 질문지의 데이터를 1요인의 검증적 요인분석에 의해서 분석했더니, 각 항목의 요인부하는 충분히 높고, 모델 전체의 적합도에도 문제가 없습니다. 그러나 α계수의 값이 작습니다. 이 이상 모델에 개선의 여지는 없겠습니까?

[회답]

테스트의 신뢰성(reliability)이란 처음에 고전적 테스트 이론(classical test theory)이라고 하는 틀 속에서 제창된 개념이다. 이 이론에서는 일정한 가정 하에서 테스트 득점의 분산은 진짜 득점의 분산과 측정오차 분산의 합으로 분해하는 것이 가능하다고 생각하고, 그때의 테스트 득점의 분산에 대한 진짜 득점의 분산에 대한 비율을 신뢰성계수로서 정의하고 있다. 즉 테스트의 신뢰성이란 어떻게 오차의 혼입이 적은 측정을 실시할 수 있을까, 라고 하는 측정 정밀도를 나타내는 지표라고 생각된다.

테스트의 신뢰성을 구체적으로 나타내는 지표로서 사용되고 있는 것으로, 크론바하 α계수(Cronbach's alpha coefficient)가 있다. 이러한 사실로부터 고전적 테스트 이론에 있어서의 신뢰성계수와 α계수는 같은 것으로 오해 받는 경향이 많은데, 실제로는 그렇지 않다. ① 관측변수의 오차 사이에 상관이 없다, ② 척도 전체가 1요인 구조를 가지고 있다, ③ 측정이 τ등가이다, 등의 모두가 성립하는 경우에만 α계수가 신뢰성계

---

7) 데이터와 모델의 근접성과는 다른 관점에서 모델의 적합도를 평가하는 지표로서, 추정된 모수의 적은 정도라고 하는 개념을 도입했는데, 이것이 검약도이다.

수와 같아진다는 사실이 알려져 있다. 그렇지 않은 경우에는 반드시 α계수는 신뢰성계수보다도 작은 값이 되어 버리므로, α계수는 신뢰성계수의 하한(下限)이라고 일컬어지는 수도 있다.

이들 조건이 성립하고 있는지 어떤지는, 데이터를 제약이 없는 1요인의 검증적 요인분석과 각 조건을 표현하는 제약을 더한 모델로 분석하여, 얻어진 적합도지표를 비교해서 어느 쪽이 적합도가 좋은지를 검토함으로써 확인하는 것이 가능하다. 먼저 ①에 대해서는, 오차 사이에 공분산의 경로를 그은 모델과의 비교를 실시한다. 단, 모든 오차 사이에 경로를 설정하는 것은 대부분의 경우 추정 가능한 모수의 수와의 균형에 의해 불가능하므로, 잔차 공분산행렬 등을 보면서 공분산을 설정할 장소를 검토하게 된다. 다음에 ②는, 요인수를 바꾼 모델을 분석함으로써 검토할 수 있다. 마지막으로 ③인데, "측정이 τ등가이다"라고 하는 것은 요인에서 관측변수로의 경로계수가 같은 상황을 나타내는 용어이다. 따라서 경로계수가 모두 같다고 하는 제약을 더한 모델을 분석해서 적합도를 비교하면, 조건이 성립하고 있는지 어떤지를 검토할 수 있다.

그러나 실제로 분석을 실시해 보면, 조건 ②나 ③을 충족하는 데이터는 거의 없다는 것을 알 수 있다. 엄밀하게 1요인밖에 검출되지 않는 데이터는 거의 없고, 요인부하가 모두 같다고 하는 것도 대단히 엄한 제약이다. 그렇지만 이늘 제약은 반드시 측정 정밀도의 향상에 공헌한다고는 할 수 없다. 엄밀하게 1요인 구조가 아니더라도 제1요인의 고유치가 높으면 실용상은 충분하고, 요인부하의 값이 다소 고르지 않더라도 그것들이 모두 높으면 아무런 문제도 없다. 요컨대 α계수는 반드시 측정 정밀도가 낮은 것은 아닌데, 부당하게 낮게 견적될 가능성이 있는 것이다. 질문에 있는 것은, 바로 이와 같은 경우라고 생각된다. 가령 요인부하가 높아서 1요인 모델에 대해서 충분히 높은 적합도를 가지고 있더라도, 엄밀하게 3개의 조건을 충족하고 있는 경우 쪽이 적은 것이다.

이와 같은 경우에 유효한 것이 McDonald(1978)[8]가 제창한 ω계수라고 하는 지표이다. 이것은 척도가 전술한 세 개의 조건을 충족하고 있지 않은 경우라도 그것에 따른 정확한 신뢰성계수의 값을 얻는 것이 가능한 지표이며, 이 점에서 부당하게 값이 작아지는 α계수보다도 우수하다고 생각된다.

예로서 $x_1 \sim x_5$의 5항목으로 이루어지는 테스트를 실시해서 얻은 <표 15-3>의 데이

8) McDonald, R. P., "Generalizability in factorable domains : 'domain validity and generalizability'," *Educationable and Psychological Measurement*, 38, 1978, pp. 75－79.

터를 1요인의 검증적 요인분석 모델로 분석한 결과를 <표 15-4>에 보인다.

|표 15-3| **5항목의 테스트에 의한 데이터의 공분산행렬**

	x_1	x_2	x_3	x_4	x_5
x_1	0.904				
x_2	0.265	0.785			
x_3	0.191	0.157	0.275		
x_4	0.148	0.136	0.088	0.230	
x_5	0.167	0.146	0.095	0.086	0.265

|표 15-4| **1요인의 검증적 요인분석 결과**

	요인 패턴		오차분산	
	비표준화해	표준화해	비표준화해	표준화해
x_1	0.559	0.588	0.592	0.809
x_2	0.484	0.546	0.551	0.838
x_3	0.325	0.620	0.169	0.784
x_4	0.275	0.572	0.155	0.820
x_5	0.300	0.583	0.145	0.812

요인 패턴의 표준화해는 모두 0.5를 초과하고 있어, 각 항목의 측정 정밀도는 충분한 것으로 생각할 수 있다. 또 적합도지표도 AGFI = 0.997, RMR = 0.004로 특히 문제가 없다. 그러나 이 데이터로부터 산출되는 α계수는 $\alpha = 0.682$로 비교적 낮은 값이 되었다. 이와 같은 결과가 얻어진 것은 요인의 측정 상황이 τ등가가 아니기 때문이다. ω계수의 산출은 α계수와 비교하면 복잡하지만, 전술한 조건 중 성립하고 있지 않은 것이 ③의 "측정이 τ등가이다"만인 경우에는 요인의 분산을 1로 고정하고 추정을 실시한 검증적 요인분석의 결과로부터,

$$\omega = \frac{\left(\sum_{i=1}^{n}\lambda_i\right)^2}{\left(\sum_{i=1}^{n}\lambda_i\right)^2 + \sum_{i=1}^{n}\sigma_{e_i}{}^2} \tag{1}$$

라고 하는 비교적 간단한 식에 의해서 ω계수를 구할 수 있다는 사실이 알려져 있다. 단, λ_i는 i번째의 관측변수에 대한 요인 패턴을, $\sigma_{e_i}^2$은 i번째의 관측변수에 대한 오차

변수의 분산을 나타내고, 관측변수의 수는 전부 n개이다. 또 λ_i, $\sigma_{e_i}^2$는 모두 비표준화해의 값을 이용한다.

여기에서 (1)식을 이용해서 <표 15-4>의 경우에 대한 ω계수를 실제로 계산해 보면,

$$\left(\sum_{i=1}^{n}\lambda_i\right)^2 = (0.559 + 0.484 + 0.325 + 0.275 + 0.300)^2 = 3.775 \tag{2}$$

$$\sum_{i=1}^{n}\sigma_{e_i}{}^2 = 0.592 + 0.551 + 0.169 + 0.155 + 0.145 = 1.612 \tag{3}$$

로부터,

$$\omega = \frac{3.775}{3.775 + 1.612} = 0.701 \tag{4}$$

이 되어, 실제의 신뢰성은 α계수의 0.682보다 큰 값이라는 것을 알 수 있다. 이와 같이 α계수는 테스트의 신뢰성을 반드시 바르게 반영하지 못하는 경우가 있는 것이다.

(1)식은 조건 ③만이 성립하지 않는 경우의 ω계수 추정법인데, 물론 조건 ①이나 ②가 성립하지 않는 경우에 이용할 수 있는 기법도 있다. 이들에 관해서는 Raykov & Shrout(2002)[9]를 참고하기 바란다. 특히 ②의 조건을 필요로 하지 않게 된다고 하는 것은, 복수의 요인을 포함하는 테스트 전체의 신뢰성을 평가할 수 있다고 하는 것이 되므로, 실용성 대단히 유용한 기법이라고 생각된다.

15.11 마이너스의 α계수

[질문] 신뢰성계수는 분산의 비율이므로 마이너스의 값으로는 되지 않는다고 생각합니다만, α계수를 구했더니 마이너스의 값이 되어 버렸습니다. 이런 일이 있을 수 있습니까?

[회답]

α계수는 신뢰성계수 그 자체는 아니고, 어디까지나 신뢰성계수의 추정치다. 양자

9) Raykov, T., & Shrout, P. E., "Reliability of scales with general structure : Point and interval estimation using a structural equational modeling approach," *Structural Equation Modeling*, 9(2), 2002, pp. 195－212.

는 완전히 같다고는 할 수 없다. 증명은 생략하지만, α계수의 이론적인 하한은 $-\infty$라고 하는 것이 알려져 있고, 따라서 이것이 마이너스가 되는 것은 충분히 있을 수 있는 것이다. 구체적으로 어떠한 경우에 α계수가 마이너스가 되는지를 이하에 예를 들어 설명하기로 한다.

먼저 생각할 수 있는 것이, 데이터가 <그림 15-2>와 같은 구조를 갖고 있는 경우이다.

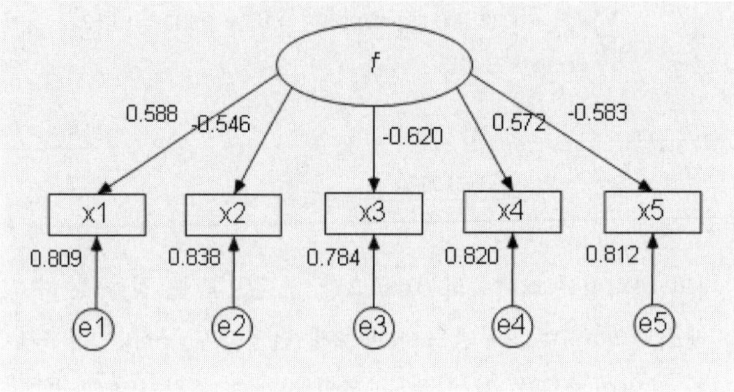

| 그림 15-2 | α계수가 마이너스가 되는 모델 1

특징은 요인으로부터의 경로계수의 절대치가 대체로 크다는 것이며, 이것은 각 관측변수가 공통의 요인을 측정하고 있다는 것을 나타내고 있다. 실제로 적합도지표도 GFI = 0.999, RMR = 0.008로 충분한 값을 보이고 있으며, 1요인 모델의 적합도는 대단히 좋다는 것을 알 수 있다. 그러나 <그림 15-2>의 데이터로부터 산출되는 α계수는 $\alpha = -0.575$로 마이너스의 값을 보이고 있다.

이 데이터의 구조는 테스트에 포함되는 역전항목(逆轉項目)의 처리를 잊어버린 경우에 전형적으로 볼 수 있는 것이다. 이 경우, 각 항목은 확실히 동일한 요인을 측정하고 있어서 요인부하도 높게 되지만, 그 방향성이 거꾸로 되어 있는 것이 섞여 있기 때문에 플러스의 요인부하와 마이너스의 요인부하가 혼재해 있는 것이다. 이 결과, 항목간에 전체적으로 보아서 마이너스의 상관이 존재하기 때문에, α계수가 마이너스의 값이 되어 버린다. 이 경우에는 입력 데이터를 정확히 체크해서 수정하면, 충분히 높은 α계수의 값을 얻을 수 있다.

이것에 비해서 데이터가 <그림 15-3>과 같은 구조를 갖고 있는 경우도 마찬가지로 α계수가 마이너스가 된다.

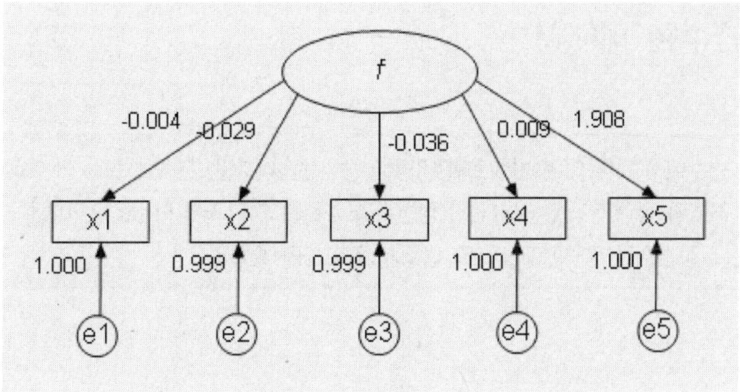

|그림 15-3| α계수가 마이너스가 되는 모델 2

x_5에 이르는 경로계수의 표준화해에 대한 절대치가 1을 초과하고 있다는 사실로부터 짐작할 수 있는 대로, 이 분석결과는 부적합해이다. 그 밖의 관측변수에 이르는 경로계수의 절대치도 작고, 전체적으로 1요인 모델에의 적합도가 극히 나쁘다는 것을 알 수 있다. 이 데이터로부터 구한 α계수는 $\alpha = -0.115$로 역시 마이너스의 값이 된다. 이것은 항목간에 거의 상관이 없고, 전체로서 하나의 잠재개념을 측정하는 척도로서 부적당한 경우에 볼 수 있는 데이터 구조이다. 전체적으로 항목간 상관은 0에 가깝게 되지만, 이것이 '대단히 0에 가까운 마이너스의 값'을 취한 경우에 <그림 15-3>과 같이 마이너스의 α계수가 얻어져 버리게 된다.

대처방법을 생각해 보자. 분석한 데이터가 항목수, 피험자수 모두 매우 적은 경우에는, 표본오차에 의한 흔들림 때문에 부정확한 데이터가 되어 버릴 가능성이 있다. 다시 분석하는 데 충분한 규모의 데이터를 취함으로써 플러스의 α계수를 얻을 수 있을지도 모른다. 그러나 이미 충분한 사이즈의 데이터를 분석하고 있는 경우에는, 그들 항목은 전체로서 하나의 잠재개념을 측정하고 있다고 간주할 수 없는 제일성(齊一性, 모두 한결같은 성질)이 낮은 항목이라고 하게 된다. 다시 항목내용에 대해서 여러 가지 관점으로부터 검토하는 것이 필요하다. 실질과학적인 견지에서의 고찰이나 탐색적 요인분석에 의한 요인구조의 탐색 등이 유효하다.

15.12 조정변수에 대해서

[질문] 어떤 변수에서 다른 어떤 변수로의 영향을 상정했습니다만, 분석해 보니 계수의 값이 생각하고 있던 부호와 반대가 되었습니다. 조정변수라고 하는 것이 원인의 하나가 아닌가 라고 들었습니다만, 조정변수란 무엇인지요? 또 어떻게 검토하면 좋을까요?

[회답]

조정변수(調整變數, moderator variable)란 그 값의 차이에 의해서 두 개 변수간의 관계를 바꾼다거나 그 효과를 약화시킨다거나 하는 변수를 말한다. 즉, 두 변수간의 공분산 혹은 상관계수가 어떤 조건일 때는 부호가 플러스(마이너스)인데 다른 조건에서는 마이너스(플러스)가 된다거나, 값이 작아진다거나 할 때, 그 조건의 차이를 조정변수 값의 차이라고 생각할 수 있다. 예를 들면, 신개발품인 시력회복기기의 사용시간과 그 효과에 플러스의 상관관계가 보이는 것은 원래의 시력이 0.5 이하인 경우에 한한다고 하는 상황을 생각할 수 있다.

예측변수에서 기준변수로의 영향이 예상 외로 작다거나 모순된 결과가 된 경우, 조정변수는 특히 검토된다. 단, 조정변수로서 작용하고 있는 조건은 무엇인가를 발견하는 것은 어려운 경우가 많다고 생각된다. 또 어떤 조건을 조정변수로서 문제 삼는 것이 가능하더라도 후술하는 바와 같이 그 작용의 특징에 대해서 상세히 검토할 필요가 있다. 그러나 구성한 예측 모델을 적용할 수 있는 조건을 정하는 것은 중요한 과제라고 할 수 있다. 이하에서는 상정한 조정변수의 성질과 예측변수의 편성을 Baron & Kenny(1986)[10]에 따라서 문제 삼는다.

조정변수는 질적변수인 경우와 연속변수인 경우로 나누어진다. 질적인 조정변수에는, 예를 들면 성별이나 지역 등이 해당된다. 즉, 어떤 지역에서는 문화, 풍토 등의 차이로부터 연구대상의 치료법이 효과를 갖지 못한다고 하는 상황이다. 연속적인 조정변수의 예로서는, 학생의 동기부여 정도 등을 생각할 수 있다. 종래의 교수법과 비교해서 효과적인 새로운 교수법은 학생이 의욕적이면 그럴수록 보다 효과를 갖는다고 하는 경우이다.

10) Baron, R. M., & Kenny, D. A., "The moderator - mediator variable distinction in social psychological research : Conceptual, strategic, and statistical considerations," *Journal of Personality and Social Psychology*, 51(6), 1986, pp. 1173－1182.

이와 같이 조정변수는 명확하게 구별할 수 있는 질적변수라고는 할 수 없으므로, 조정변수, 예측변수의 각각이 질적변수, 연속변수인 네 가지의 경우를 생각할 필요가 있다. 단, 여기에서는 간단히 하기 위해서 질적변수가 취할 수 있는 값은 성별과 같이 2가(價)라고 한다. 또 기준변수는 연속변수를 상정한다.

먼저 조정변수나 예측변수나 모두 질적변수인 경우를 생각한다. 이 상황에서는 각각의 변수를 인자(factor)라고 생각하여 2인자 2수준의 분산분석을 실시하면 되는 것이다. 교호작용이 조정변수의 효과에 해당된다.

다음에 조정변수가 질적, 예측변수가 연속인 경우를 생각한다. 조정변수(調整變數)는 'population control variable', 'subgrouping variable'이라고도 불리듯이, 이것이 질적변수인 경우에는 모집단을 예측변수와 기준변수의 관계라고 하는 관점이 다른 군으로 나누는 변수라고 생각할 수 있다. 이 경우, 공분산구조분석에 있어서의 다모집단분석을 이용할 수 있다. 관심의 대상인 변수간의 계수에 대해서 각각의 군(群)에서 자유추정한 모델과 군 사이에서 같다고 하는 제약을 고려한 모델을 비교함으로써 조정변수의 유무를 검토하게 된다.

세 번째의 상황으로서, 조정변수가 연속, 예측변수가 질적인 경우를 생각할 수 있다. 이와 같은 때는 공분산분석을 이용해서 검토한다. 교호작용항이 유의하게 되어 군 사이에서 기울기가 같은 회귀직선을 설정할 수 없을 때, 조정변수의 효과가 인정되게 된다.

조정변수의 값에 의해서 예측변수에서 기준변수로의 효과가 2차 함수적으로 증가 혹은 감소한다거나 단계적으로 변화한다고 생각되는 경우는, 그 변화가 일어나는 조정변수의 값으로 구분지어 이것을 질적인 변수로서 다루는 것도 생각할 수 있다.

마지막으로 조정, 예측 쌍방의 변수가 연속변수인 경우이다. 이 경우는 교호작용항으로서 두 변수의 곱을 새로운 변수로 하여 예측변수, 조정변수와 함께 중회귀분석을 적용하는 것이 하나의 방법이다. 그리고 이 교호작용항의 계수로 조정변수를 검토한다.

상기의 중회귀분석에 의한 대처에서는, 예측변수, 조정변수의 오차가 영향을 미침으로써 교호작용항의 크기가 과소평가되는 문제점이 지적되어, 이와 같은 치우침을 경감하기 위해서, 또 복수의 관측변수로부터 측정된 잠재변수간의 효과에 대한 조정변수의 영향을 조사하기 위해서도 조정변수에 대해서 공분산구조분석을 이용하는 것은 유효하다고 할 수 있다.

예측, 기준, 조정변수의 모두가 연속변수인 경우에는, 중회귀분석의 경우와 마찬가지로 교호작용항으로서 곱의 변수 등을 도입하는 것이 유효하다. 공분산구조분석에 있어서의 교호작용 검토는 Bollen & Paxton(1998)[11], 豊田(2003, 第17章)[12] 등을 참고하기 바란다.

15.13 관측변수의 수와 경로계수의 관계

[질문] 잠재변수를 구성하는 관측변수의 수에 의해서 경로계수가 변화한다고 하는 경우가 있습니까?

[회답]

잠재변수를 측정하는 관측변수의 수가 많아지면, 경로계수의 평균적인 값을 크게 하는 것은 어려워진다. 그러나 그렇다고 해서 안이하게 관측변수의 수를 줄이면, 잠재변수로서 표현된 구성개념의 내용적인 타당성이 보증되지 않을 우려가 생긴다.

질문항목 등의 관측변수는 지표(indicator)라고도 불린다. 잠재변수로서 도입된 구성개념의 내용에 관해서 하나의 측면을 보이고 있기 때문이다. 대상으로 하는 개념에도 의존하지만, 일반적으로 연구가설에서 다루어지는 구성개념은 내용에 어느 정도의 폭이 있다고 생각된다. 따라서 그것을 파악하기 위한 지표도 폭넓은 영역으로부터 취해져야 할 것이다.

예를 들면, 학력으로서 설정한 구성개념이 독해력에 관한 항목으로만 측정되고 있다면, 그것은 대단히 폭이 좁은 것으로 될 것이다. 학력이라고 칭해지면서 실은 독해력을 측정하고 있어, 구성개념은 내용적인 타당성을 빠뜨리고 있다. 이와 같은 경우에는 잠재변수로부터의 경로계수가 독해력을 측정하는 관측변수에 대해서 큰 추정치가 된 것으로 한다. 그러나 이러한 사실로부터 학력은 독해력에 강하게 영향을 미친다고 결론짓는 것은 경솔한 생각이다. 지표의 내용이 한 쪽으로 치우쳐 있는 이유로, 구성개념의 내용도 거의 독해력을 나타내고 있는 학력이 되어 있는 것으로 생각되기 때문이다.

위의 문제를 해결하기 위해서, 학력이라고 하는 구성개념을 나타내는 데 적합한 지표를 독해력의 항목에 더해서 다양한 영역으로부터 모은다. 그렇게 하면 구성개념의

11) Bollen, K. A., & Paxton, P., "Interactions of latent variables in structural equation models," *Structural Equation Modeling*, 5, 1998, pp. 267－293.

12) 豊田秀樹(編著), 共分散構造分析[技術編] － 構造方程式モデリング －, 朝倉書店, 2003.

내용은 전술한 바와 같이 독해력이라고 하는 하나의 영역으로 강하게 규정된 상태는 아니게 된다. 즉, 독해력에 대한 경로계수의 값은 상대적으로 작게 추정된다.[13] 또 항목의 수가 많아지면 적합도도 악화하는 방향으로 영향을 받는다.

15.14 다수 항목에의 대처

> [질문] '울적함'에 관한 척도를 이용해서 '울적함' 요인을 구성하고, 그것을 이용해서 분석을 실시했더니 적합도가 대단히 나쁜 것으로 되었습니다. 원인은 '울적함'에 관한 척도를 구성하는 항목수가 많기 때문이라고 들었습니다. 그러나 선행연구와의 균형도 있어 항목을 삭감하고 싶지는 않습니다. 이와 같은 경우에 '울적함' 척도의 합계 득점을 이용해서 관측변수 '울적함'을 구성하는 것은 가능한지요? 또 다른 해결책은 있습니까?

[회답]

합계 득점을 이용해서 관측변수로 하는 방법인데, 이것은 반드시 최량의 방법은 아니다. 왜냐하면, 항목마다 요인으로부터 받는 가중치는 다를 가능성이 높기 때문이다. 즉, 단순한 합계 득점을 취하는 경우에 항목이 요인으로부터 받는 가중치가 같을 필요가 있다. 예를 들면, 모든 계수에 등치제약을 둔 모델이 그와 같은 제약을 두지 않은 모델과 비교하여 적합도 면에서 나쁘지 않다면, 단순한 합계점을 취하는 것도 가능하다. 그러나 그것이 성립하지 않는 경우 쪽이 현실적으로는 많게 된다.

이와 같은 문제의 해결책 중 하나로서, 서브스케일(하위척도)을 구성한다고 하는 방법이 있다. 예를 들면, 9항목으로 구성되는 '울적함' 척도가 있다고 한다. 1요인으로 적합도가 나빠진 경우, 하위척도가 존재하고 있을 가능성이 있다. 그래서 이 '울적함' 척도에 대해서 탐색적 요인분석을 실시한 결과, 3요인으로 해도 적합도는 나쁘지 않다면 <그림 15-4>와 같은 2차 요인분석 모델을 이용함으로써 9항목 1요인으로 하는 것보다도 적합도가 좋은 모델을 구성할 수 있다.

---

13) 값이 작고 유의하지 않은 경로계수에의 대응은 15.5를 참조할 것.

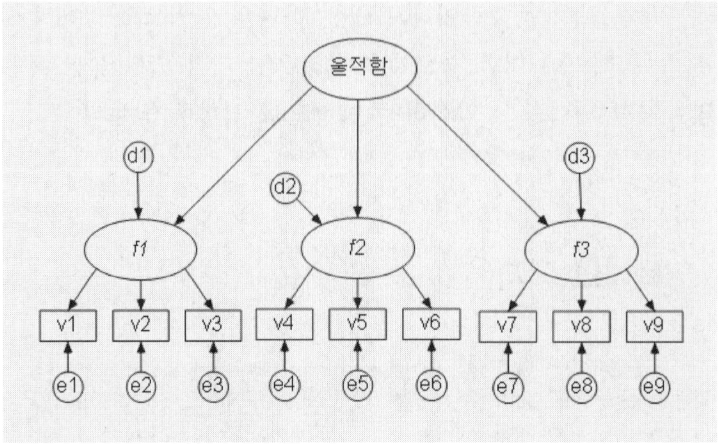

| 그림 15-4 | 서브스케일의 예

15.15 상관행렬의 비교

> [질문] 기존의 어떤 척도에 대해서 데이터를 수집했습니다. 이 척도는 표준화의 과정에서 수천 명의 피조사자를 대상으로 한 대규모적인 연구가 행해지고 있습니다. 척도의 안내서에는 상관행렬이 게재되어 있으므로, 이것과 자신이 수집한 수백의 소표본으로부터의 상관행렬이 같은 것인지 비교·검토하고 싶다고 생각합니다. 어떻게 하면 좋을까요?

[회답]

상관행렬은 분산을 1로 표준화한 변수간의 공분산행렬이라고 생각할 수 있다. 따라서 2군 사이(혹은 그 이상의 군 사이)의 공분산행렬이 같다는 것을 보이면, 그것을 표준화한 상관행렬도 같다고 할 수 있다. 그러나 역(逆)은 성립하지 않는다. 2군 사이에서 상관행렬이 같다는 것을 보이더라도 각 군(各群)에서 각각의 변수에 대한 분산이 같다고는 할 수 없고, 따라서 공분산도 같다고는 판단할 수 없기 때문이다.

각각의 모집단으로부터 얻어진 데이터를 비교할 경우는, 각 모집단에서 분산이 다를 가능성이 있기 때문에, 공분산행렬을 비교하는 것이 보다 바람직할 것이다. 그러나 질문의 상황과 같이 상관행렬밖에 비교할 수 없는 경우도 현실에는 존재한다고 생각된다.[14] 상관행렬을 비교하는 경우에는, 다음과 같이 모델을 구성한다. 이 방법은 공분산행렬을 분석대상으로 하면서, 모델상에서는 상관행렬을 비교한다고 하는 것이다. 여기에서는 두 개의 모집단에 대해서 4개의 변수에 관한 상관행렬을 비교하는 상황을 생각한다. 한쪽의 모집단은 안내서에 게재되어 있는 상관행렬을 분석대상으로 하고, 다른 한쪽은 자신이 수집한 생데이터를 분석대상으로 하고 있는 것을 상정한다.

<그림 15-5>, <그림 15-6>과 같이 각 모집단에서 관측변수와 같은 수의 잠재변수를 도입하고, 각각의 관측변수가 각 잠재변수를 측정하고 있는 것처럼 설정한다. 이때, 잠재변수의 분산은 1로 고정하고, 잠재변수에서 관측변수로의 영향지표를 자유 추정한다. 또 분산을 1로 가지런히 하기 위하여 편의적으로 잠재변수로서 표현되고 있는 관측변수는 측정의 오차 없이 잠재변수와 완전히 일치한다. 즉, 그 오차변수의 분산은 0이라고 한다.

이와 같이 모델을 구성함으로써 잠재변수간의 공분산은 관측변수간의 상관을 표현하는 것이 된다. 분산이 1로 표준화된 변수간의 공분산이기 때문이다. 그래서 <그림 15-5>, <그림 15-6>에 보이는 A에서 F까지의 공분산에 대해서, 모집단간에 등치제약(等値制約)을 둔다. 이와 같은 2개의 모집단 동시분석을 실행하여, 모델이 적합한지 어떤지를 각종의 적합도지표를 이용해서 검토한다. 이때, χ^2검정의 귀무가설은 모집단간에서 상관행렬은 같다고 하는 것이다. 질문의 상황과 같이 한쪽 모집단의 입력데이터가 상관행렬인 경우, 그 모집단에 대한 위의 모델에 있어서의 요인 패턴의 값은 모두 1이 된다.

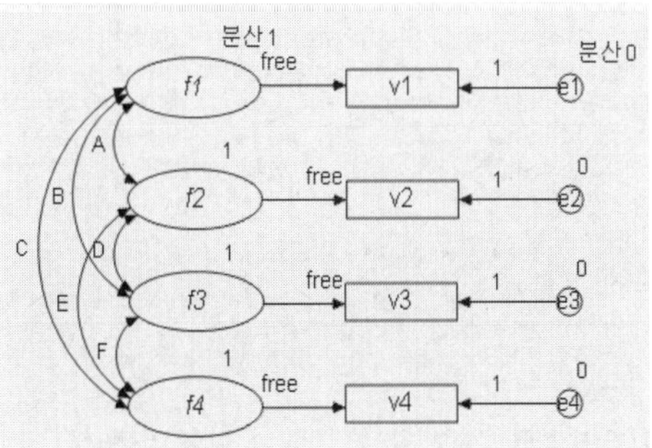

|그림 15-5| **모집단 A**

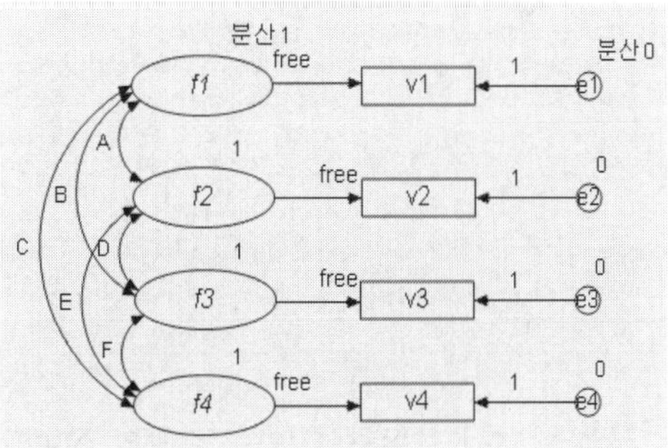

|그림 15-6| **모집단 B**

다른 모집단간의 상관행렬에 대한 비교뿐만 아니라 발달연구와 같이 동일한 대상에 대해서 같은 관측변수에 의한 종단적(縱斷的)인 데이터가 있는 경우, 측정시점의

14) 공분산구조분석에서 상관행렬을 분석할 때의 주의점은 15.3을 참조할 것.

차이에 의한 상관행렬의 변화를 검토하는 것도 가능하다.[15] 이 경우에 비교할 대상이 독립이 아니기 때문에 다모집단분석은 사용할 수 없다. 하나의 모집단에 대해서 모든 변수를 대상으로 분석하고, 각 측정시점에서 공통적인 관측변수의 공분산에 등치제약을 둔다. 그 밖의 모델 설정은 상관행렬이 독립인 경우와 같다.

<그림 15-7>은 세 개의 변수에 의한 측정이 2시점에서 행해진 상황을 상정하고, 각각의 시점에 대한 상관행렬을 비교하는 모델을 보이고 있다. 그림의 왼쪽 세 개의 변수가 1시점에서 측정된 변수, 오른쪽이 2시점에서 측정된 변수이다. 합계 6개의 변수간에는 전부해서 15개의 공분산이 존재하는데, 그림에서는 생략해서 보이고 있다.

<그림 15-7>에서 A, B, C라고 표시된 각 측정시점간에서 대응하는 상관에, 각각 등치제약을 둔다. 이 모델과 데이터와의 적합도를 검토하는 것이, 대상이 독립이 아닌 상관행렬을 비교하는 것에 상당한다.

동일한 관측변수에 대해서 시간을 두고 2회 데이터를 수집한 경우, 상관행렬은 예를 들면 다음 <표 15-5>와 같이 된다.

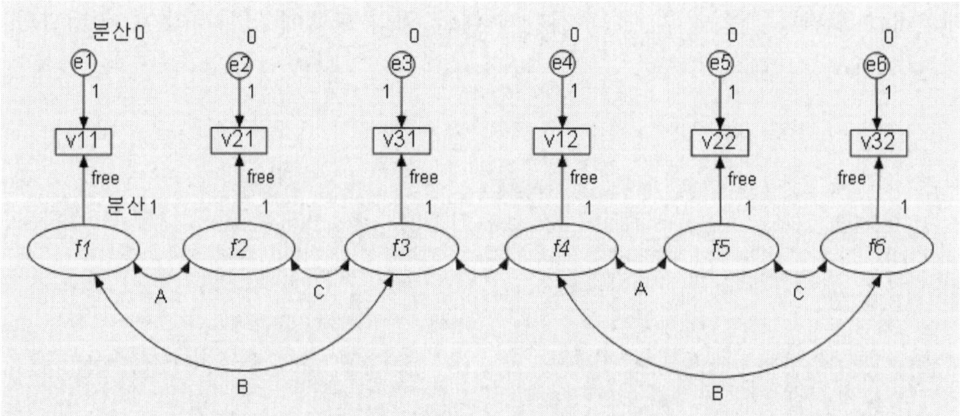

|그림 15-7| **독립이 아닌 두 개의 상관행렬 비교(6변수의 상관 중 8개를 생략하고 도시)**

15) Green, J. A., "Testing whether correlation matrices are different from each other," *Developmental - Psy-chology,* 28, 1992, pp. 215－224.

| 표 15-5 | **2시점간의 상관행렬(가공수치예)**

	시점 1			시점 2		
변수	v_{11}	v_{21}	v_{31}	v_{12}	v_{22}	v_{32}
v_{11}	1.00					
v_{21}	0.01	1.00				
v_{31}	0.25	0.49	1.00			
v_{12}	0.49	0.02	0.08	1.00		
v_{22}	0.12	0.44	0.27	0.32	1.00	
v_{32}	0.24	0.07	0.65	0.47	0.51	1.00

<그림 15-7>에 있어서 A, B, C로 해서 등치제약을 두고 비교된 상관은, 표에서는 시점 1에 관한 왼쪽 위의 3행 3열의 상관행렬과 오른쪽 아래 행렬의 비대각요소(非對角要素)를 비교하는 것에 대응한다. 즉, 0.01과 0.32, 0.25와 0.47, 0.49와 0.51의 비교이다.

표의 왼쪽 아래에 분할되어 표시된 3행 3열의 상관행렬은 세 개의 관측변수에 대한 시점간의 상관을 나타낸다. 이 행렬의 대각성분 위치에 있는 상관은 같은 관측변수간의 상관이므로, 시점이 달라도 그 값이 높은 것이 기대된다. 이 상관의 값이 높을수록 그 관측변수는 안정된 측정을 행할 수 있다고 생각된다. 한편, 세 개의 변수가 각각 다른 별개의 개념을 측정하고 있다고 하면, 이 행렬의 비대각요소 값은 낮은 것이 기대된다. 여기에 위치하는 상관의 값은 동일한 변수군의, 시점이 다른 측정치간에 있어서의 상관을 나타낸 것이기 때문이다.

15.16 각 요인의 이동(異同)에 대한 검토

[질문] 세 개의 요인이 있는 모델에서 각각의 요인이 별개의 개념을 나타내고 있다고 하는 것을 확인하고 싶습니다만, 좋은 방법이 있습니까?

[회답]

세 요인간의 상관을 검토해 보자. 이것들이 너무나 높은 경우에는 각 요인이 다른 개념을 표현하고 있다고는 생각하기 어렵고, 세 개의 요인을 설정하는 것의 의의에 의문이 생긴다.

관측변수의 배후에 세 요인을 가정하는 것이 적절한지 어떤지는, 모델 비교를 행함으로써도 검토할 수 있다. AIC, ECVI, SBC 등의 지표를 사용해서 모델의 데이터에 대한 적합도를 비교하여 세 개 중 몇 개의 요인을 상정한 모델이 현상을 설명하는 데 가장 적절한지를 판단한다. 여기에서 연구가설로부터 상정되고 있는 3요인 모델이 지지된다면, 각 요인은 다른 개념을 나타내고 있다는 것의 방증이 될 것이다. 단, 당연한 얘기이지만 이때 채택한 3요인 모델은 상대적으로뿐만 아니라 그 모델 자체에 있어서도 GFI나 RMSEA 등의 적합도지표가 양호할 필요가 있다.

위의 방법은 분석을 통해서 요인의 변별적 타당성을 검토하는 것인데, 관측변수(항목)로부터 구성되는 요인(척도)의 타당성은 일반적으로 다양한 방법에 의해서 다각적으로 검토된다.[16] 질문의 모델에 있어서도 통계적으로 요인의 차이가 확인되더라도 각 요인을 구성하는 항목이 그 내용에 비추어서 요인이 나타내고 있다고 생각하는 구성개념과 적절히 대응하고 있는지 어떤지, 실질과학적인 관점에서 검토하는 것이 대단히 중요하다. 이와 같은 내용적 타당성이 따르지 않으면 아무리 모델이 통계적으로 지지되더라도 유익한 식견은 얻을 수 없을 것이다.

또 요인이 나타내는 개념이 안정적으로 명확하다는 것을 확인하기 위해서도, 동일한 모집단으로부터 취해진 별개의 데이터에 대해서 같은 3요인 모델이 적합한지 어떤지를 검토하는, 교차타당화(交差妥當化)라고 하는 관점도 중요하다고 생각한다.

15.17 자유도를 높이는 방법의 시비(是非)

> [질문] 공분산구조분석에서는 독립변수의 분산·공분산을 추정하는데, 그것이 관측변수의 경우는 미리 개별로 계산해 놓고 고정 모수로서 다루면, 모델에 이용할 수 있는 자유도가 증가한다고 생각한다. 이 방법은 맞습니까?

[회답]

먼저 결론을 말하자면, 자유도는 증가하지 않는다. 또한 방법은 옳지 않다. 단, 이 방법은 소프트웨어로 실행하면, 마치 자유도를 늘린 것 같은 결과가 보이므로, 옳은 것처럼 오해하기 쉬운 것도 사실이다.

---

16) 渡部洋(編), 心理検査法入門, 福村出版, 1993.

외생적인 변수가 관측변수밖에 없는 경우, 그것들을 모델의 외부에서 계산한 분산·공분산의 추정치는 모델 내에서의 추정결과와 일치한다. 여기에서 계산한 분산·공분산을 고정 모수로 놓더라도 그 밖의 자유 모수의 추정결과를 변화시키는 일은 없으므로, 순수하게 자유도가 증가한 경우와 같은 결과가 나타난다.

그러나 외생적인 관측변수의 분산·공분산을 고정 모수로 해서 자유도를 늘리는 방법은 명확한 잘못이다. 자유도(df)는 관측변수의 분산·공분산의 독자적인 요소의 수로부터, 추정한 자유 모수의 수를 뺀다고 하는 계산으로 표현된다.

여기에서, 외부에서 계산한 분산·공분산의 추정치를 고정 모수로서 이용하는 것은, 그 시점에서, 관측변수의 분산·공분산행렬의 독자요소를 소비하고 있다고 생각해야 한다. 그리고 자유도를 계산하는 방법이 틀려 있는 것만으로 분산·공분산을 고정 모수로서 이용하는 것 자체가 잘못은 아니므로, 일부의 소프트웨어에서는 외생적인 관측변수의 분산·공분산은 고정 모수로서 계산하여, 올바른 자유도를 보이는 것도 있다.

또 고정 모수를 실질과학적인 식견이나 합리적인 이유가 있을 때에 설정하는 경우는, 모델 외부에서의 추정결과를 이용하므로 자유도를 소비하지 않는다.

그리고 외생변수에 외생적인 관측변수와 상관을 갖는 잠재변수가 있는 경우에는, 그 관측변수의 분산은 외부에서 추정한 결과와는 동일한 값이 되지 않는 사실에 주의가 필요하다. 자세한 것은 15.18을 참조하기 바란다.

15.18 모델 내외에서 일치하지 않는 분산·공분산

> [질문] 모델 내에서의 외생적인 관측변수의 분산·공분산 값은 분석 전에 계산한 것과 항상 같은 결과인가요?

[회답]

결론을 말하자면, "엄밀히 말하면 항상 같지는 않다"이다. 확실히 모델 내에서의 외생적인 관측변수의 분산·공분산은 대부분의 경우에 분석 전에 계산한 것과 같은 값을 보인다.

그러나 예외적으로 그 모델에 외생적인 구성개념이 존재할 때에는, 엄밀하게 말하면 같은 값이 되지 않는다. 구체적인 예를 보고 확인해 보자.

| 표 15-6 | **사용한 분산· 공분산행렬**

	v_1	v_2	v_3	v_4	v_5	v_6
v_1	47.80					
v_2	10.01	19.76				
v_3	25.80	15.42	69.17			
v_4	9.94	3.30	11.09	**21.62**		
v_5	17.43	6.88	22.95	**25.32**	**63.16**	
v_6	7.97	3.42	9.21	11.28	19.17	11.39

표의 진한 글씨로 되어 있는 곳은 외생적인 관측변수의 분산·공분산에 대한 추정치이다. 이 행렬을 다음의 그림과 같은 모델로 분석한다.

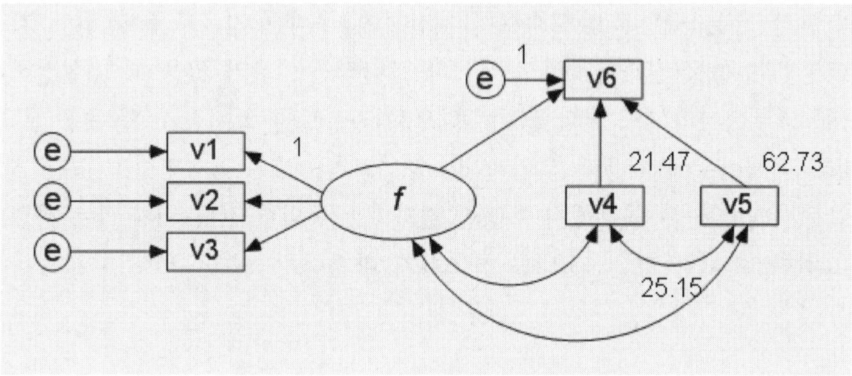

| 그림 15-8 | **모델 내에서의 분산 · 공분산의 추정치**

그림의 수치를 보면, 외생적인 관측변수의 분산 · 공분산 값이 변하고 있다. 이 결과는, 구성개념을 도입함으로써 관측변수의 분산 · 공분산 값이 왜곡된 것처럼 보일지도 모른다. 그러나 이 경우는 관측변수에 관한 추가적인 정보가 얻어짐으로써, 모델 내에서 최적의 추정치가 보여졌다고 생각해야 할 것이다.

16 추정과 그 주변

16.1 초기치의 문제, 결정방법

> [질문] 어떤 모델에 관해서 공분산행렬을 이용하여 추정했더니 해가 구해지지 않았습니다. 그래서 어떻게 하면 좋은지 상담해 보았더니, 초기치의 문제일 것이므로 초기치를 바꾸든가 상관행렬로 분석해 보면 된다고 들었습니다. 초기치를 어떠한 값으로 바꾸면 좋은지 몰랐으므로, 상관행렬로 추정해 보니 해가 구해졌습니다. 이와 같은 문제는 어떻게 해서 발생하는 것일까요? 또 좋은 초기치의 결정방법이 있으면 가르쳐 주십시오.

[회답]

예를 들면, 어떤 하나의 모수 x에 관해서 추정을 하고 싶다고 하자. 이때, 대부분의 소프트웨어에서는 <그림 16-1>과 같은 함수에 관해서 가장 값이 작게 되는 값을 추정치로서 채택한다. 이 그림에서 말하자면, $x=-2.5$의 근처에서 최소라고 하게 되므로, x의 추정치는 -2.5가 된다. 이와 같은 함수를 목적함수(objective function)이라고 부른다. 목적함수는 최소자승법, 최우법 등 추정법에 따라서 다르다.

이 예의 경우에는, 그래프를 보면 간단히 최소치를 알 수 있다. 그러나 변수의 수가 늘어나면 그래프로 표현하는 것도 불가능하게 된다. 또 이와 같은 목적함수는 함수로서 너무 복잡하게 되어 분석적으로 푸는 것($\hat{\theta}=f(x)$와 같은 형태로 푼다)은 대부분의 경우에 불가능하다.

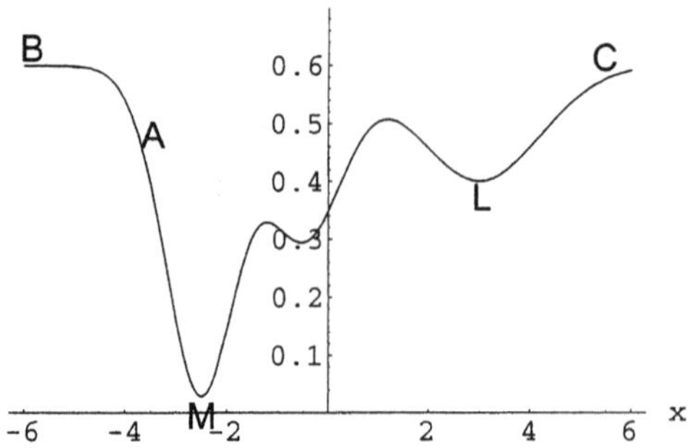

| 그림 16-1 | **목적함수의 예**

이와 같은 복잡한 함수의 최소치를 구하는 방법으로서 여러 가지 방법이 제시되고 있는데, 그 대부분의 방법이 어떤 임시의 추정치를 정하고, 거기로부터 최소치를 찾아 이동한다고 하는 방법이다. 예를 들면, <그림 16-1>의 점 A라고 하는 임시의 추정치를 정했다고 하자. 이 지점에서는 우측으로 기울어져 있으므로, 오른쪽으로 이동한다. 이와 같이 기울어져 있는 방향으로 이동함으로써 최종적으로 기울기가 없는 점, 즉 점 M에 도달한다고 하는 것이 기본적인 사고방식이다.

그러나 이 방법에서는 해(解)인 점 M에 바르게 도달할 수 없는 경우가 있다. 예를 들면, 점 B에서 출발하면 이 점에서는 기울기가 거의 없어 점이 움직일 수 없으므로, 어디에도 도달하지 못한다. 이것을 비수렴(非收斂)이라고 한다. 질문의 케이스는 이 경우에 해당된다고 생각할 수 있다. 또 점 C에서 출발하면 점 L에 도달할 확률이 높아진다. 점 L을 국소 최적해(local optimum)이라고 부른다.

이와 같이 바른 해에 도달할 수 있는지 아닌지는 어느 점에서 출발하느냐에 크게 의존한다고 하는 것을 알 수 있다. 이 출발점을 초기치(初期値, initial value)라고 부른다. 대부분의 경우에는 소프트웨어가 자동적으로 설정한 초기치로 잘 분석할 수 있다. 그러나 공분산행렬을 이용해서 추정한 경우, 예를 들면 m와 km와 같이 단위 등에 의해서, 가령 100이었다거나 0.1이었다거나 추정치가 크게 변해 버린다. 그 때문에 소프트웨어가 바른 초기치를 판단할 수 없게 되는 경우가 있다. 그것에 비해서 상관행렬을 이용하여 추정하는 경우에는, 상관행렬은 단위의 영향을 받지 않아 추정치는 −1에서 1의 근처로 수습된다. 그 때문에 소프트웨어가 바르게 초기치를 판단할 수 있는 가능성이 높아진다.

그런데 초기치의 결정방법으로서는 목적에 따라서 몇 가지의 방법이 있다.

점 L과 같이 국소 최적해에 빠질 가능성이 있는 경우에는, 여러 가지 난수의 계열을 사용해서 대부분의 초기치를 준비하고 각 점에서 최적화를 행하여 가장 함수의 값이 작아진 해를 채택한다고 하는 방법[1]이 있다. 이것은 비수렴을 막는 데도 유효하지만 상당한 시간이 걸린다.

수렴하지 않는 경우에는, 분석적인 추정치나 적은 계산량에 의해서 구해지는 추정치를 초기치로 해서, 반복 계산을 동반하는 추정을 행한다고 하는 방법이 있다. 전자에는 2SLS(2 stage least squares)나 도구적 변수법(instrumental variable method)이 있고, 후자에는 ULS(unweighted least squares)나 SLS(scale-free least squares) 등의 최소자승법을 들 수 있다. 또 수렴은 하지 않은 해를 초기치로 정하고, 재계산한다고 하는 방법이 있다. 그 밖에도 실질과학적인 관점에서 해의 근처라고 예상되는 값을 초기치로서 부여하는 방법도 유효하다.

16.2 소프트웨어 사이의 추정치에 대한 차이

[질문] 소프트웨어 사이에서 경로계수 등의 추정치가 일치하지 않는 경우가 있습니다만, 왜 그럴까요?

[회답]

각 소프트웨어는 변수 각각에 다른 분산의 값을 1로 기준화한 표준화해를 출력한다. 이때, 어느 변수를 표준화할 것인가에 관해서 소프트웨어 사이에 차이가 있다. 그 때문에 질문의 상황과 같이 해가 다른 경우가 일어날 수 있다.

예를 들면, EQS에서는 오차변수도 포함하여 모든 변수에 대해서 표준화를 행하지만, LISREL에서는 관측변수, 오차변수의 분산을 1로 기준화하지 않는 표준화해도 출력된다.

추정치가 다르다고 하는 상태가 상술한 바와 같은 표준화의 차이일 때는, 비표준화해는 일치하고 있을 것이다. 그러나 이 값도 다른 경우는, 소프트웨어 사이에서 다른 추정법을 지정하고 있을 가능성을 생각할 수 있다. 모델이 데이터에 대해서 적절하면, 추정법이 다르더라도 추정치가 변하지 않는 경우가 많은 것으로 되어 있다. 그러나 일반적으로 추정법이 다르면 얻어지는 추정치도 다르다.

1) 豊田秀樹, 共分散構造分析[入門編] - 構造方程式モデリング -, 朝倉書店, 1998, 第8章.

단, 순서변수나 결측값을 포함한 변수를 다루는 경우 등, 통상의 분석과 다른 상황에서는 같은 추정법에서도 그다지 차이는 없기는 하지만 소프트웨어 사이에서 추정치가 다른 수가 있다. 이와 같은 추정치의 차이는 수치계산의 세세한 옵션이 각 소프트웨어에서 다르다는 것을 반영한 것이라고 생각할 수 있다.

또, 같은 데이터의 분석에서 서로 다른 입력정보를 각 소프트웨어에 부여하고 있다고 하는 상황도 생각할 수 있다. 예를 들면, 한 쪽은 표본수로 나눈 표본공분산행렬, 다른 쪽은 (표본수−1)로 나눈 불편공분산행렬을 분석한다고 하는 경우이다.

16.3 최소자승법과 최우법의 성질

> [질문] 공분산구조분석의 모수에 대한 추정방법에는 여러 가지가 있는데, 최우법(ML)이나 완건성이 있는 최우법(ML-robust)이라고 하는 추정법을 이용했더니, 결과의 적합도지표는 좋지 않은 값이 되었습니다. 한편으로, 가중치 없는 최소자승법(ULS)을 이용했더니, 어느 정도 만족할 만한 적합도가 되었습니다. 어째서 이와 같은 일이 일어날까요?

[회답]

최우법과 최소자승법 사이에서 결과가 다른 이유로서, 최우법의 대상이 되는 모집단에는 정규성이 필요하지만, 최소자승법에서는 그것이 필요가 없다고 하는 것을 생각할 수 있다. 즉, 분석대상이 다변량정규분포를 하고 있다고 하는 조건을 충족시키고 있지 않기 때문에, 최우법이 적절하지 못한 해를 부여했다고 생각된다.

그러나 일반적으로는 위와 같은 성질로부터 최소자승법이 최우법보다 적절하다고 하는 결론에 이르는 것은 경솔한 생각이다. 왜냐하면, 대상의 정규성이 성립하고 있다고 하는 전제라면, 최우법은 최적의 해, 즉 표준오차가 가장 작은 해를 보증한다고 하는 전제가 있는 한편으로, 최소자승법에는 그 보증이 없기 때문이다.

단, 이와 같은 케이스에 있어서는 위와 같은 추정법의 차이 때문에 결과의 적합도가 좋지 않을 가능성도 생각할 수 있는데, 경험적으로는 데이터와 모델이 좋으면 어느 추정법을 사용하더라도 결과는 크게 변하지 않는다. 추정법에 따라 결론이 크게 변화하는 경우는, 먼저 모델이 적절한지 어떤지를 재검토하는 것이 필요하다고 생각된다.

최우법(maximum-likelihood method, ML)

모집단의 파라미터 θ나 이론치를 추정하는 방법을 말한다. 데이터를 $x_1, x_2, \cdots, x_N$으로 했을 때, 우도함수(尤度函數) $L(\theta)=L(x_1, x_2, \cdots, x_N ; \theta)$를 최대로 하는 θ가, 구하는 파라미터 θ의 추정치이다. $L(\theta)$가 미분가능하지 않을 때는, θ를 여러 가지로 움직여 보고, $L(\theta)$가 최대로 되는 곳을 찾지 않으면 안 된다.

모집단의 확률밀도함수를 $f(x ; \theta)$라고 할 때

$$L(x_1, x_2, \cdots, x_N ; \theta)=f(x_1 ; \theta)f(x_2 ; \theta)\cdots f(x_N ; \theta)$$

를 우도함수라고 한다. 이 우도함수를 최대로 하는 값을 최우추정량(maximum-likelihood estimator)이라 하고, 이 최우추정량을 구하는 방법을 최우법이라고 한다.

16.4 부트스트랩법

[질문] 관측변수가 정규분포를 하는 것을 기대할 수 있는 데이터에 대해서 분석을 행하고 있습니다. 점추정치를 구하는 경우에는 최우법으로도 좋지만, 표준오차 등을 구하고 싶다면 부트스트랩법을 이용하는 것이 좋다고 들었습니다. 부트스트랩법이란 어떠한 방법이며, 어떤 장점이 있습니까?

[회답]

부트스트랩법(bootstrap method)은 Efron(1979)[2)]에 의해서 제안된 재표본추출(resampling) 기법이다. 재표본추출을 실시할 경우, 복원추출인지 비복원추출인지, 추출하는 표본 크기(sample size)는 어느 정도인지 등의 문제가 있다. 부트스트랩법을 설명하기 전에 먼저 재표본추출의 방법에 대해서, 이러한 문제를 포함해서 간단히 설명하기로 한다.

재표본추출이란 어떤 표본으로부터 랜덤하게 몇 개의 관측치(observation, observed value)를 추출하여, 새로운 가상적인 표본을 작성한다고 하는 작업을 반복함으로써 하나의 표본에서 복수의 가상적인 표본을 만들어내는 작업을 가리킨다.

복원추출(復元抽出)이라고 하는 경우, 하나의 가상적인 표본을 만들어낼 때에, 한 번 추출한 관측치를 다시 추출대상으로 하는 추출법을 의미한다. 한편, 비복원추출이

2) Efron, B., "Bootstrap methods : Another look at the jackknife," Annals of Statistics, 7, 1979, pp. 1-26.

라고 하는 경우에는, 한 번 추출한 관측치는 같은 가상적인 표본 내에서는 두 번 다시 추출대상으로 하지 않는 추출법을 의미한다. 또, 가상적인 표본 1개당 관측치 수는 연구의 목적 등에 따라 다르다.

부트스트랩법의 경우에는 추정치의 성질을 조사하기 위해서, 원래의 관측치 수가 n일 때에 거기로부터 n개, 즉 같은 수의 관측치를 복원추출한다. 복원추출이기 때문에 하나의 관측치가 여러 번 추출될 가능성이 있다. 이와 같이 해서 추출된 관측치 수 n의 표본을 크기 n의 부트스트랩 표본이라고 부른다. 그리하여 부트스트랩 표본의 추출작업을 B회 반복한다. 그 결과, 관측치 수 n의 표본이 B개 추출되게 된다. 이 표본 각각에 대해서 분석을 하여, 하나의 모수에 대해서 B개의 추정치를 산출한다.

부트스트랩법에는 몇 가지의 장점이 있다. 첫 번째의 장점은 추정치의 편의(偏倚, bias)를 수정할 수 있다는 점이다. 예를 들면, 참값이 θ인 모수의 추징치 $\hat{\theta}$가 있다고 하자. 이때, 참값과 추정치의 사이에는,

$$Bias = E[\hat{\theta}] - \theta \tag{1}$$

라고 하는 편의가 존재하고 있을 가능성이 있다. 그러나 참값 θ는 미지(未知)이므로, 편의도 또한 미지가 된다. 여기에서 상세한 설명은 생략하지만, 참값 θ와 추정치의 기대치 $E[\hat{\theta}]$의 관계를, 추정치 $\hat{\theta}$와 각각의 부트스트랩 표본에서 구해진 추정치 $\hat{\theta}_i^*$의 평균 $\overline{\hat{\theta}_i^*}$로 근사한다. 즉,

$$\widehat{Bias} = \overline{\hat{\theta}^*} - \hat{\theta} \tag{2}$$

와 같이 해서 편의를 추정한다. 그리하여 편의와 (1)식으로부터 참값 θ는,

$$\theta \simeq \hat{\theta} - \widehat{Bias} = \hat{\theta} - \left(\overline{\hat{\theta}^*} - \hat{\theta}\right) = 2\hat{\theta} - \overline{\hat{\theta}^*} \tag{3}$$

라고 근사적으로 구할 수 있다.

두 번째의 장점으로서는, 관측변수가 정규분포를 하지 않는 경우에도 표준오차나 신뢰구간을 평가할 수 있다고 하는 것을 들 수 있다. 표준오차는 각각의 부트스트랩 표본으로부터 구해진 추정치의 표준편차에 의해 구할 수 있다. 신뢰구간에 관해서는 백분율법(percentile method)이나 BC 백분율법(bias corrected percentile method) 등의 방법이 있다.

백분율법은 편의가 (거의) 없는 경우에 유효한 기법이다. 예를 들면, 95% 신뢰구간을 구하고 싶은 경우에는, B개의 추정치로부터 2.5백분율과 97.5백분율을 산출하여 그 범위로 한다. 또, 표준편차의 ± 1.96배로부터 95% 신뢰구간을 구하는 방법도 있다.

BC 백분율법은 편의를 수정한 백분율법이다. 편의 수정을 위한 상수 c를, 표준정규분포의 누적분포함수 Φ를 이용해서

$$c = \Phi^{-1}\left(P(\widehat{\theta_i^*} \leq \hat{\theta})\right) \tag{4}$$

라고 구한다. 여기에서 P는 개개의 추정치 $\widehat{\theta_i^*}$ 중 $\hat{\theta}$ 이하가 되는 비율이다. 그 다음에 아래의 식과 같이 신뢰구간의 상한과 하한의 백분율을 구한다.

$$상한_{95} = \Phi(2c+1.96),\quad 하한_{95} = \Phi(2c-1.96) \tag{5}$$

예를 들면, 하한$_{95} = 0.02$가 된 경우, 95% 신뢰구간의 하한은 개개의 추정치 $\widehat{\theta_i^*}$의 2백분율 점으로 한다.

17 분석결과의 평가

17.1 χ^2 검정

[질문] 모델의 적합도를 판단하기 위해서 χ^2 검정을 이용하고자 했더니, 공분산구조분석에서는 그다지 사용하지 않는 편이 좋다고 들었습니다. 정말로 그렇습니까?

[회답]

공분산구조분석에 있어서 모델의 적합도를 검증하는 경우의 χ^2 검정에서는 "분석한 모델이 옳다"라고 하는 가설을 귀무가설로 해서 검정을 실시한다. 물론 분석자로서는 모델의 적합도가 좋은 쪽이 바람직하므로, 이 귀무가설이 일정한 기준 하에서 기각되지 않는 것이 목적이 된다. 일반적인 검정에서는 얻고 싶은 결론과는 역(逆)의 가설을 귀무가설로 해서 분석을 실시하여 이것을 기각하는 것을 목적으로 하지만, 이것과 정반대의 절차를 취하는 것이 공분산구조분석의 모델 검정을 실시하는 경우의 χ^2 검정의 특징이다.

그러나 무릇 귀무가설이란 그것이 채택된 경우에는 적극적인 해석을 행할 수 없는 가설을 말한다. "A와 B에 차가 없다"라고 하는 귀무가설을 검정해서, 만일 이것이 기각되면 "A와 B에는 차가 있다"라고 하는 결론을 도출하는 것이 가능하지만, 기각되지 않은 경우에 "A와 B는 같다"라고 하는 결론을 도출할 수는 없다, 라고 하는 것이 통계적 검정의 기본적인 사고방식이다. 이러한 관점에서 보면, 공분산구조분석에 있어서 모델 검정에 이용되고 있는 χ^2 검정의 논리에는 문제가 있다고 할 수 있다.

"분석한 모델이 옳다"라고 하는 귀무가설은, 이것이 기각된 경우에는 "분석한 모델이 틀려 있다"고 생각할 수 있지만, 기각되지 않았기 때문이라고 해서 반드시 "분석한 모델이 옳다"라고 단언할 수 있는 것은 아닌 것이다. 공분산구조분석에 있어서의 χ^2 검정은 "분석한 모델이 틀려 있다고는 단언할 수 없다"라고 하는, 매우 번거롭게 에둘러서 하는 논리에 의해서 모델의 정당성을 보증하고자 하고 있는 것이다. 이 논리의 불명확성이, 공분산구조분석에 있어서 모델 검정에 χ^2 검정을 이용하는 것이 적절하지 못하다고 일컬어지는 첫째 이유이다.

이것에 더해서 χ^2 검정에는 좀더 실용적인 면에서 문제가 되는 성질이 있다. 그것은 몇 가지의 상황에서 검정의 정밀도가 저하해 버린다고 하는 성질이다. 구체적으로는, ① 모델이 복잡하다, ② 데이터가 다변량정규분포에 따르고 있지 않다, ③ 표본수가 많다는 등의 세 가지 경우에 검정결과가 도움이 되지 않게 된다는 사실이 알려져 있다.

①은, 모델에 포함되는 추정해야 할 모수의 수가 많은 상황이다. 이와 같은 경우에 외관상의 적합도가 좋아지므로, 실제보다도 부당하게 귀무가설이 기각되기 어렵게 된다. 즉, 모델의 적합도가 좋다고 판단하기 쉬워진다. 이 경우의 대처책으로서는 정규 χ^2 값(normal chi-square value)을 이용하는 것을 들 수 있다. 이것은 χ^2 값을 모델의 자유도로 나눈 것으로, 이 수치가 어느 정도 이상 큰 모델은 추정해야 할 모수가 지나치게 큰 모델이며, 모델 구성을 재고하는 것이 바람직하다고 되어 있다.

다음에 ②인데, χ^2 검정을 실시하기 위해서는 어떠한 형태로 χ^2 값을 구할 필요가 있다. 이용한 추정법에도 의존하지만, 여기에서 이용되는 χ^2 값은 데이터가 다변량정규분포에 따르고 있다고 하는 가정 하에서 χ^2 분포에 근사적으로 따른다고 되어 있는 것이 대부분이다. 따라서 데이터가 다변량정규분포에 따르고 있지 않은 경우, 얻어지는 χ^2 값은 부정확한 것이 되고 만다. 이 경우에는 사토라 벤틀러의 χ^2 값(Satorra-Bentler chi-square value)을 이용함으로써 어느 정도 데이터의 비정규성에 대처하는 것이 가능하다.

마지막으로 ③인데, 이것은 표본수가 증가하면 검정력이 상승하기 때문에 대단히 작은 차이더라도 귀무가설이 기각되어 버린다고 하는 통계적 검정 전반이 갖는 특징에 의해서 야기되는 문제이다. 공분산구조분석에서는 추정을 행하기 위해서 일정 이상의 표본이 필요하게 되는데, 이와 같은 상황 하에서는 귀무가설이 기각되어 버리는 경향이 많다. 이것은 χ^2 검정 자체가 갖는 성질이므로, 대단히 해결이 곤란한 문제이다. 현실적으로 유효한 대처는 홀터의 임계 표본수(Hoelter's critical N)라고 하는 지표를 이용하는 것이다. 이것은 그 모델에 있어서 χ^2 검정이 유효하게 작용하는 상한의 표본수를 나타내는 것으로, 표본수가 이것을 넘어선 경우에는 χ^2 검정 자체를 이용하지 않는 것이 바람직하다고 되어 있다.

그러면 χ^2 검정을 이용할 수 없는 경우에 모델의 적합도를 어떻게 해서 판단하면 좋을까? 이때에는 적합도지표(fit index)를 이용하게 된다. 적합도지표란 공분산구조분석에 있어서 모델의 적합도를 판단하는 것을 목적으로 해서 개발된 지표로, 현재는 χ^2 검정보다도 이쪽을 이용해서 모델에 대한 판단을 행하는 것이 일반적으로 되어 있다. 단, 대부분의 적합도지표가 통계량으로서의 χ^2 값을 이용하고 있고, 이론적으로 모두 χ^2 분포가 이용되지 않게 되었다고 하는 것은 아니다.

17.2 적합도지표 개론

> [질문] 공분산구조분석에는 대단히 많은 적합도지표가 있어, 그것들이 어떠한 의미를 갖고 있고 어떻게 가려 쓰면 좋은지를 잘 모르겠습니다.

[회답]

공분산구조분석에 있어서 추정한 모델의 적합도를 평가하기 위한 기법으로서 당초는 χ^2 검정이 이용되고 있었다. 그러나 χ^2 검정에는 여러 가지 문제가 있다는 사실이 밝혀졌기 때문에, 현재는 적합도지표(fit index)라고 불리는 일련의 지표군이 주로 이용되게 되었다. 적합도지표에는 여러 가지가 있는데, 그것들은 크게 네 개의 그룹으로 분류할 수 있다.

먼저 첫 번째 그룹은, 데이터의 공분산행렬과 추정된 모델의 공분산행렬과의 유사성을 가지고 적합도를 판단하는 지표이다. 이것은 추정한 모델이 데이터를 어느 정도 예측할 수 있는지를 나타내는 지표라고 파악할 수 있다.

GFI(goodness of fit index) : 모델이 데이터의 분산공분산행렬을 어느 정도 재현할 수 있는지를 지표화한 것. 값의 상한은 1.0이며, 이것에 가까울수록 설명력이 높고 적합도가 좋은 모델이라고 판단한다. 모델의 결정계수에 상당한다.

AGFI(adjusted goodness of fit index) : GFI는 그 정의상, 추정되는 모수가 많으면(자유도가 작으면) 무조건 값이 커지는 경향이 있으므로, 이 편의를 수정하기 위하여 GFI에 대해서 자유도에 의한 보정을 가한 것. 값의 범위와 적합의 판단은 GFI와 마찬가지. 모델의 자유도 조정필 결정계수(수정된 결정계수)에 상당한다.

RMR(root mean square residual) : GFI와는 거꾸로 모델에 의해서 설명할 수 없었던 데이터에 대한 분산의 크기를 지표화한 것. RMSR이라고 불리는 경우도 있다. 값의 하한이 0.0이며 이것에 가까울수록 적합도가 좋다고 판단한다. 단, 데이터에 대한 분산의 영향에 의한 값의 변동폭이 크기 때문에, 이것을 표준화한 SRMR(standardized root mean square residual)을 이용하는 것이 일반적.

다음에 두 번째 그룹은, 독립 모델(independent model)을 비교기준으로 한 경우에, 얼마만큼 모델과 데이터의 괴리도(乖離度, discrepancy)가 개선되었는가를 가지고 적합도를 판단하는 지표이다. 괴리도란 공분산구조분석에 있어서 모수의 추정에 이용한 목적함수의 최소치를 말하는데, 이것이 작을수록 데이터와 모델의 유사도가 높게 된다. 또 독립 모델이란 관측변수간에 경로를 일체 긋지 않은 모델을 말한다. 분석 모델의 괴리도가 독립 모델에 비해서 어느 정도 이상 개선되어 있지 않으면, 경로를 그어서 분석을 실시한 의미가 없게 되어 버린다.

NFI(normed fit index) : 분석 모델의 괴리도가 독립 모델의 괴리도로부터 몇 % 감소했는가를 나타내는 지표. BBI(Bentler-Bonnett index)나 DELTA1이라고도 불린다. 값은 0.0~1.0의 사이를 취하고 1.0에 가까울수록 감소율이 높으므로 적합도가 좋다고 판단한다.

IFI(incremental fit index) : DELTA2라고도 불리며, 독립 모델의 자유도를 고려해서 평가를 행하는 지표. 값의 상한은 반드시 1.0은 아니지만, 기본적으로 1.0에 가까울수록 적합도가 좋다고 생각한다.

RFI(relative fit index) : RHO1이라고도 불리며, 독립 모델과 분석 모델 쌍방의 자유도를 고려한 지표. 적합의 판단은 IFI와 같다.

TLI(Tucker-Lewis index) : 특히 평균구조의 분석을 행할 때에 유효하도록 작성된 지표로, 기본적인 판단은 RFI와 마찬가지. RHO2나 NNFI(non-normed fit index)라고 불리는 수도 있다.

CFI(comparative fit index) : 독립 모델과 분석 모델 쌍방의 자유도를 고려한 다음에 괴리도의 비교를 행하는 지표. RNI(relative noncentrality index)라고 하는 지표와 수학적으로 동일하지만, 반드시 0.0~1.0 사이의 값을 취하는 점에서 우수하며 주로 CFI 쪽이 이용되고 있다. 1.0에 가까울수록 적합도가 좋다고 판단한다.

세 번째 그룹은, 모델의 복잡성을 특히 고려한 지표이다. 공분산구조분석의 주된 목적은 추정한 모델에 의해서 실제의 데이터를 근사(近似)하는 것인데, 기본적으로 추정할 모수가 많은 모델일수록 미조정(微調整)이 효과가 있으므로, 복잡한 모델일수록 분석에 사용한 데이터에 대한 근사는 좋아진다. 그러나 이것이 지나치면 어쩌다 얻어진 데이터만을 잘 근사하는 모델이 만들어지고 만다. 이와 같은 모델은 다시 한 번 별개의 데이터를 취해 왔을 때에 마찬가지로 적합하다고는 할 수 없다. 따라서 모델을 평가할 때에는, 그 모델이 데이터를 적당히 근사힐 수 있다고 하는 것이 중요하다. 지금까지 열거한 두 그룹의 지표 중에서도 자유도에 의한 보정(補正)을 행함으로써 모델의 복잡성을 고려하고 있는 것이 있었는데, 이하의 지표는 특히 모델의 복잡성을 중요시한 지표이다.

검약비(parsimony ratio) : 독립 모델의 자유도와 분석 모델의 자유도의 비(比)로 정의되는 값. 0.0~1.0 사이의 값을 취하며 이것이 클수록 추정한 모수가 적은, 단순한 모델이라고 생각한다. 단, 검약비(儉約比)는 그것 단독으로 이용하기보다도 모델에 의한 데이터의 근사를 판단하는 지표와 편성한 형태로 이용되는 수가 많다. NFI, CFI, GFI에 각각 검약비를 곱한 값인 PNFI(parsimonious normed fit index), PCFI(parsimonious comparative fit index), PGFI(parsimonious goodness of fit index)가 자주 이용된다. 이들 지표에 있어서도 1에 가까울수록 적합도가 좋다고 판단되는데, 기초가 된 지표에 비하면 값은 대폭으로 감소하는 경향에 있으므로, 같은 감각으로 파악하지 않도록 하는 편이 좋다.

RMSEA(root mean square error of approximation) : 1자유도당 괴리도의 크기를 평가하는 지표. 극력 모델의 복잡성에 대한 영향을 제거한 형태로 괴리도의 크기를 파악하기 위해서, 최근에 자주 이용되게 되었다. 값은 0.0에 가까울수록 적합도가 좋다고 생각한다. 또 RMSEA의 값이 0.05보다 작은지 어떤지를 검정한 결과를 특히 PCLOSE(probability of CLOSE fit)라고 부르며, 적합도지표로서 이용하는 수도 있다.

네 번째 그룹은, 정보량규준(information criterion)이라고 불리는 사고방식에 기초한 지표이다. 지금까지 열거한 세 개 그룹의 지표는 모두 공분산구조분석 특유의 상황이나 이론을 배경으로 고안된 것인데, 정보량규준이라고 하는 사고방식은 통계 모델 전반에 적용되는 개념으로, 데이터와 모델의 괴리도 크기를 평가하는 것이다. 두 번째 그룹의 지표도 괴리도를 판단에 이용하고 있었지만, 그것들이 독립 모델과 비교해서 분석 모델의 괴리도가 어느 정도 개선되었는지를 평가하고 있었던 데에 비해서 이 그룹의 지표는 분석 모델 단독의 괴리도를 평가한다. 그 때문에 값의 판단에 절대적인 기준이 없고, 다른 모델과 지표의 값을 비교하는 것으로써밖에 적합도를 판단할 수 없다. 따라서 정보량규준계의 지표는 모델 비교를 행하는 경우에만 이용 가능한 적합도지표라고 할 수 있다.

AIC(Akaike information criterion) : 추정한 모델에 있어서의 데이터와의 괴리도를 평가하는 지표. 거의 같은 값을 취하는 지표에 ECVI(expected cross-validation index)가 있다. 값이 작을수록 괴리도가 작은, 좋은 모델이라고 판단한다.

CAIC(consistent Akaike information criterion) : AIC는 모델의 복잡성이나 표본수의 영향을 받기 쉬우므로, 이것을 피하기 위한 보정을 가한 지표. AIC와 마찬가지로 값이 작을수록 적합도가 좋다고 판단한다.

BCC(Browne-Cudeck criterion) : Cudeck & Browne single sample cross-validation index라고 불리는 수도 있는 지표. BCC에 한하지 않고 네 번째 그룹에 열거하고 있는 지표는, 데이터를 무한회 채집한 상황을 가정해서 괴리도의 기대치를 구하고 있으므로, 의사적(擬似的)으로 교차타당화를 행하고 있다고 간주할 수 있다. 이 지표도 값이 작을수록 적합도가 좋다고 판단한다. 그리고 MECVI라고 하는 지표도 거의 같은 값을 취한다.

SBC(Schwarz Bayesian criterion) : BIC(Bayesian information criterion)라고 불리는 수도 있다. 모델의 복잡성이나 표본의 과다성에 관한 페널티가 AIC, BCC보다도 엄하므로, 표본수가 많은 데이터를 분석하는 경우나 단순한 모델이 요구되는 경우에 이용하면 좋다. 역시 값이 작을수록 적합도가 좋다고 판단한다.

물론 여기에 열거한 것 이외에도 다수의 적합도지표가 있다. 이와 같이 여러 가지의 지표가 고안되고 있는 최대의 이유는, 공분산구조분석에 있어서의 모델의 적합도는 하나의 관점으로부터만 정의할 수 있는 것이 아니기 때문이다. 또, 적합도지표에는 적합도를 판단하기 위한 명확한 기준은 존재하지 않는다. 적용분야의 선행적인 연구에 의한 식견 등으로부터 경험적인 기준이 도출되고 있는 경우도 있는데, 그것은 어디까지나 경험칙(經驗則)이며 절대적인 판단기준은 아니다.

따라서 모델의 평가를 행하는 경우에는, 각 적합도지표의 특징을 이해하고 이것들을 편성해서 총체적으로 모델의 적합도 판단을 하는 것이 필요하다. 특정한 상황 하에서는 유효하게 기능하지 않게 되는 지표나, 거꾸로 어떤 타입의 모델에서 사용할 것을 목적으로 한 지표에는 주의가 필요하다. 또, 경험적인 수치기준에 필요 이상으로 고집하지 않는 것도 적합도지표를 이용하는 데 있어서는 중요한 일이다. 어디까지나 실질과학적인 식견을 얻는 것을 전제로 한 다음에, 그러기 위해서 적합도지표를 잘 이용하도록 해야 할 것이다.

17.3 검약도를 고려한 적합도지표

[질문] 적합도지표에는 검약도를 고려해서 계산된 것이 있는 것 같습니다만, 검약도란 무엇인지요? 또, 이것에는 어떠한 이점이 있는지요?

[회답]

공분산구조분석에 있어서 자주 이용되는 적합도지표에, 추정된 모델의 분산과 수중에 있는 데이터에 대한 분산의 어긋남의 크기를 평가하는 지표가 있다. 그러나 이들 지표에는, 추정할 모수의 수를 늘리면 반드시 모델의 데이터에 대한 적합도가 개선되어 버린다고 하는 결점이 있다. 모수가 많으면 모델이 유연하게 되어 보다 잘 수중의 데이터를 근사할 수 있는데, 지나치면 결과가 분석에 사용한 데이터에 과도하게 의존한 것이 되어 버려, 다시 한 번 데이터를 수집해 와서 같은 모델에 의한 분석을 실시하더라도 전혀 다른 추정치가 얻어진다고 하는 것이다.

그래서 James, Mulaik & Brett(1982)[1]는 데이터와 모델의 가까운 정도와는 다른 관점에서 모델의 적합도를 평가하는 지표로서, 추정한 모수의 수가 적은 정도라고 하는 개념을 도입했다. 이것이 검약도(儉約度)이다. 검약도는 하나도 경로를 긋지 않은 독립 모델의 자유도(d_0)와 분석한 모델의 자유도(d_j)의 비율 d_j/d_0라고 하는 형태로 정의되고 있다.

단, 검약도와 모델의 적합도는 상호 관계하고 있다. 그래서 양자를 동시에 평가하기 위한 지표로서, NFI, GFI, CFI에 검약도에 의한 보정(補正)을 실시한 것이 고안되었다. 이것이 PNFI, PGFI, PCFI로, 예를 들면 $\text{PNFI} = \text{NFI} \times (d_j/d_0)$와 같이 원래의 지표에 검약도를 곱한 형태로 정의되고 있다.

이들 지표를 이용하는 장점은, 당연한 얘기이지만 검약도를 고려한 판단이 가능하게 된다는 것이다. 검약도가 낮은 모델은 모델의 적합도라고 하는 점에서 우수하더라도, 얻어진 식견을 일반화해서 이용할 수 없다. 양자의 균형을 취한 모델이야말로 진짜 우수한 모델이라고 생각할 수 있다. 특히 같은 데이터에 대해서 복수의 모델을 적용하여 비교할 때에, 검약도는 중요한 지표가 된다. 모델의 적합도가 같은 정도라면, 보다 검약도가 높은 모델을 채택해야 할 것이다.

17.4 모델의 비교

> [질문] 복수의 연구가설이 있어서, 그 각각을 반영한 복수의 모델에 의한 분석을 실시했습니다. 이 중에서 가장 좋은 모델을 고르고 싶습니다만, 어떻게 하면 좋을까요?

[회답]

공분산구조분석에 있어서 모델의 적합도는 적합도지표(fit index)라고 불리는 지표에 의해서 평가된다. 그 중에서도 정보량규준(情報量規準)이라고 하는 그룹으로 분류되는 지표인 AIC(Akaike information criterion), CAIC(consistent Akaike information criterion),

1) James, L. R., Mulaik, S. A., & Brett, J., Causal Analysis : *Models, Assumptions and Data*, Sage, 1982.

BCC(Browne-Cudeck criterion), SBC(Schwarz Bayesian criterion) 등은 그 값을 비교해서 어느 모델 쪽의 적합도가 좋은지를 비교하기 위한 지표이다. 따라서 복수의 모델을 비교하고 싶은 경우의 선택지의 하나로서 이들 정보량규준을 이용하는 것이 거론된다.

물론 그것 이외의, 절대적인 적합도를 판단하는 것이 가능한 적합도지표를 이용하는 것도 가능하다. 예를 들면, 두 모델의 AGFI(adjusted goodness of fit index)를 비교해서 값이 보다 1에 가까운 쪽이 적합도가 좋은 모델이라고 하는 것은 옳은 판단이다. 단, 추정하는 모수의 수가 크게 다른 모델의 비교를 행하는 경우, 모수가 많은 복잡한 모델 쪽이 적합도가 높다고 판단되어 버리는 경향이 강하므로, 검약도를 고려한 지표인 PNFI(parsimonious normed fit index), PCFI(parsimonious comparative fit index), PGFI(parsimonious goodness of fit index)나 1자유도당의 적합도를 판단하는 RMSEA(root mean square error of approximation) 등을 이용하는 것이 바람직할 것이다.

또, 네스트 모델(nested model)의 관계에 있는 모델을 비교할 경우에는, 위에 열거한 것 이외에도 χ^2 검정을 이용할 수 있다. 네스트 모델이란 어떤 모델에 대해서 어떠한 제약을 가한 형태로 표현되는 모델을 말한다. 이 경우에 (네스트 모델의 χ^2 값－원래 모델의 χ^2 값)을 (네스트 모델의 자유도－원래 모델의 자유도)를 이용해서 검정하고, 이 χ^2 값의 차가 유의한 경우에는 네스트 모델은 원래 모델보다 적합도가 나쁘다고 판단하는 것이 가능하다. 이것은 모델 비교보다도 모델의 미조정(微調整)을 실시할 때에 유효한 기법이다.

17.5 RMR의 값이 나쁜 경우

[질문] 어떤 모델 하에서 분석을 실시했더니, 각종의 적합도지표가 다음과 같은 결과를 얻었다.

GFI = 0.931
AGFI = 0.858
RMR = 14.766
RMSEA = 0.027
NFI = 0.928
CFI = 0.989

대부분의 적합도지표는 일반적으로 만족할 만하다고 생각하지만, RMR만이 어떤 이유에서인지 나쁜(값이 큰) 것은 왜 그런가요?

[회답]

RMR(root mean square residual)은 우리말로 잔차제곱평균제곱근이다.[2] RMR은 표본공분산행렬 S와 추정된 공분산행렬 $\hat{\Sigma}$의 아래 삼각요소의 평균적인 차를 문제로 하고 있다. RMR의 정의식은,

$$\text{RMR} = \sqrt{\frac{2}{n(n+1)}\sum_{i=1}^{n}\sum_{j=1}^{i}(s_{ij}-\hat{\sigma_{ij}})^2} \tag{1}$$

이 된다. 여기에서 s_{ij}는 표본공분산행렬 S의 ij 요소, $\hat{\sigma_{ij}}$는 추정된 공분산행렬 $\hat{\Sigma}$의 ij 요소이다. $S-\hat{\Sigma}=\Delta$를 잔차행렬이라고 부른다. 그러므로 RMR은 잔차행렬의 아래 삼각요소에 대한 제곱평균의 제곱근이 된다.

만일 질문에서의 모델이 수중에 있는 데이터의 표본공분산행렬을 잘 설명하고 있다면, S와 $\hat{\Sigma}$는 대단히 비슷해질 것이므로, 그때 RMR은 0에 가까워진다. 따라서 RMR은 0에 가까우면 가까울수록 좋다고 하는 셈이 된다. 그러나 RMR은 표본공분산행렬의 척도에 의존하고 있다. 가령 질문에서의 표본공분산행렬과 추정된 공분산행렬의 잔차행렬 Δ가

$$\Delta = \begin{bmatrix} 100 & -100 \\ -100 & 50 \end{bmatrix} \tag{2}$$

이며(현실적으로는 상상하기 어려운 수치 예이지만), 단위는 mm라고 한다. 이때, RMR은 $\sqrt{22500/3} \fallingdotseq 86.6$이 된다. 그러나 만일 측도를 cm로 하면 수치는 10분의 1이 됨에 따라서, 잔차행렬은 10^2분의 1이 된다. 즉,

$$\Delta = \begin{bmatrix} 1.0 & -1.0 \\ -1.0 & 0.5 \end{bmatrix} \tag{3}$$

가 된다. 그때 RMR은 대개 $0.866(\fallingdotseq \sqrt{2.25/3})$이 된다. 이상과 같이 RMR은 문제로 하고 있는 측정단위에 의해서 바뀌어 버린다.

이와 같은 문제를 회피하기 위해서 고안되고 있는 것이 표준화 RMR(standardized RMR, SRMR)이다. RMR은 잔차행렬의 평균적인 크기를 문제로 하고 있었지만, SRMR은 기준화 잔차행렬의 평균적인 크기를 문제로 하고 있어서 그 정의식은,

$$\text{SRMR} = \sqrt{\frac{2}{n(n+1)}\sum_{i=1}^{n}\sum_{j=1}^{i}\left(r_{ij}-\frac{\hat{\sigma_{ij}}}{\sqrt{s_i^2 s_j^2}}\right)^2} \tag{4}$$

2) 豊田秀樹, 共分散構造分析[入門編] - 構造方程式モデリング -, 朝倉書店, 1998, p. 174.

이다. 여기에서 r_{ij}는 표본상관행렬의 ij 요소이며, s_i^2은 S의 i번째 대각요소이다. SRMR의 치역(値域)은 [0, 1]이며, 관측변수의 측정단위에 의존하지 않는다. 만일 RMR을 참고로 하고 싶다면, '표준화 RMR' 쪽을 참조하면 될 것이다.

그런데 질문의 모델에 대한 분석결과에서 RMR이 큰 값으로 되어 있는 것은, 모델 중의 관측변수에 대한 측정단위가 작은 것에 의한 수치의 크기가 원인이므로, 그다지 걱정할 일은 없다. 표준화되어 있지 않은 통상의 RMR을 검토하는 것은 용이하지 않으므로, 무시해도 좋다고 되어 있다.[3] 따라서 질문의 모델에서 적합도는 그다지 나쁘지 않은 것이다. '그다지'라고 한 것은 χ^2 값 등도 포함한 종합적인 판단 없이 단언할 수 없기 때문이다.

그리고 소프트웨어에 따라서는 처음부터 '표준화 RMR'을 RMR로 표기하고 있는 것도 있으므로, 매뉴얼을 잘 읽고 출력되어 있는 RMR이 이미 표준화되어 있는지, 그렇지 않으면 표준화되어 있지 않은지에 대해서 조사해 놓을 것을 권한다.

17.6 RMSEA의 값이 나쁜 경우

> [질문] 관측변수가 다섯 개이고 잠재변수가 하나인 검증적 요인분석을 실시했습니다. 표본수는 1100 정도이고 최우추정법을 이용했더니, 각종의 적합도지표는 다음과 같이 되었습니다.
>
> $\chi^2 = 102.262,\ df = 5,\ p < 0.000$
> GFI = 0.965
> AGFI = 0.896
> NFI = 0.978
> CFI = 0.979
> RMSEA = 0.134
> RMSEA 90% 신뢰구간 하한 = 0.112
> RMSEA 90% 신뢰구간 상한 = 0.157
>
> GFI, AGFI, NFI, CFI는 대체로 만족할 수 있는 수치라고 생각합니다만, 어째서 RMSEA는 나쁜 것일까요

3) 豊田秀樹, 前揭書, p. 175.

[회답]

RMSEA(root mean square error of approximation)는 Steiger(1990)[4]가 제안하고(Steiger의 논문에서는 RMS였다), Browne & Cudeck(1993)[5]에서 재평가되어 널리 퍼진 적합도지표이다. RMSEA는 1자유도당 진짜 모델과의 괴리도(乖離度)를 문제로 하고 있어서, 자유도의 크기와 밀접하게 관계하고 있는 지표이다. 우선은 이하의 RMSEA에 대한 정의식을 살펴보자. RMSEA는

$$\text{RMSEA} = \sqrt{\max\left\{\frac{\chi^2 - df}{(N-1)df},\ 0\right\}} \tag{1}$$

로 되어 있다. 여기에서 χ^2는 목적함수를 최적화한 후의 모델에 대한 카이제곱 값, df는 모델의 자유도, N은 표본의 수이다. 따라서 RMSEA는, χ^2값을 계산할 수 있는 추정법이라면, 다음은 표본수와 자유도만 있으면 계산할 수 있는 대단히 다루기 쉬운 지표로 되어 있다.

(1)식 중의 분자에 있는 $\chi^2 - df$는, 데이터가, 질문에서 가정하는 모델 하에서 이상적으로 발생하고 있다면 0이 된다고 기대되는 것이다. 그러나 0이 되는 일은 거의 없고, 실제로는 그 이상적인 상태로부터 떨어진 정도가 수치로서 표현되고 있다. 이것을 비심도(非心度, noncentrality)라고 한다. 더욱이 $N-1$로 나누고 있는 것은 $(\chi^2 - df)/(N-1) = f_{obj} - df/(N-1)$라고도 쓸 수 있고, 피험자수에 의존하지 않는 목적함수(주로 discrepancy function이라고 불린다)의 중심화된 값을 검토대상으로 하고 있기 때문이다. 여기에서 f_{obj}는 최적화된 목적함수의 값이다. 따라서 RMSEA의 (1)식은 중심화된 discrepancy를 자유도로 나누고 있으므로, $1df$당의 discrepancy(괴리, 불일치)를 문제로 하고 있다고 하는 셈이 된다. 괴리, 불일치의 정도라고 하는 것은 작은 쪽이 바람직하다고 생각하는 것이 보통이다. 따라서 RMSEA의 값은 작을수록, 0에 가까울수록 바람직하다고 생각된다.

또 RMSEA의 하한은 0이다. 만일 χ^2가 df보다 작다거나 max의 인수(引數) 첫 번째는 마이너스의 값이 되지만, 그때 두 번째의 인수인 0이 선택되도록 조작되어 있기 때문이다. 그리고 RMSEA는 얼마든지 큰 값을 취할 수 있으므로, RMSEA의 치역은

4) Steiger, J. H., "Structural model evaluation and modification : An interval estimation approach," Multivariate Behavioral Research, 25, 1990, pp. 173－180.

5) Browne, M. W., & Cudeck, R., "Alternative ways of assessing model fit," in Bollen, K. A., & Long, J. S. (Eds.), Testing Structural Equation Models, Sage, 1993, pp. 136－162.

[0, ∞)로 되어 있다.

그런데 질문자가 분석하고 있는 모델에서 $df=5$라고 하는 것은, 일반적으로 말하면 자유도가 작을지도 모른다. (1)식에서 분명하듯이 RMSEA를 산출할 때 "discrepancy를 자유도로 나눈다."는 조작이 포함되어 있다. 즉, 자유도가 크면 클수록 전체로서는 작은 값이 되어, 결과적으로 RMSEA도 0에 가까워지지만, 역으로 말하면 자유도가 작으면 RMSEA는 커진다. 따라서 RMSEA의 결과가 큰 쪽이 나와 있는 것이다.

그리고 (1)식에서는 표본수(실제는 $N-1$)로 비심도(非心度)를 나누는 조작도 포함되어 있다. 즉, 언뜻 보기에 N을 크게 하면 분모가 크게 되어 결과로서는 전체가 작아지므로 RMSEA가 0에 가까워질 것으로 보인다. 그러나 이것은 표본수를 늘리면 RMSEA가 작아진다는 것을 의미하지 않는다. 다시 말하면, 표본수가 증가하면 증가할수록 그것에 따라서 χ^2값도 선형적으로 커지기 때문이다. 그러므로 결과적으로 RMSEA의 점추정치에 대해서 표본수의 영향은 거의 없다. 단, 신뢰구간은 작아진다.

그리고 질문자의 모델은 관측변수의 수가 적어서 자유도가 작다. 그때 GFI, CFI라고 하는 지표는 용이하게 높게 나온다. 따라서 질문자의 모델에서 GFI, CFI 등이 좋은 값이었다고 하더라도 χ^2값이 크므로 질문자의 모델이 "적합도가 좋다"고는 아마도 말할 수 없다.

17.7 AIC에 대한 이해

[질문] AIC를 알기 쉽게 설명해 주십시오.

[회답]

아카이케 정보량규준(AIC, Akaike Information Criterion)은 복수의 분석 모델의 후보가 있을 때, 어느 모델을 채택할 것인지에 대해서 유효한 적합도지표의 하나이다. 관심이 있는 모델이 적은 모수로 잘 데이터에 적합하고 있는지 어떤지에 대해서 AIC를 이용하여 판단할 수 있다.

일반적으로 모수의 수를 많이 하면 할수록 모델의 데이터에 대한 적합도는 좋아진다. 그러나 적은 모수로 데이터를 설명할 수 있는 모델 쪽이 현상을 잘 축약하고 있다고 말할 수 있다. 이것은 '모수의 절약(검약)'이라고 하는 사고방식이다. 때로는 모수를 절약할 필요가 없는 경우도 있지만, 일반적으로는 모수가 절약되어 있는 모델 쪽이 바람직한 것으로 되어 있다.

AIC의 정의식은 문헌에 따라서 조금씩 다른 경우도 있는데,

$$\text{AIC} = \chi^2 - 2df \tag{1}$$

로 되어 있다. χ^2은 카이 제곱 값, df는 자유도이다. χ^2값은 작을수록 적합도가 좋다고 할 수 있다. 또 $2df$의 값이 클수록 모수를 절약하고 있다고 말할 수 있다. 모수의 수가 적을수록 자유도는 커지기 때문이다. 즉, AIC는 '적합도의 정도'와 '모수의 절약도(검약도)'를 경쟁시키고 있는 셈이다.

따라서 모델의 적합도가 좋고(χ^2가 작고), 모수를 절약하고 있을(df가 커서 $-2df$가 작을) 때, AIC는 작아진다. 이러한 사실로부터 복수의 모델 중 AIC가 가장 작은 모델이 상대적으로 적은 모수로 데이터의 거동을 잘 설명할 수 있게 된다.

CAIC(Consistent AIC)와 SBC(Schwarz Bayesian Criterion)에 대해서도 거의 AIC와 같은 해석을 할 수 있다. 그것들도 기본적으로는 '적합도의 정도'와 '모수의 절약도'의 상대적인 대소를 비교하고 있다.

17.8 LM 검정

[질문] 변수간에 경로를 긋느냐 아니냐를 통계적으로 결정하는 방법에 LM 검정(Lagrange Multiplier Test)이 있다고 들었는데, 이것에 대해서 가르쳐 주십시오.

[회답]

LM 검정이란 어떤 변수간에 새로운 경로를 긋느냐 마느냐를 적합도지표로부터 검토하여, 모델 수정을 시도해 보는 기법이다. 새로운 경로를 긋는다고 하는 조건 하에서의 적합도지표 개선의 정도를 근사적으로 예측한다. 먼저 귀무가설을 경로계수 = 0으로 정한다. 그리고 예측된 개선의 정도가 그 귀무가설 하에서 우연히는 일어날 수 없을 만큼 큰 것이라면, 귀무가설은 기각되어 그 개소에 경로를 그어야 한다고 하는

결론을 얻는다.

적합도지표로서는 χ^2값이 사용된다. 일반적으로 복잡한 모델일수록 적합도는 양호하므로, 새로 경로를 그으면 반드시 χ^2값은 개선(감소)된다. 따라서 χ^2값이 개선되느냐 아니냐가 아니라 표본오차의 정도를 초월해서 개선되느냐 아니냐가 문제가 된다. 새로 경로를 그으면, 자유도가 1만큼 감소한다. 일반적으로 χ^2분포 하에서는 자유도 = 1인 경우에 χ^2값 = 3.841 이상일 때에 5%에서 유의하다고 할 수 있다. 따라서 χ^2값의 예측된 감소분이 3.841 이상이라면, 그 개소에 경로를 그어야 하는 것으로 되어 있다.

LM 검정에서 χ^2값의 감소가 큰 경로는 꼭 하나라고는 할 수 없다. 그러나 새로운 경로를 여러 개 동시에 도입하는 것은 피해야 한다. 왜냐하면, 여러 경로의 χ^2값 감소에 대한 기여는 독립이 아니기 때문이다. 가장 χ^2값 감소가 큰 경로를 도입한 결과, 두 번째의 후보였던 경로를 도입하는 데에 통계적인 의미가 없어지는 경우도 있는 것이다.

LM 검정에서 중요한 것은, 검정결과는 어디까지나 통계적인 판단이라고 하는 것이다. LM 검정에서는 실질과학적인 것을 고려하지 않고, 숫자로부터만 경로를 긋느냐 마느냐를 판단하고 있다. 경로를 그어야 한다고 판단되었다고 해서 차례차례 그으면, 실질과학적으로는 거의 받아들일 수 없는 모델이 될 가능성이 있다. LM 검정에서는 유의성이 보증되었을 뿐만 아니라 실질과학적으로도 납득할 수 있는 경우에 새로운 경로를 그어야 한다.

17.9 모델의 개선

> [질문] 자신의 가설에 따라서 모델을 작성하고 추정을 했더니, 적합도의 관점에서 보면 나쁜 결과가 되었습니다. 이 경우에 무엇을 먼저 생각해야 할까요? 또 모델을 수정해서 적합도를 높인다고 하는 것은 어느 정도까지라면 허용되겠습니까?

[회답]

먼저 생각해야 할 점으로서는 어느 적합도지표가 왜 나빠졌는가라고 하는 것이다. 예를 들면 χ^2값은 모델이 데이터에 적합하고 있다고 하는 귀무가설을 검정하기 위해서 이용되는데, 가설이 기각되는 이유로서 모델이 적합하고 있지 않다고 하는 가능성 이외에 표본 크기(sample size)가 크기 때문이라고 하는 가능성이 있다. 또 GFI가 나쁜 경우에는 자유도가 매우 큰 모델이기 때문이라고 하는 가능성을 생각할 수 있다.

이와 같이 적합도지표에는 각각 특징이 있으므로, 모델의 성질상 어떤 적합도지표의 값이 나빠져 있더라도 다른 적합도지표에서 나쁘지 않은 값이 되어 있다면, 걱정할 필요는 없다.

이와 같이 달리 방법이 없는 이유로 적합도가 나빠진 것이 아닌 경우에는, 모델의 수정을 생각하지 않으면 안 되는 경우도 있다. 이와 같은 때에 이용되는 것이 수정지표(modification indices, MI)이다.

예를 들면, 그다지 의미를 갖고 있지 않은 경로를 삭제할 것을 생각하는 것이라면, Wald 검정이 있다. 또 경로를 긋지 않았던 부분에 관해서 새로 경로를 그을 것을 생각하는 것이라면, LM 검정이라고 하는 방법이 있다. 이것들은 모두 경로를 삭제함으로써(추가함으로써), χ^2값의 변화를 조사하는 수정지표이다. 단, 이들 수정지표는 실질과학적인 관점에서 의미가 있는 경로를 나타내고 있는 것은 아니라고 하는 점에 주의를 요한다.

모델의 수정이 어디까지 허용되는가라고 하는 것에 관해서는, 명확한 기준은 없다. 다만 삭제한(추가한) 경로에 관해서, 실질과학적으로 설명할 수 있느냐 어떠냐라고 하는 점이 중요하다는 것은 틀림이 없을 것이다.

17.10 독립 모델과 포화 모델

> [질문] 분석을 실시하면 독립 모델과 포화 모델의 χ^2값이나 자유도 등이 출력됩니다만, 이들 모델에는 어떠한 의미가 있습니까?

[회답]

먼저 독립 모델(independent model)이란 관측변수 사이에 일체의 경로를 가정하지 않는 모델을 말한다. 이것은 분석대상으로 되어 있는 데이터에는 전혀 공변동(共變動)이 존재하지 않는다고 하는 가설을 표현한 모델인데, 전혀 공변동이 존재하지 않는 데이터라고 하는 것은 우선 없다. 따라서 어떠한 분석 모델이더라도 독립 모델보다는 적합도가 좋아진다고 생각할 수 있다. 즉, 독립 모델은 적합도의 하한을 나타낸 모델이라고 파악할 수 있다.

이것에 비해서 포화 모델(saturated model)이란 자유도의 수만큼 경로를 설정한, 즉 추정 가능한 범위에서 최대한의 모수를 추정시킨 모델을 말한다. 이것은 최적화의 관점에서는 바로 식별(識別)이라고 불리는 상태로, 모수의 추정치가 단 하나로 정해져, 반드시 χ^2값이 0이 된다. 이것은 어떠한 자유도이더라도 귀무가설이 기각되지 않는, 가장 적합도가 좋은 상태가 된다. 즉, 포화 모델은 적합도의 상한을 나타낸 모델이라고 생각할 수 있다.

분석 모델은 대부분의 경우에 독립 모델과 포화 모델 사이의 모델이 된다. 따라서 적합도지표의 값을 이들 모델과 비교함으로써 상대적으로 분석한 모델의 적합도가 어느 정도 좋은지를 확인할 수 있게 된다. 이것이 독립 모델과 포화 모델의 의미이다. 이것들은 어디까지나 분석 모델의 비교대상이며, 그 의미를 해석하기 위한 모델은 아니다.

단, χ^2값은 0에 가까우면 모델의 적합도가 좋은 것을 의미하지만, 0이면 좋은 것은 아니다. 포화 모델의 추정치는 얻어진 데이터에 너무 특화한 적합도 방식을 하고 있으므로, 다시 한 번 데이터를 취해 와서 같은 모델로 분석을 실시했을 때에 완전히 다른 추정치를 얻을 가능성이 높아진다. 실제의 분석을 실시하는 경우에는, 가능한 한 추정해야 할 모수를 짜 넣은 모델을 만들도록 노력해야 한다. 그와 같은 모델의 χ^2값이 포화 모델의 χ^2값에 가까워진 경우에만, 자신을 가지고 모델의 적합도가 좋다고 판단할 수 있다.

17.11 적합도와 설명력의 관계

> [질문] 적합도는 좋지만 설명력은 낮다, 혹은 역으로 적합도는 나쁜데 설명력이 높다고 하는 경우가 있습니다. 이러한 경우에는 어떻게 해석을 하면 좋을까요?

[회답]

먼저 적합도와 설명력의 차이를 명확히 한다. 적합도란 '데이터와 모델의 적합의 정도'를 나타내는 것이다. 즉, 적합도는 연구자가 데이터에 대해서 적절한 모델을 구축하고 있느냐 아니냐를 판단하는 기준이 된다. 예를 들면, 탐색적 요인분석을 공분산구조분석을 이용하지 않고 실행한 경우에는, 적합도지표는 산출되지 않는다. 과연 탐색적 요인분석 모델을 상정한 것이 옳았는가라고 하는 물음에는, 공분산구조분석에 의해서 분석을 실시하고 적합도를 보지 않으면 회답할 수 없는 것이다.

이것에 비해서 설명력이란 '독립변수가 종속변수를 설명하는 정도'이다. 양자의 본질적인 차이는, 적합도가 모델의 적절성임에 비해서 설명력은 종속변수에 대한 독립변수의 관계에 대한 강도(强度)를 말한다. 따라서 적합도와 설명력은 별개의 차원에 대한 이야기이다. 그러나 해석은 따로따로 하는 것이 아니라 양자를 고려하면서 실시할 필요가 있다. 이하에서는 狩野・三浦(2002)[6]의 기술에 따라 경로분석의 경우로 해석을 시도해 본다.

설명력은 결정계수 R^2로 표현된다. R^2는 0에서 1의 범위로 정의되며, 1에 가까울수록 설명력이 높다. 적합도는 양호하지만 R^2은 낮은 경우에는, 종속변수를 독립변수가 그다지 설명하고 있지 못하는 모델이 데이터에 잘 들어맞고 있다고 해석할 수 있다. 역으로 적합도는 나쁜데 R^2가 높은 경우에는 종속변수를 독립변수가 잘 설명하고 있지만, 데이터에 대한 적합은 나쁘므로 이 모델은 적절하지 않다고 판단한다. 모델 탐색을 실시하여 적합도가 좋은 다른 모델을 채택해야 할 것이다. R^2가 높기 때문에 좋은 모델이라고 하지 않고, 모델의 좋고 나쁨의 판단은 적합도를 참조하고 나서 언급하지 않으면 안 된다.

17.12 추정하는 모수의 수와 적합도의 관계

[질문] 두 개의 모델을 비교할 때, 많은 모수를 추정하는 모델 쪽이 보다 적은 모수를 추정하는 모델보다도 좋은 적합도를 보인다고 하는 이야기를 들었습니다. 그것은 어째서 그렇습니까?

[회답]

확실히 GFI와 같은 적합도에서는 일반적인 경향으로서 보다 많은 모수를 추정한 모

6) 狩野裕・三浦麻子, グラフィカル多變量解析(增補版) - 目で見る共分散構造分析 - 現代數學社, 2002.

델 쪽이 좋은 적합도를 보이는 것 같다. 이것은 추정된 모수의 수가 많을수록 모수로 구조화된 공분산행렬이 표본분산공분산행렬에 잘 근사되게 되어, 그 근사의 정도를 기초로 한 적합도지표가 개선되기 때문이다. 관측변수의 수를 p라고 했을 때, 추정하는 모수의 수가 $p(p+1)/2$(분산공분산행렬에서 독립적인 변수의 수)인 포화 모델이라면, χ^2값은 0이 되어 완전한 적합이 된다. 단, 포화 모델의 케이스는 오히려 예외로 데이터의 구조를 잘 표현하는 모델이라면, 보다 많은 모수를 추정한, 데이터의 구조를 잘 표현할 수 없는 모델보다도 좋은 적합도를 보이는 것은 충분히 생각할 수 있다.

한편으로 <그림 17-1>의 모델 A, B와 같이 한 쪽의 모델 A가 다른 한 쪽의 모델 B를 포함하고 있는 관계의 모델이라면, 많은 모수를 추정한 쪽이 확실히 보다 좋은 적합도를 보인다. 질문의 내용이 '반드시' 좋은 적합도를 보인다고 하는 의미라면, 이와 같은 두 개의 모델을 비교할 때의 설명이라고 생각된다.

여기까지의 회답에서, 적합도의 개선을 도모하기 위해서는 가능한 한 많은 모수를 추정해야 한다고 생각되었을지도 모른다. 그러나 무턱대고 효과가 작은 경로를 그어도 큰 χ^2값의 감소를 얻을 수 있는 것은 아니다. 또한 이와 같은 성질에 의한 효과는 본질적인 모델의 개선이라고는 할 수 없기 때문에, 하나의 모수를 여분으로 추정했을 때에는 χ^2값이 현저히 감소하지 않으면 모델의 적합도는 개선되어 있지 않다고 생각해야 할 것이다.

더욱이 많은 모수를 추정하는 경우에는, 적합도가 좋아지는 한편으로 보다 가까이에 있는 데이터에 의존한 추정결과가 되기 때문에, 교차타당성이 성립되지 않을 가능성이 높아진다는 사실을 고려하지 않으면 안 된다. 보다 일반적으로 신뢰성이 높은 결과를 얻기 위해서는, 적은 모수로 구성된 모델에서 좋은 결과가 나타나 보이는 것이 필요하다.

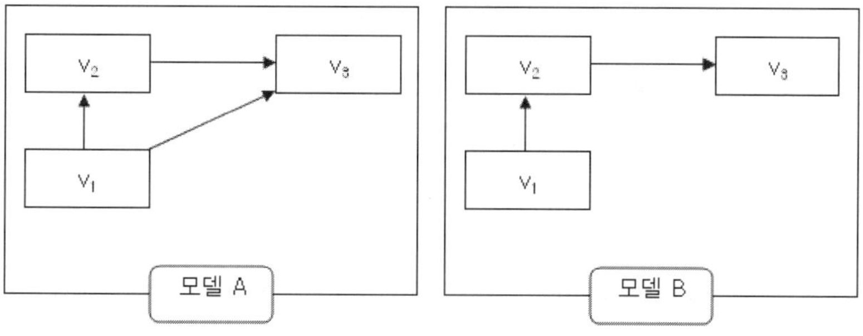

|그림 17-1| **A가 B를 포함한 모델의 예(오차성분 생략)**

〈요인이 내생변수인 경우의 요인 패턴의 검정〉

요인이 내생변수인 경우, 요인 패턴 중의 하나를 1로 고정하므로, 그 요인 패턴은 검정할 수 없다. 이 경우에 검정하는 방법으로서는 세 가지를 생각할 수 있다.

하나는 어떤 요인 패턴을 고정하여 분석하고, 그 후 다른 요인 패턴을 고정해서 분석하는 방법이다. 이 경우에 두 가지의 표준화 전 추정치가 나오는데, 모든 변수의 검정이 가능하다.

다른 하나는 요인의 오차분산을 1로 고정하는 방법이다. 이렇게 함으로써 오차분산에 관해서 검토할 수 없게 되고 만다. 그러나 본래 오차분산이 0이냐 아니냐의 유의성 검정은 관심의 대상이 아닌 경우가 많기 때문에 문제없다.

마지막 하나는 어떤 요인 패턴을 1로 고정하고 분석한 다음에, 그때에 추정된 요인의 오차분산을 그 값에 고정해서 분석하는 방법이다. 이 방법이라면 처음에 고정한 요인 패턴은 1로 추정되지만, 그 표준오차를 얻을 수 있고 유의성의 검토도 가능하다.

17.13 동치 모델

[질문] 여러 가지 모델에서의 분석을 시도해 보았더니 경로를 긋는 방법이 완전히 다른데 적합도의 값이 똑같은 두 개의 모델을 발견했습니다. 이와 같은 일이 있을 수 있습니까?

[회답]

그와 같은 모델은 확실히 존재한다. 그와 같은 모델은 동치 모델(equivalent model)이라고 불리는 것으로, 1970년대부터 그 존재는 알려져 있다. 단, 엄밀히 말하면 동치(同値) 모델이란 적합도가 똑같은 모델을 말하는 것이 아니라, 동일한 추정 분산공분산행렬을 부여하는 모델을 말한다. 결과로서 이와 같은 모델의 적합도지표 값은 같아지지만, 다른 이유로 인해서 적합도가 같아지는 수도 있다.

그리고 식별부정(識別不定)의 모델도 복수의 해를 갖는데, 이것은 어디까지나 경로를 긋는 방법은 한 종류이고, 그것에 대해서 복수 해의 편성이 존재하고 있는 상태이다. 동치 모델은 경로를 긋는 방법 자체가 다름에도 불구하고 결과로서 얻어지는 모델에 의한 추정 분산공분산행렬이 같은 값이 되는 모델을 말한다. 양자는 완전히 의미가 다르므로, 혼동하지 않도록 주의해야 한다.

그런데 당연한 이야기지만, 적합도의 관점으로부터는 이들 동치 모델 중에서 어느 것이 우수한지를 결정할 수는 없다. 따라서 이러한 모델을 비교할 경우에는 다른 관점으로부터의 판단을 실시할 필요가 있다. 이때 가장 중요한 것은 실질과학적인 식견이다. 동치 모델 중에 실제의 이론과 대조해서 분명히 이상한 모델이 있는 경우에는, 이것을 선택할 이유는 없을 것이다. 또 인과관계를 생각하면, 분명히 시간적으로 선행하지 않는 개념에서 선행하는 개념으로 경로가 그어져 있는 경우도 선택지에서 배제할 수 있을 것이다.

그와 관련하여 탐색적 연구를 실시하고 있는 경우에는, 적극적으로 동치 모델을 찾아서 그들 중에서 이론적으로 좋은 모델을 고르는 것도 유효한 연구수단이 된다. 기초가 되는 모델에서 경로를 긋는 방법을 바꾸어 동치 모델을 찾아내는 규칙에 대해서는 Lee & Hershberger (1990)[7]나 Mayekawa(1994)[8] 등이 참고가 될 것이다.

17.14 예측변수의 수가 다른 모델의 비교

> [질문] 예측변수가 다섯 개인 모델을 분석하고 있습니다. 다섯 개 중 세 개의 변수밖에 도입하고 있지 않은 선행연구보다도 적합도가 높은 결과가 되었습니다. 이때, 저의 쪽이 보다 좋은 모델이라고 결론지을 수가 있습니까?

[회답]

통계적인 모델 비교의 관점에서는 곤란하다. 이하에서 비교할 모델과 데이터의 이동(異同)에 대한 편성으로 생각할 수 있는 세 가지의 경우에 대해서 문제 삼기로 한다.[9] 아래의 논의에 있어서 다른 데이터란 동일 모집단 내에서 관측대상이 틀리다는 것을 가리키고, 관측변수는 공통적이다.

먼저 통계적인 모델 비교에서 고찰할 수 있는 것은, 분석대상으로 하고 있는 모집단으로부터 수집된 1조의 데이터에 대해서 복수의 모델 후보 중 어느 것이 가장 잘

---

7) Lee, S., & Hershberger, S., "A simple rule for generating equivalent models in covariance structure modeling," *Multivariate Behavioral Research*, 25(3), 1990, pp. 313−334.

8) Mayekawa, S., "Equivalent path models in linear structural equation models," *Behaviormetrika*, 21, 1994, pp. 79−96.

9) 모델과 데이터가 같은 경우는 비교의 의미가 없으므로 이 경우는 제외한다.

데이터를 설명하는가라고 하는 것이다. 즉, 통상의 경우는 모델이 다르고 데이터는 공통으로 이용하고 있다.

다음에 모델이 같고 데이터가 다른 경우이다. 모수의 추정에 이용된 데이터와는 다른 데이터에 대해서, 동일한 모델을 적용하여 검토하는 것은 교차타당화(交差妥當化)라고 불린다. 다른 데이터로 평가하므로 '모델의 비교'와는 의미가 약간 다를지도 모르지만, 구성한 모델이 추정에 이용한 데이터에 지나치게 의존하지 않고, 일반화해서 생각할 수 있을지 어떨지를 검토하는 중요한 방법이다.

세 번째 상황은 모델도 데이터도 다른 경우이다. 이 경우에 모델의 적합도를 판단하는 비교 기준을 설정할 수 없다. 같은 모집단으로부터의 데이터라고는 하더라도, 다른 데이터를 다른 모델로 설명할 때는 각각의 데이터에 대한 각 모델의 적합은 평가할 수 있지만, 설명의 틀과 그 대상이 다른 상황에서 적합의 정도를 직접 비교할 수는 없다. 질문과 같이 관측변수의 수가 다른 상황이나 관측변수를 삭제한 경우도 분석할 공분산행렬의 사이즈가 달라, 당연히 모델도 변화하게 되므로, 이들을 직접 비교·검토할 수는 없다. 그러나 비교의 틀이 완전히는 공통적이지 않더라도 해석의 용이성이나 설명력의 정도, 모델 논거(論據)의 확실성 등 실질과학적인 관점에서의 검토가 배제되는 것은 아니다.

해석상의 기술 18

18.1 표준해와 비표준해

> [질문] 공분산구조분석에서 분석을 실시하면, 표준해와 비표준해가 산출됩니다. 이것들의 차이는 무엇입니까? 해석은 어느 쪽을 이용해서 어떻게 실시하면 좋을까요? 잘 가려 쓰는 방법이라도 있습니까?

[회답]

표준해(standardized solution)란 경로 혹은 공분산을 구성하는 변수의 분산을 1로 했을 때의 해이다. 표준해(標準解)는 표준화해(標準化解)라고 불리는 경우도 있다. 이것에 비해서 비표준해(unstandardized solution)에서는 분산을 1로는 하지 않는다. 표준해에서 변수의 분산을 1로 하는 것의 의의는, 모수가 변수의 단위에 의존하지 않게 되는 것이다. 역으로 비표준해는 변수의 단위에 의존한다. 이것은 상관계수와 공분산의 관계와 같다. 공분산은 변수의 단위를 변화시킴으로써 $-\infty$에서 ∞까지 한없이 작아지거나 혹은 커진다. 한편, 상관계수는 공분산을 두 변수의 표준편차로 나눈 것이다. 표준편차로 기준화함으로써 단위에 의존하지 않는 값이 산출된다. 어떠한 단위를 갖는 변수끼리더라도 상관계수는 -1에서 1이라고 하는 일정한 범위 내에서 해석이 가능한 것이다.

통상은 표준해로 모델을 해석하는 일이 많다. 이것에는 다음과 같은 이유가 있다. 공분산구조분석에서는 동일한 모델 내에 다른 단위를 갖는 변수가 여러 개 포함되는 일은 적지 않다. 이때, 비표준해는 단위에 의존하고 만다. 본래 어떤 변수에서 어떤 변수로의 영향이 강하다고 하는 것은, 단위에 의존하지 않고 정해지는 것이다. 그래서 대부분의 경우에 단위에 의존하지 않고 영향력의 강도를 보기 위해서, 표준해를 참조하는 것이다. 표준해의 경로계수에 관한 해석은 어떤 변수의 표준편차에 대한 1단위 증가분에 대한, 다른 쪽 변수의 표준편차에 대한 단위 증가분이 된다.

표준해의 장점만 기술했는데, 비표준해에도 장점은 있다. 비표준해의 장점은 역으로 단위에 의존한 해석이 가능하게 되는 것이다. 척도 중에서도 비율척도는 변수의 단위를 실감하기 쉽고, 비표준해를 해석하는 편이 흥미진진한 식견을 얻을 수 있는 경우가 있다. 예를 들면, 노동시간과 임금의 관계를 회귀 모델로 조사한다고 하자. 노동시간, 임금 모두 비율척도이다. 이때 비표준해에 의하면 노동시간이 1시간 늘어나면 임금이 X원 증가한다고 한다. 단위에 의존한 해석이 가능하다. 표준해에서는 노동시간의 표준편차에 관한 1단위 증분에 대한, 임금의 증가 단위분이 산출되는데, 이것은 오히려 직감적이지 못하다.

〈인과의 순서관계 검토〉

상호 영향을 미치고 있는 변수를 분석하기 위한 기법으로서 흔히 쌍방향 인과 모델을 문제 삼는데, 이것은 두 변수 사이의 인과관계에 대한 강도의 비교를 행하는 것밖에 불가능했다. "닭이 먼저냐, 알이 먼저냐"라고 하는 인과의 순서관계를 조사하려면, 쌍방향 인과 모델보다도 종단적인 데이터의 분석 모델 쪽이 적합하다. 예를 들면, 변수 A, B를 아침, 저녁의 두 시점에서 측정한다면, 데이터로서 $A_{아침}$, $A_{저녁}$, $B_{아침}$, $B_{저녁}$의 네 개 변수가 얻어진다. 이것들을 이용해서 그림과 같은 모델을 분석하여, $A_{아침} \rightarrow B_{저녁}$의 경로계수와 $B_{아침} \rightarrow A_{저녁}$의 경로계수를 검토함으로써 어느 쪽의 영향이 선행하고 있는지를 조사할 수 있다.

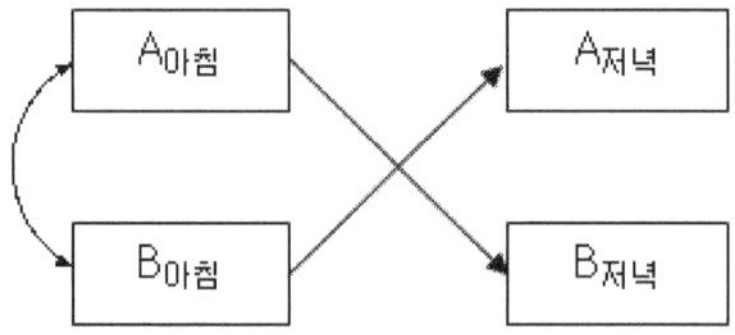

|그림 18-1| **두 시점에서 측정한 종단적 데이터의 분석 모델**

또, 다모집단분석에서는 표준해뿐만 아니라 통상 비표준해로도 해석을 한다. 요인의 분산에 착안하면, 표준해는 요인의 분산을 1로 한 경우의 해인데, 비표준해는 "요인의 분산이 다르다"고 하는 상황 하에서의 해이다. 다모집단분석에서는 대부분의 경

우에 모집단간에서 요인의 분산 차이를 고찰 대상으로 한다. 따라서 다모집단분석에서는 비표준해로서의 해석을 병용하는 것이 일반적이다.

해의 표준오차에 관한 문제도 있다. 표준오차는 해의 유의성 검정이나 신뢰구간의 산출에 이용된다. 현재 대부분의 공분산구조분석을 위한 소프트웨어에서는 해의 표준오차를 비표준해에서만 산출한다. 따라서 유의성이나 신뢰구간에 언급하고 싶은 경우에는, 자동적으로 비표준해를 참조하게 된다. 그러나 상관행렬의 분석으로부터 표준해의 표준오차를 구하는 연구도 이루어지고 있으며, 가까운 미래에 아웃풋으로서 표준해의 표준오차가 산출되는 소프트웨어가 주류가 되는 것도 생각할 수 있다.

18.2 1을 초월하는 표준해

[질문] 분석을 실시했더니 표준화해가 1보다도 커지고 말았습니다만, 이것은 부적합한 해인가요?

[회답]

표준화해에는 반표준화해(半標準化解)와 완전표준화해가 있는데, 여기에서는 완전표준화해의 경우에 대해서 설명한다. 완전표준화해를 구한 경우에 공분산을 나타내는 쌍방향 경로의 경로계수는 상관계수와 같게 된다. 따라서 이와 같은 경로계수의 절대치가 1을 초월해 있다면, 부적합한 해라고 생각해도 좋을 것이다. 이 경우에는 분석한 모델에 문제가 있다고 볼 수 있다.

그러나 단방향(單方向)의 경로에 대해서는 경로계수의 절대치가 1을 초월하더라도, 반드시 부적합한 해라고는 할 수 없다. <표 18-1>의 공분산행렬을, x_1을 x_2, x_3가 설명하는 중회귀 모델에 의해서 분석하면, <그림 18-2>와 같은 표준화해를 얻는다. 그리고 ( ) 내에 표시되고 있는 것은 비표준화해의 표준오차이다.

| 표 18-1 | **공분산행렬(1)**

	x_1	x_2	x_3
x_1	13.10		
x_2	−5.70	8.30	
x_3	−3.56	−10.60	33.23

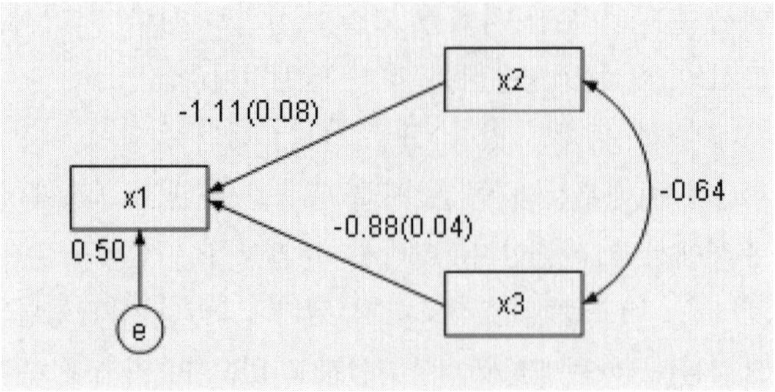

|그림 18-2| **분석결과(1)**

여기에서 x_2에서 x_1으로의 경로계수에 대한 절대치는 1을 초월하고 있지만, 이것은 부적합한 해가 아니고 분석결과에 문제는 없다. 종속변수에 대해서 대단히 높은 예측정밀도를 갖고 있는 독립변수와, 그것과는 마이너스의 상관을 갖고 있는 별개의 독립변수를 이용해서 분석을 한 경우에, 이와 같은 현상이 생기는 수가 있다.

또, 이것과는 별개의 원인에 의해 단방향의 경로계수에 대한 절대치가 1을 초월하는 경우도 있다. 그것은 예측변수끼리 다중공선의 상태가 되어 있는 경우이다. 예를 들면 어떤 데이터를 분석했더니, <그림 18-3>과 같은 결과가 얻어졌다.

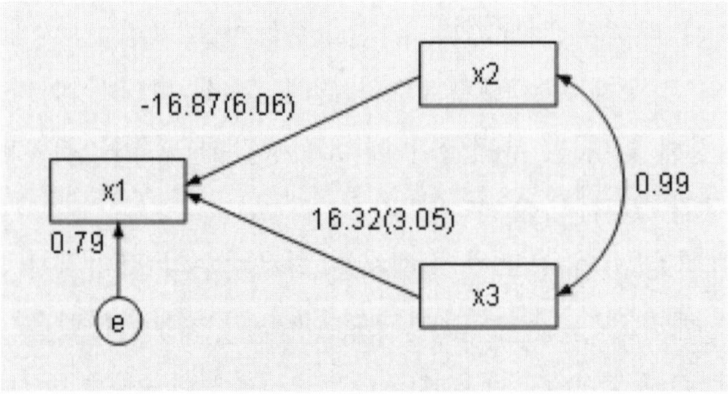

|그림 18-3| **분석결과(2)**

<그림 18-3>에서 x_2와 x_3은 0.99라고 하는 대단히 높은 상관을 갖고 있으므로, 거의 같은 의미를 갖는 변수라고 생각할 수 있다. 그러나 변수 x_1으로의 경로계수는 플러스·마이너스가 완전히 반대인, 절대치가 1보다 큰 값으로 되어 있다. 이것은 다중공선의 상태에 있는 변수를 독립변수로 해서 분석을 실시한 경우에 볼 수 있는

현저한 특징이다. 다중공선은 부적합한 해는 아니지만, 계수의 해석을 하기 어렵다는 것과 추정치의 표준오차가 커져 버린다고 하는 사실로부터 바람직한 상태는 아니다.

따라서 절대치가 1보다 큰 단방향의 경로계수를 얻은 경우에는 그것이 다중공선에 의한 것인지, 그렇지 않은지를 판단할 필요가 있다. 양자의 구별은 독립변수간의 상관계수를 확인함으로써 실시할 수 있다. 상관계수의 절대치가 대단히 크면 다중공선이라고 생각해도 좋을 것이다. 또, 경로계수의 절대치가 1보다도 극단적으로 큰 경우나 추정치의 표준오차가 비교적 큰 경우에도 다중공선을 의심할 만하다. 변수끼리 다중공선인 경우의 해결법에 대해서는 15.7을 참고하기 바란다.

표준화해의 정의

표준화해(standardized solution)란 모델 중에 포함되는 모든 확률변수의 분산이 1이 되도록 조정한 경우의 해를 말하는 것으로 표준해라고 부르기도 한다. 표준화해에 있어서 쌍방향의 경로계수는 상관계수와 같기 때문에, 그 값은 반드시 $-1 \sim +1$의 값을 취한다. 그러나 단방향의 경로계수에 대해서는 반드시 값이 $-1 \sim +1$의 사이에 들어가는 것은 아니다.

즉, "표준화해는 $-1 \sim +1$의 값을 취한다"라고 하는 것은 오해이며, 단방향의 경로에 대해서는 값의 절대치가 1을 초월해 있더라도 그것만으로 문제가 있다고는 할 수 없다. 단, 1을 초월하는 표준화해가 얻어졌을 때, 모델에 어떠한 문제가 있는 경우가 많은 것도 확실하다. 따라서 그와 같은 해가 얻어진 경우에는 분석결과를 주의 깊게 검토하는 편이 좋을 것이다.

18.3 간접효과의 해석

[질문] 직접효과는 "다른 변수의 영향을 일정하게 하고"라고 하는 전제 하에 정의되고 있는데, 그 곱인 간접효과가 되면 변수의 값이 고정되지 않는 것은 모순이 아닙니까?

[회답]

질문은 간접효과가 결과적으로 직접효과의 곱으로 된다고 하는 것을 지나치게 의식했기 때문에 생긴 의문이라고 생각된다. "어떤 변수가 다른 변수를 개입시켜서 미치는 영향"이라고 하는 간접효과에 대한 애당초의 의미에 입각해서 생각하면, 납득하기 쉬울 것이다. 다음의 그림과 같은 가공적인 예를 이용해서 구체적으로 생각해 보자.

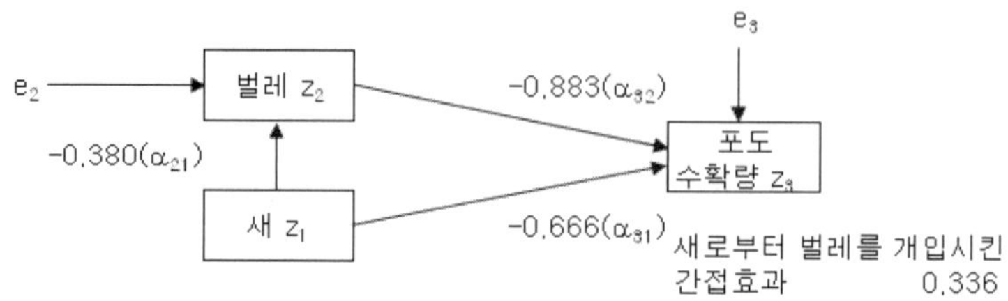

|그림 18-4| **포도의 수확량 모델**

그림의 모델은 새(변수 z_1)와 벌레(변수 z_2)는 각각 포도(변수 z_3)를 먹어서 수확량을 줄이는데, 새는 벌레도 먹으므로, 새가 늘어나는 것은 포도에 직접적인 피해를 주기는 하지만, 벌레도 줄어서 간접적으로는 수확량을 늘리는 효과도 있다고 하는 것을 나타낸 것이다. 이제 벌레와 포도에 대한 새의 영향을 각각 계수 α_{21}, α_{31}으로 하고 벌레로부터 포도에 대한 영향을 계수 α_{32}로 하면, 새로부터 포도에 대한 영향력은 $\alpha_{32}\alpha_{21}+\alpha_{31}$이 된다. $\alpha_{32}\alpha_{21}$이 새로부터 벌레를 개입시킨 간접효과이다. 이때, α_{32}는 확실히 새의 수가 같은 정도의 연도에 주목했을 때의, 벌레 수의 차이에 의한 포도 수확량에 대한 직접적인 영향을 나타낸다. 그러나 "새라고 하는 변수의 값을 일정하게 하고"라고 하는 조건은, α_{32}를 어디까지나 벌레로부터 포도에 대한 직접효과로서 해석하는 과정에서 필요한 것으로, 새로부터 포도에 대한 간접효과는 이 직접효과를 미리 정의한 다음에 그 곱으로서 정의되는 것은 아니다. "포도는 벌레로부터 영향을 받지만, 그 벌레는 새로부터 영향을 받는다"라고 하는 연쇄를 표현하고, 새라고 하는 변수를 1단위 변화시켰을 때의 벌레를 개입시킨 포도의 변화에 대한 기대치가, 결과적으로 계수 α_{32}와 α_{21}의 곱으로 된다고 하는 것이다. 수치로는 새로부터 포도에 대한 직접효과가 -0.666, 간접효과가 0.336, 새가 포도의 수확량에 미치는 종합효과는 -0.330이 된다. 이 종합효과는 z_1과 z_3의 상관계수와 일치한다.

〈오차간 상관이 높다 = 관측변수간의 상관이 높다?〉

요인분석 모델에 있어서의 오차간 상관은 요인으로 설명되지 않는 관측변수간의 상관이므로, 플러스로 높으면 요인으로 설명되는 상관에 플러스된 것이 실제의 상관으로, 마이너스로 높으면 요인으로 설명되는 상관으로부터 마이너스된 것이 실제의 상관이 된다.

여기에서는 예로서 1요인 5변수의 검증적 요인분석 모델을 생각한다.

| 표 18-2 | **분석에 이용할 상관행렬**

	v_1	v_2	v_3	v_4	v_5
v_1	1.000				
v_2	0.800	1.000			
v_3	0.400	0.400	1.000		
v_4	0.400	0.400	0.400	1.000	
v_5	0.400	0.400	0.400	0.000	1.000

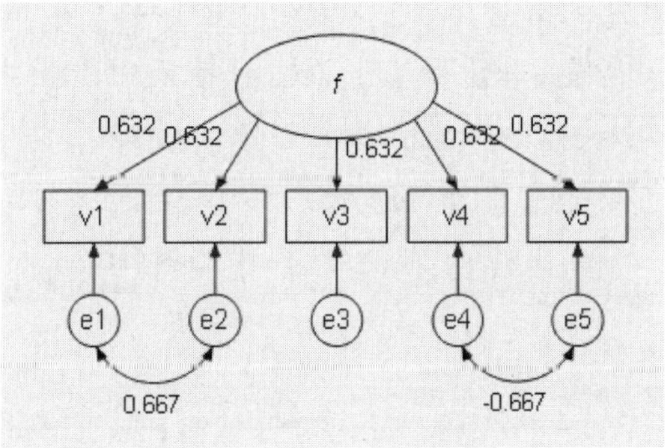

| 그림 18-5 | **분석결과**

상관행렬이 <표 18-2>와 같을 때 모수의 추정치(표준화해)는 <그림 18-5>와 같이 된다. e_1과 e_2의 상관의 크기는, 요인으로 설명되는 상관보다도 실제의 상관이 높은 예이다. 예를 들면, 학력 테스트에서 항목 v_1과 v_2가 동일한 공식으로 풀리는 경우를 생각할 수 있다.

역으로 v_4와 v_5는 요인으로 설명되는 상관보다도 실제의 상관이 낮은 예이다. 예를 들면, v_4와 v_5는 각각 회답에 방대한 시간이 걸리는 문제로, 한 쪽에 회답한 사람은 다른 쪽에 좀처럼 회답할 수 없는 경우를 생각할 수 있다.

18.4 모수의 유의성 검정과 신뢰구간

[질문] 경로계수 등의 추정치는 유의한가 유의하지 않은가로밖에 평가되지 않습니까?

[회답]

개개의 모수에 관한 유의성 검정의 결과는, 표본 사이즈에 의존하는 바, 그 값이 유의한가 아닌가라고 하는 정보밖에 부여하지 않는다. 한편으로 신뢰구간을 구성하면 각각의 모수 추정치에 대해서 양적인 정보를 얻을 수 있다.

가설검정의 일반적 경향으로서 검정력은 다음의 두 가지 경우에 커진다. 하나는 검정할 대상의 효과가 충분히 큰 경우이며, 다른 하나는 표본 사이즈가 큰 경우이다. 후자의 극단적인 예에서는 실질과학적인 관점에서 무의미하다고도 할 수 있는 미소한 값도 유의하다고 판단될 가능성이 있다. 연구가설에 의거한 효과의 크기가 아니라, 해당분야의 이론적 근거와는 직접 관계가 없는 표본 사이즈의 대소에 의해서 그 효과의 유무가 논의되어 버리는 것에는 문제가 있다.

공분산구조분석을 실행하면, 전형적인 소프트웨어는 추정치뿐만 아니라 그 검정통계량, 표준오차 등을, 예를 들면 아래 표와 같이 출력한다.

| 표 18-3 | **출력결과 예**

	Estimate	S.E.	C.R.	P	Label
f1 〈--- f3	0.106	0.051	2.086	0.037	
f2 〈--- f3	0.010	0.002	3.873	0.000	

이때, 출력되는 표준오차(S.E.)를 이용해서 참값의 근사적인 95% 신뢰구간은

$$\text{추정치} - 1.96 \times \text{표준오차} \leq \text{참값} \leq \text{추정치} + 1.96 \times \text{표준오차} \quad (1)$$

와 같이 구성된다. 출력결과 예에 있어서의 f_3에서 f_2로의 경로계수에 대한 95% 신뢰구간을 실제로 계산하면, 0.00608에서 0.01392의 사이가 된다. 신뢰구간으로 생각하면, 추정의 오차를 고려하더라도 값은 거의 0의 위치에 있다는 것을 알 수 있고, 통계적으로는 고도로 유의하더라도 실질적으로는 효과가 없다고 판단할 수 있다. 이때 역

으로, 추정치가 좁은 신뢰구간에서 0으로부터 멀면 멀수록 그 효과, 영향이 크다고 생각할 수 있다.

18.5 유의하지 않은 경로계수

> [질문] 검증적 요인분석을 해서 적합도가 좋은 분석결과를 얻었습니다만, 요인부하의 값이 유의하지 않은 관측변수가 있습니다. 필시 이 변수는 요인을 측정하는 과정에서 의미가 없다고 생각합니다만, 삭제해 버려도 좋을까요?

[회답]

이미 전체의 적합도가 좋다면 삭제하지 않는 편이 바람직하다라고 하는 것이 일반적인 회답이다. 그 이유로서 먼저 들 수 있는 것이, 모델 조정을 반복해 가면 해석이 불가능한 모델이 만들어지기 쉽다고 하는 사실이다. 같은 데이터에 대해서 경로를 긋는 방법은 무수히 많이 존재해서, 그 모두를 다하는 것은 상당히 작은 모델이 아닌 한 불가능하기 때문에, 일단 분석을 실시한 후에 모델을 조정하고 싶은 경우가 많은 것도 분명하다. 그러나 통계적으로 최선의 모델을 발견하는 것은 현실적으로 보아 거의 불가능하다. 데이터에 앞서 가정한 모델로 분석을 실시하여 충분한 적합도를 얻었다면, 그것을 최종 결과로서 채택해야 할 것이다. 어디까지나 이론적인 뒷받침에 의한 모델의 해석 가능성 쪽이 우선이며, 통계적 지표는 그것을 보족하는 것밖에 안 된다고 하는 것이다.

또, 경로의 유의성 검정은 독립적인 것이 아니므로, 어딘가의 경로를 변화시키면 나머지 경로의 유의성 검정에 대한 결과도 변화하고 만다. 따라서 유의하지 않은 경로를 삭제한 결과, 나머지의 유의한 경로가 유의하지 않게 되어 버릴 가능성도 있다. 반드시 유의하지 않은 경로를 삭제하는 것이 좋은 결과를 가져온다고는 할 수 없다.

게다가 모든 경로가 유의한 모델이 반드시 적합도가 높은 모델이라고는 할 수 없다. 그리고 적합도가 나쁜 모델이 있는 경우, 그 중에 유의한 경로가 있더라도 그 식견을 이용할 수는 없다. 공분산구조분석에서는 개개 경로의 유의성보다도 먼저 모델 전체로서의 적합도를 우선해서 생각하는 편이 좋을 것이다.

만일 아무래도 유의하지 않은 경로를 삭제하고 싶은 경우에는 먼저 정확한 이론적

근거를 보인 다음에, 이하의 절차를 밟는 것이 바람직할 것이다.

① 경로를 삭제하기 전후의 모델에서 우도비검정(尤度比檢定)을 실시하여, 정말로 적합도가 개선되어 있는지를 확인한다.

② 최종적으로 양쪽 모델의 모수와 적합도를 보고한다.

18.6 경로계수의 비교

> [질문] 두 경로의 영향에 대한 크기를 비교하려고 생각하고 있습니다. 검정통계량을 보면, 한 쪽이 유의하고 다른 한 쪽이 유의하지 않다고 하는 결과였습니다. 이 사실로부터 유의한 쪽이 영향도 크다고 말해도 좋을까요? 좋지 않은 경우, 계수의 크기를 비교하는 방법이 있다면 가르쳐 주십시오.

[회답]

비교의 방법으로서 검정통계량을 이용하는 것은 바람직하지 않다. 그것은, 통상 출력되는 검정통계량이 어디까지나 0과 비교해서 유의한가 그렇지 않은가를 문제로 하고 있기 때문이다. 이 사실을 수치예를 보면서 확인하고 싶다고 생각한다.

예를 들면, 계수 a_1의 추정치 $\hat{a}_1$가 0.5, 표준오차가 0.2로 되었다고 하자. 이때, a_1은 5% 수준에서 유의하게 된다. 한편으로, 계수 a_2의 추정치 $\hat{a}_2$가 1.0, 표준오차가 0.7이었다고 한다. 이때, 계수 a_2는 유의하지 않게 된다. 이 사실로부터 a_1 쪽이 영향이 크다고 말하는 것은, 당연한 얘기지만 불가능하다. <그림 18-6>은 표준오차를 이용해서 계수의 추정치에 대한 분포를 그린 것이다.

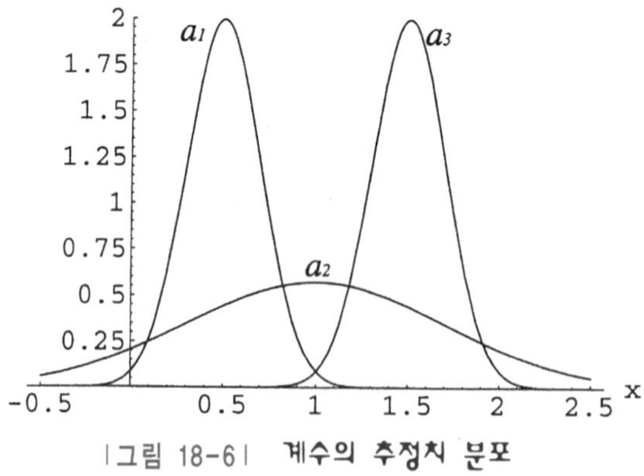

|그림 18-6| 계수의 추정치 분포

이 그림으로부터도 알 수 있듯이, 표준오차가 크기 때문에 a_2의 신뢰구간이 넓게 되어 버려 점추정치로서는 영향이 클 a_2가 유의하지 않다. 한편으로 표준오차가 작은 a_1은, 점추정치로서는 영향이 작음에도 불구하고 신뢰구간은 좁게 되어 유의하다.

이와 같이 모수에 대한 유의성 검정으로부터의 식견은, 표준오차의 영향이 극히 커져 있어서,[1] 계수의 비교를 위한 재료로써 사용할 수는 없다. 이와 같은 경우에 유효한 방법으로서는 모수의 신뢰구간이 겹쳐 있는지 아닌지를 판단한다고 하는 방법을 들 수 있다.

예를 들면, a_3의 추정치 $\hat{a_3}$가 1.5, 표준오차가 0.2였다고 하자. 이때, a_1과 a_3는 검정통계량이라고 하는 관점에서는 양쪽 모두 유의하다. 그렇다면 신뢰구간은 어떻게 될 것인가. 95% 신뢰구간은 표준오차의 ±1.96배의 범위가 되므로, 각각

$$0.108 \leq a_1 \leq 0.892$$
$$1.108 \leq a_3 \leq 1.892$$

가 된다. 이로부터 a_1과 a_3에서는 신뢰구간이 겹쳐 있지 않으므로, 신뢰구간이 절대치로 높은 값에 있는 a_3 쪽이 값으로서 크다고 말할 수 있다. 한편으로 a_2의 95% 신뢰구간은,

$$-0.372 \leq a_2 \leq 2.372$$

가 되어 a_1과 a_3의 양쪽과 신뢰구간이 겹쳐 있다는 것을 확신할 수 있다. 이로부터 a_2는 다른 두 개의 계수와 영향의 크기에서 차가 있다고는 말할 수 없다.

이 방법은 계산이 용이하고 몇 개의 계수를 동시에 비교할 수도 있는 편리한 방법이지만, 문제점도 있다. 그것은 이 계산법이 어디까지나 근사적인 것이라고 하는 점이다. 예를 들면, $\hat{a_1}$가 $\hat{a_1} = a_1 + \epsilon_1$이라고 한다. 이때 a_1은 상수이므로, $\hat{a_1}$의 표준오차는 ϵ_1의 표준편차가 된다. 마찬가지로 $\hat{a_3}$의 표준오차는 ϵ_3의 표준편차이다. 여기에서 ϵ_1과 ϵ_3의 상관이 절대치로 낮은 값이 된다면, 이 근사법은 높은 정밀도를 갖는다고 할 수 있다. 그러나 상관이 높은 값을 취해 버리는 경우에는 이 근사에서는 문제가 나오는 경우가 있다. 단, 전술한 바와 같이 확인의 방법으로서 매우 용이하므로, 표준오

1) 이 점에 관해서는 18.4를 참조하기 바람.

차의 ±2배를 계산해서 그것을 대략의 신뢰구간이라고 생각해서 범위를 검토한다고 하는 것은 실제의 분석 장면에서 빈번하게 행해지고 있고 유용하다는 것도 사실이다.

보다 엄밀하게 말하면, 공분산구조분석의 입장에서 영향의 크기를 비교하고 싶은 경우에는, 비교하고 싶은 계수간에 등치제약을 두는 방법이 있다. 여기에서는 표준화해와 비표준화해 각각을 비교하고 싶은 경우에 이용할 수 있는 방법을 설명한다.

먼저 비표준화해를 비교하고 싶은 경우에 대해서 설명한다. 예를 들면, <그림 18-7>과 같은 모델을 상정했다고 하자.

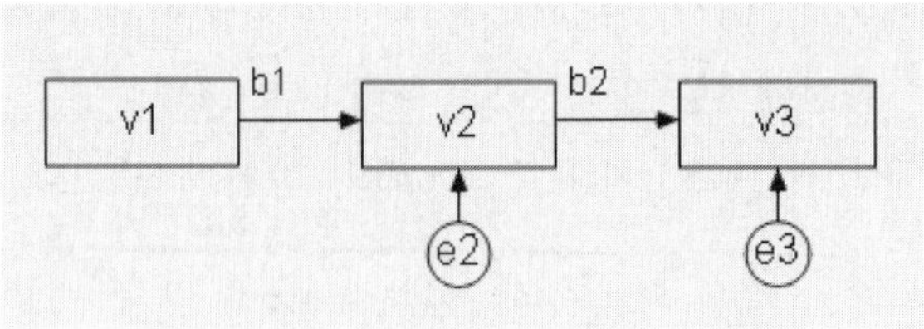

|그림 18-7| 비표준화해에 제약을 넣는 예

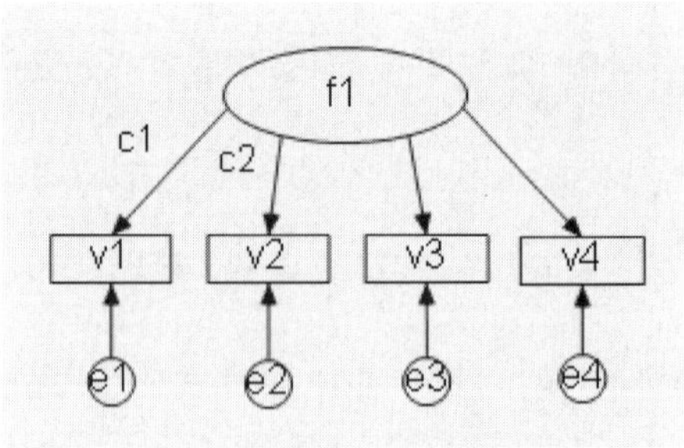

|그림 18-8| 표준화해에 제약을 넣는 예

v_1에서 v_3는 각각 카드를 만들고 나서 1개월째, 2개월째, 3개월째의 어떤 가게에 있어서 고객의 구입금액이라고 한다. 여기에서 1개월째의 구입금액이 10원 오른 경우의 2개월째에 미치는 영향(b_1)과 2개월째의 구입금액이 10원 오른 경우의 3개월째에 미치는 영향(b_2)을 조사하고 싶은 경우를 생각한다. 이 경우에 비표준화해로 비교할 필요가 있다.

이때, $b_1 = b_2$라고 제약을 둔 모델과 자유 추정시킨 모델과의 사이에서 AIC, CAIC 등 정보량규준의 관점에서 어느 쪽 모델의 적합도가 좋은지를 조사한다. 모델 비교의 결과, $b_1 = b_2$라고 제약을 둔 모델 쪽의 적합도가 좋다면, 1개월째의 구입금액이 10원 오른 경우의 2개월째에 미치는 영향과 2개월째의 구입금액이 10원 오른 경우의 3개월째에 미치는 영향과의 사이에는 차가 없다고 생각한다. 자유 추정된 모델 쪽의 적합도가 좋은 경우에는, 예를 들면, $b_1 > b_2$라면, 1개월째의 구입금액 쪽이 강한 영향을 갖는다고 생각한다. 예를 들면, 초기에 한데 모아 쇼핑을 한 고객 쪽이 장래의 쇼핑양도 많게 되기 쉽다고 하는 해석이 성립할 것이다.

다음에 표준화해를 비교하고 싶은 경우에 대해서 설명한다. 예를 들면, <그림 18-8>과 같은 모델을 상정했다고 하자. 여기에서 v_1은 체중, v_2는 가슴둘레, v_3는 신장, v_4는 앉은키, f_1은 체격이라고 하는 구성개념이라고 하자. 이때, 체격에서 체중으로의 영향(c_1)과 체격에서 가슴둘레로의 영향(c_2)은 비표준화해로는 비교할 수 없다. kg과 cm라고 하는 것처럼 원래의 단위가 다르기 때문이다. 이와 같은 경우에 표준화해로 비교할 필요가 있다. 표준화해로 비교하고 싶은 경우에는 표준화해에 등치제약을 둔 모델과 자유 추정시킨 모델에서 정보량규준을 이용하여 비교한다. e_1의 분산을 σ_{e1}^2, e_2의 분산을 σ_{e2}^2라고 놓으면,

$$\frac{c_1^2}{c_1^2+\sigma_{e1}^2}=\frac{c_2^2}{c_2^2+\sigma_{e2}^2} \tag{1}$$

로 함으로써 c_1과 c_2에 실질적으로 같은 영향을 갖는다고 하는 제약을 둘 수 있다. 분모는 관측변수의 전분산(全分散)이 되므로, 이것은 고전적 테스트 이론의 틀로 말하면, 신뢰성이 같다고 하는 제약을 둔 것에 상당한다. 이 결과, 등치제약을 둔 쪽이 적합도가 좋다면, 체격으로부터의 영향에 차는 없다고 생각한다. 자유 추정시킨 쪽이 적합도가 좋은 경우, 예를 들면

$$\frac{c_1^2}{c_1^2+\sigma_{e1}^2}>\frac{c_2^2}{c_2^2+\sigma_{e2}^2} \tag{2}$$

이라면, 체격으로부터의 영향은 체중 쪽이 크다[2]고 생각한다. 역으로,

$$\frac{c_1^2}{c_1^2+\sigma_{e1}^2}<\frac{c_2^2}{c_2^2+\sigma_{e2}^2} \tag{3}$$

이라면, 체격으로부터의 영향은 가슴둘레 쪽이 크다고 생각한다.[3]

2) 즉, 체중 쪽이 체격의 이미지를 보다 잘 반영한다고 하는 것이다.

〈표준오차란 무엇인가?〉

표준오차는 추정치의 표준편차이다. 그러나 이것은 일반적으로 일컬어지는 표준편차와는 조금 이미지가 다르다.

표준오차는 반복 데이터를 취해서 분석한 경우의 추정치에 대한 표준편차를 의미한다. 그러나 실제로는 반복 데이터를 취해서 추정치의 분포를 구하는 것이 아니라, 분석에 이용된 단일의 데이터로부터 추정한다. 이런 의미에서 데이터로부터 직접 계산되는 표준편차와는 다르다.

18.7 모수의 합이나 차의 표준오차를 구하는 방법

[질문] 모수의 합이나 차에 대해서, 원래 모수의 추정치와 그 표준오차로부터 신뢰구간을 음미하는 것은 가능합니까?

[회답]

대부분의 공분산구조분석 소프트웨어는 모수의 합이나 차의 추정치나 표준오차를 출력하지 않는다. 추정치에 관해서는 단순히 모수끼리의 합이나 차를 계산하면 되므로 간단하지만, 표준오차에 대해서는 어렵다고 생각될지도 모른다. 그러나 간단한 계산에 의해서 모수의 합이나 차의 표준오차를 계산할 수 있는 것이다.

계산과정에 있어서 피셔 정보행렬을 이용할 필요가 있다. 피셔 정보행렬의 역행렬에 대한 대각요소는 추정량의 분산이며, 비대각요소는 추정량의 공분산이다. 공분산구조분석의 소프트웨어에서는 추정치와 그 표준오차가 출력되는데, 표준오차는 피셔 정보행렬에 대한 역행렬의 해당하는 대각요소의 제곱근으로 되어 있다. 개개 모수의 표준오차에 언급하는 경우는 대각요소만으로 충분하지만, 모수의 합이나 차의 표준오차에 언급하는 경우는 비대각요소도 참조할 필요가 있다. 모수의 추정치 $\hat{\alpha}$, $\hat{\beta}$가 있을 때, 그 합의 표준오차 $\sqrt{V[\hat{\alpha}+\hat{\beta}]}$ 는,

$$\sqrt{V[\hat{\alpha}+\hat{\beta}]} = \sqrt{V[\hat{\alpha}] + 2Cov[\hat{\alpha}, \hat{\beta}] + V[\hat{\beta}]} \quad (1)$$

3) 보다 엄밀히 보고 싶은 경우에는 18.7을 참조하기 바람.

로 구할 수 있다. 여기에서 $V[\hat{\alpha}]$는 $\hat{\alpha}$의 분산, $Cov[\hat{\alpha}, \hat{\beta}]$는 $\hat{\alpha}$와 $\hat{\beta}$의 공분산이다. 모수의 공분산행렬의 해당하는 요소로부터 (1)식을 계산함으로써 모수의 합에 대한 표준오차가 구해진다. 그리고 $V[\hat{\alpha}]$나 $V[\hat{\beta}]$는 모수의 공분산행렬을 참조하지 않더라도 추정량의 표준오차에 대한 제곱을 이용할 수 있다. 모수의 차에 대한 표준오차는 마찬가지로 해서 (2)식과 같이 구할 수 있다.

$$\sqrt{V[\hat{\alpha}-\hat{\beta}]} = \sqrt{V[\hat{\alpha}] - 2Cov[\hat{\alpha}, \hat{\beta}] + V[\hat{\beta}]} \tag{2}$$

수치예로서 <그림 18-9>와 같은 관측변수 '연습에 걸리는 시간' x_1, '미팅에 걸리는 시간' x_2가 '(야구의) 승리 수' x_3를 설명하는 중회귀 모델을 들 수 있다. α, β는 경로계수이다. 여기에서 흥미 있는 것은, 과연 연습시간과 미팅시간 중 어느 쪽이 승리 수에 공헌하고 있는가라고 하는 것이다. 즉, 경로계수의 차 $\alpha-\beta$를 문제로 한다.

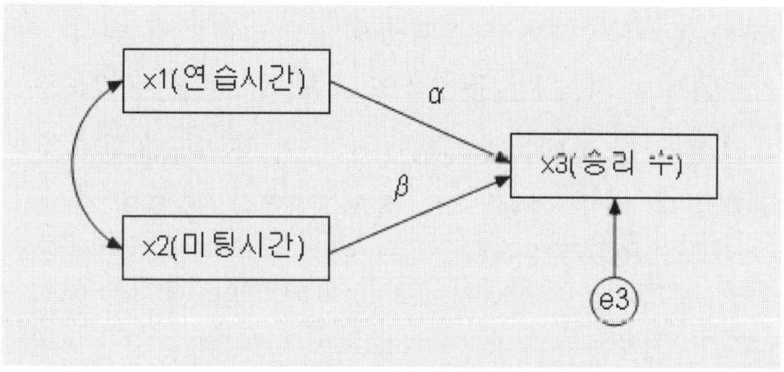

| 그림 18-9 | **중회귀 모델**

경로계수의 추정치와 그 표준오차는 <표 18-4>와 같다.

| 표 18-4 | **추정치**

	α	β
경로계수	0.697	0.244
표준오차	0.046	0.048

<표 18-5>는 피셔 정보행렬이다. 역행렬을 취한 것이 <표 18-6>이며, 이것이 모수의 공분산행렬이다. 그리고 소프트웨어에 따라서는 <표 18-6>을 출력하는 것도 있다. 그

경우에는 역행렬을 계산할 필요는 없다. <표 18-6>의 대각요소의 제곱근은 $\sqrt{0.00212}=0.046$, $\sqrt{0.00234}=0.048$이며, <표 18-4>의 해당하는 표준오차와 일치한다.

| 표 18-5 | 피셔 정보행렬

	α	β
α	2927.928	2552.553
β	2552.553	2652.653

| 표 18-6 | 모수의 공분산행렬

	α	β
α	0.00212	−0.00204
β	−0.00204	0.00234

추정치로부터는 $\alpha-\beta=0.454$이기 때문에 연습시간 쪽이 승리 수에 더 공헌하고 있다고 말할 수 있다. 이 차(差)가 통계적으로 주장할 수 있는 정도로 큰 것인지 아닌지를 조사하기 위해서, 경로계수의 추정치 $\hat{\alpha}$, $\hat{\beta}$의 차 $\hat{\alpha}-\hat{\beta}$의 표준오차를 계산해서 신뢰구간을 구해 본다. 표준오차는 <표 18-6>과 (2)식으로부터,

$$\sqrt{V[\hat{\alpha}-\hat{\beta}]}=\sqrt{0.00212-2\times(-0.00204)+0.00234}=0.092 \tag{3}$$

라고 구해진다. 추정치는 0.454, 표준오차는 0.092이기 때문에 95% 신뢰구간은 0.274에서 0.634이다. 신뢰구간은 0을 포함하고 있지 않으므로, 미팅에 걸리는 시간보다도 연습에 걸리는 시간 쪽이 승리 수에 더 공헌하고 있는 경향이 있다.

이론적으로는 18.8과 같이 부트스트랩법(bootstrap method)에 의해서 모수의 합이나 차의 표준오차를 출력하는 것도 가능하다. 또 18.6은 간편한 방법에 의해 계수의 크기 비교를 행하고 있다. 개략적인 계산으로 비교를 행하고 싶은 경우에는 18.6을 참조하면 좋을 것이다.

18.8 간접효과의 표준오차 구하는 방법

> [질문] 직접효과와 같이 간접효과에 대해서도 해와 그 표준오차로부터 신뢰구간의 음미를 하는 것은 가능할까요?

[회답]

직접효과와 간접효과는 어느 쪽도 원인측의 변수로부터 결과측의 변수에 대한 영향을 가리킨다. 그러나 직접효과는 문자 그대로 두 개 변수간의 직접적인 관계를 나타내는 데 비해서, 간접효과는 두 개의 변수를 매개하는 변수(군)가 존재하는 경우의 두 변수간 관계를 나타낸다. 간접효과는 직접효과의 곱으로 표현된다. 수치예를 소개하는 <그림 18-10>은 "정체성의 미확립 x_2를 매개로 한 모친의 응석받이 x_1으로부터 아이 생활의 무기력 x_3에 대한 영향"을 모델화한 것이다. 여기에서 직접효과란 x_1에서 x_2로의 경로계수 α, 혹은 x_2에서 x_3로의 경로계수 β이다. 간접효과란 x_1에서 x_3로의 영향을 가리키고, $\alpha\times\beta$이다. 이것은 부모가 자식의 응석을 받아 주는 것이 아이 생활의 무기력에 얼마만큼 영향을 미치는지를 나타낸다.

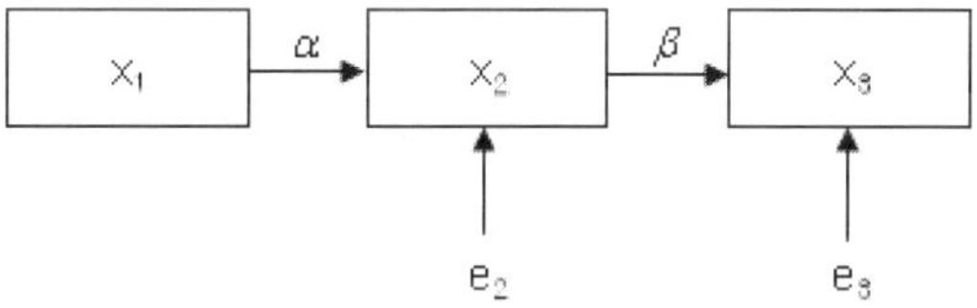

| 그림 18-10 | **간접효과 모델**

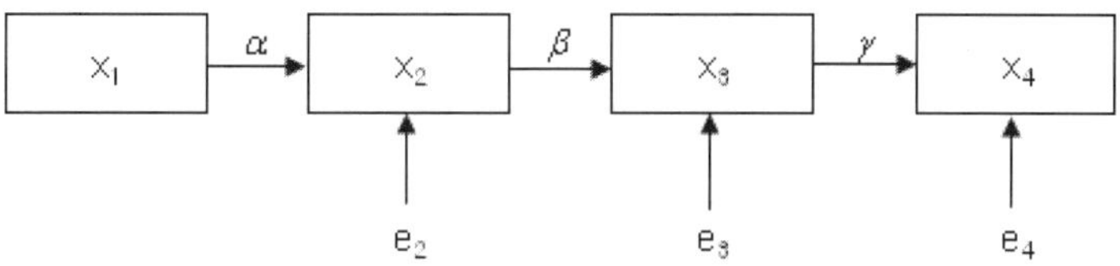

| 그림 18-11 | **3차의 간접효과 모델**

공분산구조분석에서는 자주 경로계수의 유의성 검정이나 신뢰구간의 음미를 실시한다. 이것은 경로계수와 그 표준오차를 이용해서 실시한다. 대부분의 소프트웨어에

서는 경로계수의 표준오차를 직접효과만에 대해서 산출한다. 따라서 직접효과의 경로계수에 대한 검토는 용이하게 실시할 수 있더라도, 간접효과의 검토는 출력을 본 것만으로는 실시할 수 없다.

그러나 이론적으로는 간접효과의 표준오차는 델타법이라고 불리는 기법에 의해서 수작업으로 산출 가능하다. 델타법에 의한 표준오차의 산출에 대해서는 Bollen(1989)[4], Sobel(1982, 1986)[5]에 상세히 기술되어 있다. 경로계수의 추정치 $\hat{\alpha}$, $\hat{\beta}$가 있을 때, 그 간접효과 $\hat{\alpha}\hat{\beta}$의 표준오차 $\sqrt{V[\hat{\alpha}\hat{\beta}]}$ 는,

$$\sqrt{V[\hat{\alpha}\hat{\beta}]} = \sqrt{\hat{\alpha}^2 V[\hat{\beta}] + \hat{\beta}^2 V[\hat{\alpha}]} \qquad (1)$$

로 구할 수 있다. 여기에서 $V[\hat{\alpha}]$, $V[\hat{\beta}]$는 각각 경로계수 α, β의 표준오차에 대한 제곱이다. 또, <그림 18-11>과 같이 변수 x_4가 늘어서 새로운 직접효과 γ에 의해, 간접효과가 $\alpha\beta\gamma$로 되었을 때도, 델타법에 의해서, $\hat{\alpha}\hat{\beta}\hat{\gamma}$의 표준오차는 다음과 같이 구할 수 있다.

$$\sqrt{V[\hat{\alpha}\hat{\beta}\hat{\gamma}]} = \sqrt{\hat{\alpha}^2\hat{\beta}^2 V[\hat{\gamma}] + \hat{\beta}^2\hat{\gamma}^2 V[\hat{\alpha}] + \hat{\gamma}^2\hat{\alpha}^2 V[\hat{\beta}]} \qquad (2)$$

실제로 <그림 18-10>의 분석결과로부터 간접효과의 표준오차를 구해 보자. <표 18-7>은 직접효과의 경로계수와 그 표준오차이다.

| 표 18-7 | **경로계수와 표준오차**

	$\hat{\alpha}$	$\hat{\beta}$
경로계수	0.451	0.530
표준오차	0.063	0.054

간접효과는 0.451 × 0.530 = 0.239이다. 그리고 그 표준오차는,

$$\sqrt{0.451^2 \times 0.054^2 + 0.530^2 \times 0.063^2} = 0.041 \qquad (3)$$

로 구해진다. 간접효과의 95% 신뢰구간은 0.158에서 0.320이 되어 0을 포함하지 않으

4) Bollen, K. A., *Structural Equations with Latent Variables*, Wiley, 1989.

5) Sobel, M. F., "Asymptotic confidence intervals for indirect effects in structural equation models," *Sociological Methodology*, 12, 1982, pp. 290−312. Sobel, M. F., "Some new results on indirect effects and their standard errors in covariance structure models," Sociological Methodology, 16, 1986, pp. 159−186.

므로, 그다지 큰 효과는 아니지만 간접효과의 존재를 주장할 수 있다. 모친이 아이의 응석을 받아 주면, 아이는 생활이 무기력해지는 경향이 다소 있게 된다.

또, 간접효과의 표준오차는 부트스트랩법에 의해서 구하는 것도 가능하다. 부트스트랩법에서는 얻어진 표본으로부터 n개의 표본(이것을 부트스트랩 표본이라고 부른다)을 복원추출에 의해서 추출하는 것을 B회 반복하기 위하여, 하나의 모수에 대해서 추정치를 B개 구할 수 있다. 통상 B는 10이나 20 정도가 아니라 500 정도의 수로 설정한다. B개의 추정치에 대한 평균을 모수로 하고, 표준편차를 모수의 표준오차로 한다. 간접효과의 표준오차에 대한 경우에는 $\hat{\alpha}\hat{\beta}$의 추정치가 B개 가능하므로, 그것들의 표준편차를 계산하면 구해진다. 소프트웨어에 따라서는 부트스트랩법에 의해서 간접효과의 표준오차를 산출하는 것이 가능한 것도 있다.

델타법에 의한 기법이나 부트스트랩법에 의한 기법도 대표본을 전제로 하고 있다. 소표본에서는 추정량의 점근정규성(漸近正規性)을 이용하기 어렵고 벗어난 값의 영향으로, 간접효과의 추정량에 대한 분포가 정규분포로는 되기 어렵다는 사실이 알려져 있다. 그 때문에 신뢰구간도 근사적인 것이다. 또, 소표본에 있어서는 추정량의 곱에 대한 점근정규성을 이용하기 어려워, 곱의 표본분포에 대한 첨도가 비교적 높게 되는 경향이 있다. Bollen & Stine(1990)[6]에서는 두 가지 기법을 비교하여, 대표본에서는 양자가 거의 일치한다는 것을 보이고 있다.

18.9 종합효과의 표준오차 구하는 방법

[질문] 종합효과의 신뢰구간을 검토하고 싶습니다. 그러기 위해서는 표준오차를 산출하지 않으면 안 되겠지요. 어떻게 하면 좋을까요?

[회답]

종합효과는 직접효과와 간접효과의 합으로서 표현된다. 소프트웨어의 대부분은 직접효과의 표준오차만을 출력하고, 간접효과나 종합효과의 표준오차는 출력하지 않는

6) Bollen, K. A., & Stine, R., "Direct and indirect effects : Classical and bootstrap estimates of variability," In Clogg, C. C. (Ed.), *Sociological Methodology*, Blackwell, 1990, pp. 115－140.

다. 그러나 델타법이라고 하는 기법을 이용하면, 비교적 간단히 수작업 계산에 의해서 간접효과나 종합효과의 표준오차를 산출할 수 있다. 간접효과의 표준오차에 대한 산출에 대해서는 18.8을 참조하기 바란다.

종합효과의 예로서 <그림 18-12>와 같은 모델을 생각한다. 그림은 햄버거의 '매출 개수' x_3가 햄버거의 '맛좋음' x_1과 가게의 '인기' x_2와 가격의 '저렴' x_4에 의해서 설명되는 모델이다. 맛있기 때문에 인기가 상승한다고도 생각되므로, x_1에서 x_2로의 경로가 그어져 있다. 또, '맛좋음' x_1과 가격의 '저렴' x_4 사이에는 공분산 s을 가정할 수 있다. α, β, γ, κ는 각각의 경로계수로서 변수간의 직접효과이다. 간접효과는 x_1에서 x_3에 대하여 $\alpha\beta$이며, 이것은 햄버거의 맛좋음이 가게의 인기를 상승시킴에 따른, 매출 개수에 미치는 영향이다. 종합효과는 직접효과와 간접효과의 합이기 때문에, x_1에서 x_3에 대하여 $\alpha\beta+\gamma$의 영향이 있다. 이것은 인기를 경유하는 것도 포함한 맛좋음이 매출 개수에 미치는 영향이다.

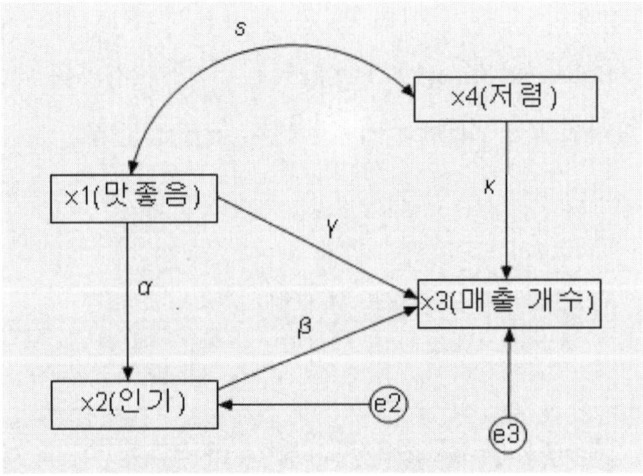

|그림 18-12| **종합효과**

직접효과의 경로계수에 대한 추정치와 그 표준오차는 <표 18-8>과 같다.

|표 18-8| **경로계수와 표준오차**

	α	β	γ	κ	s
계수	0.464	0.430	0.571	0.701	−0.427
표준오차	0.066	0.056	0.090	0.102	0.097

종합효과 $\hat{\alpha}\hat{\beta}+\hat{\gamma}$의 표준오차 $\sqrt{V[\hat{\alpha}\hat{\beta}+\hat{\gamma}]}$는 다음과 같이 구할 수 있다.

$$\sqrt{V[\hat{\alpha}\hat{\beta}+\hat{\gamma}]}=\sqrt{\hat{\alpha}^2 V[\hat{\beta}]+\hat{\beta}^2 V[\hat{\alpha}]+V[\hat{\gamma}]+\left(\hat{\alpha}^2\hat{\beta}^2 V[\hat{\gamma}]+\hat{\beta}^2\hat{\gamma}^2 V[\hat{\alpha}]+\hat{\gamma}^2\hat{\alpha}^2 V[\hat{\beta}]\right)} \quad (1)$$

여기에서 (1)식의 ( ) 안은 $\hat{\alpha}\hat{\beta}$와 $\hat{\gamma}$의 공분산을 표현하고 있고, 생략할 수도 있다. 그 이유는 그 항을 포함하더라도 표준오차는 그다지 변하지 않는다는 사실과, <그림 18-12>와 같은 비교적 단순한 모델에서는 ( ) 안의 계산도 용이하지만, 종합효과가 보다 많은 효과의 합으로 표현되는 경우에는 계산이 대단히 복잡하게 되기 때문이다.

종합효과의 추정치는 0.771이다. 종합효과의 표준오차는 <표 18-8>과 (1) 식으로부터,

$$\begin{aligned}&0.464^2\times0.056^2+0.430^2\times0.066^2+0.090^2+(0.464^2\times0.430^2\times0.090^2+\\&0.430^2\times0.571^2\times0.066^2+0.571^2\times0.464^2\times0.056^2)\end{aligned} \quad (2)$$

의 제곱근을 계산해서 0.098을 구한다. 95% 신뢰구간은 0.575에서 0.967이다. 신뢰구간은 0을 포함하고 있지 않으므로, 종합효과는 0이 아니라고 할 수 있다. 종합효과는 높은 값으로 '매출 개수'는 '맛좋음'으로부터 큰 영향을 받는다고 해석할 수 있다.

더욱이 표준화된 종합효과와 상관계수의 차이에 대해서도 설명한다. <그림 18-12>에서 종합효과는 전술한 바와 같이 $\alpha\beta+\gamma$인데, 상관계수는 x_4를 경유해서 $s\kappa$를 더한 $\alpha\beta+\gamma+s\kappa$이다. 추정치로부터 상관계수는 0.472로 구해진다. 상관계수의 표준오차에 대해서는 델타법을 이용할 것까지도 없고, 소프트웨어에 출력되므로 그것을 참고할 수 있다.

18.10 각 예측변수의 결정계수

> [질문] 기준변수에 대한 영향의 크기가 아니라, 그 분산을 각 예측변수가 각각 어느 정도 설명하고 있는지 분해해서 보일 수는 없을까요?

[회답]

기준변수에 대한 각 예측변수의 영향이 각각 어느 정도인지를 개별적으로 평가하는 것은, 각 예측변수간의 상관이 0에 가까울 때에 한해서 가능하다. 그렇지 않을 때

에는 영향을 일의적으로 분해할 수 없으므로, 어떤 변수의 결정계수가 단순히 그 예측변수의 영향에 대한 합으로는 되지 않는다.

그러나 예측변수가 두 개인 경우에는, 예측변수간에 상관이 있더라도 기준변수의 결정계수는 모델에 포함되는 여러 가지 각 효과의 합에 의해서 나타낼 수 있다.

여기에서는 설명을 위해서 <그림 18-13>에 보이는 세 개의 구성개념을 도입한 가공의 인과 모델을 문제 삼는다. <그림 18-13>에서는 번잡함을 피하기 위해서 관측변수를 생략하고 있다. 모델은 연구영역의 이론적인 근거에 의거해서, f_1에서 f_2로 경로를 그을 수 있는 상황을 상정하고 있다.

여기에서 잠재변수와 오차변수의 분산이 각각 1로 표준화된 모델을,

$$f_3 = Af_1 + Bf_2 + Hd_3 \tag{1}$$

$$f_2 = Cf_1 + Ed_2 \tag{2}$$

로 표현한다. 여기에서는 잠재변수의 평균은 모델화하지 않고 0으로 하고 있다.

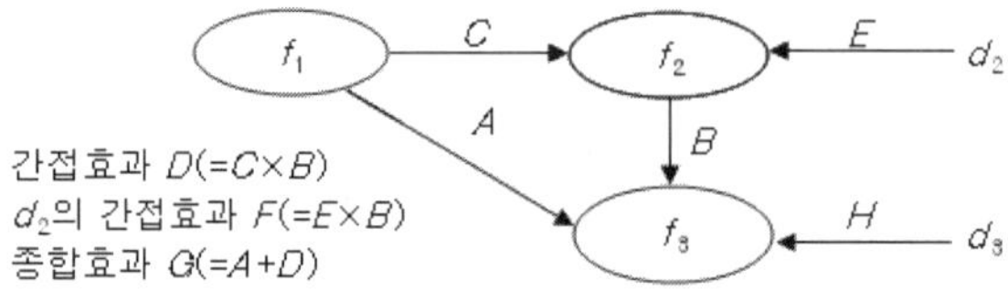

|그림 18-13| **기준변수에 대한 각 영향**

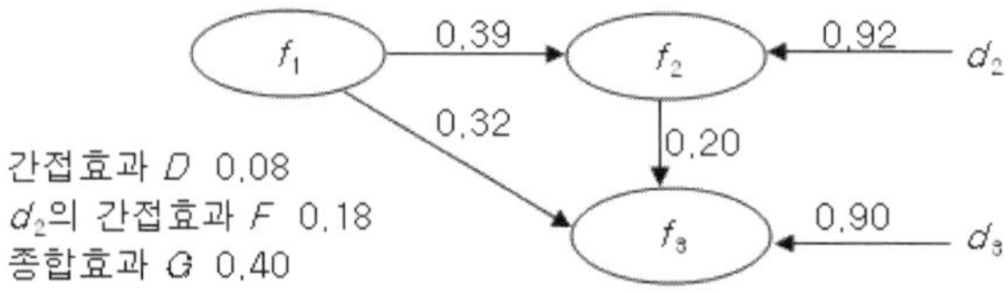

|그림 18-14| **표준화해**

A, B, C와 E, H가 각 변수로부터의 표준화된 계수이다. 변수 f_1 이외의 두 개 변수는 오차변수를 포함한 다른 변수로부터 영향을 받고 있다.

먼저 f_2가 받는 영향부터 생각한다. (2)식이 보이는 바와 같이 f_2에는 f_1이 직접적으로 효과를 미치고 있다. 이 크기가 '직접효과 C'이다. f_2는 또 모델에서는 문제 삼

지 못했던 요인으로부터의 영향으로서, 오차변수 d_2로부터의 영향을 받는다. 이것이 '오차효과 E'이다.

다음에 f_3에 대한 효과를 생각한다. f_2는 f_3에 직접 영향을 미치고 있는데, 그 f_2는 상술한 효과를 받고 있다. 따라서 f_1을 일정하게 했을 때의 f_2로부터의 효과인 '직접효과 B'와, 오차변수 d_2가 f_2를 경유해서 f_3에 미치는 효과 '$F(=B \times E)$'가 존재하게 된다.

f_3에 대한 효과는 f_1으로부터의 것도 있다. f_2를 일정하게 한 다음의 '직접효과 A'와 f_2를 경유한 '간접효과 $D(=B \times C)$'이다. 즉, 모델 전체에서의 f_1으로부터 f_3에 대한 효과는 '종합효과 $G(=A+D)$'가 된다.

마지막으로 f_3에는 f_2와 마찬가지로 오차변수 d_3로부터의 '오차효과 H'가 있다. 이상을 정리하면, 기준변수 f_3가 받는 효과는 다음과 같이 된다.

| 표 18-9 | **효과의 분해**

효과의 내용	〈그림 18-13〉 중의 기호	〈그림 18-14〉 에서의 값
f_1과는 무관한 요인이 f_2를 개입시켜서 미치는 효과	$F(=B \times E)$	0.18
f_1의 효과	$G(=A+D)$	0.40
요인으로서 모델에 짜 넣어져 있지 않은 효과	H	0.90

<표 18-9>에 표시된 효과의 내용으로부터도 분명하듯이, 이 세 개의 효과에는 상관이 없다. 따라서 기준변수 f_3의 변동은 $1.00 = G^2 + F^2 + H^2$으로서 단순한 합으로 분해할 수 있다. <그림 18-14>의 결과로부터는 1.00 = 0.16 + 0.03 + 0.81이 된다.

H^2이 큰 모델에서는 구조변수 이외의 변수로부터의 영향이 커서, 현상을 설명하기 위한 중요한 요인이 모델에 빠져 있을 가능성을 시사한다. 현실적으로는 행동과학에서 다루어지는 복잡한 현상을 한정된 변수로 완전히 설명하는 것은 곤란하다. 그러나 구성한 모델에 있어서 H^2은 가능한 한 작게, G^2은 가능한 한 큰 것이 기대된다. <그림 18-14>의 결과는 H^2가 대단히 커서, 내용적으로 더욱 더 개선이 필요하다는 것을 알 수 있다.

18.11 공분산구조분석의 결정계수

> [질문] 결정계수란 무엇입니까? 또한 이것은 어떻게 판단해야 하는 것입니까?

[회답]

결정계수(coefficient of determination)는 공분산구조분석뿐만 아니라 통계학 전반에 이용되는 개념으로, 종속변수에 대한 독립변수(복수 가능)의 설명분산 비율을 말한다. 자주 R^2로 표기된다. 공분산구조분석의 소프트웨어에서는 중상관계수의 제곱(squared multiple correlation)으로 출력되는 경우가 많다. 결정계수는 통상 0에서 1 사이의 값을 취하며, 1에 가까울수록 독립변수군이 종속변수를 잘 설명하고 있다는 것을 의미하고 있다.

그런데 대부분의 통계 모델은 어떤 하나의 종속변수 η에 착안했을 때

$$\eta = w_1\xi_1 + w_2\xi_2 + \cdots + w_p\xi_p + e \tag{1}$$

라고 새로 쓸 수 있다. 여기에서 ξ_j와 $w_j(j=1, 2, \cdots, p)$는 각각 독립변수와 그 가중치다. 또, e는 오차변수이다. 이제 독립변수군의 가중합을 $\xi(= w_1\xi_1 + \cdots + w_p\xi_p)$라고 했을 때,

$$\eta = \xi + e \tag{2}$$

와 같이 바꾸어 쓸 수 있고, 모든 ξ_j와 e 사이에 무상관을 가정하면

$$\sigma_\eta^2 = \sigma_\xi^2 + \sigma_e^2 \tag{3}$$

이 된다. 여기에서 σ_η^2, σ_ξ^2, σ_e^2은 각각 η, ξ, e의 분산이다. 이 사실로부터 주로 다음의 두 가지(혹은 그 양쪽)의 표기방식으로 결정계수가 표현되는 일이 많다. 그것들은

$$R^2 = \frac{\hat{\sigma}_\xi^2}{\hat{\sigma}_\eta^2} = 1 - \frac{\hat{\sigma}_e^2}{\hat{\sigma}_\eta^2} \tag{4}$$

이다. hat (^)는 해당 모수의 추정치이다. 공분산구조분석이 등장하기까지는 (4)식에 있어서의 중간 식과 우변의 식에 대한 구별은 그다지 중요하지 않았는데, 공분산구조분석에 있어서는 명확히 구별할 필요가 있다. 그래서 공분산구조분석에서는 우변의

식에 대한 입장을 채택하고 있는 소프트웨어가 많은 것 같다.

공분산구조분석에 있어서도 어떤 종속변수(잠재변수든 관측변수든 상관없다)에 착안했을 때, 그 변수를 (1)식과 같이 새로 쓸 수 있다는 것은 마찬가지이다. 그러나 대부분의 공분산구조분석의 소프트웨어에서는 오차변수와 외생변수의 사이에 공분산을 간단히 가정할 수 있다. 그때, 종속변수의 분산은

$$\sigma_\eta^2 = \sigma_\xi^2 + 2\sigma_{\xi e} + \sigma_e^2 \tag{5}$$

이 된다. 여기에서 $\sigma_{\xi e}$는 독립변수와 오차변수의 공분산이다. 따라서 공분산구조분석에 있어서의 결정계수는 (5)식을 근거로 해서

$$R^2 = 1 - \frac{\hat{\sigma}_e^2}{\hat{\sigma}_\eta^2} = \frac{\hat{\sigma}_\xi^2 + 2\hat{\sigma}_{\xi e}}{\hat{\sigma}_\eta^2} \tag{6}$$

이 된다. 즉, 오차변수 e와 독립변수 ξ의 사이에 공분산을 가정하는 한에 있어서는, (4)식의 중간 식과 우변 식은 같지 않다. 그리고 대부분의 공분산구조분석 소프트웨어에서는 외생변수가 아니면 공분산을 가정할 수 없다. 따라서 오차변수와 공분산을 가정할 수 있는 독립변수란, 여기에서는 외생적인 구조변수를 가리킨다. 단, 내생변수에도 공분산을 가정할 수 있는 소프트웨어는 앞으로 늘어날지 모른다.

통계 패키지에서 이용할 수 있는 대부분의 통계 모델은, 처음부터 오차변수는 다른 독립변수와 무상관이 가정되어 있어, 사용자는 자유로운 모델링이 불가능한 것이 보통이다. 그때, (4)식의 중간 식과 우변 식은 등가(等價)이다. 물론 공분산구조분석의 소프트웨어에서는 오차변수와 외생적인 구조변수 사이에 공분산을 가정하는 것이 용이하므로, 오차변수↔외생적 구조변수의 공분산을 가정하지 않으면 공분산구조분석에 있어서도 (4)식의 중간 식과 우변식은 등가가 된다.

그리고 (6)식으로부터는 다음과 같은 사실을 알 수 있다.

① 오차분산 $\hat{\sigma}_e^2$가 마이너스일 때(헤이우드 케이스), 결정계수가 1을 초월한다.

② $\hat{\sigma}_\xi^2 + 2\hat{\sigma}_{\xi e} < 0$일 때, 즉 $\hat{\sigma}_\xi^2$이 작고 ξ와 e 사이에 강한 마이너스의 공변관계가 있을 때, 결정계수가 0을 하회한다.

①에 대해서나 ②에 대해서나 수중의 데이터가 원인으로 일어날 경우나 부적절한 모델링이 원인으로 일어날 경우 등 여러 가지 원인을 생각할 수 있다. 한마디로 말할 수 없다. 그러나 다른 출력으로부터도 헤이우드 케이스 등의 이상을 검지할 수 있으

므로, 원인을 몇 가지로 좁히는 것은 가능하다. 또, 오차변수가 다른 외생변수와 상관을 가질 때는, 모델링이 완전히 옳을 때이더라도 결정계수의 범위가 [0, 1]을 초월하는 일이 자주 있다. 그때는 결정계수를 참조하기 바란다.

18.12 방정식 전체의 결정계수

> [질문] 옵션에서 지정하면 방정식 전체의 결정계수 등이 출력되는데, 이것은 도대체 무엇인지요?

[회답]

18.11에서도 약간 언급했지만, 결정계수는 종속변수에 대한 독립변수(군)의 설명분산 비율을 말한다. 거기에서는 종속변수가 하나일 때에 대해서 설명했다. 그런데 결정계수는 종속변수가 복수이더라도 괜찮다. 그때, 이러한 표현이 가능하다. 그것은 "종속변수군에 대한 독립변수군의 설명분산 비율"이다.

종속변수가 복수일 때의 결정계수는 다음과 같이 정식화된다. 즉

$$R^2 = 1 - \frac{|\hat{\Psi}|}{|\hat{\Sigma}|} \tag{1}$$

이다. 여기에서 $\hat{\Sigma}$는 결정계수를 참조할 때에 관심의 대상이 되는 종속변수군의 분산공분산행렬에 대한 추정치이다. 또, $\hat{\Psi}$는 그 종속변수군에 대응하는 오차변수군의 분산공분산행렬에 대한 추정치이다. 또, $|\ |$는 행렬식(determinant)의 운산(運算) 부호이다.

원리적으로는 어떠한 종속변수의 세트를 선택해도 좋지만, 공분산구조분석의 소프트웨어에서는 주로 다음의 세 가지 결정계수를 생각할 수 있다.

① 전측정방정식(全測定方程式)의 결정계수

② 전구조방정식의 결정계수

③ 전방정식의 결정계수

①은 $\hat{\Sigma}$가 추정된 관측변수의 공분산행렬(혹은 단지 표본공분산행렬)로, $\hat{\Psi}$가 관측변수에 대응하는 오차변수의 추정된 공분산행렬일 때이다. 또, ②는 $\hat{\Sigma}$가 내생적인 잠재변수의 추정된 공분산행렬로, $\hat{\Psi}$가 내생적 잠재변수에 대응하는 오차변수의 추정된 공분산행렬일 때이다. 마지막으로 ③은 $\hat{\Sigma}$가 모든 내생적 구조변수의 추정된 공분산행렬

로, $\hat{\Psi}$가 모든 내생적 구조변수에 대응하는 오차변수의 추정된 공분산행렬일 때이다.

여기에서 $\hat{\Sigma}$는 관심의 대상인 종속변수군이 n변량일 때 $n \times n$의 대칭행렬로, 그 행렬식인 $|\hat{\Sigma}|$는 n변수의 관측치를 포함하는 n개의 벡터가 펼치는 n차원 평행체의 체적에 대한 제곱이 된다. 이것을 n변수의 일반화분산(generalized variance)라고 부른다. 마찬가지로 $|\hat{\Psi}|$는 같은 사이즈의 종속변수군에 대응하고 있는 오차변수군의 일반화분산이 된다. 이상으로부터 상기의 ①, ②, ③은 모두 종속변수군을 설명하는 해당 독립변수군의 설명분산 비율을 표현하고 있다.

(1)식에서 $|\hat{\Psi}|/|\hat{\Sigma}|$는 오차공분산행렬 $\hat{\Psi}$와 종속변수군의 공분산행렬 $\hat{\Sigma}$가 각각 펼치는 공간의 체적에 대한 비로 되어 있어, $\hat{\Sigma}$의 체적에 대해서 $\hat{\Psi}$의 체적이 어느 정도 차지하는지를 평가하고 있다. 종속변수군의 일반화분산 중 오차변수군의 일반화분산이 차지하는 비율이 작으면 독립변수군이 오차변수군을 잘 설명하고 있다고 하게 되며, 결과로서 R^2는 크게 된다.

상술한 결정계수는 모두 관심이 있는 행렬의 일반화분산끼리를 비교해서, 종속변수군의 산포 중 독립변수군의 산포가 어느 정도 차지하는지를 검토하는 것을 목적으로 한 것이다. 당연한 얘기이지만, 이들 결정계수를 평가하기 위해서는 해당 행렬이 정칙(regular)일 필요가 있으며, 모델링에 따라서는 이들 결정계수를 계산할 수 없는 경우도 자주 있다.

실제의 모델링에서는 어떤 오차변수의 분산을 0로 고정한다고 하는 경우가 있다. 그것에는 실질과학적 식견, 모델 식별, 헤이우드 케이스의 회피 등 여러 가지 이유가 있을 것이다. 그때, 결정계수는 어떠한 상황에서도 참고가 되지 않는다. 예를 들면, 일반적인 모델링에서는 오차변수끼리의 공분산(상관)을 가정하지 않으므로, $\hat{\Psi}$는 대각행렬인 경우가 많다. 그때, $\hat{\Psi}$의 일반화분산은 대각요소의 전체 곱으로 된다. 따라서 오차분산을 어딘가 하나라도 0으로 고정하면, $\hat{\Psi}$가 정칙이 아니기 때문에 $|\hat{\Psi}|$가 0이 되어, 반드시 $R^2 = 1$이 되어 버린다.

또, 정정치(正定値, positive definite)[7]가 아니고서는 바르게 R^2를 평가할 수 없다. 정정치가 아니면, 행렬식이 0이나 마이너스가 될 때가 있다. 행렬식은 일반화분산을 말한다. 분산이 0이나 마이너스가 되는 것은 현실적이지 않다. 그러므로 정정치 행렬이 아닐 때도 역시 결정계수는 전혀 참고가 되지 않는다.

---

7) 2차형식 $Q(x, y) = ax^2 + 2bxy + cy^2$은 임의의 $(x, y) \neq (0, 0)$에 대해서 $Q(x, y) > 0$이 될 때, 정정치(正定値)라고 일컬어진다. 예를 들면, $Q(x, y) = 2x^2 + 3y^2$은 정정치인데, $Q(x, y) = x^2 - y^2$은 그렇지 않다.

19 모델의 소개

19.1 2차 요인분석과 계층 요인분석

[질문] 2차 요인분석과 계층 요인분석에 대해서 가르쳐 주십시오.

[회답]

2차 요인분석이든 계층 요인분석(hierarchical factor analysis)이든 모델 내에서 일부의 관측변수를 설명하는 요인과 보다 전체를 설명하는 일반 요인이 존재하는 점에서는 같다. 그 점에서 유사한 연구가설에 적용할 수 있는 모델이라고 할 수 있다. 단, 연구가설을 바르게 표현하기 위해서는 어느 쪽 모델이 적절한지를 판단하기 위해서는, 모델의 특성을 알고 있을 필요가 있다.

(1) 2차 요인분석

2차 요인분석은 <그림 19-1>과 같은 모델이다. 이 모델은 관측변수에 의해서 측정된 1차 요인에 의해서, 2차 요인이 측정되고 있다고 하는 모델을 표현하고 있다.

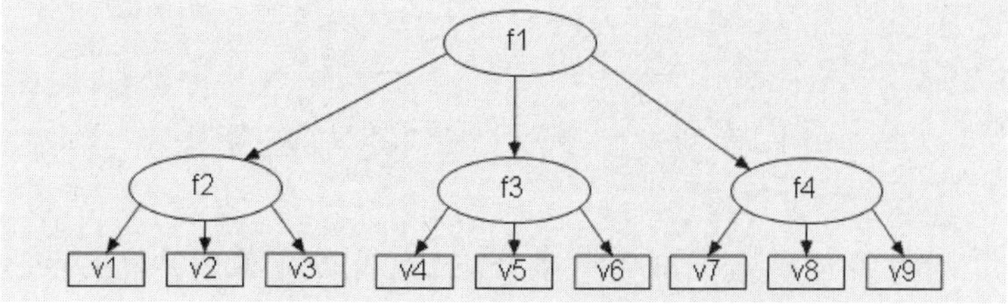

|그림 19-1| 2차 요인분석(잔차성분 생략)

이 모델의 장점은 2차 요인의 해석이 쉽다는 것과 1차 요인의 오차분산 성분의 크기를 순수하게 독자요인으로서 해석할 수 있다는 것이다.

해석의 용이함은 연구가설에 영향을 받는데, 하위요인을 포함한 상위요인은 연구가설로서 이미지를 떠올리기 쉬워서 일반적으로 해석이 용이하다. 또, 독자성분에 대해서는 탐색적 요인분석 모델에서 독자성분이라고 불리는 잔차변수는 독자성분과 측정오차가 교락(交絡)한 변수이므로, 그 크기를 해석하는 것은 곤란했었다. 한편으로 2차 요인분석 모델에서는, 측정오차는 1차 요인의 측정 시에 제외되어 있기 때문에 1차 요인의 독자성분을 해석하는 것이 가능하다.

단점은 2차 요인의 불안정성이다. 1차 요인의 측정 시의 오차변수가 크면, 대부분의 경우 2차 요인의 측정은 신뢰할 수 없는 것이 된다. 왜냐하면 2차 요인은 1차 요인을 기초로 하고, 그 위에 가정되고 있는 것이기 때문이다. 즉, 1차 요인이 목적의 요인을 정확히 측정하고 있지 않은 경우에, 2차 요인이 정확한 측정을 행하는 것은 불가능하다.

(2) 계층 요인분석

계층 요인분석은 <그림 19-2>와 같은 모델이다. 이 모델은 일반요인으로 설명할 수 없는 요인이 일부의 관측변수에서 공통인 모델이라고 생각할 수 있다.

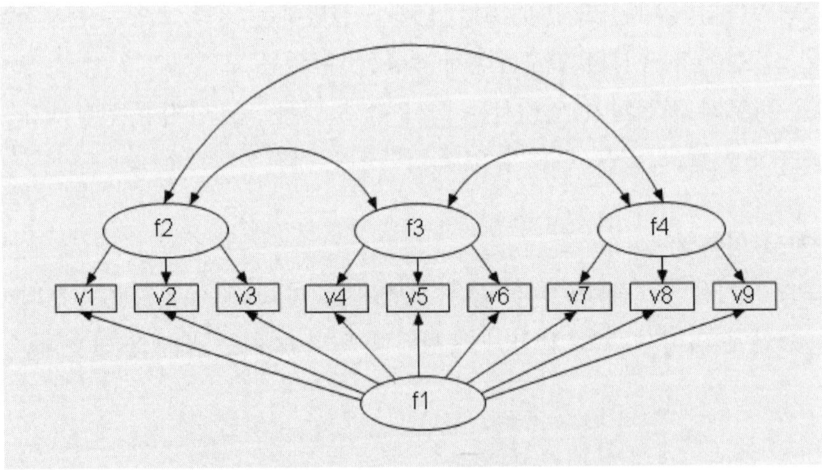

|그림 19-2| **계층 요인분석(잔차성분 생략)**

이 모델의 장점은 대부분의 모수를 추정함으로써, 2차 요인분석보다도 적합도가 좋아지기 쉽다는 것이다. 또, <그림 19-2>의 $f_2 \sim f_4$와 같이 관측변수의 일부를 설명하

는 요인이 정밀도 높게 측정되어 있는가 어떤가라고 하는 것에, 일반요인의 해석이 좌우되기 쉽다고 하는 것도 장점의 하나이다. 한편, 일반요인과 독립적으로 존재하는 하위요인이라고 하는 모델이 2차 요인의 하위요인보다도 해석하기 곤란하다는 것이 단점이 된다.

2차 요인분석의 2차 요인과 계층 요인분석의 일반요인은 자주 같은 내용을 나타내는 요인이 된다. 따라서 종종 어느 쪽 모델을 선택해야 할 것인지 갈피를 못잡을지도 모른다. 단, 일부의 관측변수를 설명하는 요인(<그림 19-1>, <그림 19-2>의 $f_2 \sim f_4$)은 2차 요인을 함유하고 있느냐, 일반요인과 무상관하게 존재하느냐라고 하는 차이가 두 개의 모델에는 있어서, 기본적으로 다른 요인이라고 생각할 수 있다. 전체를 나타내는 요인이 같은 의미로 해석 가능할 때에는, 1차 요인의 가설을 기초로 해서 모델을 선택하면 될 것이다.

19.2 2차 요인분석의 적용 장면

[질문] 2차 요인분석 모델은 어떠한 장면에서 이용될까요? 2차 요인분석 모델의 적용 장면 등이 있다면 소개해 주시기 바랍니다.

[회답]

2차 요인분석 모델이란 요인간의 상관관계가 다시 한 번 소수의 요인에 의해서 설명되는 모델이다. 통상의 요인분석 모델은 관측변수간의 상관관계를 설명하기 위한 소수의 요인(잠재변수)을 도입한다. 따라서 2차 요인분석 모델은 요인에 대해서 요인분석을 행하고 있다고 생각할 수 있다.

2차 요인분석을 실시하는 상황이란 "요인간의 상관관계를 설명할 다시 한 번 1수준 위의 구성개념이 존재한다"고 하는 가설이 있는 상황이다. <그림 19-3>은 일반적인 2차 요인분석 모델의 이용 상황이다. '언어성 지능', '기억', '동작성 지능'이라고 하는 3개의 지능에 공통적으로 영향을 미치는 '일반 지능'이라고 하는 고차의 구성개념에 대한 존재를 가정하고 있다.

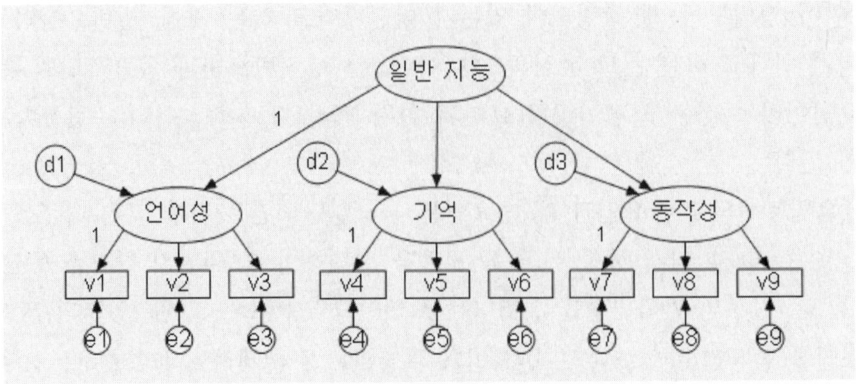

|그림 19-3| **일반적인 2차 요인분석 모델**

이와 같이 복수의 요인이 갖는 정보를 다시 한 번 소수의 요인으로 축약하는 것이 2차 요인분석 모델의 목적이다. 그러면 다음에 2차 요인분석 모델의 적용 장면・이용 상황을 소개하기로 한다.

(1) 다중공선성의 회피

외생적 잠재변수간의 상관이 너무 높을 때에, 2차 요인을 가정함으로써 대처할 수 있는 경우가 있다. <그림 19-4>는 학교 스트레스 모델 중의 스트레스 반응간의 관계를 모델링한 것이다[1].

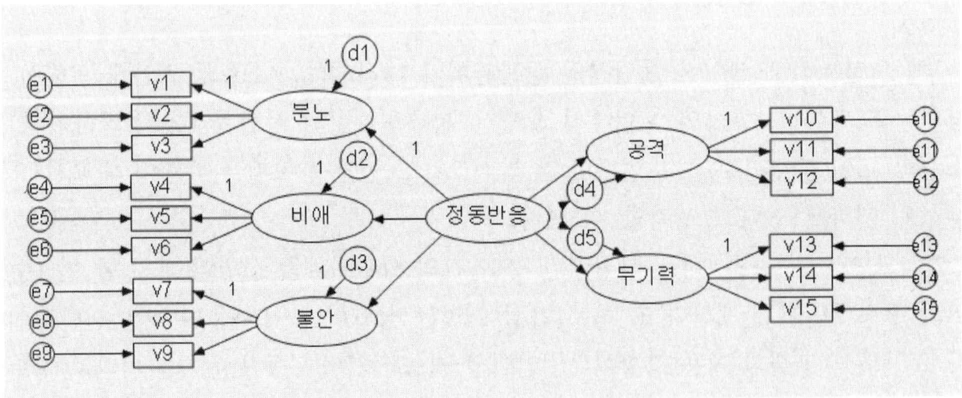

|그림 19-4| **다중공선성의 회피 모델**

1) 岡田佳子, 中學生の心理的ストレス・プロセスに關する研究 – 二次的反應の生起についての檢討 –, 教育心理學硏究, 50, 2002, pp. 193－203.

1차적 스트레스 반응인 '분노', '비애', '불안'이라고 하는 정동반응(情動反應)이 '공격', '무기력'이라고 하는 2차적 스트레스 반응으로 이어지는가가 관심의 대상이다. 만일 이것들이 이어진다면, '분노', '비애', '불안'이라고 하는 정동반응을 저감시킴으로써 학생의 보다 심각한 2차적 반응이 일어나는 것을 예방할 수 있다고 하는, 실천적으로 대단히 중요한 관점을 얻을 수 있다. 본래는 '분노', '비애', '불안'으로부터 '공격', '무기력' 각각에 경로를 그리고 싶지만, '분노', '비애', '불안' 사이의 상관이 대단히 높을 때에는 그것들의 공통원인으로서 '정동반응'이라고 하는 2차 요인을 도입하고, 2차 요인으로부터 '공격', '무기력'에 경로를 그음으로써 다중공선성을 회피할 수 있다. 또, '분노', '비애', '불안' 사이의 공분산이 없어지고, '공격', '무기력'에 이르는 경로 수도 적어지므로, 계수의 해석이 용이해진다.

(2) 특수요인과 오차요인의 분리

요인분석 모델은 $x = \Lambda f + e$와 같이 표현되고, 관측변수 x를 공통요인 f와 독자요인 e에 의해서 설명한다. Λ는 공통요인에서 관측변수로의 영향의 정도를 나타내는 요인 패턴 행렬이다. 독자요인 e는, 공통요인에 의해서는 설명되지 않았던 각 관측변수의, 각각에 대응하는 고유의 변동을 나타낸다. 이 독자요인은, 실질과학적으로는, 특수요인과 측정오차라고 하는 적어도 두 개의 요소로 구성된다고 생각할 수 있다. 통상적으로 1회만의 측정으로는 변수 독자적인 변동과 측정오차를 분리할 수 없지만, 복수회의 측정을 함으로써 특수요인과 측정오차를 분리하는 것이 가능하다.

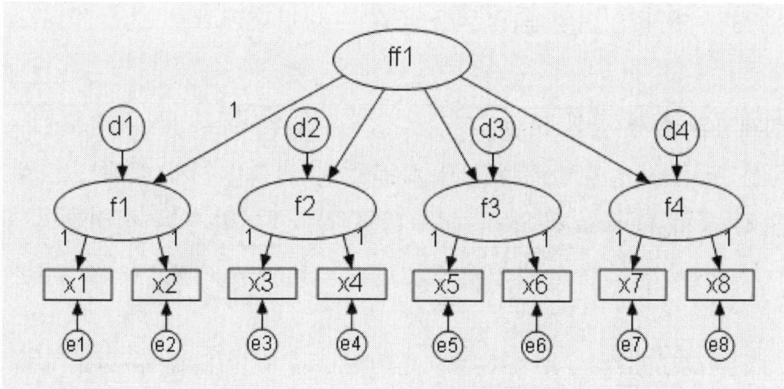

|그림 19-5| **특수요인과 오차요인의 분리 모델**

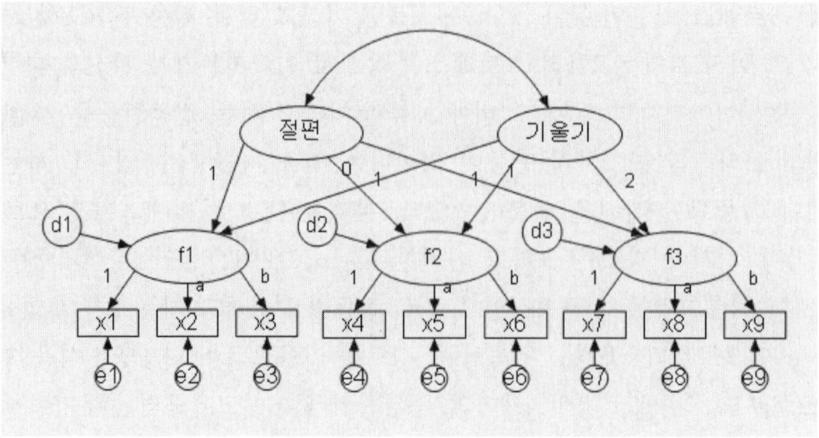

|그림 19-6| **요인의 잠재 곡선 모델**

<그림 19-5>는 2차 요인분석 모델을 이용해서, 특수요인과 측정오차를 분리한 모델이다. 동일한 관측변수를 이용한 조사를 동일한 피험자에게 시간 간격을 두고 2회 실시하고 있다. x_1과 x_2, x_3와 x_4, x_5와 x_6, x_7과 x_8은 각각 동일한 관측변수이다. 동일한 관측변수의 절편은 시간이 변하더라도 변화하지 않는다고 생각하는 것이 자연스러우므로, 절편을 등치로 일치시키고 영향지표를 1로 고정함으로써 종래의 관측변수를 나타내는 1차 요인 f_i를 표현한다. 그리하여 그것들에 대해서 통상의 구성개념을 나타내는 2차 요인 ff_1을 도입함으로써, 각 변수 독자적인 변동을 나타내는 특수요인 d_i와 각 변수의 각 측정시점에 따라서 변화하는 측정오차 e_i의 분리가 가능케 된다. <그림 19-5>의 d_i는 각 관측변수를 나타내는 1차 요인 f_i의 특수요인을, e_i는 각 변수 x_i의 각 측정 시에 있어서의 측정오차를 각각 나타낸다.

(3) 구성개념의 잠재 곡선 모델

잠재 곡선 모델은 경시적(經時的)으로 측정된 관측변수에 대해서 자주 이용된다. 예를 들면, Duncan, Duncan & Stoolmiller(1994)[2]는 청년의 알콜 섭취량의 시계열 변화에 대해서 잠재 곡선 모델을 적용하고 있다. 또, Raykov(1994)[3]는 지능검사의 시계열

2) Duncan, T. E., Duncan, S. C., & Stoolmiller, M., "Modeling developmental processes using latent growth structural equation methodology," *Applied Psychological Measurement*, 18, 1994, pp. 343−354.

3) Raykov, T., "Studying correlates and predictors of longitudinal change using structural equation modeling," *Applied Psychological Measurement*, 18, 1994, pp. 63−77."

데이터를 잠재 곡선 모델에 의해서 연구하고 있다.

그러나 잠재 곡선 모델은 구성개념에 대해서도 적용하는 것이 가능하다. 경시적으로 측정된 구성개념을 척도 득점화해서 잠재 곡선 모델에 맞추는 것이 아니라, 측정방정식을 이용해서 구성개념을 추출하고, 추출된 구성개념에 대해서 직접 잠재 곡선 모델을 적용함으로써 측정오차를 제거한 다음에 구성개념의 경시적인 변화를 검토할 수 있다.

<그림 19-6>은 3시점 3변수로 측정된 구성개념 f_i에 대해서 1차의 잠재 곡선 모델을 적용하고 있다. 구성개념에 잠재 곡선 모델을 적용할 때에는, ① 동일한 관측변수의 절편과 영향지표를 각 시점 사이에서 등치로 한다(영향지표를 1로 고정한 관측변수의 절편은 0으로 고정한다), ② 동일한 관측변수 사이에 오차공분산을 넣는다(예를 들면, $\sigma_{e14}=\sigma_{e17}=\sigma_{e47}\neq 0$, <그림 19-6>에서는 생략했다)고 하는 두 개의 제약을 모델에 부과한다. ①의 제약을 부과함으로써 시점 사이의 구성개념에 대한 의미가 비교 가능하게 되고, 그것들에 잠재 곡선 모델을 적용할 가치가 생긴다. 또, ②의 제약은 필수는 아니지만, 동일한 내용으로 측정 시점이 다른 관측변수의 오차간에 공분산을 가정함으로써 모델의 설명력이 높아질 가능성이 있다.

이와 같이 해서 추정된 절편(intercept)과 기울기(slope)의 평균, 분산, 공분산으로부터 구성개념의 경시적인 변화에 대해서 고찰할 수 있다. <그림 19-6>에서는 절편과 기울기에 의한 1차의 모델을 적용했는데, 2차의 모델을 적용하는 것도 가능하다.

19.3 더미 변수를 이용한 요인 평균의 비교

[질문] 다른 모집단 사이에서 요인 평균을 비교하고 싶을 때에는 다모집단의 동시분석을 이용하고 있습니다. 한편으로, 같은 목적을 위해서 더미 변수를 이용하는 방법이 있다고 들었습니다만, 그것은 어떻게 하는 것입니까? 또, 그 방법을 이용하는 장점과 단점을 가르쳐 주십시오.

[회답]

질문대로 일반적으로 자주 이용되는 다모집단의 모델을 이용하지 않더라도, 일정한 조건 하에서 더미 변수를 이용함으로써 모집단간의 요인 평균에 대한 비교를 실시할 수 있다. 단순화를 위해서 다음과 같은 모델을 생각하기로 한다.

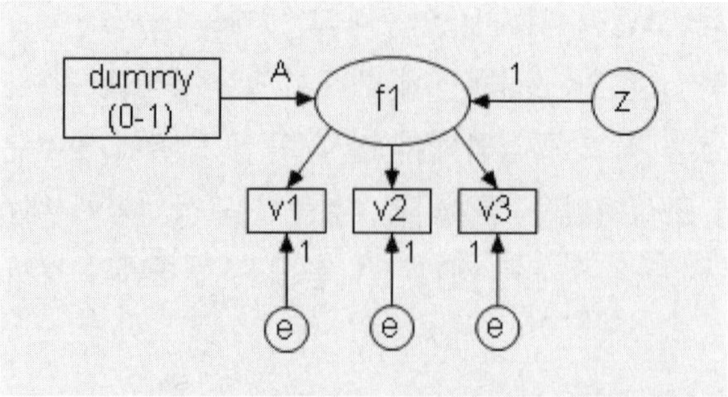

| 그림 19-7 | **요인의 CFA에 의한 요인 평균의 비교**

이 모델은 1요인의 검증적 요인분석(CFA)에 있어서 요인 평균의 비교를 두 개의 모집단에서 실시하고자 하는 것이다. 그러기 위해서, 예를 들면 여성 = 1, 남성 = 0이라고 하듯이 코드화된 외생적인 더미변수가 추가되어 있고, 모집단간의 요인 평균의 차는 더미 변수로부터 요인에 꽂히는 A의 부분에 대한 가중치로서 표현된다. 이렇게 함으로써, 예를 들면 여성에게는 1×가중치 계수, 남성에게는 0×가중치 계수가 요인에 가산되게 되어, 계수가 그대로 모집단간의 요인 평균에 대한 차가 된다. 이 방법에 의하면 다모집단의 동시분석을 실시하지 않더라도, 다른 모집단간의 요인 평균을 비교하는 것이 가능케 된다.

어느 쪽의 방법이 보다 적절한지는 설정된 상황에 따라서 다르다. 각 방법의 장점과 단점은 다음과 같다.

다모집단 동시분석의 장점은 개개 모집단의 공분산구조를 어느 정도 자유롭게 설정할 수 있고 구조의 일부가 모집단간에서 다른지 아닌지를 검토할 수 있다는 것이다.

한편으로, 단점은 표본수이다. 각 모집단간의 제약이 적으면 적을수록 대부분 모수의 추정을 실시하지 않으면 안 되게 된다. 다모집단 동시분석의 상대적인 장점은 모집단간에서 구조가 다른지 아닌지를 검토할 수 있는 점이기 때문에, 다모집단 모델다운 기교를 집중시킨 분석을 하기 위해서는 충분히 큰 표본수가 필요하다.

더미 변수를 이용한 모델의 장점은 1모집단의 분석이기 때문에, 상대적으로 큰 표본수를 필요로 하지 않는다는 것을 들 수 있다. 또, 다모집단 동시분석은 모집단의 수가 많아지면 제약을 두는 방법이 복잡해지는 데 비해서, 더미 변수를 이용한 방법은 비교적 간단하다. 예를 들면, 모두 3수준의 3요인에 대한 분산분석 모델은 모집단이 27개 필요한데, 이 정도 수의 모집단간 제약을 다모집단 동시분석에서 설정하는 것은 곤란하다. 한편으로, 더미 변수를 이용한 방법이라면, 수준을 나타내는 더미 변수로부터의 영향을 요인에 설정한다고 하는 기계적인 절차로 가능케 된다.

한편으로, 더미 변수를 이용하는 방법의 단점은 집단간의 공분산행렬이 공통이라고 하는 암묵의 조건이 가정되어 있다는 사실이다. 이 조건이 성립하고 있는지 아닌지는 데이터에 의존하고, 그것이 성립하는지를 조사하는 것은 곤란하다. 다모집단 동시분석에서도 같은 조건을 설정하는 것은 가능하지만, 공분산구조에 대한 제약으로서는 가장 엄격한 것이다.

그리고 더미 변수를 이용함으로써 공분산구조분석이 대상으로 하는 데이터에 필요한 다변량정규성이 상실되는 것은 아닌가 하고 걱정이 될지도 모른다. 그러나 그것에 대해서는 공분산구조가 모집단간에서 같고, 도입되는 변수가 독립인 경우에는 문제가 없다고 증명되고 있다. 상세한 내용은 狩野・市川(1999)[4]를 참조하기 바란다.

19.4 순서 데이터의 다모집단분석

[질문] 순서변수로 이루어지는 데이터에 대해서 다모집단분석을 실시하고 싶습니다만, 무엇인가 주의해야 할 것이 있는지요?

[회답]

다모집단분석을 실시하는 경우에는 군간에 어떻게 제약을 두는가가 요섬이 된나. 그 중에서도 중요한 것이 측정불변이라고 불리는 형태의 제약이다. 이것은 군간에서 같은 요인이 측정되고 있다는 것을 보증하기 위한 제약으로, 이것이 성립하지 않는 경우에는 구조방정식의 비교를 실시할 수 없기 때문에, 다모집단분석에 있어서 가장 기본이 되는 제약이다.

통상의 연속변수를 이용한 공분산구조분석의 경우, 측정불변의 제약은 요인으로부터 관측변수에 이르는 경로계수를 군 사이에서 같게 놓는다고 하는 형태로 표현된다. 또, 평균·공분산구조분석의 경우에는 그것 외에 관측변수의 절편에도 등치제약을 둔다. 이에 비해서 순서 데이터를 분석하는 경우에는 절편에 관한 제약 대신에 역치(閾值, threshold)에 관한 제약이 필요하게 된다.

공분산구조분석은 기본적으로 연속변수를 분석하기 위한 것이므로, 그대로는 순서

4) 狩野裕·市川雅教, 共分散構造分析, 日本統計學會チュートリアルセミナー資料, 1999.

변수를 취급할 수 없다. 그래서 이용되는 것이, 순서변수의 배후에는 연속변수로 표현되는 값이 있다고 가정하는 모델이다. 예를 들면 외향성을 측정하는 5점 척도가 있다고 하면, 그 회답 $X_{순서}$의 배후에는 연속변수인 외향성의 값 $X_{연속}$이라고 하는 값이 있다고 생각하게 된다. 그리하여 여기에서 $X_{연속}$의 값이 어떤 범위라면 $X_{순서}=1$, 조금 더 위의 범위라면 $X_{순서}=2$이라고 하듯이 연속변수의 값을 몇 개로 구분해서 순서변수의 값과 관련짓는다. 이렇게 하면, 연속변수가 무리없이 순서변수로 변환되게 된다.

역치란, 여기에서 연속변수를 구분하는 위치를 나타내는 값을 말한다. 다모집단분석을 실시할 경우에는 이것이 군 사이에서 같다고 하는 제약을 두지 않으면, 측정불변을 나타낼 수 없다. 왜냐하면 역치가 다르면, 연속변수의 척도상에 있어서 같은 값이더라도 순서변수에 있어서 다른 값으로서 관측되어 버리기 때문이다. 따라서 순서변수에 대해서 다모집단분석을 실시할 경우에는, 역치에 관한 제약도 고려할 필요가 있다.

19.5 다모집단분석에 의한 결손치에 대한 대처

[질문] 저의 질문지의 경우, 일부 항목에서 회답방법을 이해하기 어려웠던 모양입니다. 비교적 많은 응답자(피험자)들이 그 항목을 응답하지 않아 결손치가 생기고 말았습니다. 표본수가 풍부하지 않으므로 가능한 한 표본을 삭제하고 싶지 않습니다만, 표본을 모두 이용해서 분석하는 것은 가능한가요?

[회답]

결손하고 있지 않은 표본수에도 의존하지만, 기본적으로는 기능하다. 데이터를 결손한 변수마다 분류하고, 모든 모집단 사이에서 모수가 같다고 하는 제약을 부과한 다모집단의 동시분석을 실시하면 된다고 생각한다. 이 방법을 차례대로 따라가 보자. 예로서 네 개 변수의 1요인 모델로 두 개의 변수에 있어서 일부의 표본이 결손인 경우를 생각하기로 한다. 이때, 모집단을 다음의 표와 같이 결손치가 있는 관측치와 결손치가 없는 관측치로 분류하고, 각각 하나의 모집단으로서 지정한다.

|표 19-1| **변수의 결손 상황에 의한 모집단의 분류**

변수명	v_1	v_2	v_3	v_4
완전 군	정상	정상	정상	정상
결손 군 ①	정상	정상	결손 있음	정상
결손 군 ②	정상	정상	정상	결손 있음

모든 모수를 같게 하기 위해서는 모든 군 사이에서 배치불변, 측정불변, 오차성분이 같다고 하는 제약을 부과할 필요가 있다. 이 모델에 있어서 배치불변은 모든 모집단 사이에서 모수의 배치가 같다고 하는 것을 나타낸다. 또, 측정불변은 <그림 19-8>의 경로계수 A, B, C, D가 모든 군에서 같다고 하는 것을, 더욱이 같은 항목의 오차성분이 동일하다고 하는 것은 <그림 19-8>의 e_1, e_2, e_3, e_4가 각각 동일하다는 것을 나타낸다. 이렇게 하면 결손된 정보도 결손이 없는 추정결과를 이용해서 추정을 실시하는 것이 가능케 된다.

이 방법은 결손치를 보정(補正)한다고 하는 역행적인 목적뿐만 아니라 물리적으로 표본이 얻어지지 않는 경우나 경제적으로 완전한 표본을 얻는 것이 적절하지 못한 경우 등 적극적으로 이용하는 것도 가능하다.

한편, 이 방법은 관측치에 결손이 있을 때, 항상 이용할 수 있는 것은 아니다. 결손한 관측변수가 많은 경우나 표본수가 적은 경우, 결손한 피험자와 결손하지 않은 피험자의 모델 구조가 동일하다고 가정할 수 없는 경우, 결손한 항목이 관측치마다 다른 경우 등, 적용이 적절하지 않은 장면도 많이 있다. 이 방법을 적용하는 것이 적절한지 어떤지 충분히 검토해야 할 것이다.

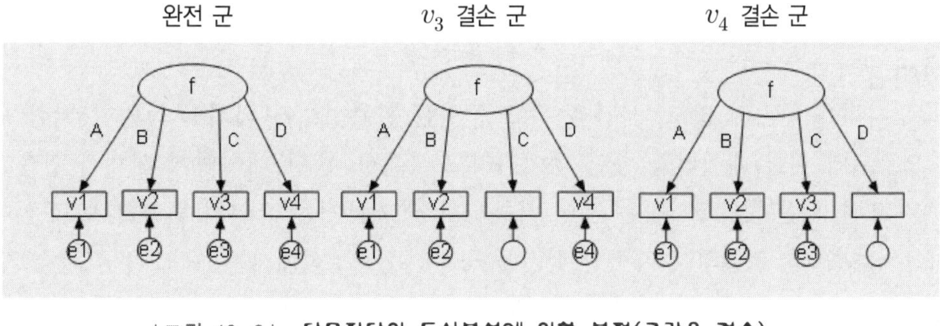

|그림 19-8| **다모집단의 동시분석에 의한 보정(공란은 결손)**

자유도(degree of freedom)

공분산구조분석의 모델을 만드는 것을 점토세공에 비유한다면, 자유도란 재료의 점토에 상당하는 것이다. 점토는 여러 가지의 형태를 취하는 것이 가능한데, 그 양을 초월한 사이즈의 것을 만드는 것만은 절대로 안 된다. 공분산구조분석의 모델에 있어서 점토가 필요하게 되는 것은, 모수를 추정하는 요소(경로계수를 추정하는 경로나 분산을 추정하는 잠재변수 등)를 추가할 때이다. 이 때문에 필연적으로 가정할 수 있는 경로나 요인의 수에 상한이 존재하게 된다. 이것에 비해서 고정모수와 같은 요소는 점토를 소비하지 않고 추가하는 것이 가능하다. 플라스틱 제품과 같은 것이다. 공분산구조분석에 있어서 모델을 작성하는 것은, 이 두 종류의 부품을 편성하는 것이라고 생각할 수 있다.

그와 관련하여 '모델의 자유도'라고 하는 말은 수중에 있는 점토의 잔량을 가리키고 있다. 즉, 이것은 나중에 얼마만큼 모델에 대해서 추정해야 할 모수를 추가할 수 있는지를 의미한다. 이것에 비해서 '자유모수'라고 하는 말은 모델 중에 포함되는 추정해야 할 모수의 수를 가리키고 있다. 따라서 '자유모수'의 수를 늘리기 위해서는 점토가 필요하며, 점토를 소비한다고 하는 것은 '모델의 자유도'가 작아진다고 하는 것이다. 자유모수가 늘어나면 모델의 자유도가 감소한다고 하는 것은 언뜻 보기에 이상한 것처럼 보이지만, 이것은 두 개의 말에 포함되는 '자유'의 뉘앙스가 다르기 때문에 생긴다고 생각할 수 있다.

19.6 두 시점에서의 요인의 차이

[질문] 같은 피험자 집단으로부터 두 시점에서 같은 항목군에 회답하여 받은 데이터가 있습니다. 각 시점의 항목군 배후에는 각각 1요인을 가정하고 있습니다. 두 시점 사이에서의 요인의 변화를 보고 싶은 경우에는 어떻게 하면 좋을까요?

[회답]

두 시점에 한하지 않고, 시간을 두고 동일한 관측변수에 의해서 동일한 피험자 집단으로부터 취한 데이터를 종단 데이터라고 부른다. 종단 데이터에 의해서 관측변수 혹은 요인의 변화를 조사하는 것이 가능하다. 여기에서는 요인의 변화를 보고 싶다고 하는 상황인데, 요인의 수리적인 성질을 공분산구조분석에서는 '요인 평균'과 '요인의 분산'으로 하고 있다. 따라서 본 질문은 요인 평균의 변화와 요인의 분산에 대한 변화라고 바꾸어 말할 수 있다. 예를 들면, 내 아내의 단골 미용실 '뮤즈 헤어살롱'이 신장개업 전후에서 같은 고객에 대하여 이미지 조사를 실시했다. 조사항목의 배후에 가정되는 요인의 의미는 '뮤즈 이미지의 좋은 점'이다. 신장개업 전과 비교해서 후 쪽의 요인 평균이 높고, 요인의 분산이 작게 되면, 전보다도 고객 사이에서 일관된 이미지를 갖게끔 되고 게다가 그 이미지는 좋은 것이라고 해석된다. 모두에게 좋은 인상을 갖게 하는 가게가 되었다고 할 수 있다.

공분산구조분석에서는 요인의 평균은 0이라고 배웠다고 생각하는 사람이 있을지도 모른다. 그것은 틀린 말은 아니다. 요인의 척도를 취하는 방법은 자유이기 때문에 0이라고 해도 지장이 없고, 오히려 그렇게 하는 편이 수리적으로도 다루기 쉽다. 그러나 여기에서는 요인의 변화를 파악하고 싶은 것이기 때문에, 두 시점에서 요인 평균이 모두 0으로는 목적을 달성할 수 없다. 공분산구조분석에는 평균구조를 도입한 평균·공분산구조분석이라고 하는 것이 있다. 평균구조를 도입함으로써 요인평균을 0으로 하지 않고 추정되는 것이 가능케 된다. 이렇게 함으로써 요인평균의 변화를 고려할 수 있게 되는 것이다.

다모집단분석이 아닌가 하고 생각한 사람이 있을지도 모른다. 그러나 그것은 틀렸다. 다모집단분석이란 이름 그대로 모집단이 복수 있는 경우에 모집단간 구조의 차이를 보기 위한 기법이다. 만일 피험자 집단이 다르다면 다모집단분석을 적용할 수 있다. 여기에서는 모집단이 하나이다. 고객은 두 시점에서 회답하고 있지만, 같은 사람이므로 다모집단이 아니라 반복 측정의 종단 데이터인 것이다. 이상으로부터 질문의 건에 관해서는 평균구조가 도입된 1모집단의 분석이 된다. 표준해에서는 변수의 평균이 0이 되므로, 해석은 비표준해로 실시한다. 관측변수가 네 개인 경우의 경로도형을 그리면 다음의 <그림 19-9>와 같다.

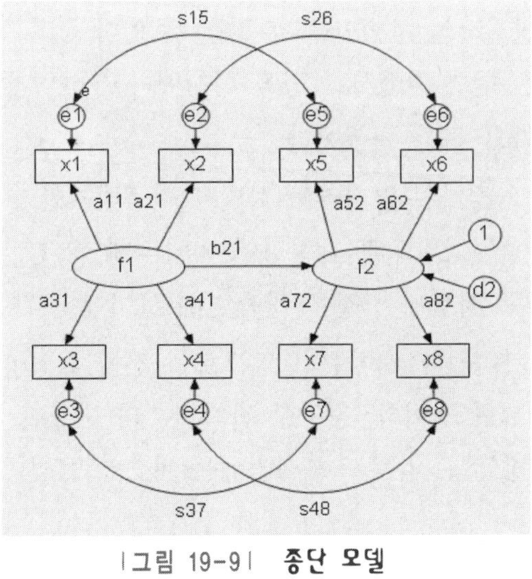

|그림 19-9| **종단 모델**

모델의 식별을 위해서 혹은 연구목적에 합치한 모델을 구성하기 위해서는 제약이 필요하다. 여기에서는 ① 하나의 요인의 평균과 분산을 고정, ② 관측변수의 절편에 대한 등치제약, ③ 측정불변, ④ 측정오차의 등분산, ⑤ 측정오차간 상관의 가정 등 다섯 개가 필요하거나 혹은 자연스러운 가정이 된다.

① 하나의 요인의 평균과 분산의 고정은 식별을 위한 필수의 제약이다. <그림 19-9>에서는 f_1을 해석을 위한 기초로 해서 f_1의 평균을 0, 분산을 1로 한다. 애당초 f_2는 내생적인 잠재변수이기 때문에 분산은 고정할 수 없다고 하는 사정도 있다.

② 관측변수의 절편에 대한 등치제약도 요인평균의 비교를 위해서 필요한 제약이다. $a_{10}=a_{50}$, $a_{20}=a_{60}$, $a_{30}=a_{70}$, $a_{40}=a_{80}$이 된다. 절편은 요인으로부터 영향을 받기 전의 관측변수에 대한 기대치이므로, 측정 시점에 관계없이 동일하다고 가정한다.

③ 측정불변은, 여기에서는 두 시점 사이에서 요인 패턴에 등치제약을 부과하는 것을 가리킨다. <그림 19-9>에서는 $a_{11}=a_{52}$, $a_{21}=a_{62}$, $a_{31}=a_{72}$, $a_{41}=a_{82}$이다. 등치제약에 따라 두 시점 사이에서 요인 f_1, f_2는 동일한 의미를 갖게 된다. 측정불변은 식별을 위한 필수의 제약은 아니지만, 요인의 변화를 보기 위해서는 필요한 제약이라고 할 수 있다. 왜냐하면, 측정불변을 부과하지 않을 때에는 요인의 의미는 달라져 버리므로, 요인평균의 차이나 요인의 분산 차이에는 '실질적인 차이'와 '의미가 다름에 의한 차이'가 혼재해 버리기 때문이다. 측정불변을 부과함으로써 실질적인 차이만을 추출할 수 있다.

④ 오차의 등분산은 두 시점에서 측정을 실시했다고 하더라도 같은 관측변수의 측정정밀도는 같다고 하는 가정이다. $\sigma_{e1}^2=\sigma_{e5}^2$, $\sigma_{e2}^2=\sigma_{e6}^2$, $\sigma_{e3}^2=\sigma_{e7}^2$, $\sigma_{e4}^2=\sigma_{e8}^2$이 된다. 등분산을 가정하지 않더라도 식별은 가능하지만, 가정을 더하더라도 적합도가 양호하면 측정정밀도의 안정성이 확인되게 된다.

⑤ 오차간 상관은 두 시점에서 같은 관측변수 사이에 부과한다. r_{15}, r_{26}, r_{37}, r_{48}을 도입하는 것을 가리킨다. 오차는 요인으로 완전히 설명할 수 없었던 관측변수가 갖는 성질을 표현한 것이다. 동일한 관측변수의 동일한 의미를 갖는 요인에 의해서 완전히 설명할 수 없는 오차끼리에는 비슷한 성질이 있다고 가정하는 것은 자연스럽다.

μ_{f2}를 f_2의 평균, σ_{f2}^2를 f_2의 분산이라 하고, 그 값에 의해서 해석을 시도해 본다. 기준이 되는 요인 f_1은 $\mu_{f1}=0$, $\sigma_{f1}^2=1$이다. 따라서 μ_{f_2}가 0보다 크냐 작으냐, σ_{f2}^2이 1보다 크냐 작으냐라고 하는 네 가지로 이하와 같이 해석된다. 그리고 내생적 잠재변수 f_2의 분산은 $\sigma_{f2}^2=b_{21}^2+\sigma_{d2}^2$로 계산되는데, 소프트웨어는 출력하지 않는 것도 있으므로, 그 경우에는 손계산이 필요하다.

(1) $\mu_{f2}>0$ 또한 $\sigma_{f2}^2>1$일 때에는 신장개업 전과 후에서 평균적인 이미지는 좋아지고, 이미지의 산포는 커졌다는 얘기가 된다. 좋은 이미지를 갖지 못한 사람이 다소 있을지 모르지만, 전체적으로 보면 신장개업은 성공적이라고 할 수 있을 것이다.

(2) $\mu_{f2}>0$ 또한 $\sigma_{f2}^2<1$일 때에는 신장개업 전과 후에서 평균적인 이미지는 좋아지고, 이미지의 산포는 작아졌다는 얘기가 된다. 만인에게 인기가 있는 미용실이 되었다고 할 수 있다.

(3) $\mu_{f2}<0$ 또한 $\sigma_{f2}^2>1$일 때에는 신장개업 전과 후에서 평균적인 이미지는 나빠지고, 이미지의 산포는 커졌다는 얘기가 된다. 소수의 사람에게만 인기가 있는 미용실이 되었다고 할 수 있다.

(4) $\mu_{f2}<0$ 또한 $\sigma_{f2}^2<1$일 때에는 신장개업 전과 후에서 평균적인 이미지는 나빠지고, 이미지의 산포는 작아졌다는 얘기가 된다. 신장개업한 것이 오히려 이미지의 악화로 이어진 셈이 된다. 신장개업에 는 비용이 낭비었는지도 모른다.

또, b_{21}^2/σ_{f2}^2의 값에 의한 해석도 가능하다. b_{21}^2/σ_{f2}^2는 f_2의 분산이 f_1의 분산에 기인(起因)하는 정도이다. 따라서 이것이 큰 경우에는 신장개업 전후에서 각 개인의 이미지는 평균적으로 보면 같은 정도라고 할 수 있다. 평균적으로 보아 신장개업 전에 좋은 이미지를 갖고 있던 사람은 신장개업 후에도 좋은 이미지를 갖는다고 하는 것이다. 역으로 작은 경우에는 신장개업 전에 좋은(또는 나쁜) 이미지를 갖고 있더라도 신장개업 후에도 좋은(또는 나쁜) 이미지를 갖는다고는 할 수 없게 된다.

19.7 경시 데이터의 분석

> [질문] 체력이라고 하는 1변수에 관한 경시(經時) 데이터를 분석하고자 합니다. 이때, 체력이라고 하는 요인을 상정한 1요인의 요인분석 모델을 작성한다고 하는 것은 옳은 분석법인가요? 그밖에도 분석방법은 있습니까?

[회답]

분명히 그와 같은 모델은 가능하다. 그러나 그 모델로부터 얻을 수 있는 식견은 그다지 많지 않다. 이와 같은 데이터에 관한 분석법으로서 최근에 자주 이용되고 있는 것이 잠재곡선분석(latent curve analysis, LCA)이다. LCA의 기본적 모델은 체력을 1년에 1회, 4시점에서 측정했을 때, <그림 19-10>과 같이 된다.

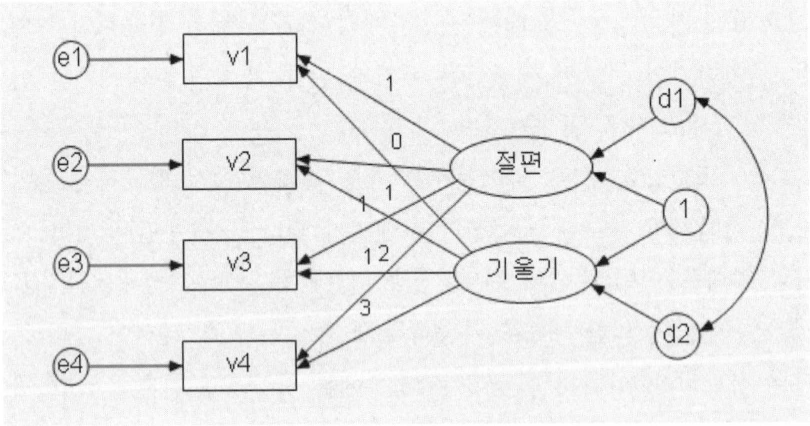

| 그림 19-10 | **잠재곡선분석의 예**

v_1, 즉 1회째의 관측 데이터는 절편으로부터만 영향을 받고, 기울기로부터는 영향을 받지 않는다. 또, 절편은 모든 시기에 동일하게 영향을 미친다. 이로부터 절편의 요인평균은 1회째 관측시의 평균치이며, 변화의 꺾은선 그래프를 상상한 경우, 그래프의 절편이 된다. 또, 기울기는 시기에 비례해서 영향이 늘어나므로, 기울기의 요인평균은 여기에서는 1년마다의 체력의 평균변화량이라고 하는 것이 된다.

이와 같은 모델을 구성함으로써 시기에 따른 변화량과 초기상태를 분리할 수 있어서, 다양한 식견을 얻을 수 있다.

19.8 잠재구조분석

[질문] 공분산구조분석에 의해서 판별분석과 같이 개체의 분류를 실시하는 것은 가능합니까?

[회답]

개체를 분류하는 방법으로서는 판별분석에 의한 방법과 잠재구조분석(latent structure analysis)에 의한 방법이 있다. 어느 쪽도 공분산구조분석의 하위 모델로서 표현 가능하다. 먼저 개체분류의 전통적 기법인 판별분석에 대해서 개관하고, 다음에 잠재구조분석과의 차이에 대해서 살펴보도록 하자.

판별분석은 어떤 개체가 복수의 모집단의 어느 곳에 속하는지를 판단하는 기법이다. 절차로서는, 먼저 미리 소속하는 모집단을 알고 있는 개체의 복수 관측변수에 대한 측정치에 의해서 판별식을 도출한다. 그리고 소속하는 모집단을 알고 있지 못한 개체를 그 판별식에 적용해서 소속하는 모집단을 판별한다. 판별분석을 실시하기 위해서는 소속을 이미 알고 있다고 하는 것이 조건이므로, 필연적으로 소속을 표현하는 모집단은 명확한 것을 취급한다. 예를 들면, 판별분석의 사례로서 유명한 Fisher의 아이리스 데이터가 있다. 데이터는 실질과학적으로 명확히 분류된 세 종류의 꽃에 대한 특징을 관측변수로서 기술한 것이다. 관측변수의 측정치로부터 세 종류의 꽃에 대한 분류기준을 도출한다.

그것에 비해서 잠재구조분석은 미리 모집단의 수나 종류가 명확하지 않은 경우에 힘을 발휘한다. 잠재구조 모델도 판별분석과 마찬가지로 개체의 분류를 실시하지만, 소속이 미지인 개체의 측정치로부터 분류기준을 설정하는 것이 가능하다. 개인이 소속하는 모집단을 잠재구조분석에서는 잠재 클래스라고 부른다. 잠재구조분석에서 취급하는 분포는 혼합분포이다. 혼합분포란 복수의 서로 다른 분포가 합쳐진 것이다. 혼합분포로 되어 있는 이유를, 잠재구조분석에서는 복수의 잠재 클래스가 존재하고 있다는 사실에 의거해서 해석하고 있다. 그리하여 클래스 수의 결정은 통계적인 적합도를 나타내는 정보량규준과 해당분야의 실질과학적 식견에 의거해서 실시된다.

잠재구조분석은 클래스 수나 그 성질이 분명하지 않은 경우에도 사용할 수 있다. 그러나 결점도 있다. 그것은 해의 초기치 의존성이 대단히 높다는 것이다. 또, 자주 적절한 초기치를 부여하지 않으면 해 자체가 구해지지 않는다. 계수의 추정치는 물론이지만, 잠재 클래스 수도 초기치로서 주어지지 않으면 안 된다.

19.9 쌍방향의 경로

[질문] 두 개의 변수 사이의 경로도형에서 양측 화살표가 그어져 있는 경우와 단측 화살표가 두 개 그어져 있는 경우가 있습니다. 이것은 어떠한 차이가 있는지요? 또, 어떻게 해서 가려 쓰면 좋을까요?

[회답]

양측 화살표가 두 변수 사이에 그어져 있는 경우, 그 두 개의 변수 사이에는 공분산이 있다(0이 아니다)고 가정할 수 있게 된다. 공분산을 가정할 수 있는 것은 외생변수 사이이기 때문에 그 변수 사이에는 인과나 예측 등의 관계를 가정할 수 없다.

한편, 단측 화살표가 두 개 그어져 있는 모델이라고 하는 것은 쌍방향 모델이라고 불리고 있다. 쌍방향 모델에서는 변수 A, B가 존재할 때, 변수 A는 B의 결과이며, 변수 B는 A의 결과라고 하는 식이 된다. 즉, 변수 사이에 인과나 예측 등의 관계가 존재하고 있어, 양쪽의 변수가 내생적인 변수로 되어 있다고 하는 것이다. 그러므로 두 개의 변수에는 각각 오차변수가 붙어 있다. 이것이 공분산과의 큰 차이이다. <그림 19-11>이 공분산, <그림 19-12>가 쌍방향 인과의 예이다.

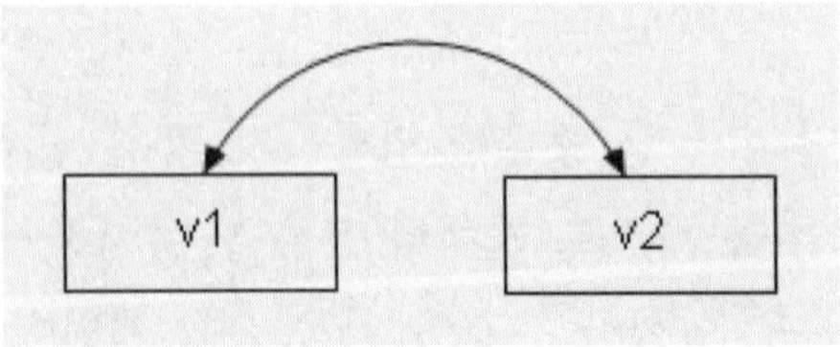

| 그림 19-11 | **공분산의 예**

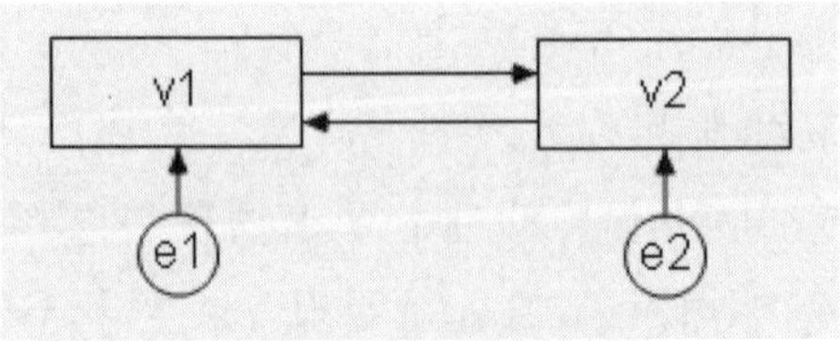

| 그림 19-12 | **쌍방향 인과의 예**

그런데, 그 가려 쓰기에 관해서 실은 공분산인가 쌍방향 인과인가라고 하는 문제로 고민할 필요는 거의 없다. 왜냐하면, 지금까지도 기술한 바와 같이 공분산과 쌍방향 인과 사이에는 인과나 예측 등 변수 사이의 메카니즘에 관심이 있느냐 없느냐라고 하는 명확한 차이가 존재하고 있기 때문이다. 단, 단방향의 경로와 쌍방향의 경로에 대한 가려 쓰기에 관해서는, 쌍방향의 인과가 실질과학적으로 보여지고 있느냐, 그 모델은 식별되느냐 하는 점에서 주의가 필요하다.

참 고 문 헌

■ 국내문헌

1. 강병서. 「인과분석을 위한 연구방법론」. 무역경영사, 1999.
2. 강병서 · 김계수. 「사회과학 통계분석」. 고려정보산업, 1998.
3. 김계수. "인터넷 포털 사이트의 서비스 품질 전략에 관한 연구". 한국경영학회, 제31권, 제1호, 2002. 2.
4. 김계수. 「AMOS 구조방정식 모형분석」. SPSS 아카데미, 2007.
5. 김소영 · 한상만 · 박세환. "웹사이트 평가 요인과 고객 방문행동의 관계에 관한 연구－STIVI 매트릭스를 이용한 고객세분화－", 경영학연구, 제31권 제2호, 2002. 4.
6. 노형진. 「다변량해석－질적 데이터의 수량화－」. 석정, 1990.
7. 노형진. 「품질관리분임조활동－한국과 일본의 비교－」. 도서출판 석성, 1990.
8. 노형진. 「한글 SPSS에 의한 알기 쉬운 다변량분석」. 형설출판사, 2003.
9. 노형진. 「SPSS에 의한 조사방법 및 통계분석」(개정판). 형설출판사, 2005.
10. 노형진. 「SPSS/Amos에 의한 사회조사분석－범주형 데이터 분석 및 공분산구조분석－」(개정판). 형설출판사, 2003
11. 노형진. 「SPSS에 의한 다변량 데이터의 통계분석」. 도서출판 효산, 2007.
12. 노형진. 「SPSS에 의한 범주형 데이터 분석」. 도서출판 효산, 2007.
13. 이유재. "고객만족의 정의 및 측정에 관한 연구", 서울대 경영논집, 제29권 제1호, 1995. 6.
14. 정한열. "인터넷쇼핑몰의 품질요인 및 고객만족에 관한 연구", 경기대학교 대학원 박사학위논문, 2002.
15. 조광행 · 박봉규. "점포충성도에 대한 전환 장벽과 고객만족의 영향력에 관한 실증적 연구", 경영학연구, 제28권, 제1호, 1999.
16. 조현철. 「LISREL에 의한 구조방정식모델」. 도서출판 석정, 1999.
17. 최인규 · 허　준. 「구조방정식 모형과 경로분석」. SPSS 아카데미, 2000.
18. 허　준 · 최인규. 「AMOS를 이용한 구조방정식 모형과 경로분석」. 고려정보산업, 2000.

■ 일본문헌

1. 奥野・芳賀・久米・吉澤.「多變量解析法」. 日科技連出版, 1971.
2. 小林龍一.「數量化入門」. 日科技連出版, 1981.
3. 林知己夫,「數量化の方法」. 東洋經濟新報社, 1974.
4. 林知己夫,「デ-タ解析の方法」. 東洋經濟新報社, 1974.
5. 柳井·高木 編者.「多變量解析ハンドブック」. 現代數學社, 1986.
6. 石村貞夫.「SPSSによる統計處理の手順」. 東京圖書, 1995.
7. 石村貞夫.「SPSSによる多變量データ解析の手順」. 東京圖書, 1998.
8. 石村貞夫.「SPSSによるカテゴリカルデータ分析の手順」. 東京圖書, 2001.
9. 山本嘉一郎·小野寺孝義.「Amosによる共分散構造分析と解析事例」. ナカニシヤ出版, 2000.
10. 山本嘉一朗·小野寺孝義 編著.「共分散構造分析と解析事例」. ナカニシヤ出版, 1999.
11. 豊田秀樹.「共分散構造分析(入門編)」. 朝倉書店, 1998.
12. 豊田秀樹.「共分散構造分析(事例編)」. 北大路書房, 1998.
13. 豊田秀樹.「共分散構造分析(技術編)」. 朝倉書店, 2003.
14. 豊田秀樹編著.「共分散構造分析(Amos編)」. 東京圖書, 2007.
15. 黑上晴夫.「情報基礎カリキュラムの開發研究, 水越敏行·佐伯 胖(編), 變わるメディアと 教育のありかた, ミネルヴァ書房, 1996.
16. 狩野 裕.「AMOS, EQS, LISRELによるグラフィカル多變量解析－目で見る共分散構造分析－」. 現代數學社, 1997.

■ 서양문헌

1. Akaike, H. (1973). Information theory and an extension of the maximum likelihood principle. In Petrov, B. N. and Csaki, F.[Eds.], *Proceedings of the 2nd International Symposium Theory*. Budapest: Akademiai Kiado, 267~281.
2. Akaike, H. (1987). Factor analysis and AIC. *Psychometrika*, 52, 317~332.
3. Anderson, T. W. (1957). Maximun likelihood estimates for a multivariate normal distribution when some observations are missing. *Journal of the American Statistical Association*, 52. 200~203.
4. Anderson, T. W. (1984). *An introduction to multivariate statistical analysis*. New York: Wiley.
5. Arbuckle, J. L. (in preparation). Bootstrapping and model selection for analysis of moment structures.
6. Arbuckle, J. L. (1994a). Advantages of model-based analysis of missing data over pairwise deletion. Presented at the RMD Conference on Causal Modeling, West Lafayette, IN.
7. Arbuckle, J. L. (1994b). A permutation test for analysis of covariance structures. Presented at the annual meeting of the Psychometric Society, University of Illinois, Champaign, IL.
8. Arbuckle, J. L. (1996). Full information estimation in the presence of incomplete data. In G. A. Marcoulides and R.E. Schumacker [Eds.] *Advanced structural equation modeling*. Mahwah, New Jersey: Lawrence Erlbaum Associates.
9. Arbuckle J. L. and Wothke Werner. (1999). Amos 4.0 User's Guide. SmallWaters Corporation.
10. Attig, M. S. (1983). The processing of spatial information by adults. Presented at the annual meeting of The Gerontological Society. San Francisco.
11. Baker, J. The Role of the Environment in Marketing Services: *The Customer Perspective*. Chicago, AMA, 198.
12. Beale, E. M. L. and Little, R. J. A. (1975). Missing values in multivariate analysis. *Journal of the Royal Statistical Society Series B*, 37, 129~145.
13. Bentler, P. M. (1980). Multivariate analysis with latent variables: Causal modeling. *Annual Review of Psychology*, 31, 419~456.
14. Bentler, P. M. (1985). *Theory and Implementation of EQS: A Structural Equations Program*. Los Angeles: BMDP Statistical Software.

15. Bentler, P. M. (1990). Comparative fit indexes in structural models. *Psychological Bulletin*, 107, 238~246.

16. Bentler, P. M. and Bonett, D. G. (1980). Significance tests and goodness of fit in the analysis of covariance structures. *Psychological Bulletin*, 88, 588~606.

17. Bentler, P. M. and Chou, C. (1987). Practical issues in structural modeling. *Sociological Methods and Research*, 16, 78~117.

18. Bentler, P. M. and Freeman, E. H. (1983). Tests for stability in linear structural equation systems. *Psychometrika*, 48, 143~145.

19. Bentler, P. M. and Weeks, D. G. (1980). Linear structural equations with latent variables. *Psychometrika*, 45, 289~308.

20. Bentler, P. M. and Woodward, J. A. (1979). Nonexperimental evaluation research: Contributions of causal modeling. In Datta, L. and Perloff, R. [Eds.], *Improving Evaluations*. Beverly Hills: Sage.

21. Bitner, Mary J. (1990). "Evaluation Service Encounters: The Effects of Physical Surroundings and Employee Response". *Journal of Marketing*. Vol. 54, April, 69～82.

22. Bollen, K. A. (1986). Sample size and Bentler and Bonett's nonnormed fit index. *Psychometrika*, 51, 375~377.

23. Bollen, K. A. (1987). Outliers and improper solutions: A confirmatory factor analysis example. *Sociological Methods and Research*, 15, 375~384.

24. Bollen, K. A. (1989a). *Structural equations with latent variables*. New York: Wiley.

25. Bollen, K. A. (1989b). A new incremental fit index for general structural equations models. *Sociological Methods and Research*, 17, 303~316.

26. Bollen, K. A. and Jöreskog, K. G. (1985). Uniqueness does not imply identification: A note on confirmatory factor analysis. *Sociological Methods and Research*, 14, 155~163.

27. Bollen, K. A. and Liang, J. (1988). Some properties of Hoelter's CN. *Sociological Methods and Research*, 16, 492~503.

28. Bollen, K. A. and Long, J.S. [Eds.] (1993). *Testing structural equation models*. Newbury Park, California: Sage.

29. Bollen, K. A. and Stine, R. A. (1992). Bootstrapping goodness-of-fit measures in structural equation models. *Sociological Methods and Research*, 21, 205~229.

30. Boomsma, A. (1987). The robustness of maximum likelihood estimation in structural equation models. In Cuttance, P. and Ecob, R. [Eds.] *Structural Modeling by Example:*

Applications in Educational, Sociological, and Behavioral Research. Cambridge University Press, 160~188.

31. Botha, J. D., Shapiro, A. and Steiger, J. H. (1988). Uniform indices-of-fit for factor analysis models. *Multivariate Behavioral Research*, 23, 443~45.
32. Bozdogan, H. (1987). Model selection and Akaike's information criterion(AIC): The general theory and its analytical extensions. *Psychometrika*, 52, 345~370.
33. Brown, C. H. (1983). Asymptotic comparison of missing data procedures for estimating factor loadings. *Psychometrika*, 48(2), 269~291.
34. Brown, R. L. (1994). Efficacy of the indirect approach for estimating structural equation models with missing data: A comparison of five methods. *Structural Equation Modeling: A Multidisciplinary Journal*, 1, 287~316.
35. Browne, M. W. (1982). Covariance structures. In Hawkins, D. M. [Ed.] *Topics in applied multivariate analysis.* Cambridge: Cambridge University Press, 72~141.
36. Browne, M. W. (1984). Asymptotically distribution-free methods for the analysis of covariance structures. *British Journal of Mathematical and Statistical Psychology*, 37, 62~83.
37. Browne, M. W. and Cudeck, R. (1989). Single sample cross validation indices for covariance structures. *Multivariate Behavioral Research*, 24, 445~455.
38. Browne, M. W. and Cudeck, R. (1993). Alternative ways of assessing model fit. In Bollen, K.A. and Long, J.S. [Eds.] *Testing structural equation models.* Newbury Park, California: Sage, 136~162.
39. Borwne, M. W. and Mels, G. (1992). RAMONA User's Guide. The Ohio State University, Columbus, OH.
40. Byrne, B. M. (1989). *A primer of LISREL: Basic applications and programming for confirmatory factor analytic models.* New York: Springer-Verlag.
41. Carmines, E. G. and McIver, J. P. (1981). Analyzing models with unobserved variables. In Bohrnstedt, G. W. and Borgatta, E. F. [Eds.] *Social measurement: Current issues.* Beverly Hills: Sage.
42. Carman, J. M. (1991). "Consumer Perceptions of Service Quality: An Assessment of The SERVQUAL Dimensions," *Journal of Retailing*, Vol. 66, Spring, 33～55.
43. Cliff, N. (1973). Scaling. *Annual Review of Psychology*, 24, 473~506.
44. Cliff, N. (1983). Some cautions concerning the application of causal modeling methods.

Multivariate Behavioral Research, 18, 115~126.

45. Cochran, W. G. (1952). The χ^2 test of goodness of fit. *Annals of Mathematical Statistics*, 23, 315~345.
46. Cook, T. D. and Campbell, D. T. (1979). *Quasi-experimentation: Design and analysis issues for field settings*. Chicago: Rand McNally.
47. Cronin Jr., J. J. & S. A. Taylor. (1992). "Measuring Service Quality: A Reexamination and Extension," *Journal of Marketing*, Vol. 56, July, 55～68.
48. Cudeck, R. and Browne. M. W. (1983). Cross-validation of covariance structures. *Multivariate Behavioral Research*, 18, 147~167.
49. Davis, W. R. (1993). The FC1 rule of identification for confirmatory factor analysis: A general sufficient condition. *Sociological Methods and Research*, 21, 403~437.
50. Diaconis, P. and Efron, B. (1993). Computer-intensive methods in statistics. *Scientific American*, 248(5), 116~130.
51. Dolker, M., Halperin, S. and Divgi, D. R. (1982). Problems with bootstrapping Pearson correlations in very small samples. *Psychometrika*, 47, 529~530.
52. Draper, N. R. and Smith, H. (1981). *Applied regression analysis*. (2nd Ed.) New York: Wiley.
53. Edington, E. S. (1987). *Randomization Tests* (Second edition). New York: Marcel Dekker.
54. Efron, B. (1979). Boostrap methods: Another look at the jackknife. *Annals of Statistics*, 7, 1~26.
55. Efron, B. (1982). *The jackknife, the bootstrap and other resampling plans*. (SIAM Monograph #38) Philadelphia: Society for Industrial and Applied Mathemathics.
56. Efron, B. (1987). Better bootstrap confidence intervals. *Journal of the American Statistical Association*, 82, 171~185.
57. Efron, B. and Gong, G. (1983). A leisurely look at the bootstrap, the jackknife, and cross-validation. *American Statistician*, 37, 36~48.
58. Efron, B. and Hinkley, D. F. (1978). Assessing the accuracy of the maximum likelihood estimator: Observed versus expected Fisher information. *Biometrika*, 65, 457~87.
59. Efron, B. and Tibshirani, R. J. (1993). *A introduction to the bootstrap*. New York: Chapman and Hall.
60. Evans, P. & T. S. Wurster. (1999). "Getting Real about Virtual Commerce," *Harvard Business Review*, Vol. 77, No. 6, Nov., 85～94.

61. Felson, R. B. and Bohrnstedt, G. W. (1979). "Are the good beautiful or the beautiful good?" The relationship between children's perceptions of ability and perceptions of physical attractiveness. *Social Psychology Quarterly*, 42, 386~392.
62. Fox, J. (1980). Effect analysis in structural equation models. *Sociological Methods and Research*, 9, 3~28.
63. Gabarino, E. & M. S. Johnson. (1999). "The Different Roles of Satisfaction, Trust, and Commitment in Customer Relationships," *Journal of Marketing*, Vol. 63, April, 70～87.
64. Graham, J. W., Hofer, S. M., Donaldson, S.I. Mackinnon, D.P. and Schafer, J.L. (1997). Analysis with missing data in prevention research. In K. Bryant, M. Windle and S. West[Eds.] *The science of prevention: Methodological advances from alcohol and substance abuse research*. Washington, DC: American Psychological Association.
65. Graham, J. W., Hofer, S. M. and MacKinnon, D. P. (1996). Maximizing the usefulness of data obtained with planned missing value patterns: An application of maximum likelihood procedures. *Multivariate Behavioral Research*, 31, 197~218.
66. Gulliksen, H. and Tukey, J. W. (1958). Reliability for the law of comparative judgment. *Psychometrika*, 23, 95~110.
67. Hamilton, L. C. (1990). *Statistics with Stata*. Pacific Grove, California: Brooks/Cole.
68. Hayduk, L. A. *Structural equation modeling with LISREL*. (1987). Baltimore: Johns Hopkins University Press.
69. Hoelter, J. W. (1983). The analysis of covariance structures · Goodness-of-fit indices. *Sociological Methods and Research*, 11, 325~344.
70. Hoffman, D. L. & T. P. Novak. (2000). "Measuring the Customer Experience in Online Environments : A Structural Modeling Approach", *Marketing Science*, Vol. 19, No. 1, 22～42.
71. Holzinger, K. J. and Swineford, F. A. (1939). A study in factor analysis: The stability of a bi- factor solution. *Supplementary Educational Monographs*, No. 48. Chicago: University of Chicago, Dept. of Education.
72. Hubert, L. J. and Golledge, R. G. (1981). A heuristic method for the comparison of related structures. *Journal of Mathematical Psychology*, 23, 214~226.
73. Huitema, B. E. (1980). *The analysis of covariance and alternatives*. New York: Wiley.
74. James, L. R., Mulaik, S. A. and Brett, J. M. (1982). *Causal analysis: Assumptions*, models and data. Beverly Hills: Sage.

75. Jöreskog, K. G. (1967). Some contributions to maximum likelihood factor analysis. *Psychometrika*, 32, 443~482.

76. Jöreskog, K. G. (1969). A general approach to confirmatory maximum likelihood factor analysis. *Psychometrika*, 34, 183~202.

77. Jöreskog, K. G. (1971). Simultaneous factor analysis in several populations. *Psychometrika*, 36, 409~426.

78. Jöreskog, K. G. (1979). A general approach to confirmatory maximum likelihood factor analysis with addendum. In Jöreskog, K.G. & Sörbom, D. 〔Eds.〕 *Advances in factor analysis and structural equation models*. Cambridge, MA: Abt Books, 21 ~ 43.

79. Jöreskog, K. G. & Sörbom, D. (1984). *LISREL-VI user's guide(3rd ed.)*. Mooresville, IN: Scientific Software.

80. Jöreskog, K. G. & Sörbom, D. (1989). *LISREL-7 user's reference guide*. Mooresville, IN: Scientific Software.

81. Kaplan, D. (1989). Model modification in covariance structure analysis: Application of the expected parameter change statistic. *Multivariate Behavioral Research*, 24, 285~305.

82. Kendall, M. G. and Stuart, A. (1973). *The advanced theory of statistics*. (vol. 2nd, 3rd edition). New York: Hafner.

83. Kullback, S. and Leibler, R. A. (1951). On information and sufficiency. *Annals of Mathematical Statistics*, 22, 79~86.

84. Lee, S. and Hershberger, S. (1990). A simple rule for generating equivalent models in covariance structure modeling. *Multivariate Behavioral Research*, 25, 313~334.

85. Lehtinen, U. and J. R. Lehtinen. (1991). "Two Approaches to Service Quality Dimensions," *The Service Industries Journal*, Vol. 11, No. 3, 287～303.

86. Linhart, H. and Zucchini, W. (1986). *Model selection*. New York: Wiley.

87. Little, R. J. A. and Rubin, D. B. (1987). *Statistical analysis with missing data*. New York: Wiley.

88. Little, R. J. A. and Rubin, D. B. (1989). The analysis of social science data with missing values. *Sociological Methods and Research*, 18, 292~326.

89. Little, R. J. A. and Schenker, N. (1995). Missing data. In G. Arminger, C.C. Clogg and M.E. Sobel 〔Eds.〕 *Handbook of statistical modeling for the social and behavioral sciences*. New York: Plenum.

90. Loehlin, J. C. (1992). *Latent variable models: An introduction to factor, path, and*

structural analysis (2nd edition). Mahwah, New Jersey: Lawrence Erlbaum Associates.

91. Lord, F. M. (1955). Estimation of parameters from incomplete data. *Journal of the American Statistical Association*, 50, 870~876.
92. MacCallum, R. C. (1986). Specification searches in covariance structure modeling. *Psychological Bulletin*, 100, 107~120.
93. MacCallum, R. C. (1990). The need for alternative measures of fit in covariance structure modeling. *Multivariate Behavioral Research*, 25, 157~162.
94. MacCallum, R. C., Roznowski, M. and Necowitz, L. B. (1992). Model modifications in covariance structure analysis: The problem of capitalization on chance. *Psychological Bulletin*, 111, 490~504.
95. MacCallum, R. C., Wegener, D. T., Uchino, B. N. and Fabrigar, L. R. (1993). The problem of equivalent models in applications of covariance structure analysis. *Psychological Bulletin*, 114, 185~199.
96. Manly, B. F. J. (1991). *Randomization and Monte Carlo Methods in Biology*. London: Chapman and Hall.
97. Mantel, N. (1967). The detection of disease clustering and a generalized regression approach. *Cancer Research*, 27, 209~220.
98. Mantel, N. and Valand, R. S. (1970). A technique of nonparametric multivariate analysis. *Biometrics*, 26, 47~558.
99. Mardia, K. V. (1970). Measures of multivariate skewness and kurtosis with applications. *Biometrika*, 57, 519~530.
100. Mardia, K. V. (1974). Applications of some measures of multivariate skewness and kurtosis in testing normality and robustness studies. *Sankhya*, Series B, 36, 115~128.
101. Marsh, H. W. and Hocevar, D. (1985). Application of confirmatory factor analysis to the study of self-concept: First-and higher-order factor models and their invariance across groups. *Psychological Bulletin*, 97, 562~582.
102. Matthai, A. (1951). Estimation of parameters from incomplete data with application to design of sample surveys. *Sankhya*, 11, 145~152.
103. McArdle, J. J. and Aber, M. S. (1990). Patterns of change within latent variable structural equation models. In A. von Eye [Ed.] *Statistical methods in longitudinal research, Volume I : Principles and structuring change*. New York: Academic Press, 151~224.
104. McDonald, R. P. (1978). A simple comprehensive model for the analysis of covariance

structures. *British Journal of Mathematical and Statistical Psychology*, 31, 59~72.

105. McDonald, R. P. (1982). A note on the investigation of local and global identifiability. *Psychometrika*, 47, 101~103.

106. McDonald, R. P. (1989). An index of goodness-of-fit based on noncentrality. *Journal of Classification*, 6, 97~103.

107. McDonald, R. P. and Krane, W. R. (1977). A note on local identifiability and degree of freedom in the asymptotic likelihood ratio test. *British Journal of Mathematical and Statistical Psychology*, 30, 198~203.

108. McDonald, R. P. and Marsh, H. W. (1990). Choosing a multivariate model: Noncentrality and goodness of fit. *Psychological Bulletin*, 107, 247~255.

109. McDonald, R. P. and Krane, W. R. (1979). A Monte-Carlo study of local identifiability and degrees of freedom in the asymptotic likelihood ratio test. *British Journal of Mathematical and Statistical Psychology*, 32, 121~132.

110. Mulaik, S. A. (1990). An analysis of the conditions under which the estimation of parameters inflates goodness of fit indices as measures of model validity. Paper presented at the Annual Meeting, Psychometric Society, Princeton, New Jersey, June 28~30, 1990.

111. Mulaik, S. A., James, L. R., Van Alstine, J., Bennett, N., Lind, S. and Stilwell, C.D. (1989). Evaluation of goodness-of-fit indices for structural equation models. *Psychological Bulletin*, 105, 430~445.

112. Muthen, B., Kaplan, D., and Hollis, M. (1987) On structural equation modeling with data that are not missing completely at random. *Psychometrika*, 52, 431~462.

113. Olsson, S. (1973). *An experimental study of the effects of training on test scores and factor structure*. Uppsala, Sweden: University of Uppsala, Department of Education.

114. Parasuraman, A., V. A. Zeithaml, L. L. Berry. (1985). "A Conceptual Model of Service Quality and Its Implications for Future Research," *Journal of Marketing*, Vol. 49, Fall, 41～50.

115. Raftery, A. E. (1993). Bayesian model selection in structural equation models. In Bollen, K.A. and Long, J. S. [Eds.] *Testing structural equation models*. Newbury Park. California: Sage, 163~180.

116. Reichheld, F. F., P. Schefter. (2000). "E-Loyalty", *Harvard Business Review*, Vol. 78, No. 4, Jul, 105～113.

117. Rigdon, E. E. (1994a). Calculating degrees of freedom for a structural equation model *Structural Equation Modeling*, 1, 274~278.

118. Rigdon, E. E. (1994b). Demonstrating the effects of unmodeled random measurement error. *Structural Equation Modeling*, 1, 375~380.

119. Rock, D. A., Werts, C. E., Linn, R. L. and Jöreskog, K. G. (1977). A maximum likelihood solution to the errors in variables and errors in equations model. *Journal of Multivariate Behavioral Research*, 12, 187~197.

120. Rubin, D. E. (1976). Inference and missing data. *Biometrika*, 63, 581~592.

121. Rubin, D. E. (1987). *Multiple imputation for nonresponse in surveys*. New York: Wiley

122. Runyon, R. P. and Haber, A. (1980). *Fundamentals of behavioral statistics*, 4th ed. Reading, Mass.: Addison-Wesley.

123. Saris, W. E., Satorra, A. and Sörbom, D. (1987). The detection and correction of specification errors in structural equation models. In Clogg, C.C. [Ed.]. *Sociological methodology* 1987. San Francisco: Jossey-Bass.

124. Schafer, J. L. (1997). *Analysis of incomplete multivariate data*. London, UK: Chapman and Hall.

125, Schwarz, G. (1978). Estimating the dimension of a model. *The Annals of Statistics*, 6, 461~464.

126. Sobel, M. E. and Bohrnstedt, G.W. (1985). Use of null models in evaluating the fit of covariance structure models. In Tuma, N.B. [Ed.] *Sociological methodology 1985*. San Francisco: Jossey-Bass, 152 ~ 178.

127. Sörbom, D. (1974). A general method for studying differences in factor means and factor structure between groups. *British Journal of Mathematical and Statistical Psychology*, 27, 229~239.

128. Sörbom, D. (1978). An alternative to the methodology for analysis of covariance. *Psychometrika*, 43, 381~396.

129. Steiger, J. H. (1989). EzPATH: *Causal modeling*. Evanston, IL: Systat.

130. Steiger, J. H. (1990). Structural model evaluation and modification: An interval estimation approach. *Multivariate Behavioral Research*, 25, 173~180.

131. Steiger, J. H., Shapiro, A. and Browne, M. W. (1985). On the multivariate asymptotic distribution of sequential chi-square statistics. *Psychometrika*, 50, 253~263.

132. Stelzl, I. (1986). Changing a causal hypothesis without changing the fit: Some rules for generating equivalent path models. *Multivariate Behavioral Research*, 21, 309~331.

133. Stine, R. A. (1989). An introduction to bootstrap methods: Examples and ideas.

Sociological Methods and Research, 18, 243~291.

134. Swain, A. J. (1975). *Analysis of parametric structures for variance matrices*. Unpublished Ph.D. thesis, University of Adelaide.

135. Tanaka, J. S. and Huba, G. J. (1985). A fit index for covariance structure models under arbitrary GLS estimation. *British Journal of Mathematical and Statistical Psychology*, 38, 197~201.

136. Tanaka, J. S. and Huba, G. J. (1989). A general coefficient of determination for covariance structure models under arbitrary GLS estimation. *British Journal of Mathematical and Statistical Psychology*, 42, 233~239.

137. Tucker, L. R. and Lewis, C. (1973). A reliability coefficient for maximum likelihood factor analysis. *Psychometrika*, 38, 1~10.

138. Verleye, G. (1996). *Missing at random data problems in attitude measurements using maximum likelihood structural equation modeling*. Unpublished dissertation. Frije Universiteit Brussels, Department of Psychology.

139. Warren. R. D., White, J. K. and Fuller, W. A. (1974). An errors-in-variables analysis of managerial role performance. *Journal of the American Statistical Association*, 69, 886~893.

140. Wheaton, B. (1987). Assessment of fit in overidentified models with latent variables. *Sociological Methods and Research*, 16, 118~154.

141. Wheaton, B., Muthen, B., Alwin, D. F. and Summers, G.F. (1977). Assessing reliability and stability in panel models. In Heise, D. R. [Ed.] *Sociological methodology 1977*. San Francisco: Jossey-Bass, 84~136.

142. Wichman, B. A. and Hill, I. D. (1982). An efficient and portable pseudo-random number generator. Algorithm AS 183. *Applied Statistics*, 31, 188~190.

143. Winer, B. J. (1971). *Statistical principles in experimental design*. New York: McGraw-Hill.

144. Wothke, W. (1993). Nonpositive definite matrices in structural modeling. In Bollen, K.A. and Long, J.S. [Eds.], *Testing structural equation models* (pp. 256~293). Newbury Park, California: Sage.

145. Wothke, W. (1999). Longitudinal and multi-group modeling with missing data. In T.D. Little, K.U. Schnabel and J. Baumert [Eds.] *Modeling longitudinal and multiple group data: Practical issues, applied approaches and specific examples*. Mahwah, New Jersey: Lawrence Erlbaum Associates.

찾 아 보 기

(ㅅ)

(ㅇ)

(ㅈ)

(ㅊ)

(ㅌ)

(ㅍ)

(A)

(C)

(D)

(E)

(G)

(L)

(M)

(P)

(R)

(S)

(기타)

저자약력

노형진

- 서울대학교 공과대학 졸업(공학사)
- 고려대학교 대학원 수료(경영학박사)
- 일본 쓰쿠바대학 대학원 수료(경영공학 박사과정)
- 일본 문부성 통계수리연구소 객원연구원
- 일본 동경대학 사회과학연구소 객원교수
- 러시아 극동대학교 한국학대학 교환교수
- 중국 중국해양대학 관리학원 객좌교수
- 국방과학연구소 연구원 역임
- 현재, 경기대학교 경영학부 교수
  전공, 품질경영・다변량분석(조사방법 및 통계분석)
- 중소기업청 Single-PPM 심의위원
- 한국표준협회 품질경영 심사위원・자문위원
- 대한상공회의소 심사위원・지도위원
- 한국 식스 시그마 연구회 운영위원
- Single-PPM 지도위원・심사위원
- Single-PPM 품질경영연구회 회장

■ 주요저서

- EXCEL로 배우는 경영수학(한올출판사)
- EXCEL 2007에 의한 경영통계학(한올출판사)
- EXCEL 2007에 의한 경영과학(한올출판사)
- SPSS에 의한 다변량분석 기초에서 응용까지(한올출판사)
- 대응분석의 이론과 실제 -범주형 데이터의 주성분분석(한올출판사)
- SPSS에 의한 다변량 데이터의 통계분석(도서출판 효산)
- SPSS에 의한 범주형 데이터분석(도서출판 효산)
- SPSS/Excel에 의한 재미있는 시계열분석(도서출판 효산)
- SPSS/Amos에 의한 사회조사분석(형설출판사)
- 100PPM 품질경영－fool-proof화의 원리와 방법－(도서출판 글로벌)
- 100PPM 품질경영(2)－디자인 리뷰・FMEA・FTA의 활용－(공저, 도서출판 글로벌)

▶ e-mail address : hjno@kyonggi.ac.kr

AMOS에 의한 공분산구조분석 [원리편]

2008년 7월 5일 초판1쇄 인쇄
2008년 7월 10일 초판1쇄 발행

저　자　노 형 진
펴낸이　임 순 재
펴낸곳　한올출판사

등록 제11-403호
121 - 849
주　　소　서울시 마포구 성산동 133-3 한올빌딩 3층
전　　화　(02)376-4298(대표)
팩　　스　(02)302-8073
홈페이지　www.hanol.co.kr
e-메 일　hanol@hanol.co.kr
정　　가　20,000원 (CD포함)

저자와의 협의하에 인지생략

■ ISBN 978 - 89 - 8325 - 990 - 5